"十四五"职业教育国家规划教材

化工制图

第二版

刘立平 主编

化学工业出版社

·北京·

内 容 简 介

《化工制图》（第二版）以培养德智体美劳全面发展的社会主义建设者和接班人为目标，注重课程育人，有效落实“为党育人、为国育才”的使命，主要内容包括绪论、制图基本知识、投影基础、基本体及其表面交线、轴测图、组合体、机件的表达方法、标准件和常用件、零件图、焊接图、化工设备图、化工工艺图。与本书配套使用的《化工制图习题集》（第二版）也同时出版。

“化工制图”课程已建成在线开放课，在智慧树平台上线，也是国家高等教育智慧教育平台首批上线课程，并获评为甘肃省职业教育在线精品课程。

本书是针对职业本科、高等职业教育的化工技术类、石油与天然气、煤炭类、安全类等各专业的培养目标以及对化工制图课教学的要求而编写的，可以根据不同专业的课程标准在40~90学时内选用实施，也可作为其他相近专业以及成人教育和职业培训的教材或参考用书。

图书在版编目（CIP）数据

化工制图/刘立平主编.—2版.—北京：化学工业出版社，2021.6（2024.8重印）
高职高专规划教材
ISBN 978-7-122-38878-0

Ⅰ. ①化… Ⅱ. ①刘… Ⅲ. ①化工机械-机械制图-高等职业教育-教材 Ⅳ. ①TQ050.2

中国版本图书馆CIP数据核字（2021）第062191号

责任编辑：高　钰　　　装帧设计：刘丽华
责任校对：李　爽

出版发行：化学工业出版社（北京市东城区青年湖街13号　邮政编码100011）
印　　刷：三河市航远印刷有限公司
装　　订：三河市宇新装订厂
787mm×1092mm　1/16　印张18　字数446千字　2024年8月北京第2版第4次印刷

购书咨询：010-64518888　　　售后服务：010-64518899
网　　址：http：//www.cip.com.cn
凡购买本书，如有缺损质量问题，本社销售中心负责调换。

定　　价：49.00元

前言

本书自2010年出版以来，得到较多院校认可。十多年来，编者积累了更多更丰富的教学资料，又考虑到制图国家标准及行业标准的更新，第一版中的部分内容已经陈旧，不能适应新的岗位需求，因此参照最新制图国家标准、行业标准，我们组织同行和企业专家共同对本书进行了修订工作。同时，还编写了《化工制图习题集》（第二版），与本书配套使用。

本书具有以下特点：

1. 先进性。本书根据最新的国家标准和行业标准编写，2020年12月之前颁布实施的技术制图、机械制图、焊接图、化工设备图、化工工艺图相关的国家标准和行业标准，在书中全部更新，并予以贯彻执行，充分体现了内容的先进性。

2. 职教特色，突出质量为先。融入了编者多年积累的教学改革实践经验和企业工作经验，内容编排遵循职业教育规律和学生的认知规律，知识传授与技术技能培养并重，适应专业建设与课程建设，力求使本书符合职业教育的特色。

3. 产教融合，校企双元开发。为满足企业岗位能力需求，在本书的编写过程中，编者广泛收集众多企业图纸，在继承传统内容精华的基础上，突出了在生产实践中的实用性。

4. 图文并茂。绘图过程中配以蓝线标识和文字说明，使绘图步骤简单明了，方便学习者阅读；视图与立体图对照的编排方式，可帮助读者建立空间概念，从而有效地培养读者的绘图与识图能力。

5. 融入课程思政。本书以立德树人、为党育人、为国育才为主线。强调图样是传递和交流技术信息的载体，培养学生认真负责的工作态度、严谨细致的工作作风，养成工匠精神的敬业品质。

本课程已建成在线开放课，在智慧树平台上线，也是国家高等教育智慧教育平台首批上线课程，并获评为甘肃省职业教育在线精品课程。学习者可登录国家高等教育智慧教育平台或智慧树网，搜索本作者主持的“化工制图”课程主页，选择相关内容进行学习。课程链接：https：//www.chinaooc.com.cn/course/63604dcb96788f54b76773d7或者https：//coursehome.zhihuishu.com/courseHome/1000069764/153993/19#teachTeam。

本书的内容已制作成用于多媒体教学的PPT课件和配套使用的习题集答案，并免费提供给使用本书作为教材的院校使用。如有需要，请发电子邮件至cipedu@163.com、673301839@qq.com，或者登录www.cipedu.com.cn免费下载。

本书由刘立平主编。参加编写工作的有：刘立平（编写绪论、第1～5章）；张化平（编写第6、7、9章、附录）；张伟华（编写第8章）；中石化宁波工程有限公司王娇琴（编写第10章）；安徽工业大学贾娟英（编写第11章）。全书由刘立平负责统稿。

本书在编写过程中，参阅了大量的标准规范及相关资料，在此向有关作者和所有对本书的出版给予帮助和支持的同志表示衷心的感谢！

由于编者水平所限，书中疏漏和欠妥之处敬请广大读者批评指正。欢迎广大学习者尤其是任课教师对本书提出宝贵意见并及时反馈给我们（QQ：673301839）。

编者

目录

第5章 组合体

第6章 机件的表达方法

第7章 标准件和常用件

第8章 零件图

第9章 焊接图

第10章 化工设备图

第11章 化工工艺图

附录

参考文献

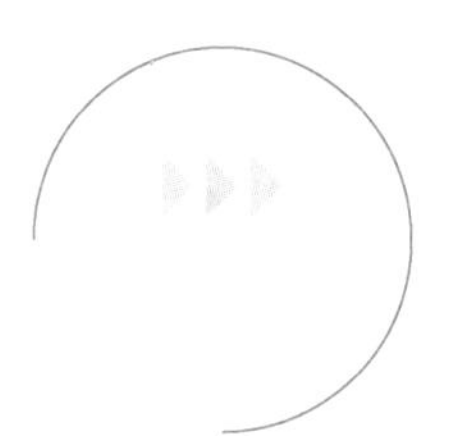

绪　论

（1）本课程的性质及研究对象

根据投影原理、标准或有关规定，表示工程对象，并有必要的技术说明的图，称为图样。

图样是信息的载体，是指导加工、制造、安装、检修的重要技术文件，是进行技术交流的重要工具。在生产实践中，设计者通过图样描绘设计产品、传递设计意图；生产者通过图样了解设计内容，指导生产、检验产品；使用者通过图样了解产品的使用方法。因此，图样是工程界通用的技术语言，作为生产、建设、管理、服务一线的高素质劳动者和技术技能人才，必须学会并掌握这种语言，具备绘制和识读工程图样的基本能力。

化工制图是研究化工图样的绘制和识读规律与方法的一门学科，主要介绍制图的基本知识、基本原理、基本技能，本课程是化工技术各类专业必修的专业知识类课程。通过本课程的学习，可为学习后续专业课程以及发展自身职业能力打下必要的基础。

（2）本课程的主要内容与学习目标

本课程的主要内容包括：制图基本知识、投影原理、组合体、机件的表达方法、标准件和常用件、零件图、焊接图、化工设备图、化工工艺图等。通过本课程的学习，应达到以下基本要求：

① 通过学习制图基本知识与技能，熟悉并遵守国家标准对机械制图的有关规定，学会正确使用绘图工具和仪器的方法，初步掌握绘图基本技能。

② 通过学习正投影法的基本原理、立体及其表面交线、轴测图、组合体等内容，掌握运用正投影法表达空间形体的图示方法，并具备二维与三维空间相互转换的空间想象力和空间思维能力。

③ 通过学习机件的表达方法，熟练掌握表达机件内外结构形状的方法。

④ 通过学习标准件和常用件、零件图，具备绘制和识读中等复杂程度的零件图的基本能力，初步具备查阅标准和技术资料的能力。

⑤ 通过焊接图的学习，能够用焊缝符号标注焊缝并能够读懂焊缝符号。

⑥ 通过化工设备图的学习，能够读懂典型化工设备的装配图。

⑦ 通过化工工艺图的学习，能够绘制与阅读化工装置的工艺管道及仪表流程图、设备布置图和管道布置图。

⑧ 通过课程的学习，培养分析问题、解决问题的能力和严谨细致的工作作风。

（3）本课程的学习方法

① 掌握理论、多实践。本课程是一门既有系统理论又具有较强实践性的课程，核心内容是学习如何用二维平面图形来表达三维空间物体，以及由二维平面图形想象出三维空间物体的结构形状。因此，本课程最重要的学习方法就是不断实践由物画图和由图想物，既要掌

握作图的投影规律，又要想象构思物体的结构形状，这一过程必须通过大量的实践，逐步提高空间想象力和空间思维能力。

② 认真听、反复练。认真听课或视频，并完成相应的练习。虽然本课程的教学目标是以识图为主，但是识图源于画图，只有学会按照正确的方法、原理画图，才能在此基础上看懂图样，所以要由浅入深不断地由物到图、由图到物画图、读图反复练习，通过画图练习促进读图能力的培养。

③ 严格贯彻执行标准。为了便于技术交流，在绘图过程中，必须严格遵守国家标准的有关规定进行绘图和读图，要养成正确使用绘图工具的习惯，按正确的方法和步骤绘图，不断提高绘图技巧；学会查阅和使用有关标准手册。

④ 注重培养工程意识与素养。图样是传递和交流技术信息的，要自觉地培养认真负责的工作态度、严谨细致的工作作风，养成工匠精神的敬业特质。作业和练习要认真细致，作图不但要正确，而且图面要整洁，养成严谨的治学态度，精益求精，一丝不苟，不断培养工程意识和工程素养。

第1章 制图基本知识

能力目标

- 能够正确使用绘图工具绘制符合国家标准的平面图形。
- 能够徒手绘制符合国家标准的平面图形。

知识点

- 国家标准《技术制图》和《机械制图》的有关规定。
- 几何作图原理。
- 平面图形的分析、画法与尺寸标注。

1.1 绘图工具和仪器的使用

工欲善其事，必先利其器。要想快速准确地绘图，必须掌握绘图工具、仪器和用品的正确使用方法。

1.1.1 图板

图板是用来固定图纸进行绘图的，图板的板面必须平整、光滑，左侧面是画线的导边，应光滑、平直，如图1-1所示。

1.1.2 丁字尺

丁字尺由尺头和尺身组成（图1-1），尺头内侧是画线的导边，尺身上缘是画线的工作边。丁字尺和图板配合画水平线，画线时用左手使尺头内侧紧靠在图板左侧的导边，此时左手位于位置①，并上下滑移到画线所需位置，然后把左手移到尺身上的位置②处并压紧，右手拿铅笔沿着尺身工作边从左往右向前倾斜画线，如图1-2（a）所示。

禁止用丁字尺画竖直线或用尺身下缘画水平线。

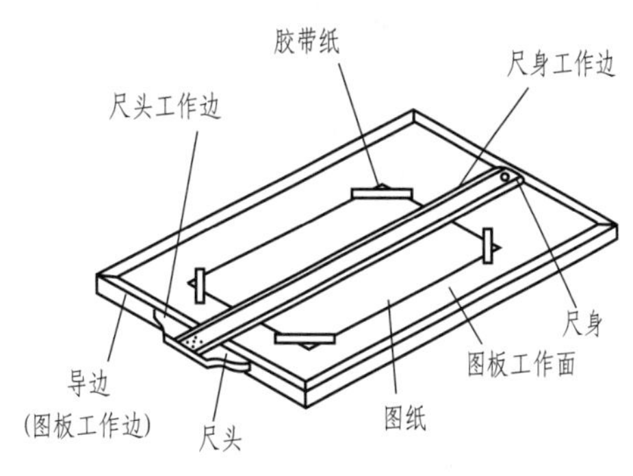

图1-1 图板与丁字尺

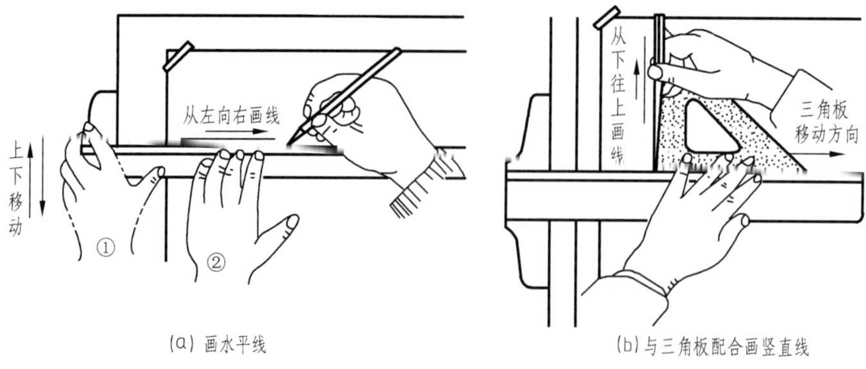

(a) 画水平线　　(b) 与三角板配合画竖直线

图1-2　用丁字尺画线

1.1.3　三角板

三角板有45°与30°/60°两种。三角板与丁字尺配合使用可画竖直线，如图1-2（b）所示，还可画15°和15°的倍数角（如15°、30°、45°、60°和75°）的斜线，如图1-3（a）所示。两块三角板配合使用，可画任意方向已知线的平行线和垂直线，如图1-3（b）、（c）、（d）所示。

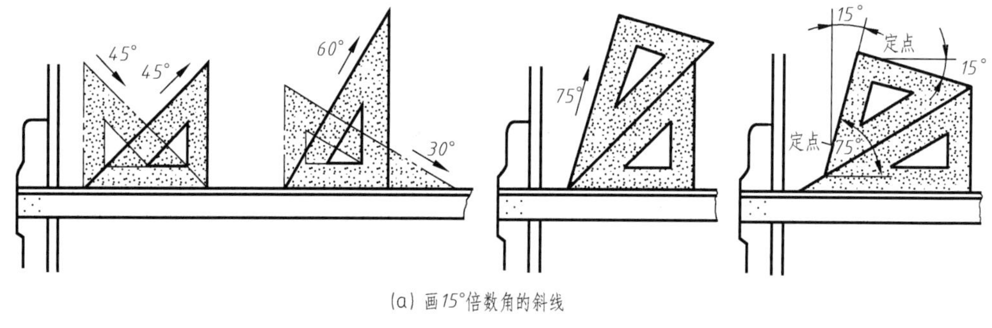

(a) 画15°倍数角的斜线

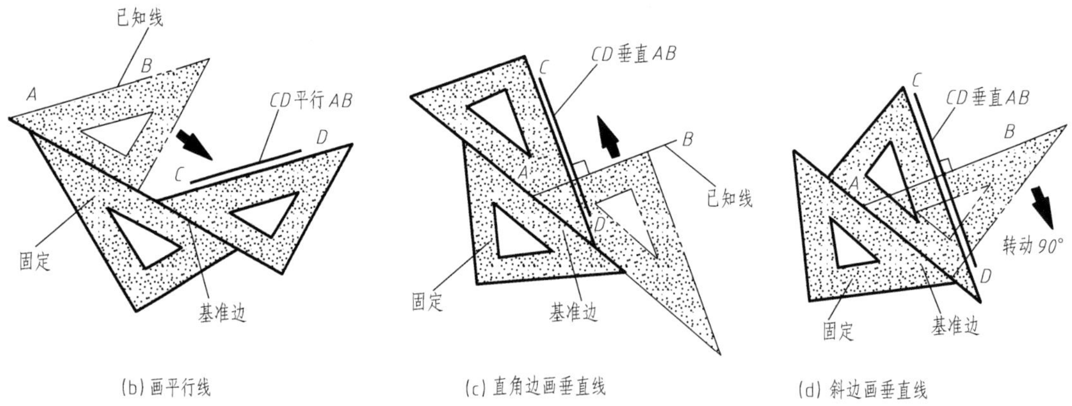

(b) 画平行线　　(c) 直角边画垂直线　　(d) 斜边画垂直线

图1-3　画任意方向已知线的斜线、平行线和垂直线

1.1.4　铅笔

绘图时要求使用绘图铅笔。铅笔的铅芯用B、H表示软硬程度。B前的数字越大，表示

铅芯越软，绘出的图线颜色越深；H前的数字越大，表示铅芯越硬；HB表示软硬适中。常用H或2H的铅笔画底稿，用B或HB的铅笔加深图线，用HB的铅笔写字。铅笔应从没有标记的一端开始使用，以便区分软硬铅芯。铅笔的削法和铅芯形状如图1-4所示，图1-4（c）中0.5~0.7为粗实线宽度。

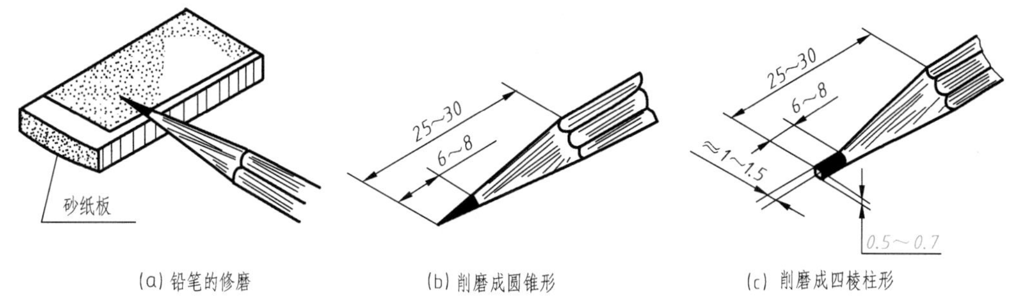

图1-4 铅笔的削法和铅芯形状

1.1.5 圆规

圆规用来画圆和圆弧，其结构和铅芯形状如图1-5所示。圆规使用前应先调整钢针插脚，使针尖稍长于铅芯，圆规的铅芯要比画直线的铅芯软一号，画细线的铅芯和描粗线的铅芯形状如图1-5（b）、（c）所示。

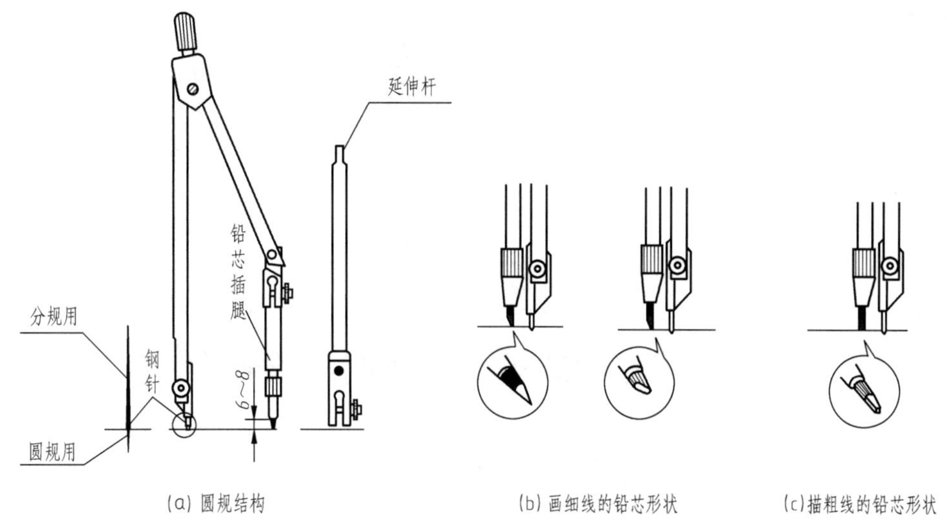

图1-5 圆规和圆规铅芯形状

圆规的使用方法如图1-6所示。画图时，先取好半径，以右手握住圆规头部，左手食指协助将针尖对准圆心，如图1-6（a）所示。两腿应尽可能与纸面垂直，然后按顺时针方向画圆，如图1-6（b）所示。画小圆时，圆规肘关节向内弯，如图1-6（c）所示。画大圆时，可接上延伸杆，如图1-6（d）所示。

1.1.6 分规

分规用于量取尺寸或等分线段。当两腿合拢时，两针尖应对齐，其结构及使用方法如图1-7所示。

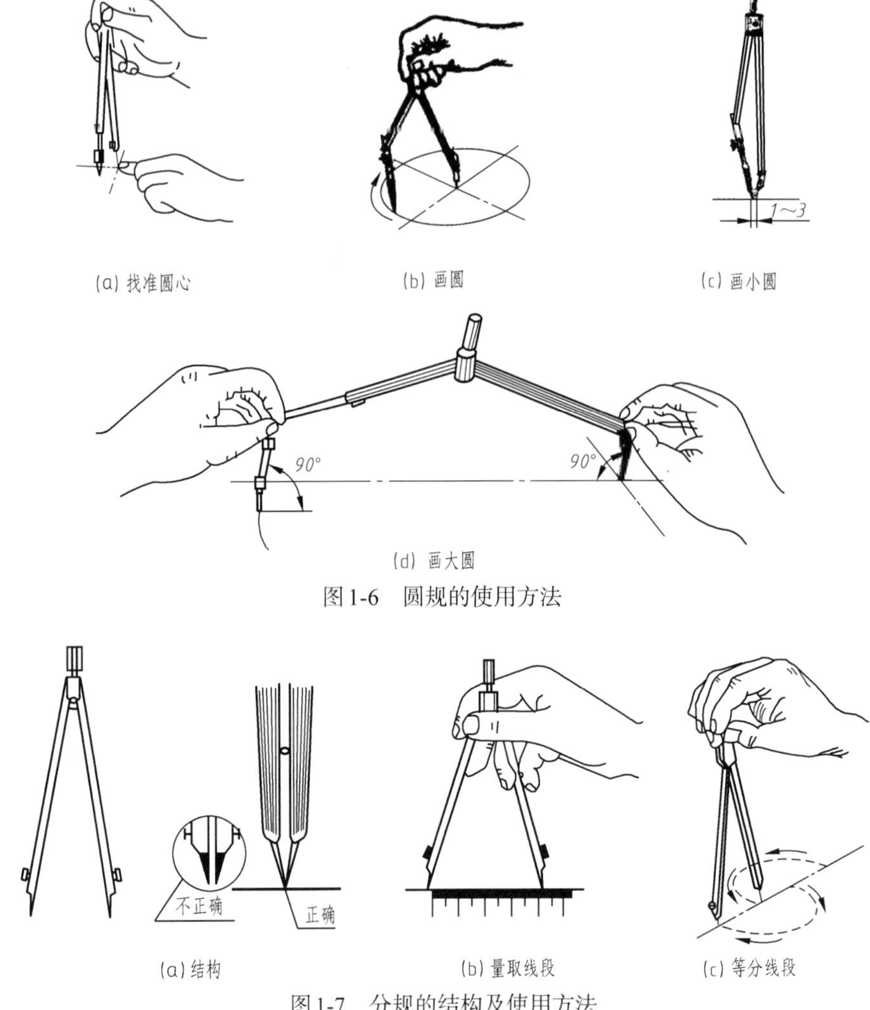

图1-6 圆规的使用方法

图1-7 分规的结构及使用方法

1.2 国家标准关于制图的一般规定

1.2.1 图纸幅面及格式（GB/T 14689—2008）

(1) 图纸幅面

图纸宽度与长度组成的图面即为图纸幅面。为了便于图纸的统一管理、装订及技术交流，绘制技术图样时，应优先采用表1-1规定的基本幅面尺寸。必要时按照基本幅面短边的整倍数加长幅面，加长幅面尺寸见图1-8，其中粗实线部分是基本幅面，细虚线为加长幅面。

表1-1 图纸基本幅面及格式 mm

幅面代号	A0	A1	A2	A3	A4
$B \times L$	841×1189	594×841	420×594	297×420	210×297
e	20		10		
c	10			5	
a	25				

（2）图框格式

图纸上必须用粗实线画出图框，图框是图纸限定绘图区域的线框，图框的格式分为不留装订边和留有装订边两种，见图1-9、图1-10，尺寸按表1-1的规定。同一产品的图样只能采用一种格式，加长幅面的图框尺寸按所选用的基本幅面大一号的周边尺寸确定。

（3）标题栏（GB/T 10609.1—2008）

每张图纸上都必须画出标题栏。标题栏是由名称及代号区、签字区、更改区和其他区组成的栏目（图1-11），其格式和尺寸按GB/T 10609.1—2008《技术制图 标题栏》的规定，如图1-11（a）所示。学生作业中的标题栏可以采用图1-11（b）所示简易标题栏。标题栏的位置应位于图纸的右下角。

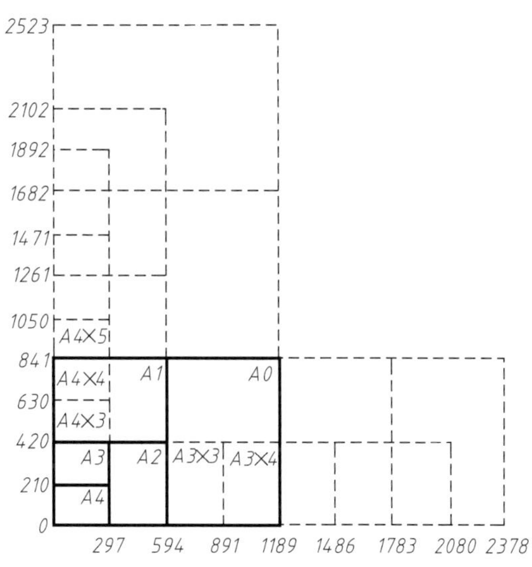

图1-8 图纸幅面及加长边

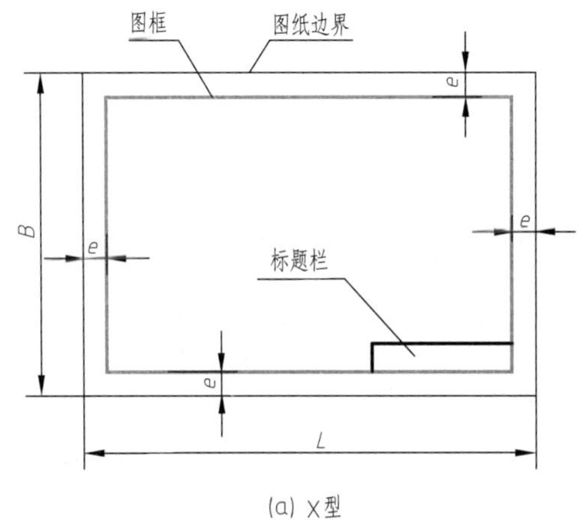

(a) X型

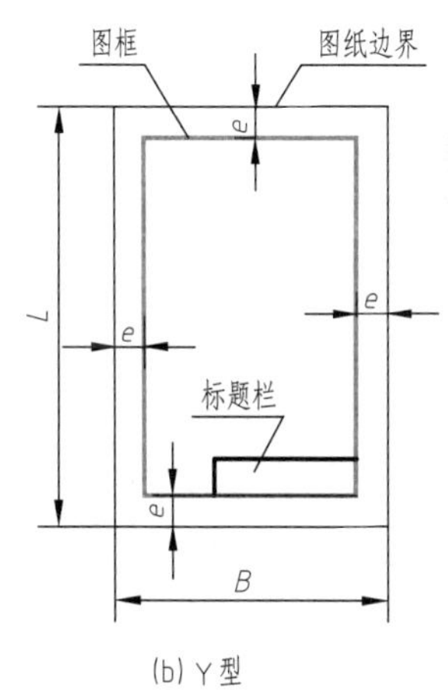

(b) Y型

图1-9 无装订边图纸的图框格式

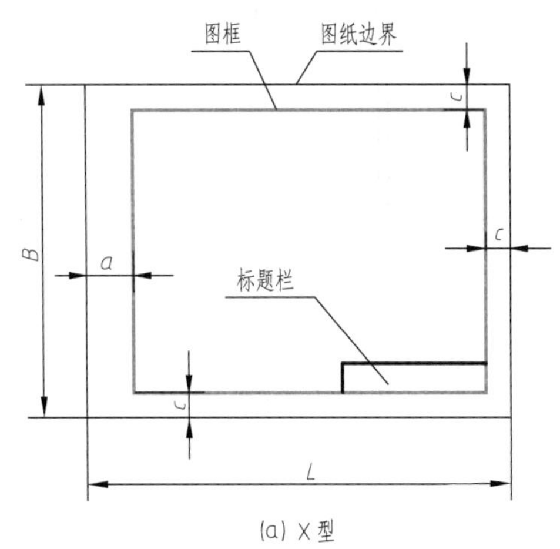

(a) X型

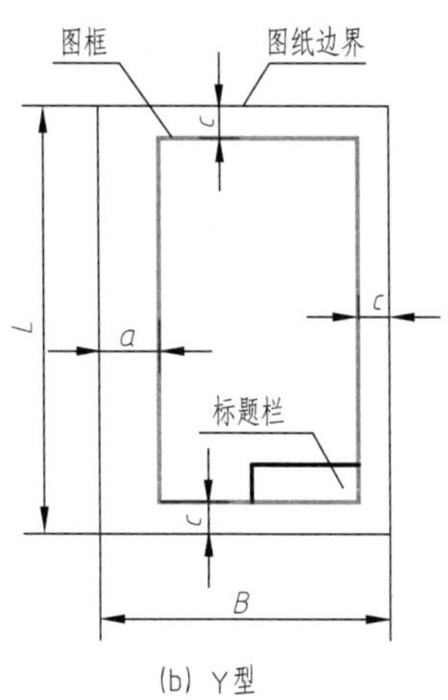

(b) Y型

图1-10 有装订边图纸的图框格式

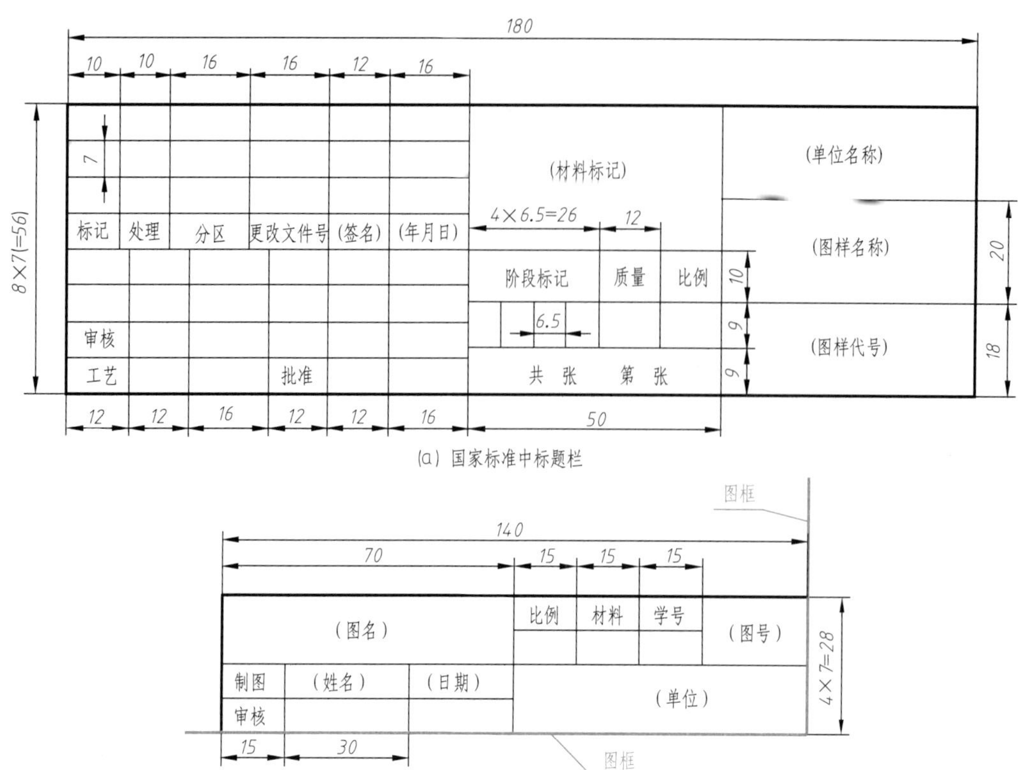

(a) 国家标准中标题栏

(b) 作业中简化的标题栏

图1-11　标题栏的格式和内容

标题栏的长边置于水平方向并与图纸长边平行时，构成X型图纸，如图1-9（a）、图1-10（a）所示。若标题栏的长边与图纸长边垂直时，构成Y型图纸，如图1-9（b）、图1-10（b）所示。在此情况下，看图的方向与看标题栏的方向一致。

为了利用预先印制的图纸，允许将X型图纸的短边置于水平位置使用，如图1-12（a）所示，或将Y型图纸的长边置于水平位置使用，如图1-12（b）所示。

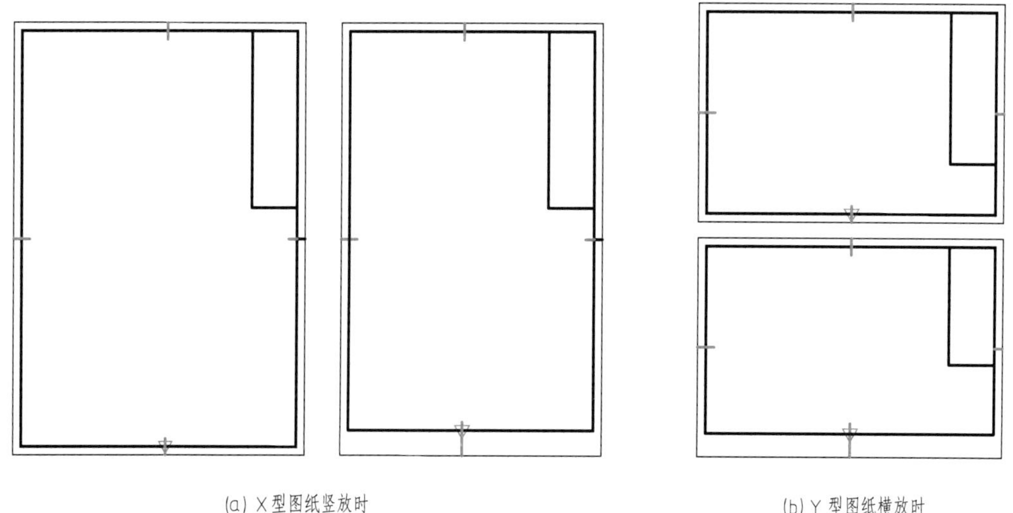

(a) X型图纸竖放时　(b) Y型图纸横放时

图1-12　标题栏的方位

(4) 附加符号

1）对中符号

对中符号是从图纸四边的中点画入图框内约5mm的粗实线段，通常作为缩微摄影和复制的定位基准标记。对中符号的位置误差应不大于0.5mm，如图1-12所示。当对中符号处在标题栏范围内时，则伸入标题栏部分省略不画。

2）方向符号

对于使用预先印制的图纸，X型图纸竖放、Y型图纸横放，如图1-12所示。为了明确绘图与看图时图纸的方向，应在图纸的下边对中符号处画出一个方向符号。

方向符号是用细实线绘制的等边三角形，其大小和所处的位置如图1-13所示。

3）投影符号

投影符号一般放置在标题栏中名称及代号区的下方。第一角画法、第三角画法的投影识别符号如图1-14所示。

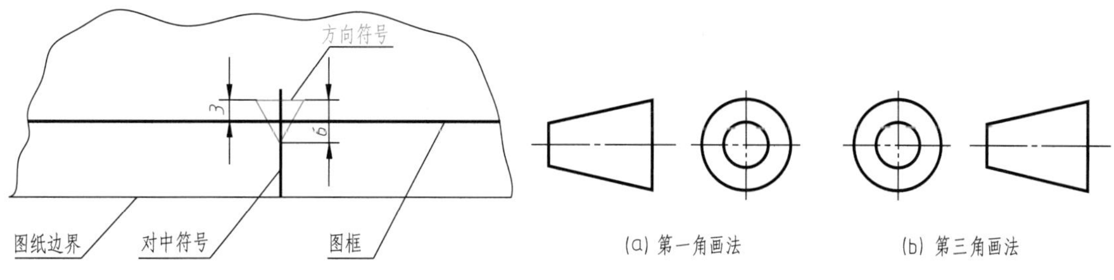

图1-13　方向符号的尺寸和位置

图1-14　投影识别符号

投影符号中的线型用粗实线和细点画线绘制，其中粗实线的线宽不小于0.5mm。

1.2.2　比例（GB/T 14690—1993）

(1) 术语

① 比例：图中图形与其实物相应要素的线性尺寸之比。

② 原值比例：比值为1的比例，即1：1。

③ 放大比例：比值大于1的比例，如2：1等。

④ 缩小比例：比值小于1的比例，如1：2等。

(2) 比例系列

需要按比例绘制图样时应由表1-2规定的系列中选取适当的比例。

表1-2　比例系列

种类	比例	
	第一系列	第二系列
原值比例	1:1	
缩小比例	1:2　1:5　1:10 $1:1\times10^n$ $1:2\times10^n$　$1:5\times10^n$	1:1.5　1:2.5　1:3　1:4　1:6 $1:1.5\times10^n$　$1:2.5\times10^n$ $1:3\times10^n$　$1:4\times10^n$　$1:6\times10^n$
放大比例	2:1　5:1　$1\times10^n:1$ $2\times10^n:1$　$5\times10^n:1$	2.5:1　4:1 $2.5\times10^n:1$　$4\times10^n:1$

注：n为正整数，优先选用第一系列。

（3）标注方法

① 比例符号应以“:”表示。比例的表示方法如1∶1、1∶50、20∶1等。

② 比例一般应标注在标题栏中的比例栏内。必要时可在视图名称的下方或右侧标注比例，如图1-15所示。

注意：无论采用放大或缩小的比例绘图，图样中标注的尺寸均为机件的实际大小，而与所用比例无关，如图1-16所示。

I	A	B—B	地板位置图
5:1	1:10	2:1	1:200

图1-15 比例标注方法

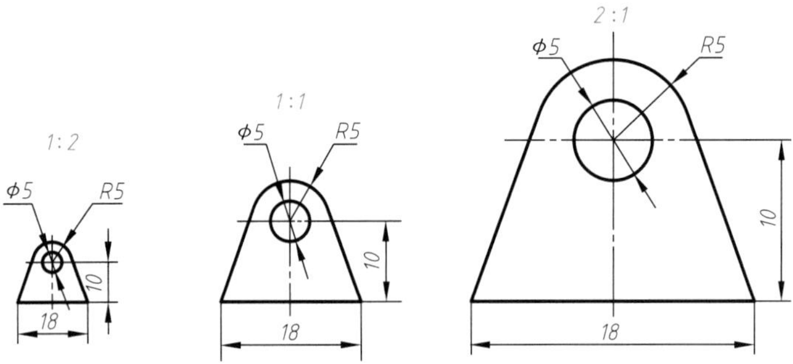

图1-16 用不同比例画出的图形

1.2.3 字体（GB/T 14691—1993）

字体就是图中文字、字母、数字的书写形式。

（1）基本要求

① 书写字体必须做到：字体工整、笔画清楚、间隔均匀、排列整齐。

② 字体高度（用h表示）的公称尺寸系列为：1.8mm、2.5mm、3.5mm、5mm、7mm、10mm、14mm、20mm。如需要书写更大的字，其字体高度应按$\sqrt{2}$的比率递增。字体高度代表字体的号数。

③ 汉字应写成长仿宋体字，并应采用中华人民共和国国务院正式公布推行的《汉字简化方案》中规定的简化字。汉字的高度不应小于3.5mm，其字宽一般为$h/\sqrt{2}$。

④ 字母和数字分A型和B型。A型字体的笔画宽度（d）为字高（h）的1/14，B型字体的笔画宽度（d）为字高（h）的1/10。在同一图样上只允许选用一种形式的字体。

⑤ 字母和数字可写成斜体和直体。斜体字头向右倾斜，与水平基准线成75°。

（2）字体示例

1）长仿宋体汉字示例（图1-17）

2）字母及数字示例（图1-18）

3）综合应用

① 用作指数、分数、极限偏差、注脚等的数字及字母，一般应采用小一号的字体，如图1-19（a）所示。

② 图样中的数学符号、物理量符号、计量单位符号以及其他符号、代号，应分别符合国家的有关法令和标准的规定，如图1-19（b）所示。

③ 其他应用示例，如图1-19（c）所示。

10号字

字体工整 笔画清楚 间隔均匀 排列整齐

7号字

横平竖直　注意起落　结构均匀　填满方格

5号字

技术制图化工设备图化工工艺图管道布置图钣金展开图

3.5号字

化工设备图是采用正投影原理和适当的表达方法表达化工设备的图样。

图1-17　长仿宋体汉字示例

ABCDEFGHIJKLMNOP
QRSTUVWXYZ
I II III IV V VI VII VIII IX X
0 1 2 3 4 5 6 7 8 9

(a) 斜体

ABCDEFGHIJKLMNO
PQRSTUVWXYZ
I II III IV V VI VII VIII IX X
0 1 2 3 4 5 6 7 8 9

(b) 直体

图1-18　字母及数字示例

10^5　$\frac{2}{3}$　$\Phi20^{0}_{-0.021}$　N_2　Y_H

(a)

l/mm　m/kg　460r/min　220V　380kPa　5MΩ

(b)

60JS(±0.015)　M20-6H　$\Phi50\frac{H7}{h6}$　Φ50H7/h6

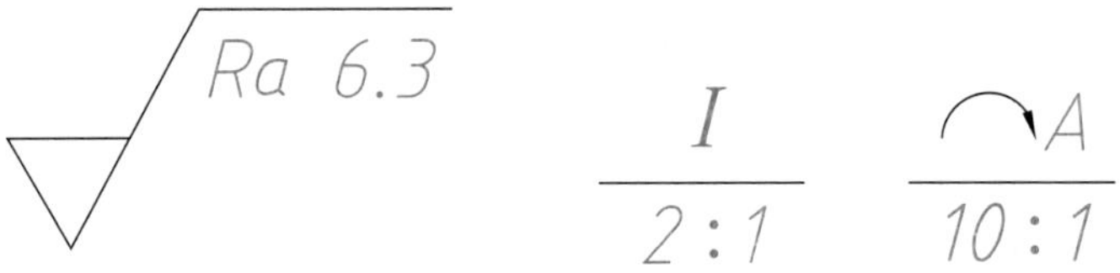

Ra 6.3

$\frac{I}{2:1}$　$\frac{A}{10:1}$

(c)

图1-19　综合应用

1.2.4 图线（GB/T 4457.4—2002，GB/T 17450—1998）

（1）定义

① 图线是指起点和终点间以任意方式连接的一种几何图形，形状可以是直线或曲线、连续线或不连续线。

② 线素是指不连续线的独立部分。如点、长度不同的画和间隔。

③ 线段是指一个或一个以上不同线素组成一段连续的或不连续的图线。如实线的线段，或由“长画、短间隔、点、短间隔、点、短间隔”组成的双点画线的线段等。

（2）线型及其应用

绘制机械图样时，根据表1-3选用图线。

表1-3 线型及其应用（摘自GB/T 17450—1998）

代码	名称	线宽	型式	一般应用
01.1	细实线	$d/2$		过渡线、尺寸线、尺寸界线、指引线和基准线、剖面线、重合断面的轮廓线、螺纹牙底线等
	波浪线	$d/2$		断裂处边界线，视图与剖视图的分界线①
	双折线	$d/2$	(7.5d)　20～40　14d　30°	断裂处边界线，视图与剖视图的分界线①
01.2	粗实线	d		可见棱边线、可见轮廓线、相贯线、螺纹牙顶线、螺纹长度终止线、齿顶圆(线)、剖切符号用线
02.1	细虚线	$d/2$	2～6　1～2	不可见棱边线 不可见轮廓线
02.2	粗虚线	d	2～6　1～2	允许表面处理的表示线
04.1	细点画线	$d/2$	2～3　10～25	轴线、对称中心线、分度圆(线)、孔系分布的中心线、剖切线
04.2	粗点画线	d	2～3　10～25	限定范围表示线
05.1	细双点画线	$d/2$	3～4　10～20	相邻辅助零件的轮廓线、可动零件的极限位置轮廓线、成形前的轮廓线、剖切面前面结构的轮廓线、轨迹线、中断线

① 在一张图样上一般采用一种线型，即采用波浪线或双折线。

（3）图线宽度和图线组别

图线宽度和图线组别见表1-4。在机械图样中采用粗细两种线宽，它们之间的比例为2∶1。

表1-4　图线宽度和图线组别（摘自GB/T 4457.4—2002）

线型组别	与线型代码对应的线型宽度	
	01.2;02.2;04.2	01.1;02.1;04.1;05.1
0.25	0.25	0.13
0.35	0.35	0.18
0.5①	0.5	0.25
0.7①	0.7	0.35
1	1	0.5
1.4	1.4	0.7
2	2	1

① 优先采用的图线组别。

图线的综合应用实例如图1-20所示。

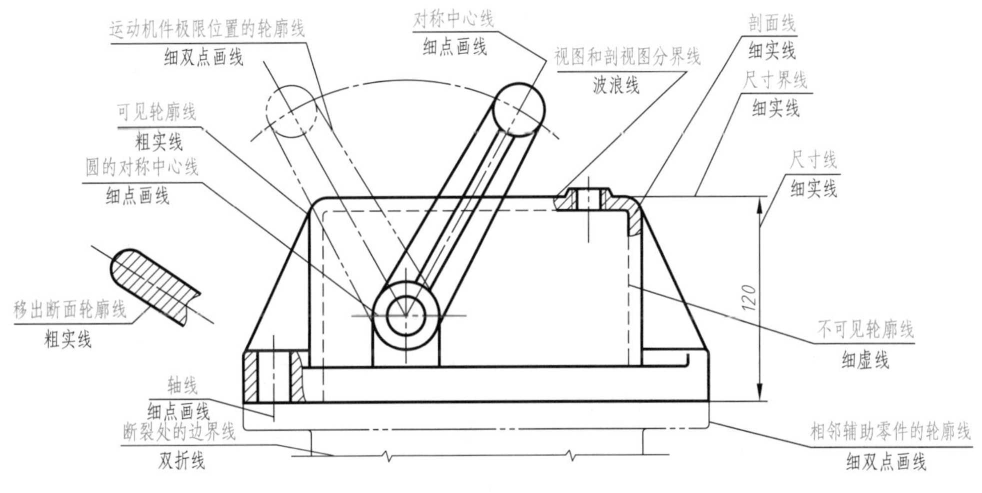

图1-20　图线的综合应用实例

（4）图线的画法

绘图时应注意以下事项。

① 在同一图样中，同类图线的宽度应基本一致。细虚线、细点画线的线段长度和间隔应各自大致相同。细点画线、粗点画线、细双点画线的首末两端应是线段，而不是短画。细点画线、粗点画线、细双点画线的点不是圆点，而是一个约1mm的短画。

② 除非另有规定，两条平行线之间的最小间隙不得小于0.7mm。

③ 基本线型（虚线、点画线、双点画线）应恰当地相交于画线处，如图1-21所示。

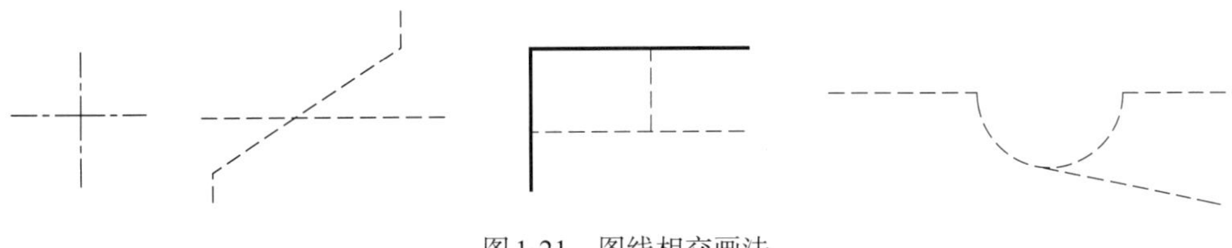

图1-21　图线相交画法

④ 绘制对称中心线时，所用细点画线应超出图中轮廓线2~5mm。若圆的直径较小（直径小于12mm），允许用细实线代替细点画线，如图1-22所示。

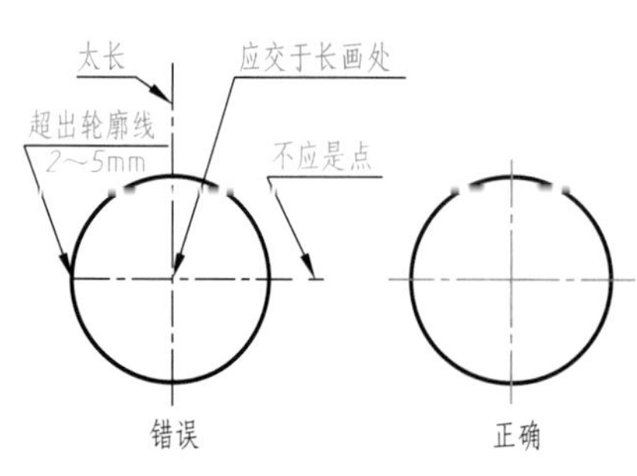

图1-22 细点画线画法

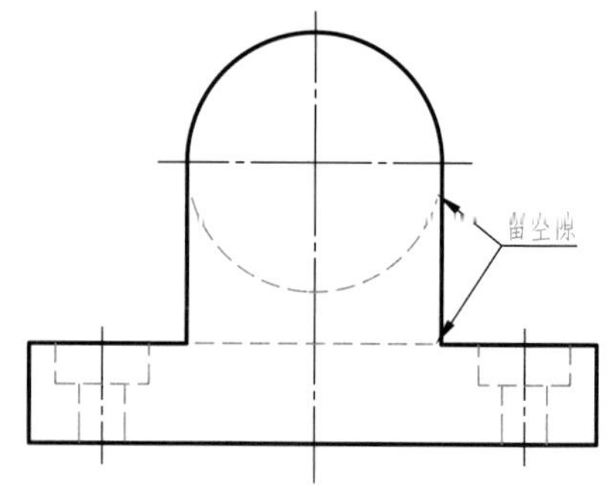

图1-23 虚线画法

⑤ 虚线是实线的延长线时，连接处应留有空隙，如图1-23所示。

1.2.5 尺寸标注（GB/T 4458.4—2003）

尺寸是用特定长度或角度单位表示的数值，并在技术图样上用图线、符号和技术要求表示出来。

图样中的图形只能表示机件的结构形状，机件的大小是由标注的尺寸来确定的，如图1-24所示。机件是按照图样上的尺寸进行加工制造的，如果图样上的尺寸标注错误、不全或不合理都会给生产带来困难和损失。因此标注尺寸是一项非常重要的工作，必须以极端负责的态度来对待，严格遵守尺寸标注的基本规定。

（1）基本规则

① 机件的真实大小应以图样上所注的尺寸数值为依据，与图形的大小及绘图的准确度无关。

② 图样中（包括技术要求和其他说明）的尺寸，以mm为单位时，不需标注单位符号（或名称）。如果采用其他单位，则应注明相应的单位符号。

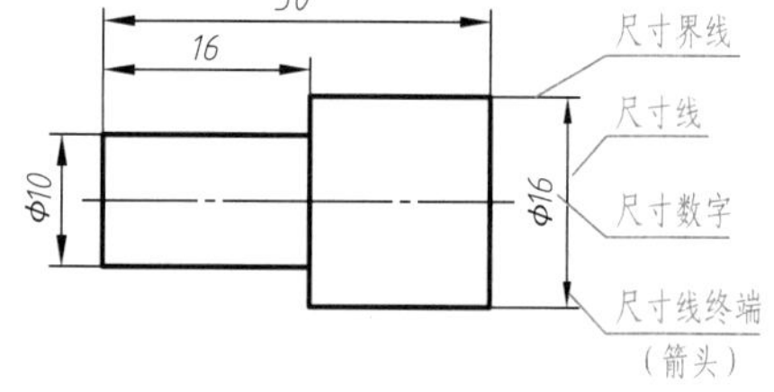

图1-24 尺寸要素

③ 图样中所标注的尺寸，为该图样所示机件的最后完工尺寸，否则应另加说明。

④ 机件的每一尺寸，一般只标注一次，并应标注在反映该结构最清晰的图形上。

（2）尺寸要素

一个完整的尺寸是由尺寸界线、尺寸线、尺寸数字三个要素组成，如图1-24所示。

1）尺寸界线

尺寸界线用来限定尺寸度量的范围。尺寸界线用细实线绘制，如图1-24所示，并应由图形的轮廓线、轴线或对称中心线引出。也可利用图形的轮廓线、轴线或对称中心线作尺寸界线，如图1-25所示。

尺寸界线一般应与尺寸线垂直，必要时才允许倾斜。在光滑过渡处标注尺寸时，应用细实线将轮廓线延长，从它们的交点处引出尺寸界线，如图1-26所示。

2）尺寸线

尺寸线用来表示所注尺寸的度量方向。尺寸线必须用细实线单独绘制，不能用其他图线代替，也不得与其他图线重合或画在其延长线上。

尺寸线终端有两种形式。

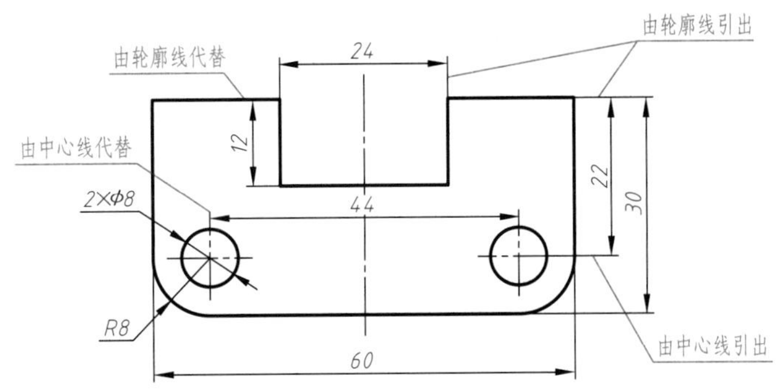

图1-25　尺寸界线的画法

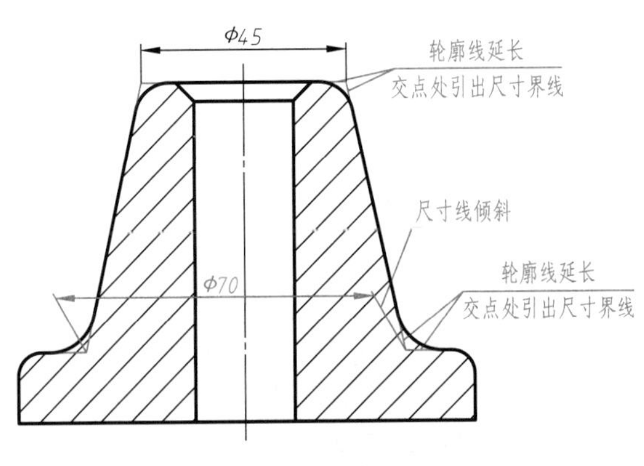

图1-26　光滑过渡处的尺寸标注

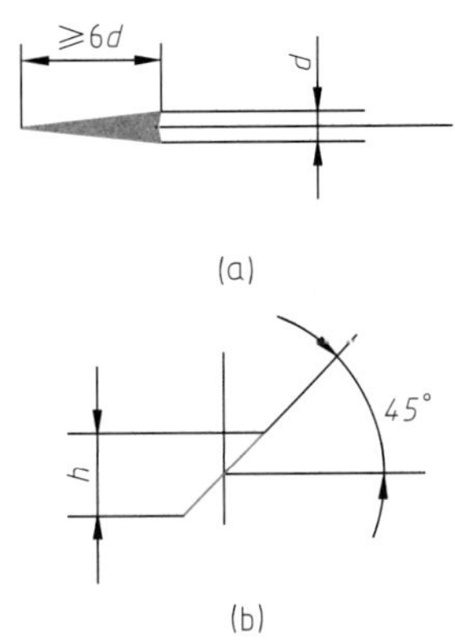

图1-27　尺寸线终端形式

d—粗实线宽度；h—尺寸数字字高

① 箭头：箭头的形式如图1-27（a）所示，适用于各种类型的图样。

② 斜线：斜线终端用细实线绘制，方向以尺寸线为准，逆时针旋转45°画出，如图1-27（b）所示。当尺寸线的终端采用斜线形式时，尺寸线与尺寸界线应相互垂直，如图1-28所示。

机械图样中一般采用箭头作为尺寸线的终端。当尺寸线与尺寸界线相互垂直时，同一图样中只能采用一种尺寸线终端形式。

3）尺寸数字

尺寸数字用来表示所注尺寸的数值。线性尺寸的尺寸数字一般标注在尺寸线上方。尺寸数字的方向，应以看图方向为准，如图1-29（a）所示：水平方向的尺寸数字，应注写在尺寸线的上方；竖直方向的尺寸数字，一般应注写在尺寸线的左方，字头朝左；倾斜方向的尺寸数字字头应保持朝上的趋势。尽量避免在图示30°范围内标注尺寸，当无法避免时可按图1-29（b）的形式标注。对于非水平方向的尺寸，也允许在尺寸线的中断处水平注写，这种方法一般很少使用。

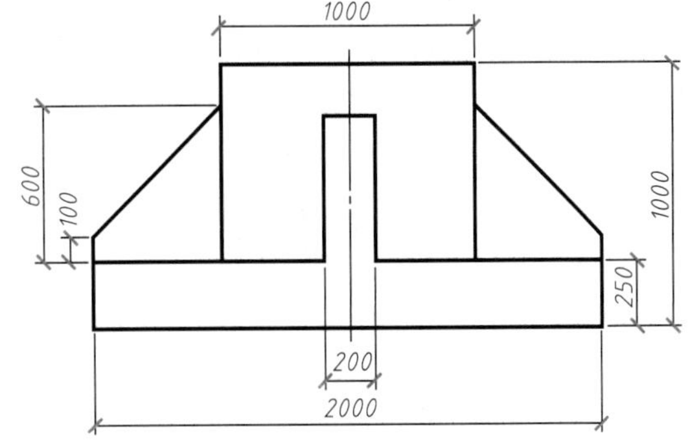

图1-28　尺寸线终端采用斜线形式时的尺寸标注

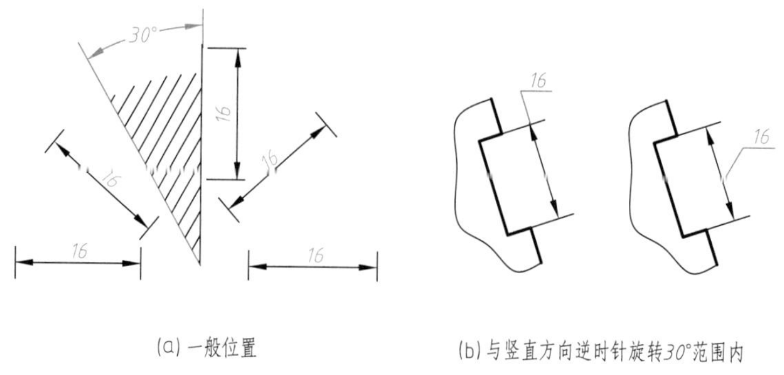

图1-29 尺寸数字注写

注意：尺寸数字不得被任何图线通过，当无法避免时，应该将图线断开，如图1-30所示。

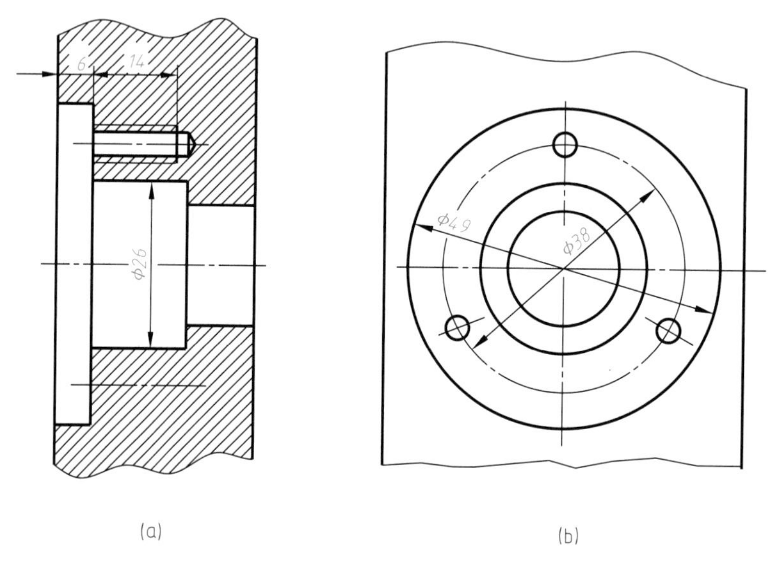

图1-30 尺寸数字不被任何图线通过的注法

(3) 尺寸标注示例

1）线性尺寸

标注线性尺寸时，尺寸线应与所标注的线段平行，相互平行的尺寸线小尺寸在里、大尺寸在外，避免尺寸线之间及尺寸线与尺寸界线之间相交，尺寸线间隔要均匀，间隔要大于7mm，如图1-31所示。串列的线性尺寸，各尺寸线要对齐，如图1-32所示。

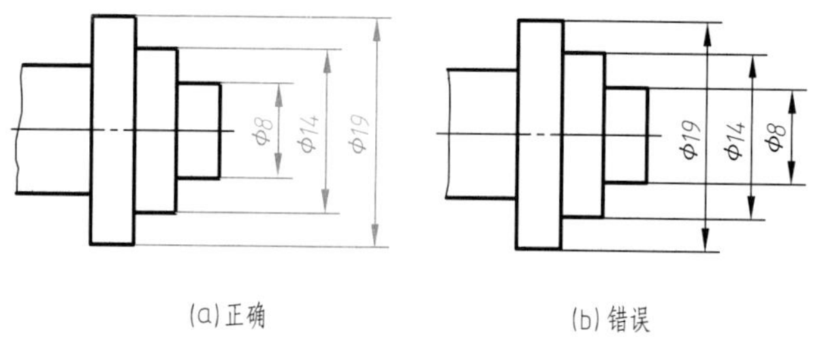

图1-31 线性尺寸注法（一）

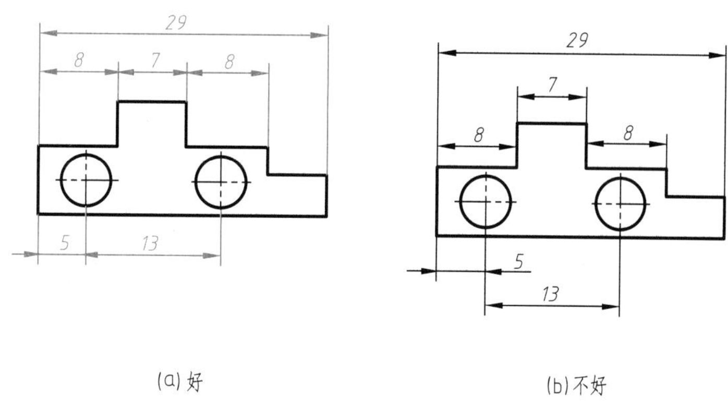

图 1-32　线性尺寸注法（二）

2）直径尺寸

整圆和大于半个圆的圆弧标注直径尺寸。尺寸界线用圆的轮廓代替，尺寸线通过圆心，尺寸线终端箭头指到圆的轮廓，尺寸数字前加符号“*ϕ*”，如图 1-33 所示。

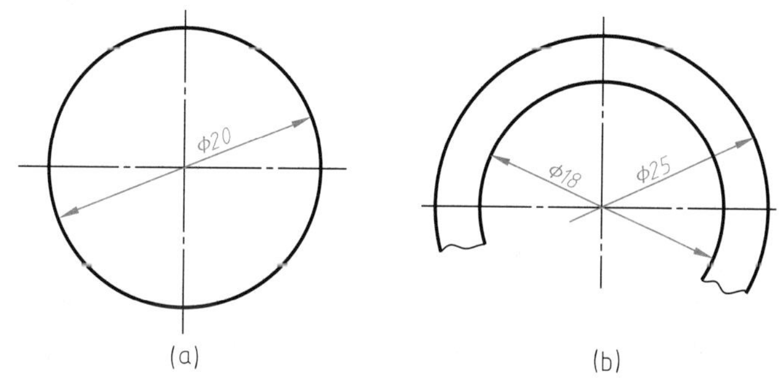

图 1-33　圆的直径注法

3）半径尺寸

小于半个圆的圆弧标注半径尺寸。尺寸界线用圆的轮廓代替，尺寸线通过圆心，尺寸线终端箭头指到圆的轮廓，尺寸数字前加符号“*R*”，如图 1-34 所示。

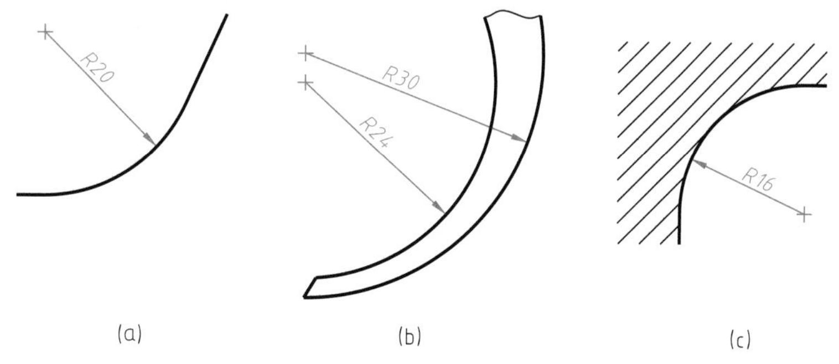

图 1-34　圆弧半径注法

当圆弧的半径过大或在图纸范围内无法标出其圆心位置时，可按图 1-35（a）的形式标注。若不需要标注出其圆心位置时，可按图 1-35（b）的形式标注。

4）球面尺寸

标注球面的直径或半径时，应在符号“*ϕ*”或“*R*”前加注符号“*S*”，如图 1-36（a）、

(b)。对于轴、螺杆、铆钉以及手柄等的端部，在不致引起误解的情况下可省略符号“*S*”，如图1-36（c）所示。

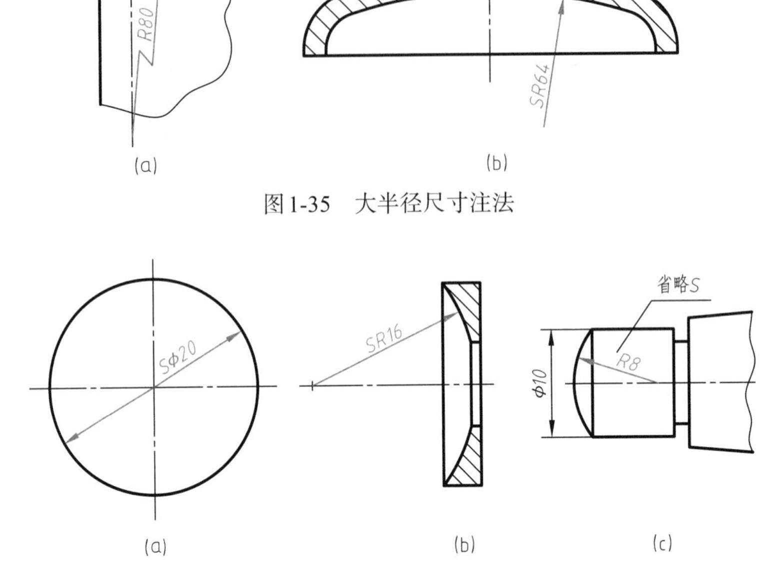

图1-35　大半径尺寸注法

图1-36　球面尺寸注法

5）角度尺寸

标注角度的尺寸界线应沿径向引出，尺寸线应以角的顶点为圆心画成圆弧，尺寸数字一律水平注写，一般注写在尺寸线的中断处，如图1-37（a）所示。必要时允许写在尺寸线的外面或引出标注，如图1-37（b）所示。

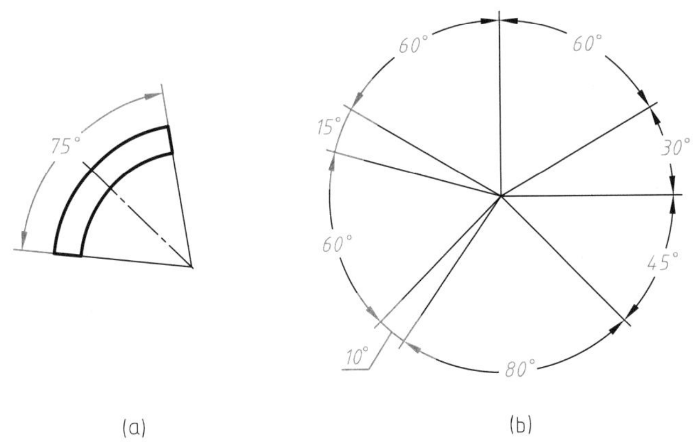

图1-37　角度尺寸注法

6）小尺寸

在没有足够的位置画箭头或注写数字时，可按图1-38的形式标注，单个小尺寸可以将箭头或者尺寸数字（其一或者全部）移到尺寸界线外侧；几个串列的小尺寸，最外面的将箭头移到尺寸界线外侧，里面画不下箭头的地方用圆点或斜线代替箭头，同一图样中，只能采用一种形式。

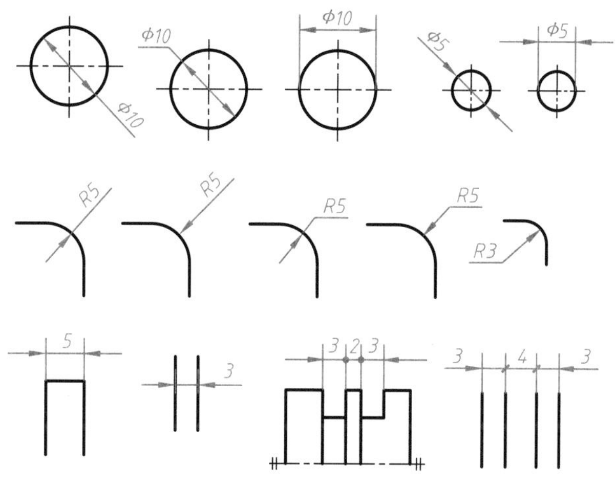

图1-38　小尺寸注法

7）弦长和弧长尺寸

标注弦长的尺寸界线应平行于该弦的垂直平分线，如图1-39所示。

标注弧长的尺寸界线应平行于该弧所对圆心角的角平分线，如图1-40（a）所示。但当弧度较大时，可沿径向引出，尺寸数字前加符号“⌒”，如图1-40（b）所示。

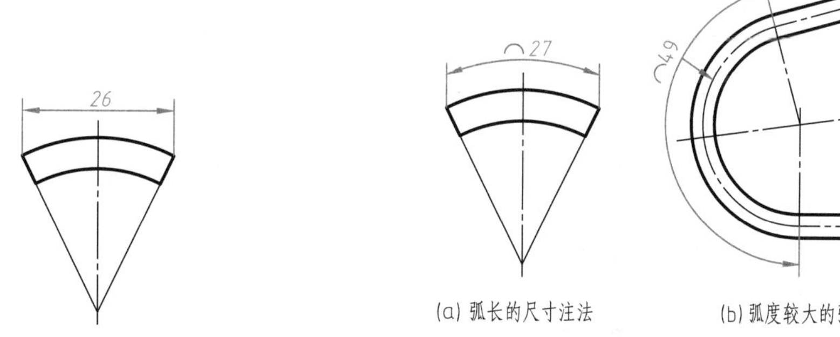

图1-39　弦长的尺寸注法

图1-40　弧长的尺寸注法

8）参考尺寸

标注参考尺寸时，应将参考尺寸数字加上圆括号，如图1-41所示。

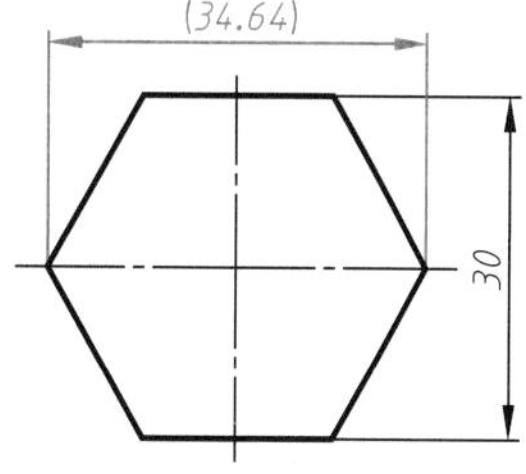

图1-41　参考尺寸注法

9）对称尺寸

当对称机件的图形只画出一半或略大于一半时，尺寸线应略超过对称中心线或断裂处的边界，此时仅在尺寸线的一端画出箭头，如图1-42所示。

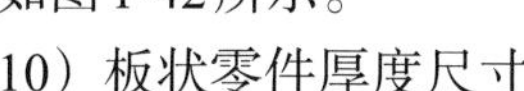

10）板状零件厚度尺寸

标注板状零件的厚度时，可在尺寸数字前加注符号“*t*”，如图1-43所示。

11）符号和缩写词

标注尺寸常用的符号和缩写词应符合表1-5中的规定。表1-5中符号的线宽为$h/10$（h为字体高度）。

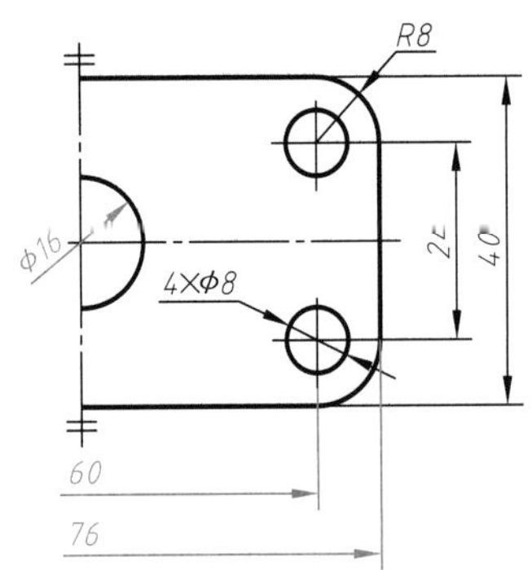

图1-42 对称尺寸注法

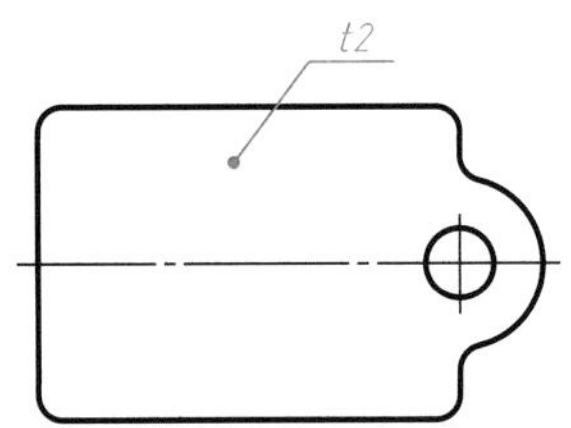

图1-43 标注板状零件的厚度尺寸注法

表1-5 标注尺寸常用的符号和缩写词

序号	含义	符号或缩写词	序号	含义	符号或缩写词
1	直径	ϕ	9	深度	↧
2	半径	R	10	沉孔或锪平	⊔
3	球直径	$S\phi$	11	埋头孔	∨
4	球半径	SR	12	弧长	⌒
5	厚度	t	13	斜度	∠
6	均布	EQS	14	锥度	◁
7	45°倒角	C	15	展开长	○→
8	正方形	□	16	型材截面形状	按GB/T 4656.1—2000

标注尺寸用符号的比例画法见图1-44。

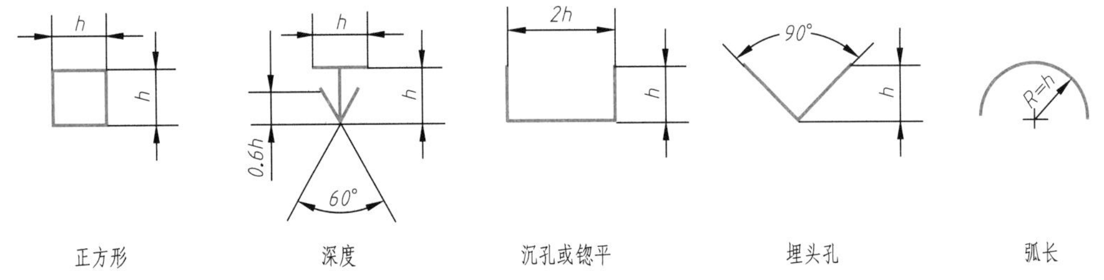

图1-44 标注尺寸用符号的比例画法

h—尺寸数字字高

1.3 几何作图

任何机件图样上的图形都是由直线、圆弧及其他曲线组成的。如图1-45所示扳手的外形轮廓，就是由直线和圆弧连接组成的几何图形。因此，必须掌握几何图形的作图方法。本节主要介绍常用几何图形的作图方法。

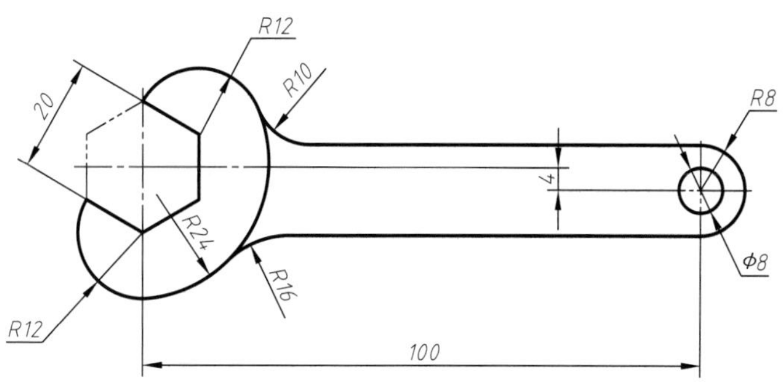

图1-45 扳手平面图形

1.3.1 等分圆周及作正多边形

(1) 三等分圆周及作正三角形

用30°/60°三角板和丁字尺配合，作圆内接正三角形，或者用圆规进行作图，方法如图1-46所示。

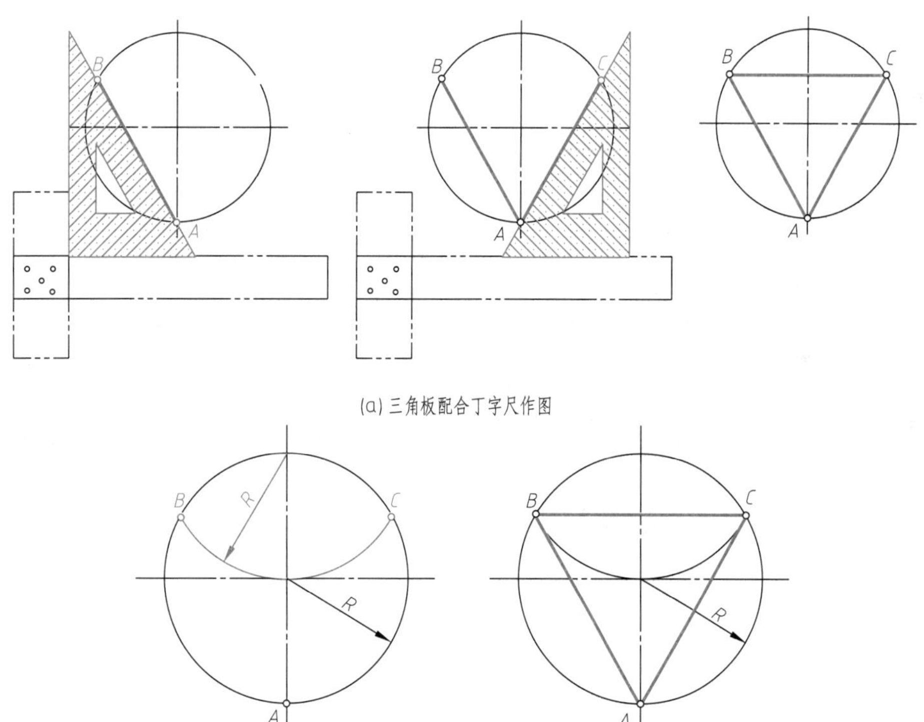

图1-46 三等分圆周及作正三角形

(2) 六等分圆周及作正六边形

用30°/60°三角板和丁字尺配合，可直接作正六边形，或者用圆规进行作图，方法如图1-47所示。

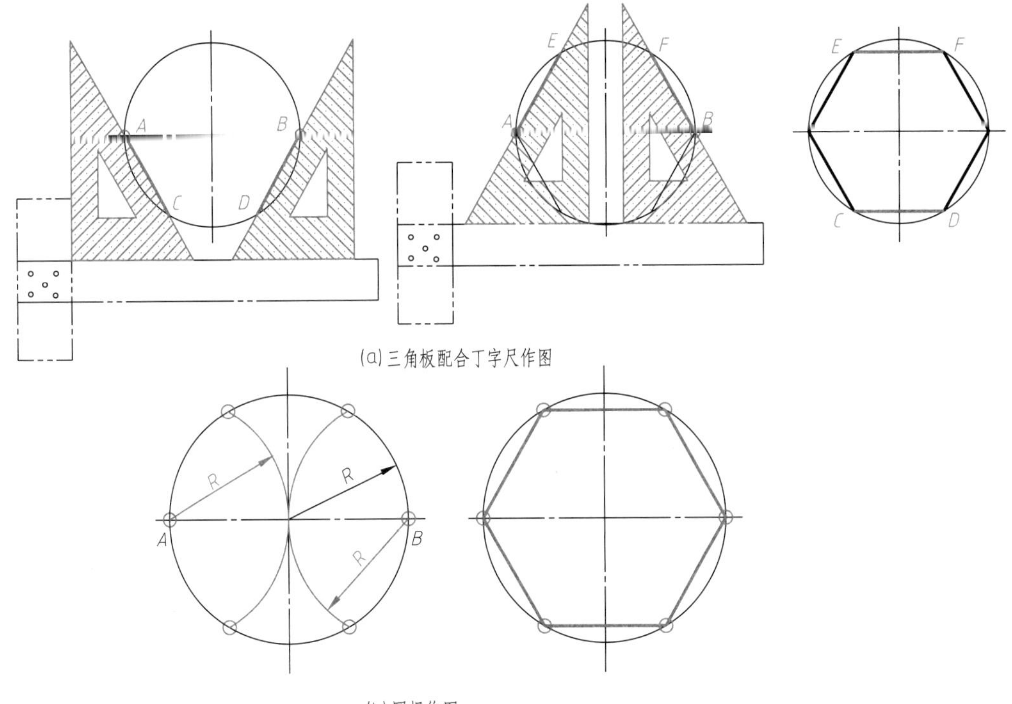

图1-47 六等分圆周及作正六边形

1.3.2 椭圆的画法

椭圆是工程中常见的非圆曲线。一般用同心圆法和四心圆法完成作图。

(1) 同心圆法（精确画法）

① 分别以椭圆长轴和短轴为直径作两个同心圆，如图1-48（a）所示。

② 作圆的12等分（等分越多越精确），过圆心连接圆周等分点得一系列放射线，如图1-48（b）所示。

③ 过大圆上的等分点作竖直线，过小圆上的等分点作水平线，两组相应直线的交点即为椭圆上的点，如图1-48（c）所示。

④ 用曲线板光滑连接各点，即得椭圆，如图1-48（d）所示。

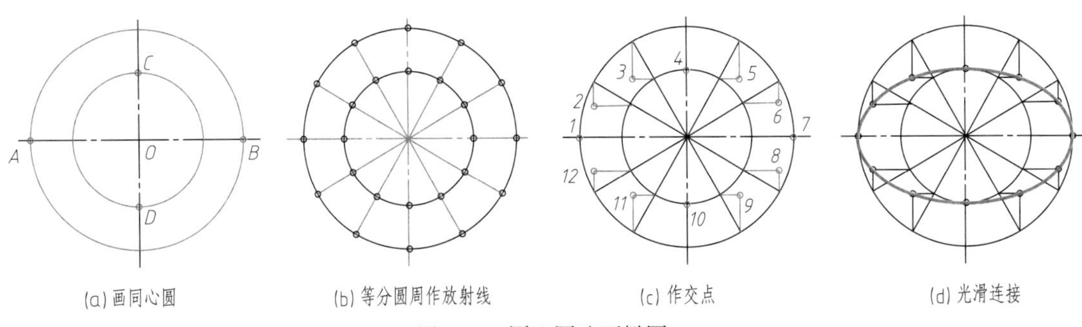

图1-48 同心圆法画椭圆

(2) 四心圆法（近似画法）

① 作出椭圆的长轴AB和短轴CD，连AC；以O为圆心、OA为半径画弧，在OC的延长

线上得E点；再以C为圆心，CE为半径画弧，在AC上得F点，如图1-49（a）所示。

② 作AF的垂直平分线，与AB交于1，与CD交于2；取1、2的对称点3、4，如图1-49（b）所示。

③ 连接23、41、43并延长，如图1-49（c）所示。

④ 分别以2、4为圆心，2C为半径画弧，与21、23、41、43的延长线相交，即得两条大圆弧；分别以1、3为圆心，1A为半径画弧，与所画的大圆弧连接，即近似地得到椭圆，如图1-49（d）所示。

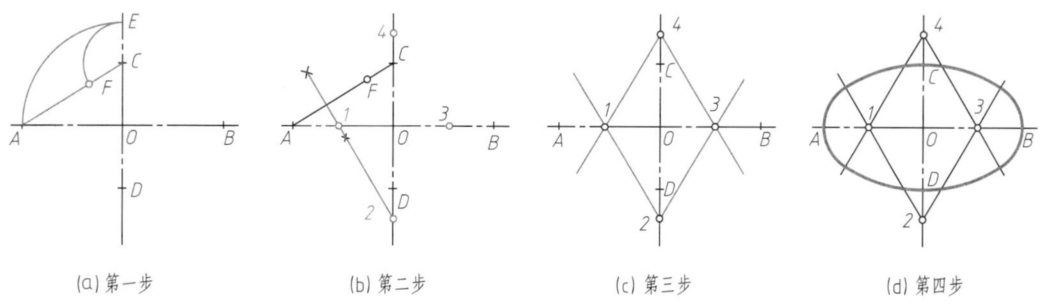

图1-49　四心近似画法画椭圆

1.3.3　圆弧连接

圆弧连接是指用已知半径的圆弧，光滑连接（即相切）相邻两线段（直线或圆弧）。这种起连接作用的圆弧，称为连接弧。作图时，必须先求出连接弧的圆心和切点，才能保证圆弧的光滑连接。

（1）圆弧连接的作图原理

① 与已知直线AB相切的圆弧（半径为R），其圆心的轨迹是与AB直线距离为R的平行线。由圆心O向已知直线AB作垂线，垂足即为切点，如图1-50所示。

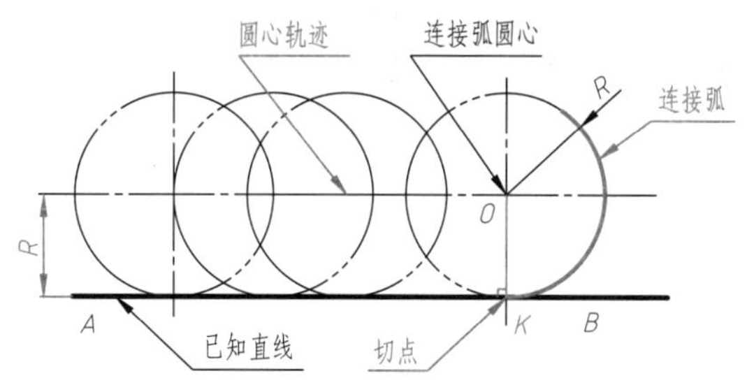

图1-50　圆与直线相切

② 与已知圆弧（圆心为O_1，半径为R_1）相切的圆弧（半径为R），其圆心轨迹是已知圆弧的同心圆。同心圆的半径根据相切情况而定，当两圆弧相外切时，以两个半径之和（R_1+R）为半径［图1-51（a）］，两圆弧连心线OO_1与已知圆弧的交点K即为切点。当两圆弧相内切时，以两个半径之差（R_1-R）为半径，两圆弧连心线OO_1的延长线与已知圆弧的交点K即为切点，如图1-51（b）所示。

（2）圆弧连接作图举例

【例1-1】 用半径为R的圆弧，连接两已知直线，如表1-6所示。

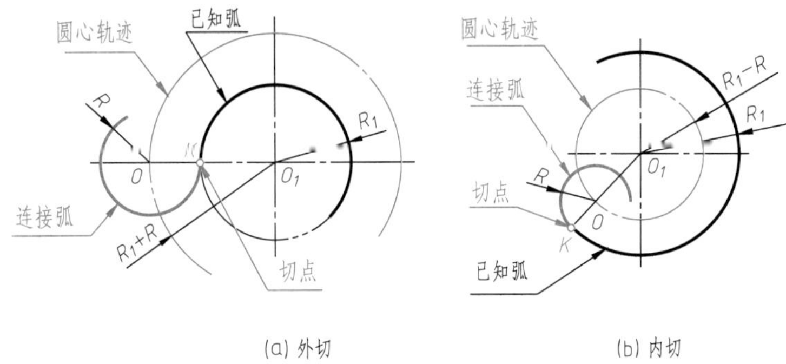

(a) 外切　(b) 内切

图1-51　圆与圆相切

表1-6　用圆弧连接两直线

已知条件		作图方法和步骤		
		求圆心	求切点	画连接弧并加深
成锐角时				
成钝角时				
成直角时		求切点	求圆心	

【例1-2】 用半径为R的圆弧，连接一已知直线和一已知圆弧。

作图方法与步骤如图1-52所示。

【例1-3】 用半径为R的圆弧，连接两已知圆弧。

作图方法与步骤如图1-53所示。

实物
已知条件
求圆心
求切点
画连接弧并加深
(a) 与圆弧外切
实物
已知条件
求圆心
求切点
画连接弧并加深
(b) 与圆弧内切

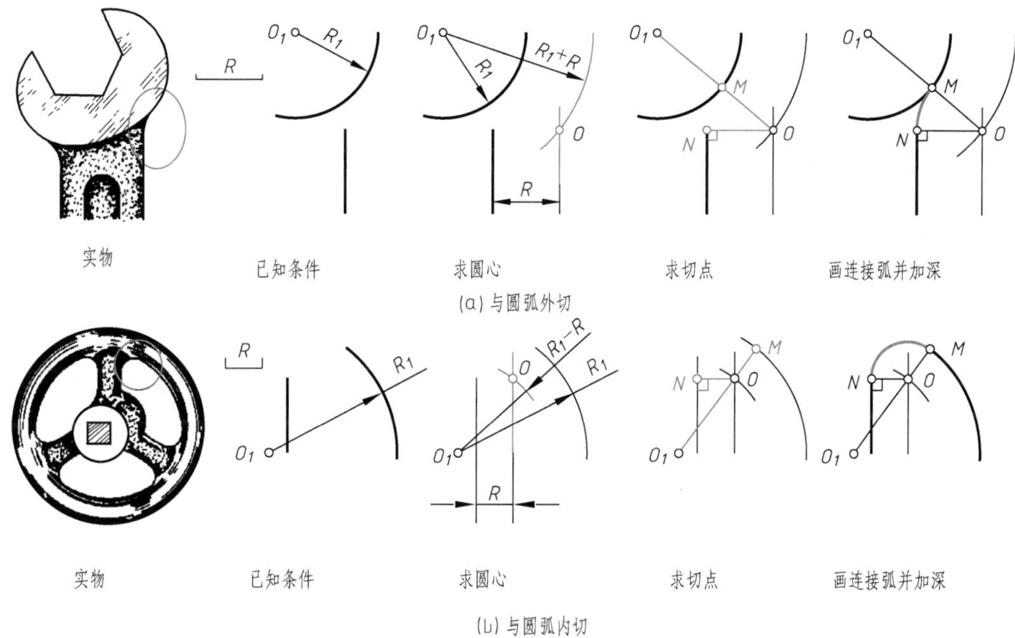

图1-52 圆弧连接已知直线和圆弧

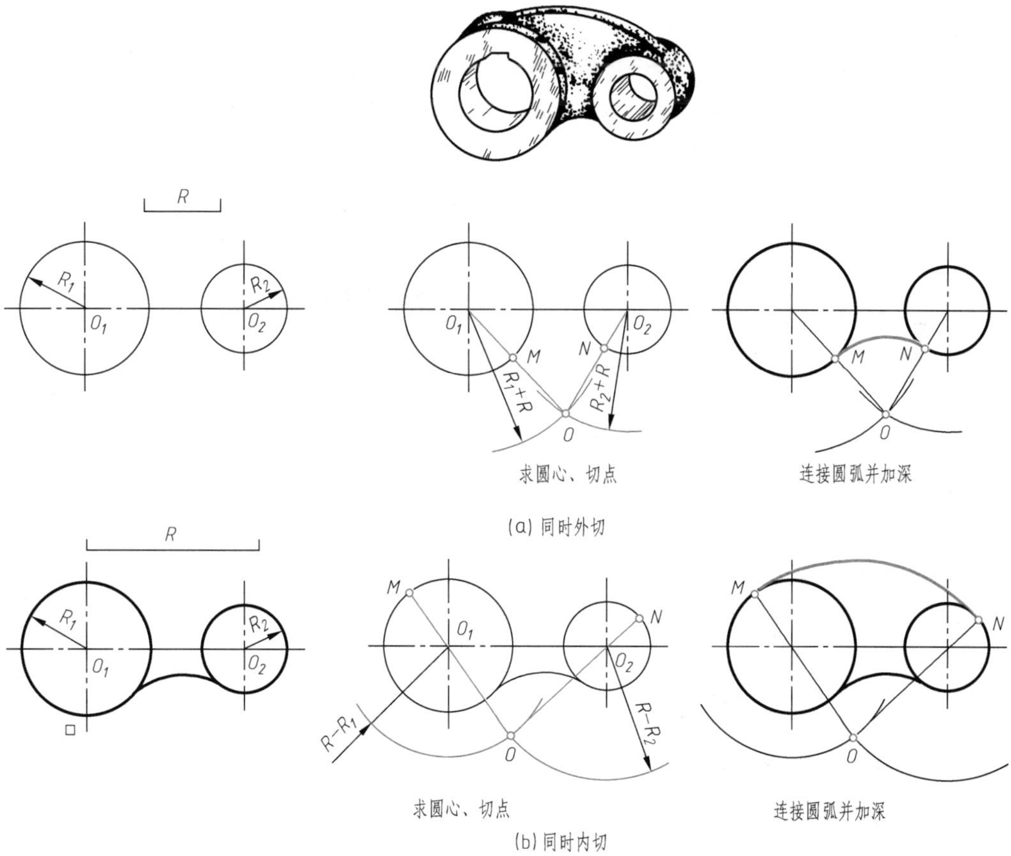

求圆心、切点
连接圆弧并加深
(a) 同时外切
求圆心、切点
连接圆弧并加深
(b) 同时内切

图1-53

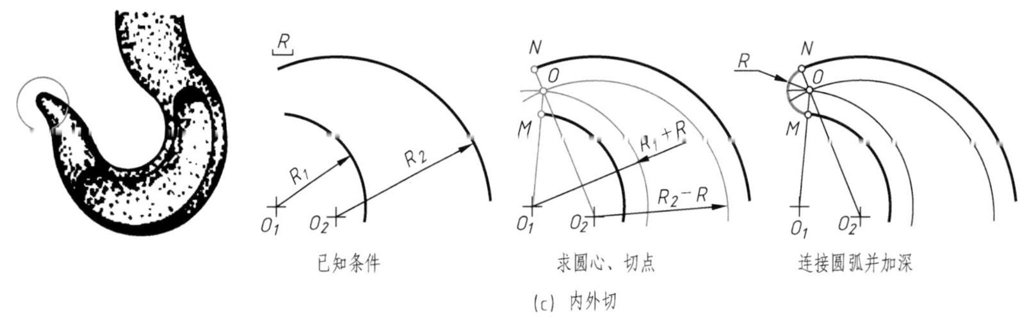

图1-53 用圆弧连接两已知圆弧

1.4 平面图形的画法

平面图形由许多线段连接而成，这些线段之间的相对位置和连接关系靠给定的尺寸确定。作图时，只有通过分析尺寸和线段间的关系，才能明确画该平面图形，应从何处着手，以及按什么顺序作图。

1.4.1 平面图形的尺寸分析

根据在平面图形中所起的作用，尺寸可分为定形尺寸与定位尺寸两大类。

(1) 定形尺寸

用于确定平面图形上几何元素形状大小的尺寸称为定形尺寸。例如，线段长度、圆及圆弧的直径和半径、角度等大小的尺寸。如图1-54中的$\phi 50$、$\phi 25$、$R28$、$R90$、$R40$、8、30等。

(2) 定位尺寸

用于确定平面图形上几何元素相对位置的尺寸称为定位尺寸。如图1-54中的尺寸90、4、10等，均属于定位尺寸。

(3) 尺寸基准

标注尺寸的起点，称为尺寸基准。平面图形有长度和高度两个方向，每个方向至少应有一个尺寸基准。通常以图形的对称中心线、重要的轮廓线等作为尺寸基准。如图1-54中以$\phi 50$和$\phi 25$圆的对称中心线为长度和高度方向尺寸基准。

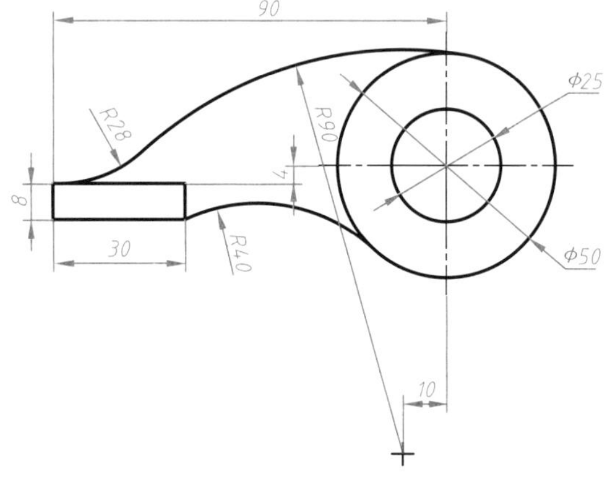

图1-54 平面图形

1.4.2 平面图形的线段分析

平面图形中的线段根据其定形尺寸、定位尺寸是否齐全，可分为以下三类。

(1) 已知线段

定形尺寸和定位尺寸都齐全的线段称为已知线段，图1-54中的直径为$\phi 50$、$\phi 25$的圆，标注30和8的直线段。作图时此类线段可以直接根据其尺寸画出。

（2）中间线段

只有定形尺寸和一个定位尺寸，而缺少一个定位尺寸的线段称为中间线段，如图1-54中半径为*R*90圆弧。作图时必须根据该线段与其相邻的已知线段的连接关系，通过几何作图的方法画出。

（3）连接线段

只有定形尺寸而无定位尺寸的线段称为连接线段，如图1-54中半径为*R*28、*R*40的圆弧。作图时此类线段必须根据与其相邻的两条线段的连接关系，通过几何作图的方法画出。

1.4.3　平面图形的画图步骤

根据上面的尺寸分析和线段分析，平面图形的画图步骤归纳如下。

① 画基准线，合理、匀称布置图形，如图1-55（a）所示。

② 画已知线段，如图1-55（a）所示。

③ 画中间线段，如图1-55（b）所示。

④ 画连接线段，如图1-55（c）、（d）所示。

⑤ 检查。

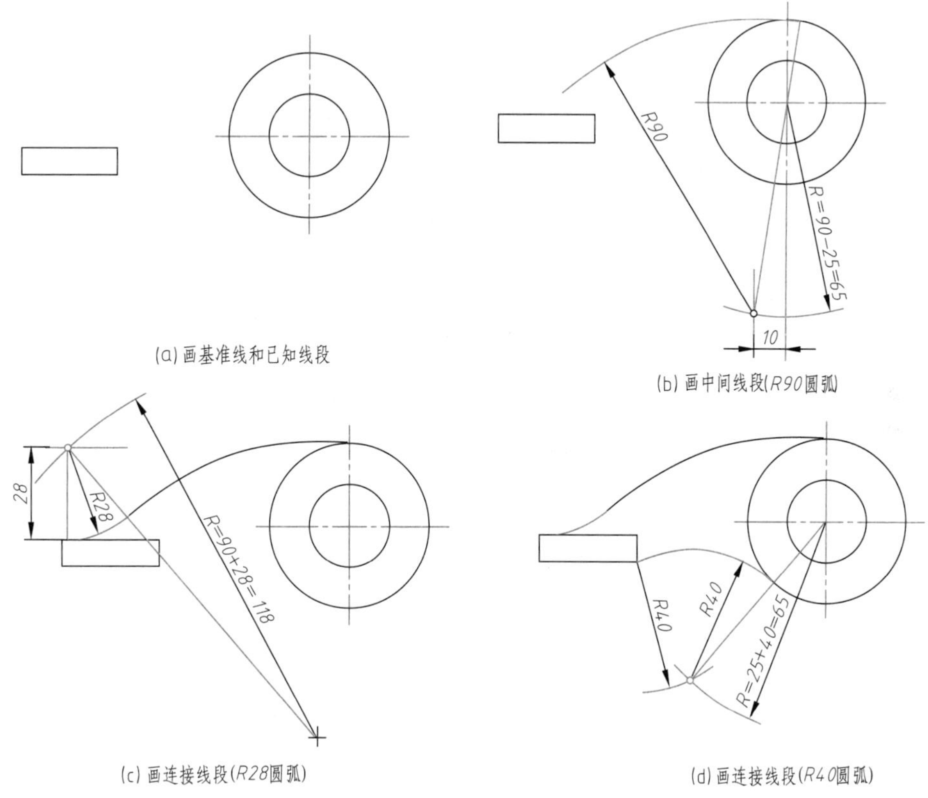

图1-55　平面图形的画图步骤

1.4.4　平面图形的尺寸标注

标注平面图形尺寸时，先对平面图形进行分析，分析尺寸和线段，确定尺寸基准，然后按照国家标准有关尺寸注法的基本规定，标注出全部定形尺寸和定位尺寸。注意不要重复或遗漏，尺寸布置要清晰，如图1-56所示。

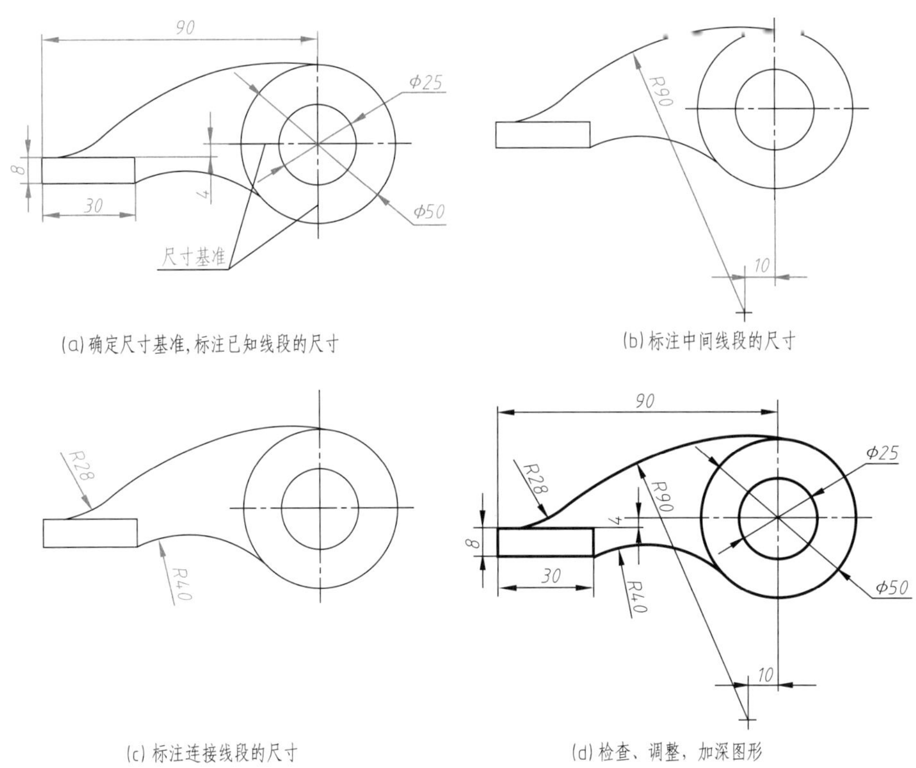

图1-56 平面图形的尺寸标注

1.5 绘图的基本方法与步骤

对于工程技术人员来说，要熟练地掌握相应的绘图技术。这里所说的绘图技术，包括尺规绘图技术（借助于绘图工具和仪器绘图）、徒手绘图技术和计算机绘图技术。本节主要介绍手工绘图（即尺规绘图和徒手绘图）的基本方法。

1.5.1 尺规（仪器）绘图的方法

使用尺规（仪器）绘图的方法是，首先要分析尺寸和线段之间的关系，然后借助绘图工具和绘图仪器按照平面图形的画法才能顺利地完成作图。

（1）准备工作

① 识读图形，对图形的尺寸进行分析，确定各种线段性质，拟定作图步骤。

② 确定绘图比例，选取图幅，固定图纸。

（2）绘制底稿

1）画底稿的步骤

① 画出图框和标题栏。

② 合理布置图形。先画出作图基准线，确定图形位置。

③ 依次画出已知线段、中间线段和连接线段。

④ 画尺寸界线、尺寸线。

⑤ 仔细校对底稿图，修正错误，擦去多余的图线。

2）绘制底稿时，应注意以下几点

① 绘制底稿用H或2H铅笔，铅芯应经常修磨以保持尖锐。

② 底稿上要分清线型，但图线宽度均暂时不分粗细，并要画得很轻、很细，作图力求准确。

（3）加深描粗

加深描粗前，要全面检查底稿，修正错误，擦去画错的线条及作图辅助线。加深描粗要注意以下几点。

① 一般用B或HB铅笔进行加深，圆规用的铅芯比画直线用铅笔的铅芯软一号。

② 先粗后细。先加深粗实线，再加深细实线、细点画线及细虚线等。

③ 按先曲线后直线，先水平线后竖直线、再斜线，先上后下、先左后右的顺序加深。

④ 加深描粗时，尽量保持各种线型、线宽、加深力度的一致性，保持图面整洁。

（4）画箭头、标注尺寸、填写标题栏

经检查，确认无误后，画箭头、标注尺寸、填写标题栏。此步骤可将图纸从图板上取下来进行。

1.5.2　徒手画图的方法

（1）概念与要求

徒手画图也称草图，是不借助绘图仪器和工具，依靠目测来估计物体各部分的尺寸比例，徒手绘制的图样。在现场测绘、讨论设计方案、技术交流、现场参观时，通常需要绘制草图。所以，徒手画图是和使用仪器绘图同样重要的绘图技能。

徒手画图的基本要求和要领：

① 所画图线线型分明，符合国家标准，自成比例，字体工整，图样内容完整且正确无误。

② 图形尺寸和各部分之间的比例关系要大致准确。

③ 绘图速度要快。

（2）画图的基本方法

1）直线的画法

徒手画直线时，可先标出直线的两端点，目光注视直线的终点。如图1-57所示，画水平线时，从左到右画出；画竖直线时，自上而下画出。画斜线时，可自左下向右上或自左上向右下画出，还可以将图纸转动一个适宜运笔的角度画出斜线，图1-57所示为徒手画直线的方法。

2）圆的画法

画圆时，应先定圆心的位置，再通过圆心画对称中心线；画小圆时，先按半径目测在中心线上定出四个点，然后过这四点分两半画出；画稍大的圆时可以目测半径长度点出几个圆上的点，然后过这些点画圆。圆的直径很大时，可以用手作圆规，以小指支撑于圆心，使铅笔与小指的距离等于圆的半径，笔尖接触纸面不动，转动图纸，即可得到所需的大圆，如图1-58所示。

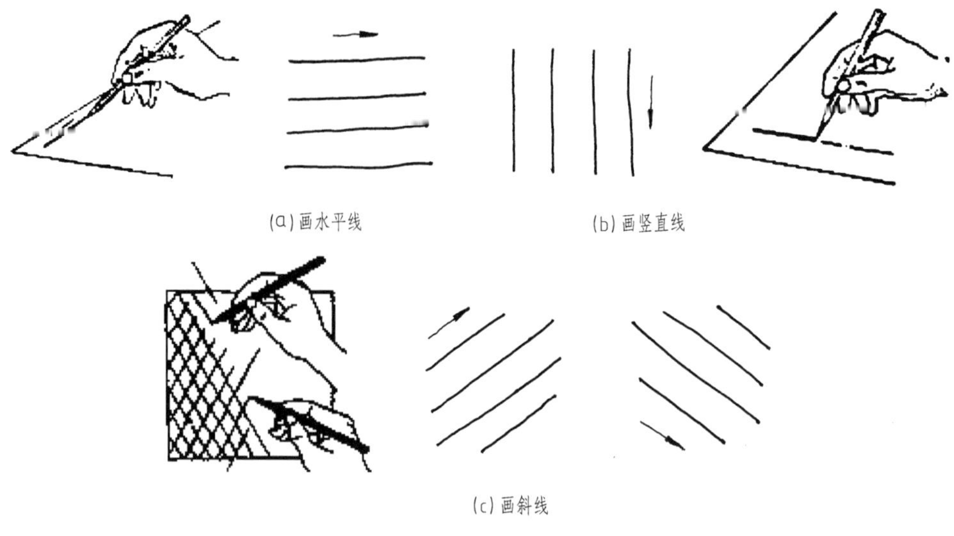

图1-57 徒手画直线的方法

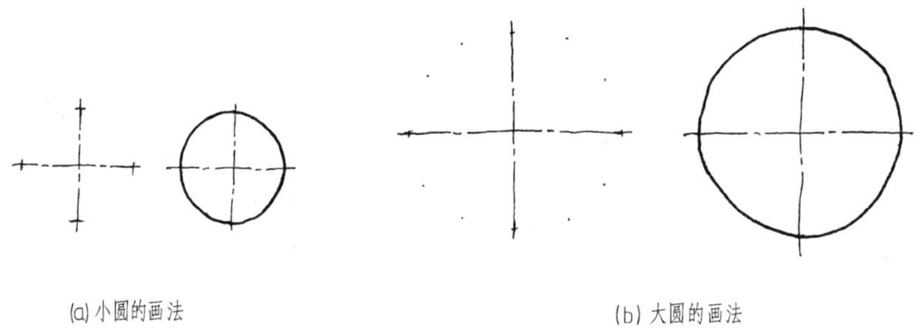

图1-58 圆的徒手画法

3）常用角度线的画法

画常见角度如30°、45°、60°等，可根据两直角边之间的比例关系，先在两直角边上定出两端点，然后连接两端点即为所画角度线，如图1-59所示。

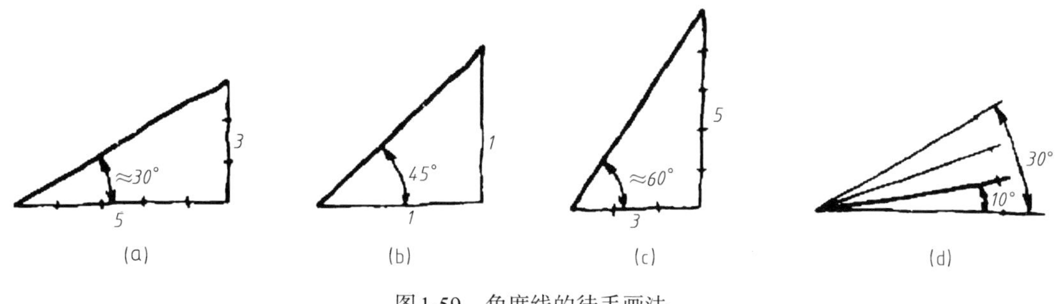

图1-59 角度线的徒手画法

投影基础

能力目标

- 掌握正投影的投影特性。
- 能够正确绘制简单物体的三视图。
- 能够正确绘制各种位置点、直线、平面的投影。

知识点

- 正投影的投影原理及投影特性。
- 三视图的投影规律和画法。
- 点、直线、平面的投影特性及作图方法。

2.1 投影法的基本知识

2.1.1 投影法的概念（GB/T 13361—2012）

投影法就是投射线通过物体，向选定的面（投影面）投射，并在该面上得到图形的方法，所得到的图形称为物体在投影面上的投影，如图2-1所示。产生投影的三要素是投射线、被投影物体和投影面。

2.1.2 投影法的分类

（1）中心投影法

投射线汇交一点的投影法称为中心投影法，如图2-1所示。工程上常用这种方法绘制建筑物的透视图。

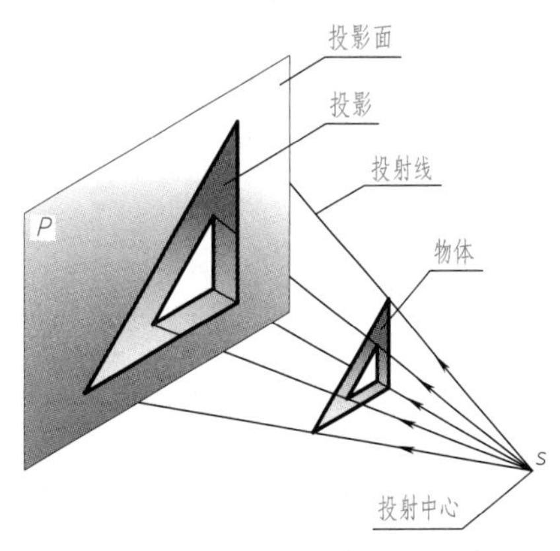

图2-1 投影的形成

（2）平行投影法

投射线相互平行的投影法称为平行投影法。根据投射线与投影面的位置关系不同，平行投影法分为两种。

① 正投影法。正投影法是指投射线与投影面相垂直的平行投影法。根据正投影法所得到的图形，称为正投影图，如图2-2（a）所示。

② 斜投影法。斜投影法是指投射线与投影面相倾斜的平行投影法。根据斜投影法所得

到的图形，称为斜投影图，如图2-2（b）所示。

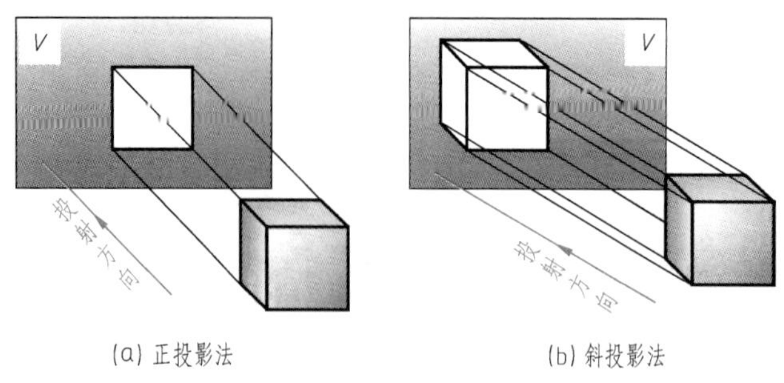

图2-2 平行投影法

由于正投影法能够表达物体的真实形状和大小，作图简便，所以广泛用于绘制工程图样。

2.1.3 正投影的投影特性

（1）显实性

如图2-3（a）所示，当直线段平行于投影面时，直线的投影反映该直线的实长。当平面平行于投影面时，平面的投影反映该平面的实际形状和大小，这种投影特性称为正投影的显实性。

（2）积聚性

如图2-3（b）所示，当直线垂直于投影面时，该直线的投影积聚成一点。当平面垂直于投影面时，该平面积聚成一条直线，这种投影特性称为正投影的积聚性。

（3）类似性

如图2-3（c）所示，当直线倾斜于投影面时，该直线的投影仍为直线，但不反映实长；当平面倾斜于投影面时，该平面在投影面上的投影为原图形的类似形，这种投影特性称为正投影的类似性。

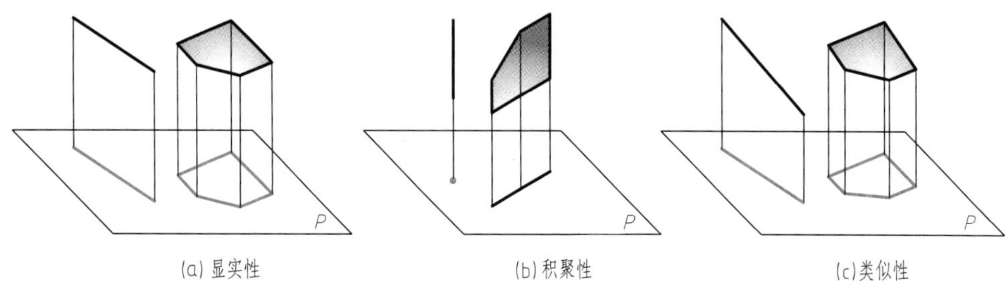

图2-3 正投影的投影特性

2.2 三视图的形成及画法

根据有关标准和规定，用正投影法所绘制出物体的图形，称为视图。

如图2-4所示，三个形状不同的物体，它们在一个投影面上的投影都相同。因此，一个视图不能确定空间物体。要反映物体的完整形状，必须增加由不同方向投影所得到的多个视图，互相补充，才能完整清晰地表达出物体的形状和结构。工程上常用的是三视图。

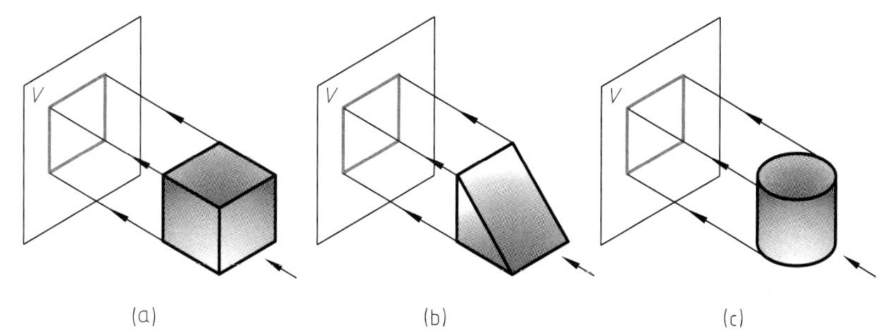

图2-4　一个视图不能确定物体的形状

2.2.1　三投影面体系的建立

设立两两相互垂直的三个平面，这三个平面将空间分为8个分角，如图2-5（a）所示。我国国家标准GB/T 14689—2008《机械制图图纸幅面和格式》规定采用“第一角投影法”，如图2-5（b）所示。将物体置于第一分角内，并使其处于观察者与投影面之间而得到正投影图的方法，称为第一角画法。

图2-5（b）是第一分角的三投影面体系。在三投影面体系中，三个投影面分别为：

正立投影面，用V表示（简称正面或V面）；

水平投影面，用H表示（简称水平面或H面）；

侧立投影面，用W表示（简称侧面或W面）。

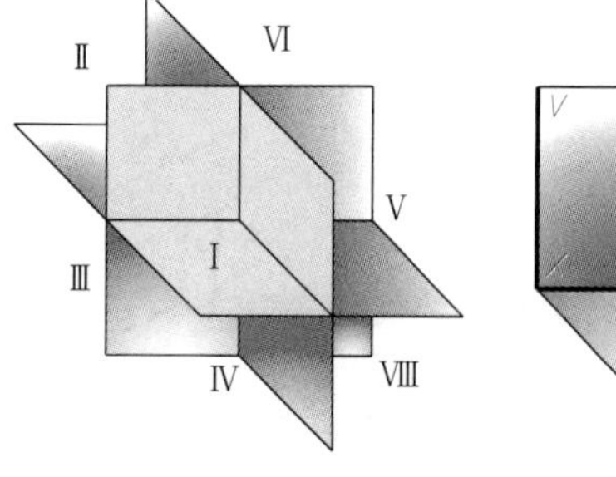

(a) 三投影面体系图

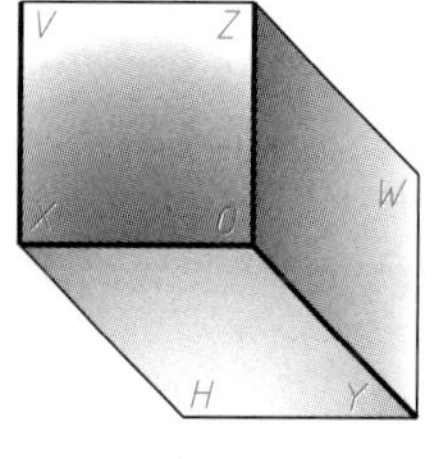

(b) 第一分角

图2-5　三投影面体系

每两个投影面的交线称为投影轴，分别以OX、OY、OZ标记。三个投影轴的交点O为原点。

2.2.2　三视图的形成

将物体放置在三投影面体系中，分别向三个投影面投影，得到三个视图，如图2-6所示。三个视图分别为：

主视图：由前向后投射，在正立投影面（V面）上所得到的视图；

俯视图：由上向下投射，在水平面投影面（H面）上所得到的视图；

左视图：由左向右投射，在侧立投影面（W面）上所得到的视图。

三投影面体系的展开：为了将空间三个投影面上的投影画在一个平面（即图纸）上，规定V面保持不动，将H面绕OX轴向下旋转90°与V面重合，W面绕OZ轴向右旋转90°与V面重合，如图2-7（a）所示，这样就得到了在同一平面上的三视图，如图2-7（b）所示。投影图上一般不画出投影面的边框线和投影轴。

2.2.3　三视图之间的对应关系

（1）三视图之间的位置关系

以主视图为参考，俯视图在主视图的正下方，左视图在主视图的正右方，如图2-7（b）所示。

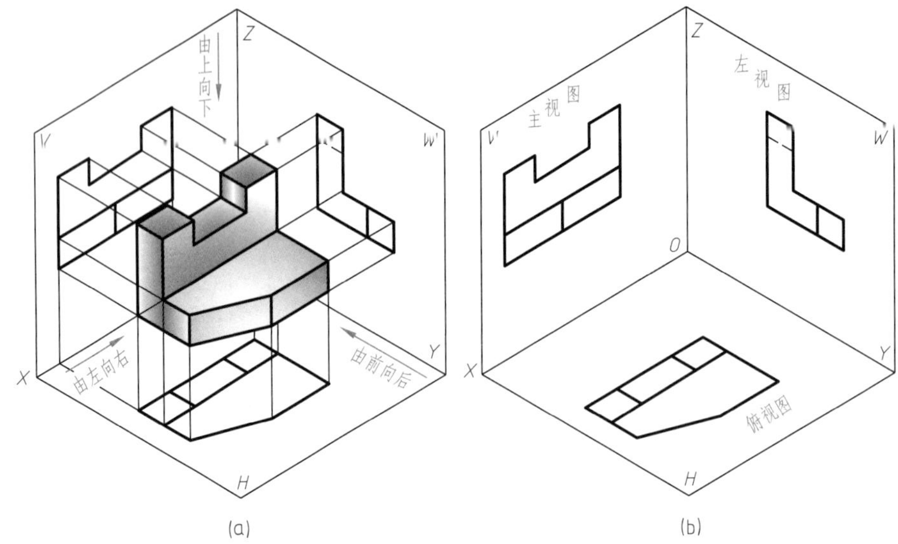

图2-6 三视图的形成

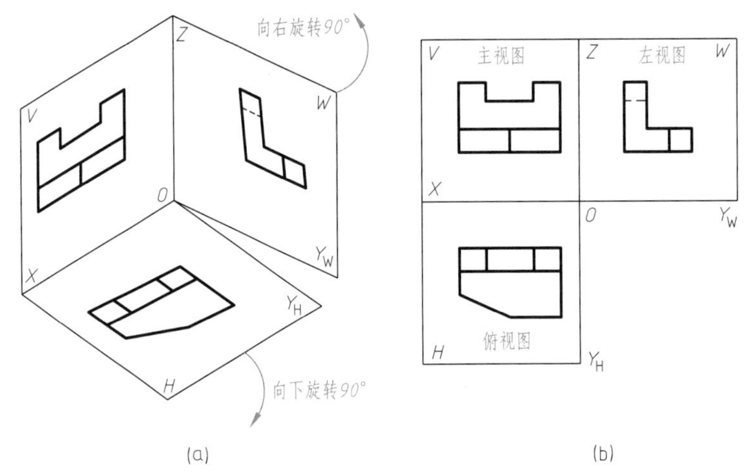

图2-7 三视图的展开

（2）三视图之间的尺寸关系

从图2-8可以看出，*X*轴方向表示物体的“长度”，*Y*轴方向表示物体的“宽度”，*Z*轴方向表示物体的“高度”。由图2-8（b）可以看出，一个视图只能反映物体两个方向的尺寸，即主视图反映物体的长和高，俯视图反映物体的长和宽，左视图反映物体的宽和高，由此可知，主、俯视图都反映物体的长度且相等，主、左视图都反映物体的高度且相等，俯、左视图都反映物体的宽度且相等，结合三视图的位置关系，则把三视图的尺寸关系归纳为：

主、俯视图——长对正

主、左视图——高平齐

俯、左视图——宽相等

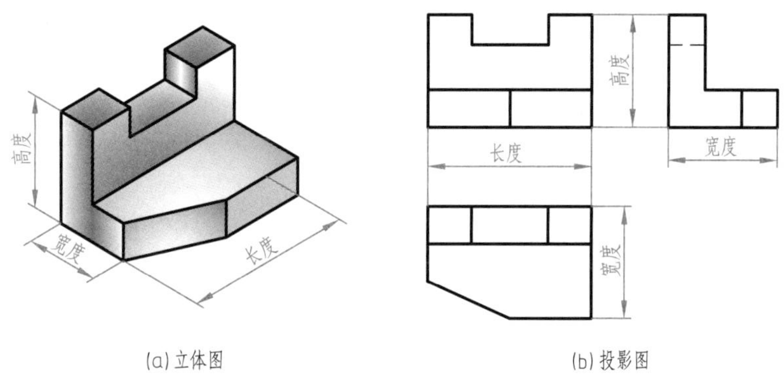

图2-8　三视图的尺寸关系

（3）三视图与形体间的方位关系

从图2-9中可以看出：

主视图反映了物体的上下、左右位置关系；

俯视图反映了物体的左右、前后位置关系；

左视图反映了物体的上下、前后位置关系。

注意：在俯、左视图中，靠近主视图的边表示物体的后面，远离主视图的边表示物体的前面。

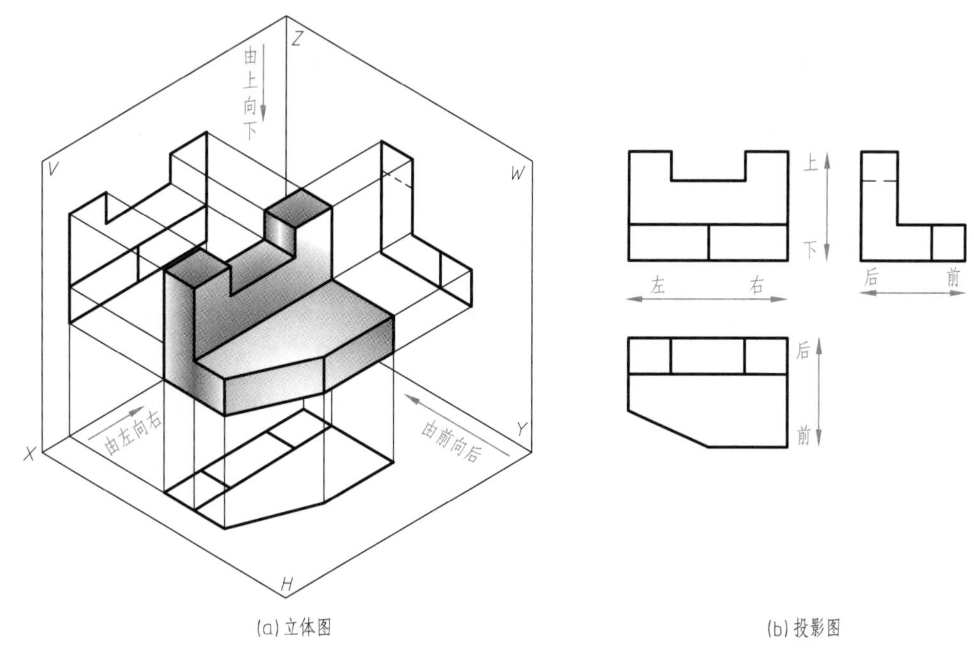

图2-9　三视图与形体间的方位关系

2.2.4　三视图的画法

【例2-1】　画出图2-10（a）所示形体的三视图。

① 确定主视图的投射方向，如图2-10（a）所示。

a. 物体放正（物体主要的面与投影面平行）。

b. 主视图的投射方向能较多地反映物体各部分的形状和相对位置。

c. 减少视图中的细虚线。

② 绘制三视图基准线，布置视图位置，如图2-10（b）所示。

③ 绘制形体的主体结构，如图2-10（c）所示。

④ 绘制形体的其他结构，如图2-10（d）、（e）所示。

⑤ 检查视图，加深图线，如图2-10（f）所示。

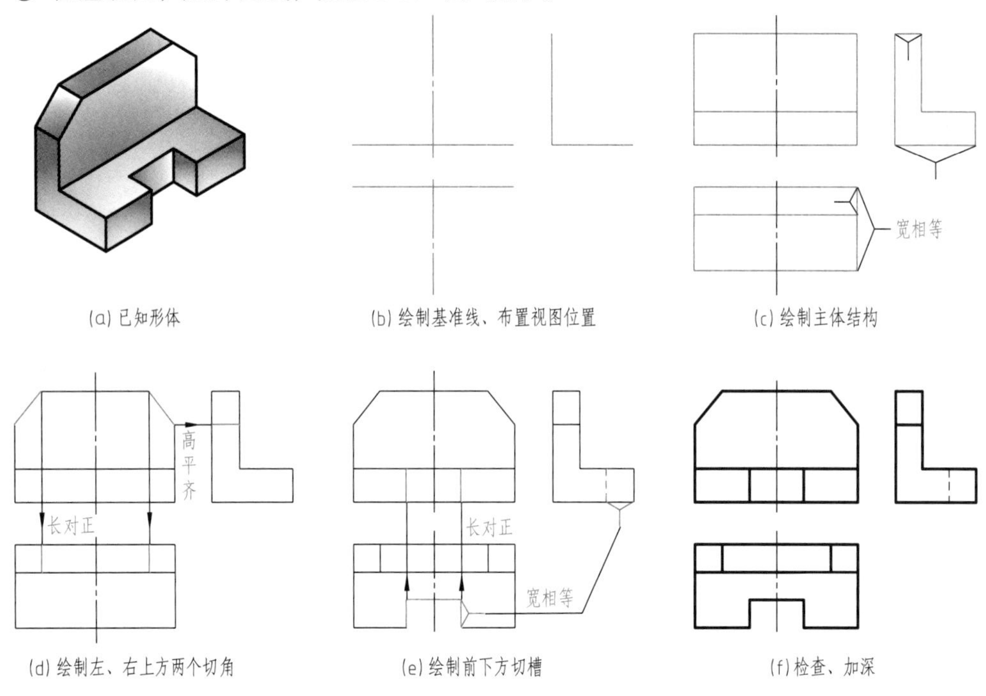

图2-10　三视图的画法

注意：

① 作图时应根据“三等”关系，将三视图配合起来一起作图，避免漏线，提高绘图速度。

② 如果不同的图线重合时，按照粗实线、细虚线、细点画线的次序绘制。

2.3 点的投影

任何物体的表面都包含点、线、面等基本几何元素，掌握几何元素的投影特性和作图方法，能够为快速、准确地表达物体打下良好的基础。

2.3.1 点的三面投影

如图2-11（a）所示，假设空间有一点A，过点A分别向H面、V面和W面作垂线，垂足a、a'、a''便是点A在三个投影面上的投影。

规定：空间点用大写字母A、B等表示；H面投影用相应的小写字母a、b等表示；V面投影用相应的小写字母加一撇a'、b'等表示，W面投影用相应的小写字母加两撇a''、b''等表示。

将H、W面展开，如图2-11（b）所示，即得到点A的三面投影。省略投影面的边框线，就得到如图2-11（c）所示的A点的三面投影图。

注意：投影面展开时，OY轴一分为二，即OY_H和OY_W。

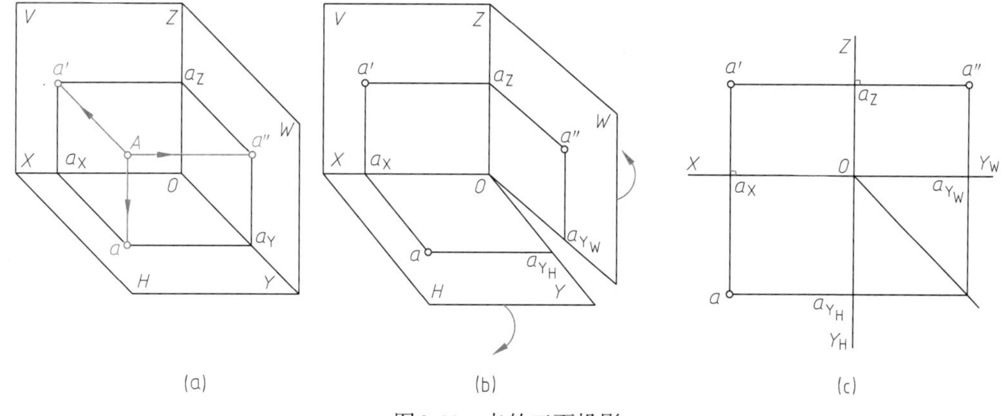

图2-11　点的三面投影

2.3.2　点的投影规律

点的正面投影和水平面投影的连线垂直于OX轴，即$a'a \perp OX$。

点的正面投影和侧面投影的连线垂直于OZ轴，即$a'a'' \perp OZ$。

点的水平面投影到OX轴的距离等于侧面投影到OZ轴的距离，即$aa_X=a''a_Z$。

2.3.3　点的投影与直角坐标的关系

三投影面体系可以看成是一个空间直角坐标系，因此可用直角坐标确定点的空间位置。投影面H、V、W作为坐标面，三条投影轴OX、OY、OZ作为坐标轴，三轴的交点O作为坐标原点。用坐标来表示空间点位置，可以写成$A(x，y，z)$的形式。

由图2-11（a）可以看出A点的直角坐标与其三面投影的关系：

点A到W面的距离$Aa''=a_XO=a'a_Z=aa_Y=x$坐标；

点A到V面的距离$Aa'=a_YO=aa_X=a''a_Z=y$坐标；

点A到H面的距离$Aa=a_ZO=a'a_X=a''a_Y=z$坐标。

由上述关系可知，若已知点的三个坐标值或任意两面投影，便可求出该点的三面投影。

【例2-2】 已知点A的坐标（25，15，20），作出点的三面投影。

作图方法一：

① 画出投影轴，如图2-12（a）所示。

② 从原点O沿X轴量取Oa_X等于25，沿Y轴量取Oa_{Y_H}、Oa_{Y_W}等于15；沿Z轴量取Oa_Z等于20，如图2-12（b）所示。

③ 过a_X作X轴的垂线，过a_Z作Z轴的垂线，过a_{Y_H}作Y_H轴的垂线，过a_{Y_W}作Y_W轴的垂线，两垂线的交点分别为A点的三面投影a、a'、a''，如图2-12（c）所示。

作图方法二：

① 从原点O沿X轴量取Oa_X等于25，如图2-13（a）所示。

② 过a_X作X轴的垂线，向前量取y坐标15、向上量取z坐标20，分别得到A点的H、V面投影a和a'，如图2-13（b）所示。

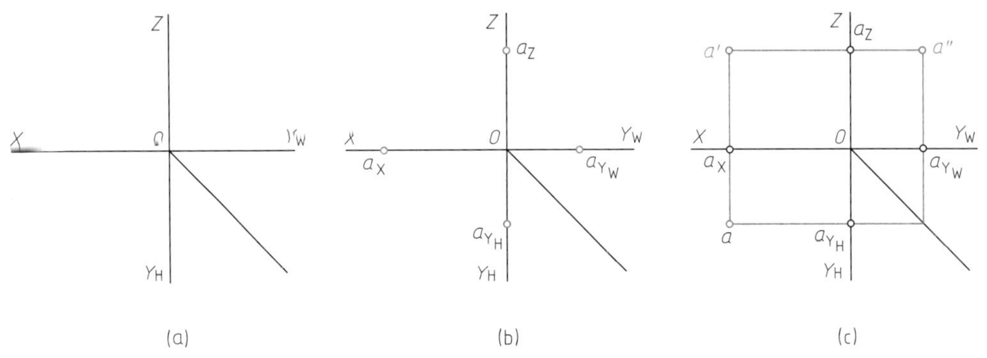

图2-12 由坐标求点的三面投影（一）

③ 过a'作Z轴的垂线，过a作Y_H轴的垂线与辅助线相交，过交点作轴Y_W的垂线，两垂线的交点即为A点的W面投影a''，如图2-13（c）所示。

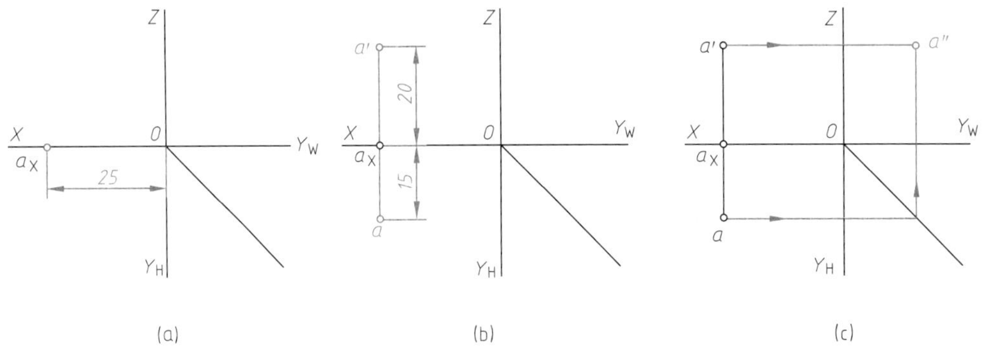

图2-13 由坐标求点的三面投影（二）

2.3.4 两点的相对位置

空间两点的相对位置由两个点的坐标确定，判断原则：

① 点的x坐标，确定点的左、右位置，x坐标大者在左；

② 点的y坐标，确定点的前、后位置，y坐标大者在前；

③ 点的z坐标，确定点的上、下位置，z坐标大者在上。

如图2-14所示，B点在A点的左、上、后方。

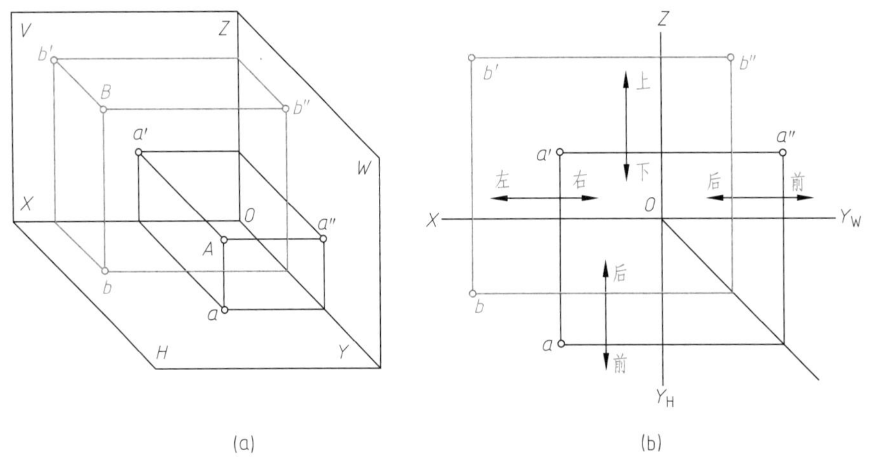

图2-14 两点的相对位置

【例2-3】 如图2-15（a）所示，已知A点的三面投影，B点在A点的右方15、前方12、下方8，作出B点的三面投影图。

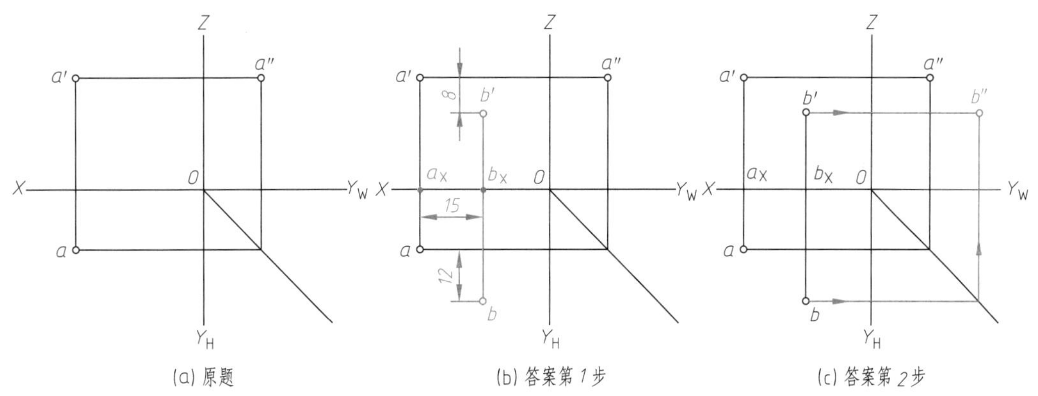

图2-15　完成B点的投影图

作图步骤：

① 从a_X点向右量取15，在X轴上得到b_X点，过b_X点作X轴的垂线。从a'向下量取8，得到b'；从a向前量取12，得到b，如图2-15（b）所示。

② 利用点的投影规律，作出b''，如图2-15（c）所示。

2.3.5　重影点

当空间两点到两个投影面的距离分别相等时，两个点位于同一条投射线上，它们在该投射线所垂直的投影面上的投影重合在一起，这两点称为在该投影面上的重影点。被挡住的点不可见，作图时需加括号来表示，如图2-16所示。A点在B点的正下方，两点的水平面投影重影，A点不可见需加括号，即（a）。

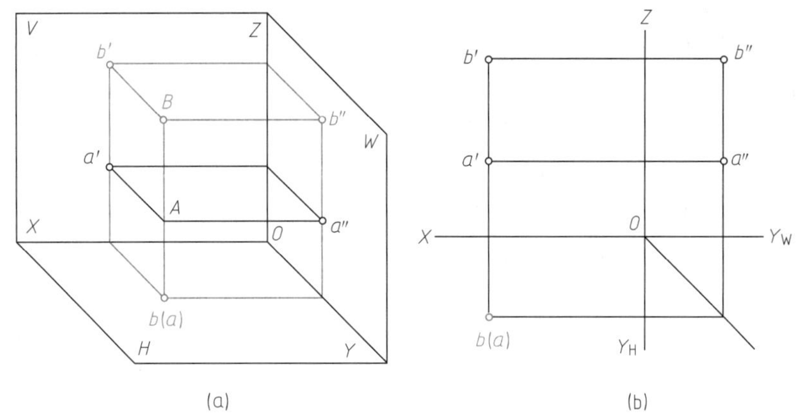

图2-16　重影点

2.4　直线的投影

直线可由空间两个点来确定，本节研究的直线一般指有限长度的直线段。直线的投影一般仍是直线（特殊时积聚成点），如图2-17（a）所示。因此，分别作出直线上两端点的三面投影，如图2-17（b）所示，用直线连接其同面投影，即可作出直线的三面投影，如图2-17（c）所示。

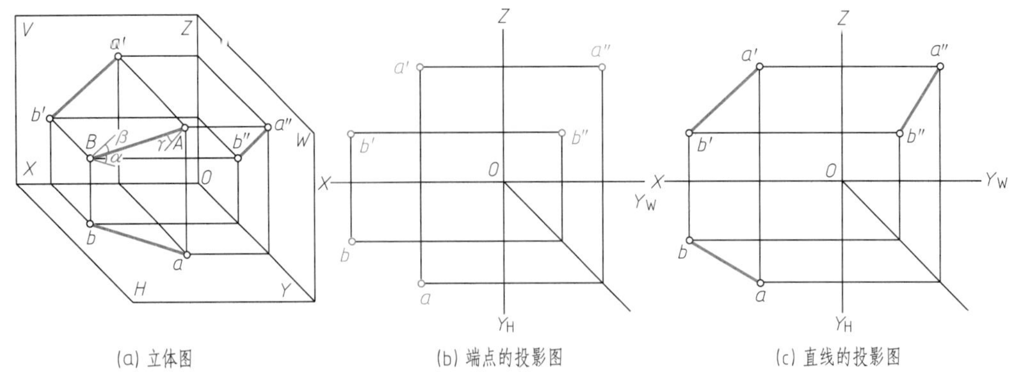

(a) 立体图 (b) 端点的投影图 (c) 直线的投影图

图2-17 直线的投影

根据直线在三投影面体系中的相对位置，直线可分为一般位置直线、投影面平行线和投影面垂直线三种。

（1）一般位置直线

与三个投影面都处于倾斜位置的直线称为一般位置直线，如图2-17所示。

如图2-17（a）所示，直线*AB*与*H*、*V*、*W*面都处于倾斜位置，倾角分别为α、β、γ。其投影如图2-17（c）所示。

一般位置直线的投影特征可归纳为：

① 直线的三面投影都不反映空间线段的实长；

② 直线的三面投影均与投影轴倾斜；

③ 各投影与投影轴夹角不反映空间线段与相应投影面真实的倾角。

（2）投影面平行线

平行于一个投影面且同时倾斜于另外两个投影面的直线称为投影面平行线。投影面的平行线有三种。

正平线——平行于*V*面，倾斜于*H*面、*W*面。

侧平线——平行于*W*面，倾斜于*H*面、*V*面。

水平线——平行于*H*面，倾斜于*V*面、*W*面。

投影面平行线的投影特性见表2-1。

表2-1 投影面平行线的投影特性

名称	正平线	侧平线	水平线
实例	V W B A H	V W C A H	V W C B H

续表

名称	正平线	侧平线	水平线
直观图	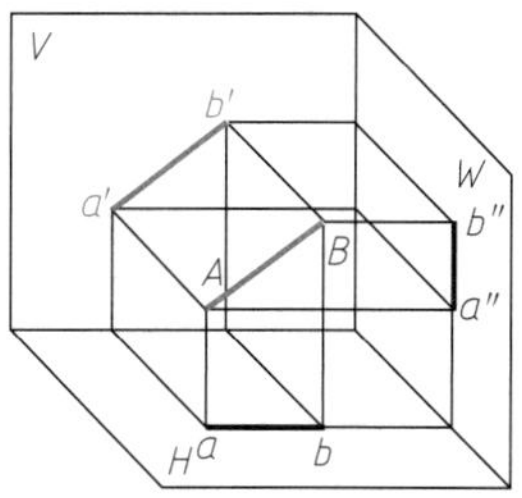	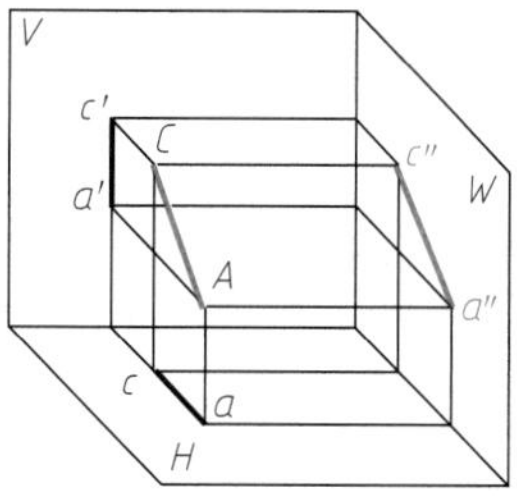	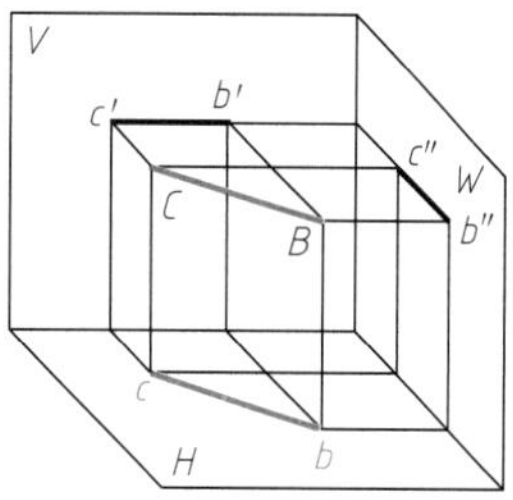
投影图	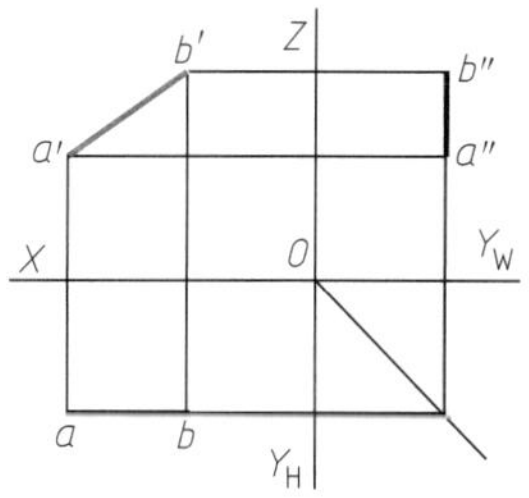	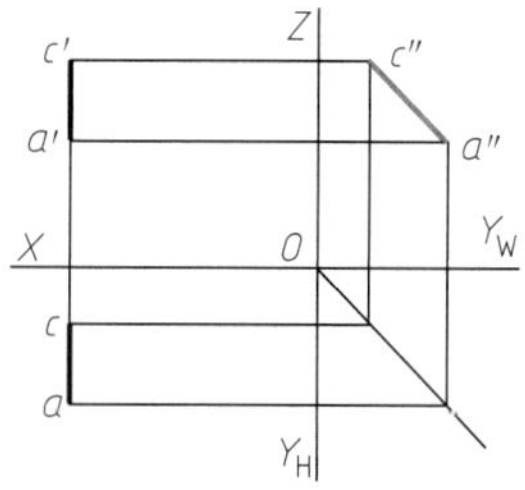	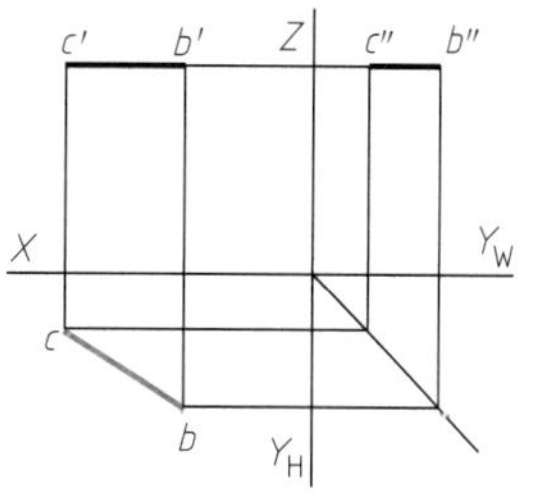
投影特性	①V面投影反映实长，$a'b'=AB$ ②H面和W面投影小于实长，分别平行于X轴和Z轴	①W面投影反映实长，$a''c''=AC$ ②H面和V面投影小于实长，分别平行于Y_H轴和Z轴	①H面投影反映实长，$bc=BC$ ②V面和W面投影小于实长，分别平行于X轴和Y_W轴
	①直线在所平行的投影面上的投影反映实长 ②另外两面投影都是缩短的直线段且平行于相应的投影轴		

（3）投影面垂直线

垂直于一个投影面且平行于另外两个投影面的直线称为投影面垂直线。投影面的垂直线有三种。

正垂线——垂直于V面，平行于H面、W面。

侧垂线——垂直于W面，平行于H面、V面。

铅垂线——垂直于H面，平行于V面、W面。

投影面垂直线的投影特性见表2-2。

表2-2 投影面垂直线的投影特性

名称	正垂线	侧垂线	铅垂线
实例	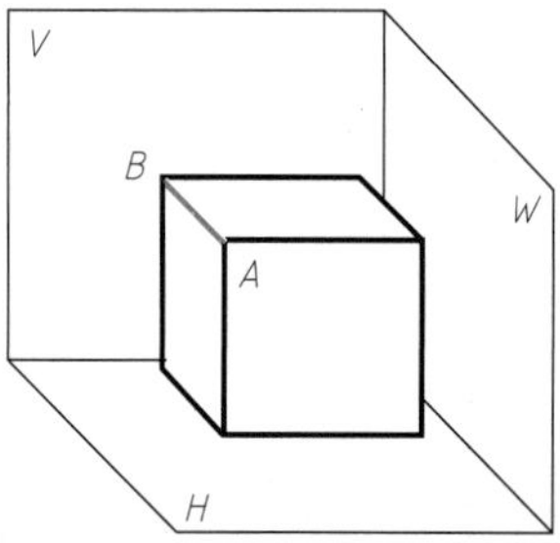	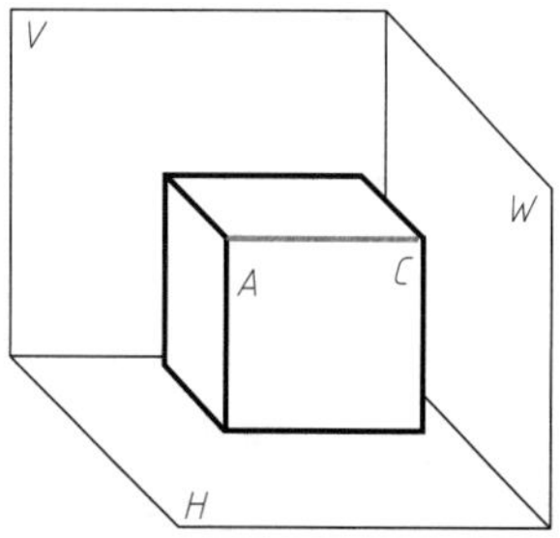	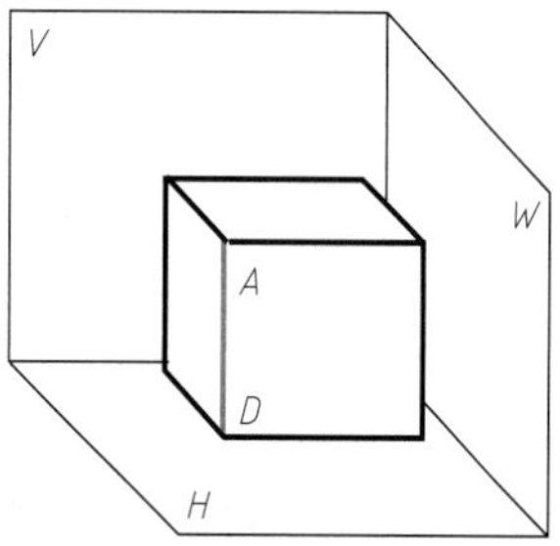

续表

名称	正垂线	侧垂线	铅垂线
直观图			
投影图			
投影特性	①V面投影积聚为一点 ②H面和W面投影反映实长，分别垂直于X轴和Y轴	①W面投影积聚为一点 ②V面和H面投影反映实长，分别垂直于Z轴和Y_H轴	①H面投影积聚为一点 ②V面和W面投影反映实长，分别垂直于X轴和Y_W轴
	①直线在所垂直的投影面上的投影积聚成一点 ②另外两面投影均反映该直线的实长，且分别垂直于相应的投影轴		

【例2-4】 根据图2-18，判断各直线的空间位置。

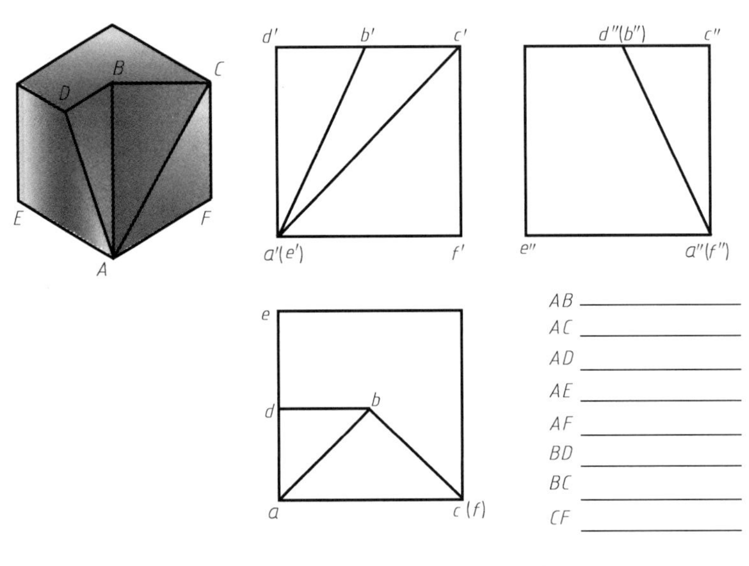

(a) 立体图 (b) 投影图

图2-18 判断直线的空间位置

答案：AB：一般位置直线；AC：正平线；AD：侧平线；AE：正垂线；AF：侧垂线；BD：侧垂线；BC：水平线；CF：铅垂线。

2.5　平面的投影

2.5.1　平面的表示法

（1）几何元素表示法

① 不在同一直线上的三点，如图2-19（a）所示。

② 一直线和直线外一点，如图2-19（b）所示。

③ 相交两直线，如图2-19（c）所示。

④ 平行两直线，如图2-19（d）所示。

⑤ 任意平面图形，如三角形、四边形、圆形等，如图2-19（e）所示。

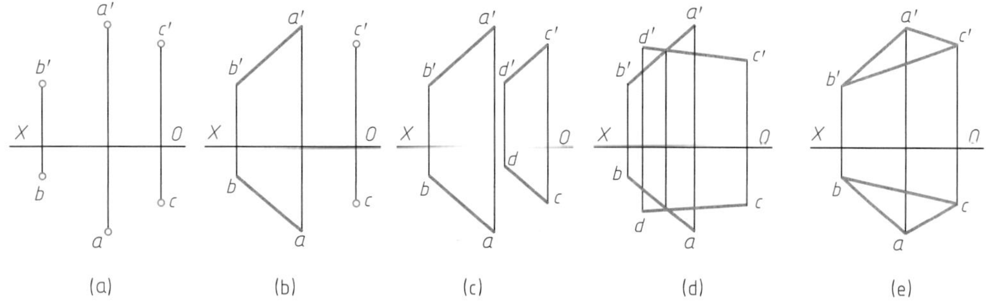

图2-19　几何元素表示平面

（2）迹线表示法

迹线是指平面与投影面的交线。平面P的正面、水平面、侧面迹线分别用P_V、P_H、P_W表示，与投影轴的交点分别用P_X、P_Y、P_Z表示，如图2-20所示。

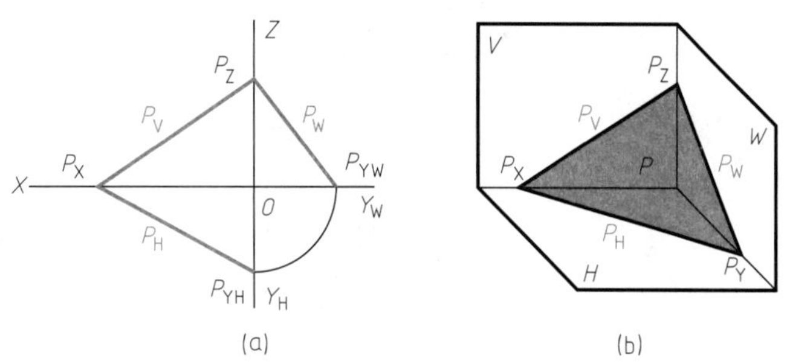

图2-20　迹线表示平面

2.5.2　各种位置平面的投影特性

在三投影面体系中，根据平面对投影面的位置不同，可分为三种：一般位置平面、投影面垂直面和投影面平行面，后两种称为特殊位置平面。

（1）一般位置平面

与三个投影面都处于倾斜位置的平面称为一般位置平面。平面$\triangle ABC$与H、V、W面都处于倾斜位置，如图2-21（a）所示，其投影如图2-21（b）所示。

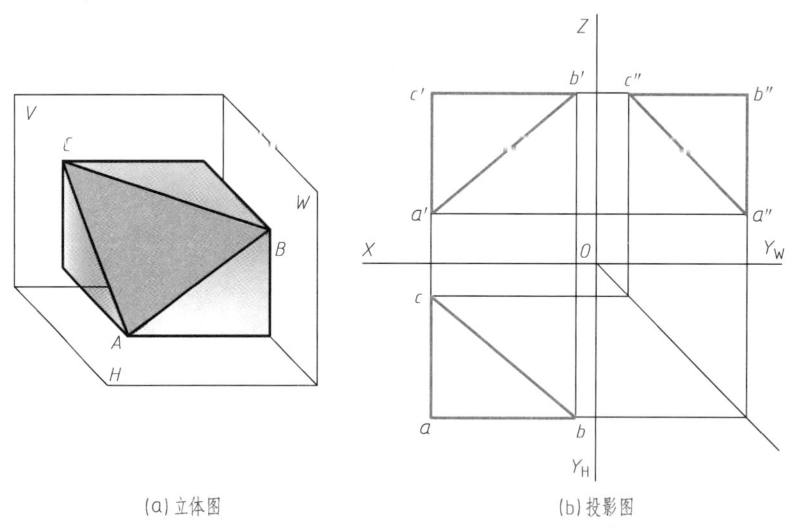

(a) 立体图　　(b) 投影图

图2-21　一般位置平面

一般位置平面的投影特征：一般位置平面的三面投影均为类似形。

(2) 投影面垂直面

垂直于一个投影面而倾斜于另两个投影面的平面称为投影面垂直面。投影面的垂直面有三种：

正垂面——垂直于V面，倾斜于H面、W面；

侧垂面——垂直于W面，倾斜于H面、V面；

铅垂面——垂直于H面，倾斜于V面、W面。

投影面垂直面的投影特性见表2-3。

表2-3　投影面垂直面的投影特性

名称	正垂面	侧垂面	铅垂面
实例			
直观图	V W H	V W H	V W H

续表

名称	正垂面	侧垂面	铅垂面
投影图	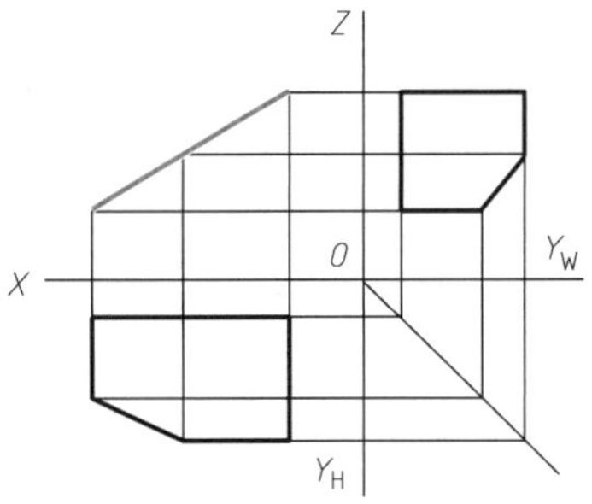	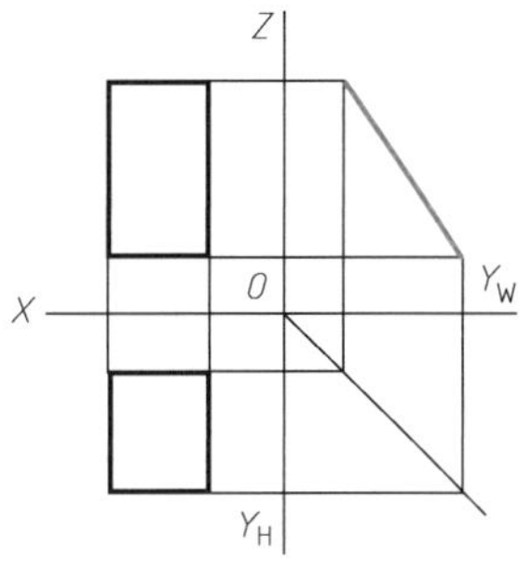	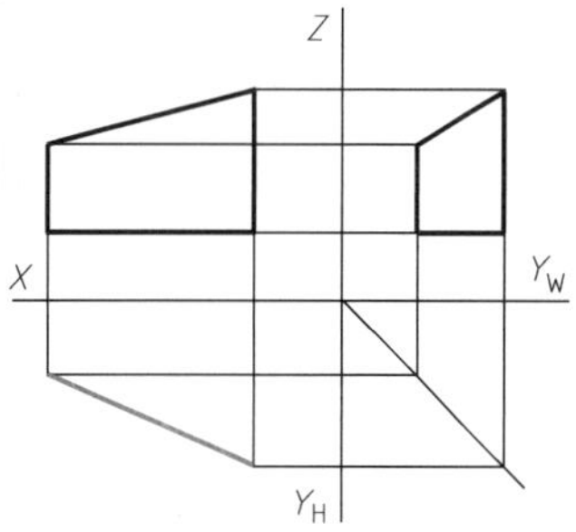
投影特性	①V面投影积聚为直线 ②H面和W面投影为类似形	①W面投影积聚为直线 ②H面和V面投影为类似形	①H面投影积聚为直线 ②V面和W面投影为类似形
	①在所垂直的投影面上积聚为一条斜线 ②另外两面投影均为类似的平面图形		

（3）投影面平行面

平行于一个投影面而垂直于另两个投影面的平面称为投影面平行面。投影面平行面有三种：

正平面——平行于V面，垂直于H面、W面；

侧平面——平行于W面，垂直于H面、V面；

水平面——平行于H面，垂直于V面、W面。

投影面平行面的投影特性见表2-4。

表2-4 投影面平行面的投影特性

名称	正平面	侧平面	水平面
实例	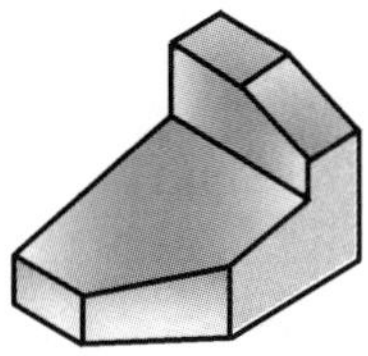	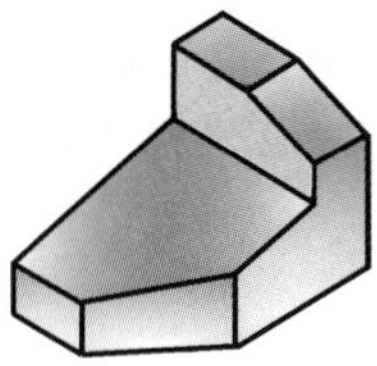	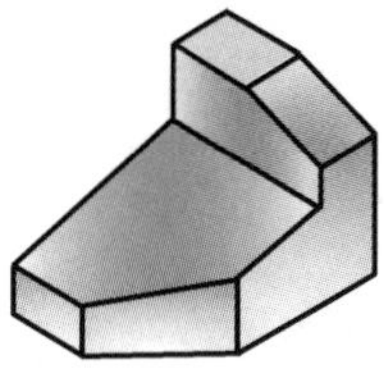
直观图	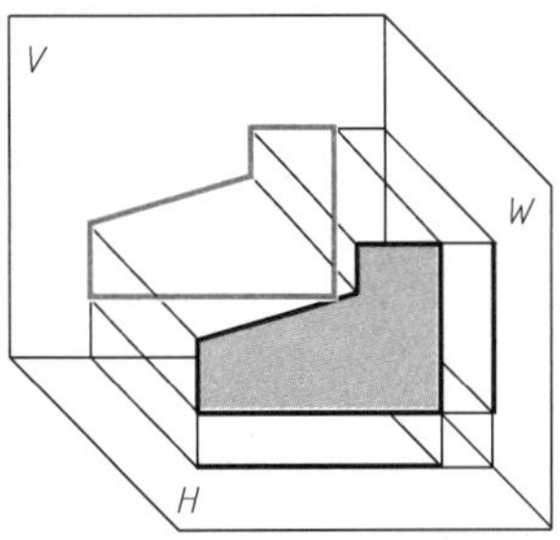	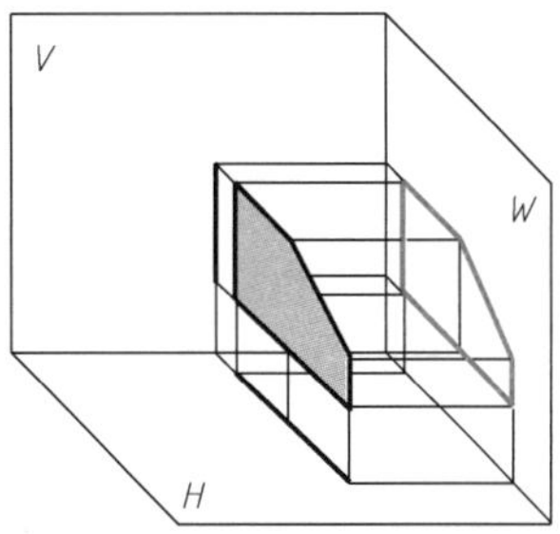	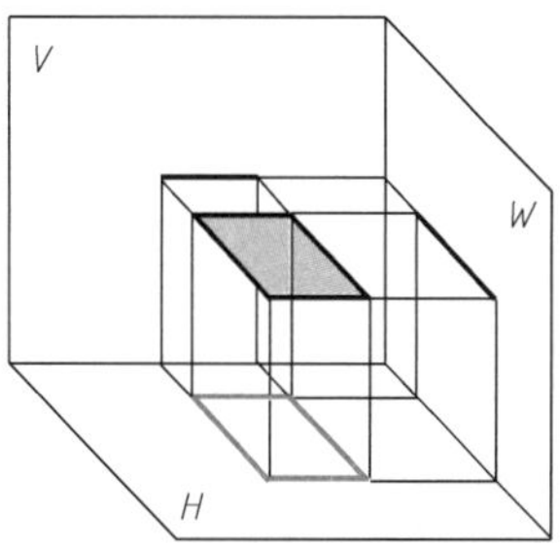

续表

名称	正平面	侧平面	水平面
投影图	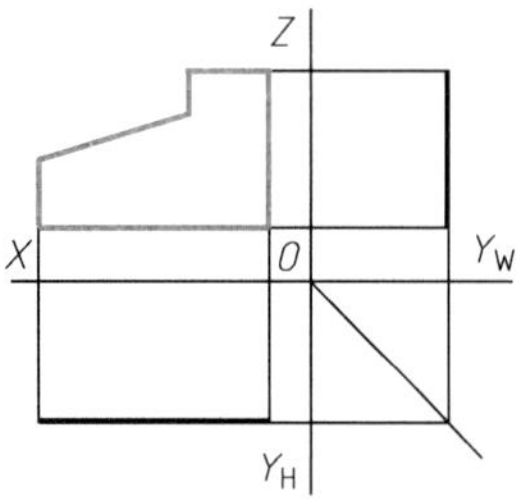 Z X O Y_W Y_H	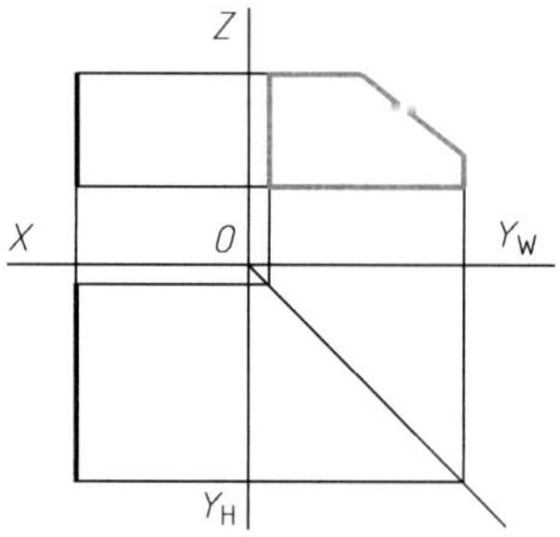 Z X O Y_W Y_H	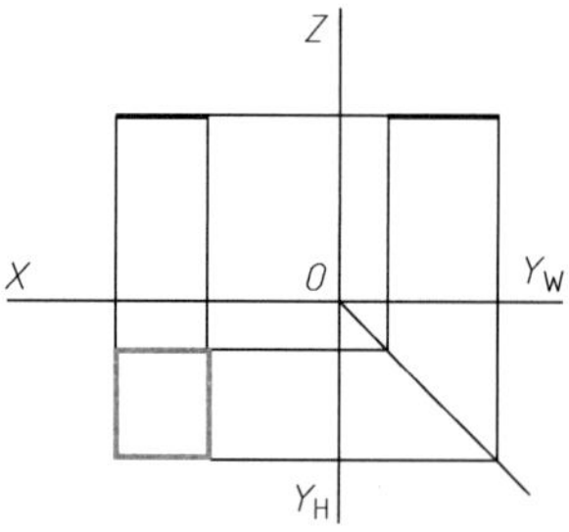 Z X O Y_W Y_H
投影特性	①V面投影反映实形 ②H面、W面积聚为直线，且H面投影平行于X轴，W面投影平行于Z轴	①W面投影反映实形 ②V面、H面积聚为直线，且V面投影平行于Z轴，H面投影平行于Y_H轴	①H面投影反映实形 ②V面、W面积聚为直线，且V面投影平行于X轴，W面投影平行于Y_W轴
	①在所平行的投影面上的投影反映实形 ②另外两面投影积聚为直线，且平行于相应的投影轴		

判断图2-18中△ACF、△ABC、△ABD的空间位置。

答案：△ACF是正平面、△ABC是一般位置平面、△ABD是侧垂面。

第3章 基本体及其表面交线

能力目标

- 能够正确绘制各种基本体及其表面取点的投影。
- 能够正确绘制截断体的三视图。
- 能够正确绘制相贯体的三视图。

知识点

- 基本体三视图画法。
- 基本体表面取点的投影作图方法。
- 截交线的性质及其作图方法。
- 相贯线的性质及其作图方法。

任何物体都可以看作是由基本体组合而成。基本体按其表面性质，可以分为平面立体和曲面立体两类。平面立体所有表面都是平面，如棱柱、棱锥；曲面立体的表面由曲面或曲面和平面构成，如圆柱、圆锥、圆球等。

3.1 基本体及其表面取点

3.1.1 平面立体及其表面取点

（1）棱柱

1）投影分析

棱柱由两个底面和棱面组成，棱面与棱面的交线称为棱线，棱线互相平行。棱线与底面垂直的棱柱称为直棱柱，底面是正多边形的直棱柱称为正棱柱。

图3-1（a）所示为一正六棱柱，由上、下两个底面（正六边形）和六个棱面（矩形）组成。将其放置成上、下底面与H面平行，并有两个棱面平行于V面。上、下两底面均为水平面，它们的水平面投影重合并反映实形，正面及侧面投影积聚为直线。六个棱面中的前、后两个为正平面，它们的正面投影反映实形，水平面投影及侧面投影积聚为直线。其他四个棱面均为铅垂面，其水平面投影均积聚为直线，正面投影和侧面投影均为类似形。

2）作图步骤

① 绘制基准线，布置视图。先绘制反映形状和特征的俯视图——正六边形，如图3-1（b）所示。

② 按照长对正的投影关系，量取六棱柱的高度，绘制主视图，如图3-1（c）所示。

③ 按照高平齐、宽相等的投影关系，绘制左视图，如图3-1（d）所示。

④ 检查、加深，如图3-1（e）所示。

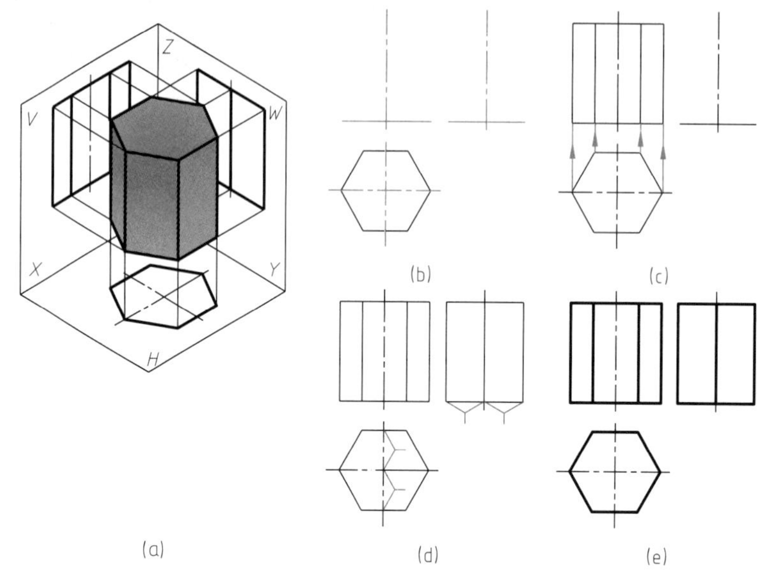

图3-1 正六棱柱的投影作图

3）棱柱表面上点的投影

由于正棱柱的各个面均为特殊位置平面，投影具有积聚性，所以在其表面上取点的投影作图可以直接利用积聚性求得。平面立体表面上取点就是在平面上取点。首先应判定点位于立体的哪个平面上，并分析该平面的投影特性，然后再根据点的投影规律求得。

如图3-2（a）所示，已知棱柱表面上点A的正面投影a'，点B的正面投影b'，点C的水平面投影（c），求各点的另两面投影。

分析：

① 因为a'可见，所以点A必在棱柱最前棱面上。此棱面是正平面，其水平面投影和侧面投影均积聚成一条直线，故点A的水平面投影a和侧面投影a''必在相应直线上。

② 因为b'可见，所以点B必在棱柱右前棱面上。此棱面是铅垂面，其水平面投影积聚成一条直线，故点B的水平面投影b必在相应直线上，再根据b、b'可求出b''。由于该面的侧面投影为不可见，故b''也为不可见，需加括号。

③ 因为c不可见，所以点C必在棱柱下底面上。此表面是水平面，其正面投影和侧面投影均积聚成一条直线，故点C的另两面投影必在相应直线上。

作图步骤：

① 过a'作长对正，得到水平面投影a；过a'作高平齐，得到侧面投影a''，如图3-2（b）所示。

② 过b'作长对正，得到水平面投影b；过b'作高平齐，量取水平面投影b的宽度，通

过宽相等得到侧面投影b''，且加“(　　)”，如图3-2（c）所示。

③ 过（c）作长对正，得到正面投影c'；量取水平面投影（c）的宽度，通过宽相等得到侧面投影c''，如图3-2（d）所示。

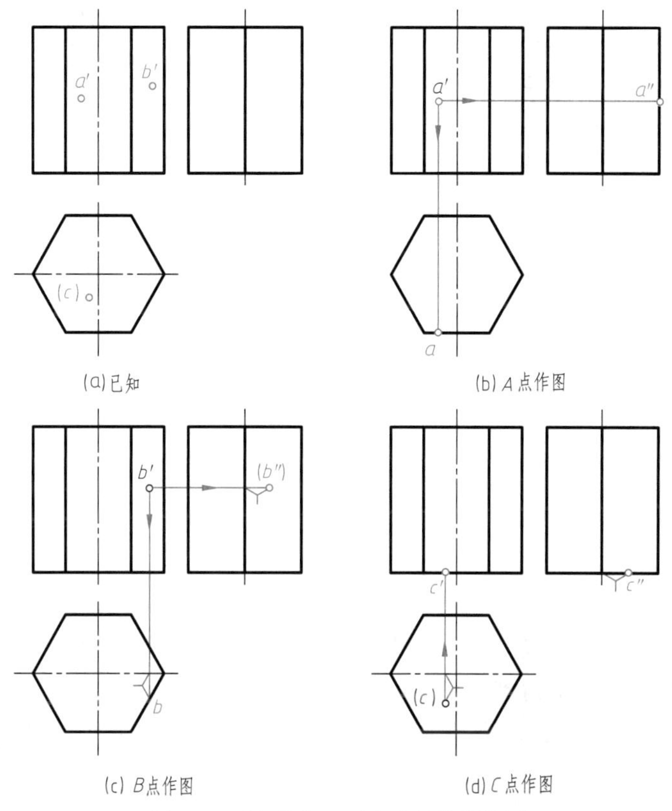

(a)已知　(b) A点作图　(c) B点作图　(d) C点作图

图3-2　正六棱柱表面取点的投影作图

（2）棱锥

1）投影分析

棱锥一般由一个多边形底面和交于一顶点的若干个三角形侧面组成。图3-3（a）所示为一正三棱锥，它的表面由一个正三角形底面和三个等腰三角形侧棱面围成。

棱锥底面△ABC为水平面，H面投影反映实形，正面投影和侧面投影分别积聚为直线段。棱面△SAC为侧垂面，它的侧面投影积聚为一段斜线，正面投影和水平面投影为类似形。棱面△SAB和△SBC均为一般位置平面，三面投影均为类似形。

2）作图步骤

① 绘制基准线，布置视图。

② 先画反映形状和特征的俯视图——正三角形。

③ 按照长对正的投影关系，并量取三棱锥的高度，绘制主视图。

④ 按照高平齐、宽相等的投影关系，尤其注意锥顶s''的位置，绘制左视图。

⑤ 检查，加深，如图3-3（b）所示。

3）棱锥表面上点的投影

在棱锥表面上取点与棱柱表面上取点基本上一样，所不同的是棱锥表面有一般位置平面，其投影无积聚性，取点时，若该平面为特殊位置平面，可利用投影的积聚性直接求得点的投影；若该平面为一般位置平面，可通过辅助线法求出点的另外两个投影。

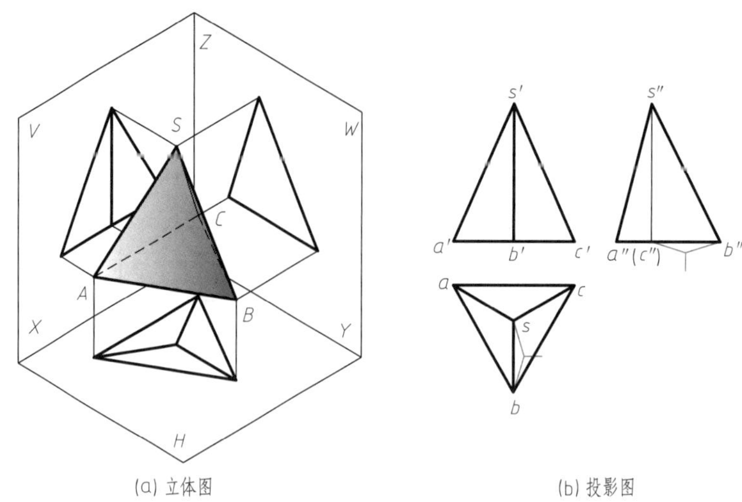

(a) 立体图　　(b) 投影图

图3-3　正三棱锥的投影作图

如图3-4（a）所示，已知正三棱锥表面上点M的正面投影m'，求作M点的另外两面投影。

分析：因为m'可见，因此点M必定在△SAB上。△SAB是一般位置平面，采用辅助线法作图。

作图步骤：

① 连接$s'm'$，并延长至底边，与$a'b'$相交于$1'$。根据投影关系作出水平面投影1，并连接$a1$。根据投影关系在$a1$上得到水平面投影m，如图3-4（b）所示。

② 由m'作高平齐的直线，在水平面投影上量取m点的宽度，在侧面投影中保证宽相等，得到m''，如图3-4（c）所示。

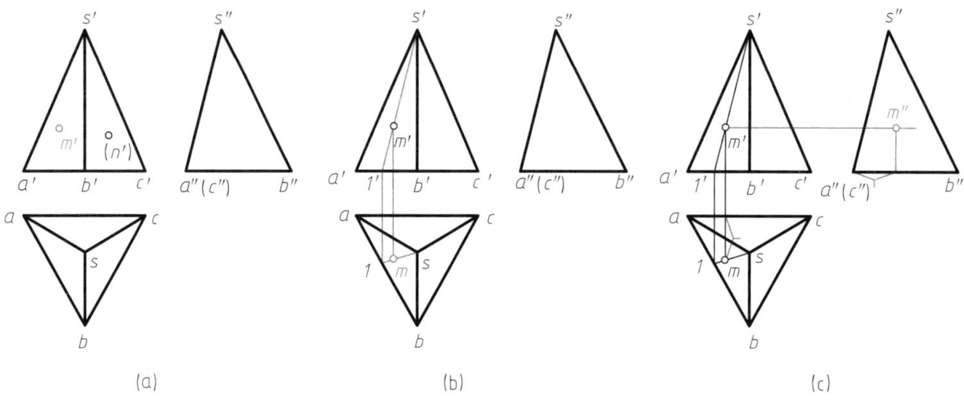

(a)　(b)　(c)

图3-4　正三棱锥表面取点的投影作图

读者可自己分析N点的位置，作出N点的另外两面投影。

3.1.2　曲面立体及其表面取点

(1) 圆柱

圆柱表面由圆柱面和两底面所围成。圆柱面可看作一条直母线AB绕与它平行的轴线回转而成。圆柱面上任意一条平行于轴线的直线均称为圆柱面的素线。

1）投影分析

如图3-5（a）所示，圆柱的轴线垂直于水平面，其投影特征如下。

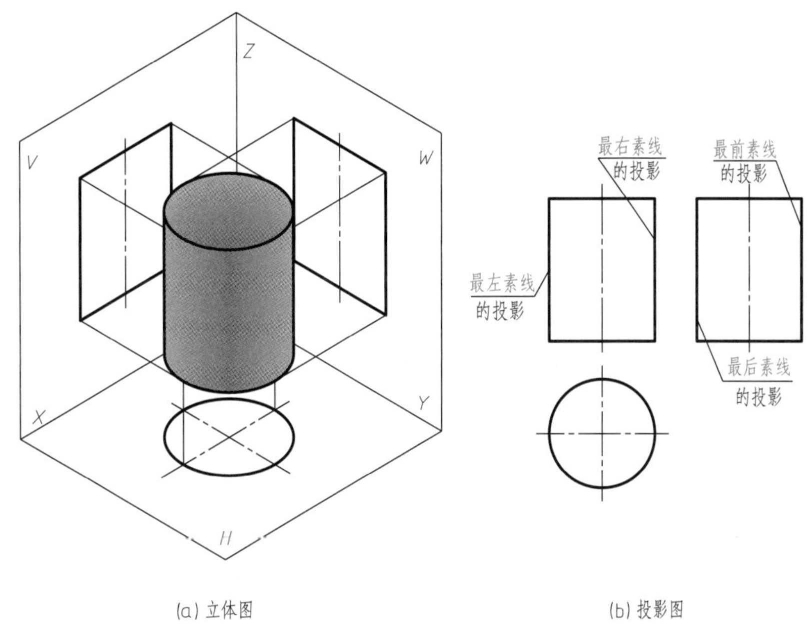

图3-5　圆柱的投影作图

俯视图：俯视图是一个圆，是圆柱面积聚性的投影，也是上、下两个底面反映实形的投影。

主视图：主视图一个矩形线框，是圆柱面前半部分与后半部分的重合投影，上下两底面的投影积聚成直线。左、右两边分别是圆柱最左、最右素线的投影。最左、最右素线是圆柱面由前向后的转向轮廓线，是正面投影中可见的前半圆柱面和不可见的后半圆柱面的分界线。

左视图：左视图也是一个矩形线框，是圆柱面左、右两半部分的重合投影，上下两底面的投影积聚成直线。两条竖线是圆柱最前、最后素线的投影，也是圆柱面由左向右的转向轮廓线，是侧面投影中可见的左半圆柱面和不可见的右半圆柱面的分界线。

2）作图步骤

① 绘制基准线，布置视图。

② 先画反映形状特征的视图，即俯视图圆。

③ 按照投影关系绘制主视图、左视图。

④ 检查，加深，如图3-5（b）所示。

3）圆柱表面上点的投影

圆柱的曲面和两底面至少有一个投影具有积聚性，利用点所在的面的积聚性和点的投影规律可求出点的其余两个投影。

如图3-6（a）所示，已知圆柱面上A、B、C三点的正面投影a'、(b')、c'，求作三点的另外两面投影。

分析：圆柱面的水平面投影具有积聚性，圆柱面上点的水平面投影一定在圆周上。利用点的投影规律完成侧面投影。A点在最左素线上、B点在最后素线上，C点在右前柱面上。

作图步骤：

① A点的水平面投影在圆的最左点，即为a，过a'作高平齐，得到侧面投影a''，如图3-6（b）所示。

② B点的水平面投影在圆的最后点，即为b，过（b'）作高平齐，得到侧面投影b''，如图3-6（c）所示。

③ 过c'作长对正，与水平面投影的圆的交点即为c，过c'作高平齐，量取水平面投影c点的宽度，保证宽相等，得到侧面投影c''，C点在右半个圆柱面上，不可见，需加括号，即（c''），如图3-6（d）所示。

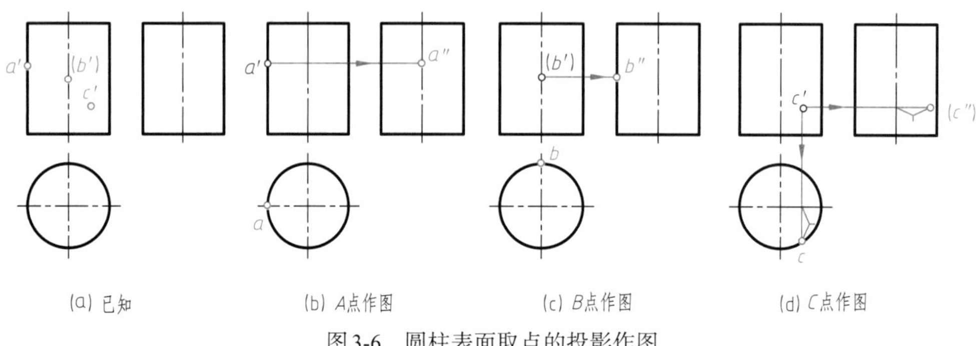

图3-6 圆柱表面取点的投影作图

（2）圆锥

圆锥表面由圆锥面和底面所围成。如图3-7（a）所示，圆锥面可看作是一条直母线绕与它相交的轴线旋转而成。在圆锥面上通过锥顶的任一直线为圆锥面的素线。

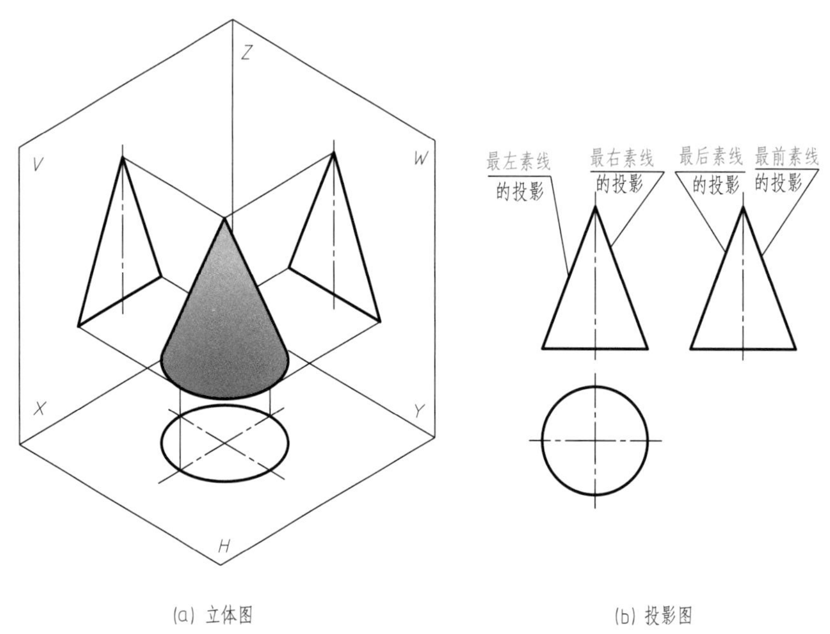

图3-7 圆锥的投影作图

1）投影分析

如图3-7（a）所示圆锥，其轴线是铅垂线，底面是水平面。图3-7（b）是它的投影图。俯视图是圆，反映底面实形。主、左视图均为等腰三角形。

2）作图步骤

① 绘制基准线，布置视图。

② 绘制俯视图——圆。

③ 根据投影关系绘制主视图——等腰三角形。

④ 根据投影关系绘制左视图——等腰三角形。

⑤ 检查，加深，如图3-7（b）所示。

3）圆锥表面上点的投影

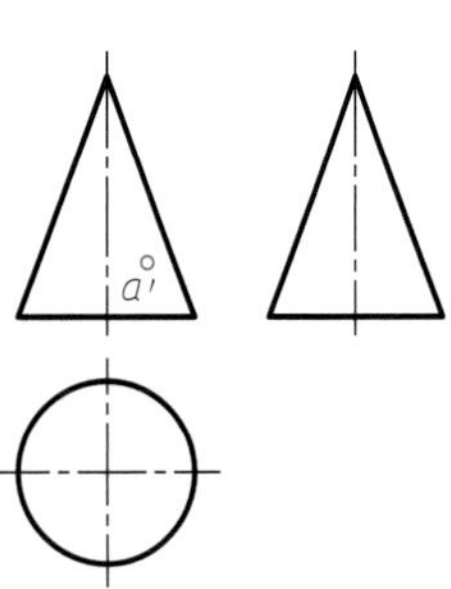

图3-8　求圆锥面上A点

如图3-8所示，已知圆锥表面上A点的正面投影a'，求作A点的另外两面投影。

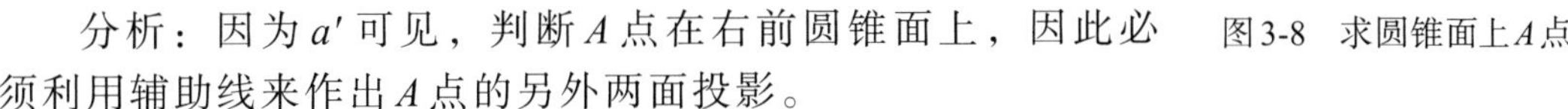

分析：因为a'可见，判断A点在右前圆锥面上，因此必须利用辅助线来作出A点的另外两面投影。

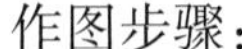

作图步骤：

① 辅助素线法。

图3-9（a）所示，过锥顶S和A作一素线，与底面交于点M。点A的各面投影在此素线SM的相应投影上。

过a'作s'm'，求出其水平面投影sm。利用投影关系求出水平面投影a，如图3-9（b）所示。

利用投影关系，根据a、a'可求出其侧面投影。注意保证宽相等，A点在右半个锥面上，侧面投影不可见要加括号，即（a"），如图3-9（c）所示。

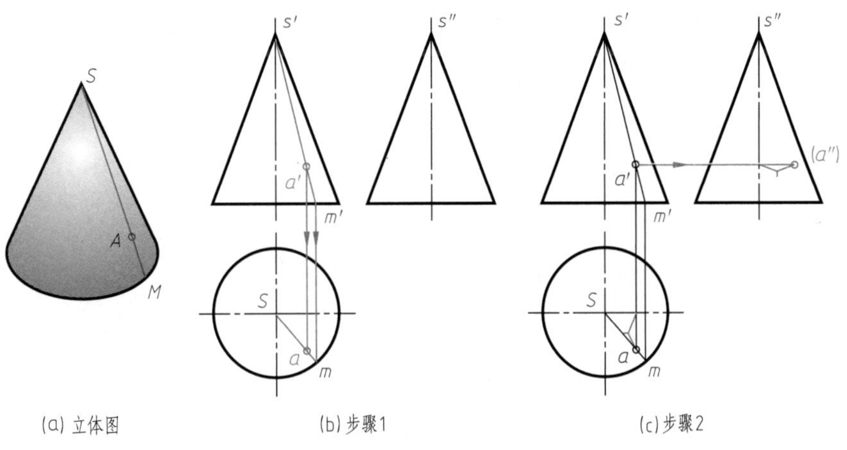

图3-9　辅助素线法求圆锥面上点的作图

② 辅助圆法。

图3-10（a）所示，过圆锥面上点A作平行圆锥底面的辅助圆，点A的各面投影必在此辅助圆的相应投影上。该辅助圆在水平面的投影反映实形，另外两面投影积聚为直线。

过a'作辅助圆的正面投影和侧面投影，以s为圆心、m' n'为直径，作辅助圆的水平面投影。利用投影关系作出A点的水平面投影a，如图3-10（b）所示。

利用投影关系，根据a、a'可求出其侧面投影（a"），如图3-10（c）所示。

（3）圆球

圆球的表面是球面，如图3-11（a）所示，圆球面可看作是由一条半圆母线绕其直径回转而成。

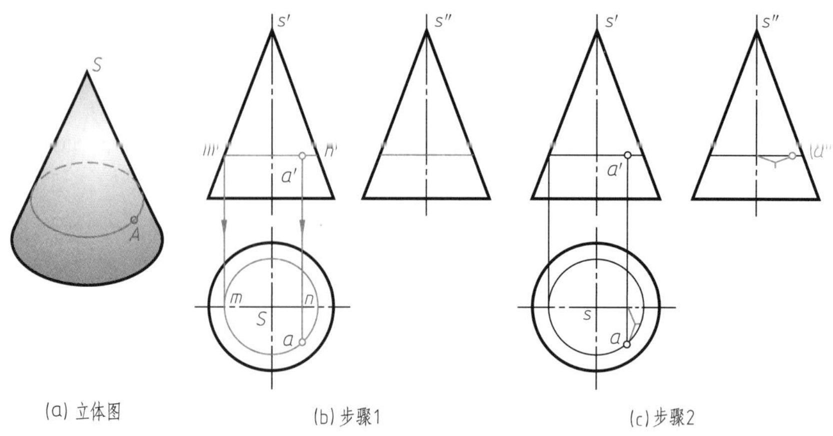

图3-10 辅助圆法求圆锥面上点的作图

1）投影分析

如图3-11所示，圆球的三视图均为大小相等的圆，直径与圆球的直径相等。但这三个圆分别表示三个不同方向的圆球面轮廓素线的投影。正面投影的圆是平行于V面最大圆（前、后两个半球的分界线）的投影。水平面投影的圆是平行于H面最大圆（上、下两个半球的分界线）的投影。侧面投影的圆是平行于W面最大圆（左、右两个半球的分界线）的投影。

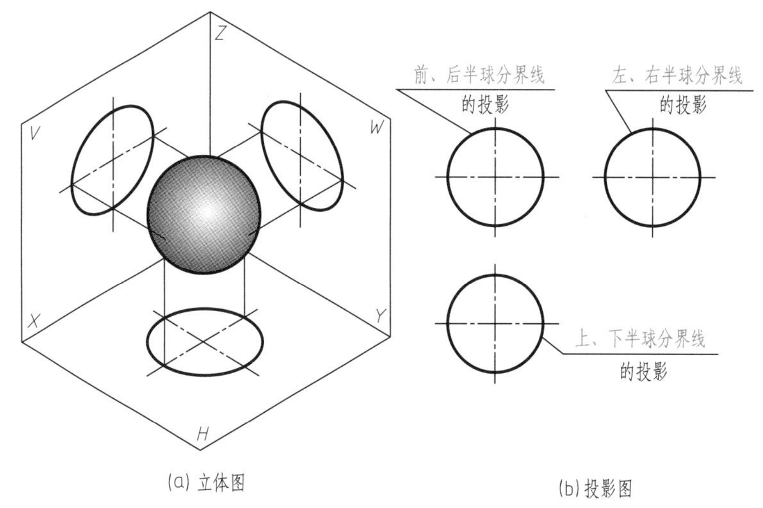

图3-11 圆球的投影作图

2）作图步骤

① 绘制基准线，布置视图。

② 量取圆球的直径，绘制三个视图的圆。

③ 检查、加深，如图3-11（b）所示。

3）圆球表面上点的投影

如图3-12（a）所示，已知圆球表面上A、B、C点的投影a'、b''、c'，求作三点的另外两面投影。

分析：a'在平行于V面的最大圆上，其另外两面投影在前后对称线上；b''在上、下对称线上，该点应在平行于H面的最大圆上，A、B两点均可根据点的投影规律完成作图。因为c'可见，判断C点在左、前、下圆球面上，因此必须利用辅助圆法来作出C点的另外两面投影，W面投影可见，H面投影不可见，需加括号。

作图步骤：

① 过a'作长对正、高平齐，分别作出H面投影a和W面投影（a''），如图3-12（b）所示。

② 在W面上量取b''的宽度，在H面上量取宽相等得到b，再通过长对正得到V面投影（b'），如图3-12（c）所示。

③ 过c'作辅助圆的正面投影和侧面投影（均为直线），作辅助圆的水平面投影。利用投影关系作出C点的水平面投影（c），如图3-12（d）、（e）所示。

④ 利用投影关系，按照宽相等可求出其侧面投影c''，如图3-12（f）所示。

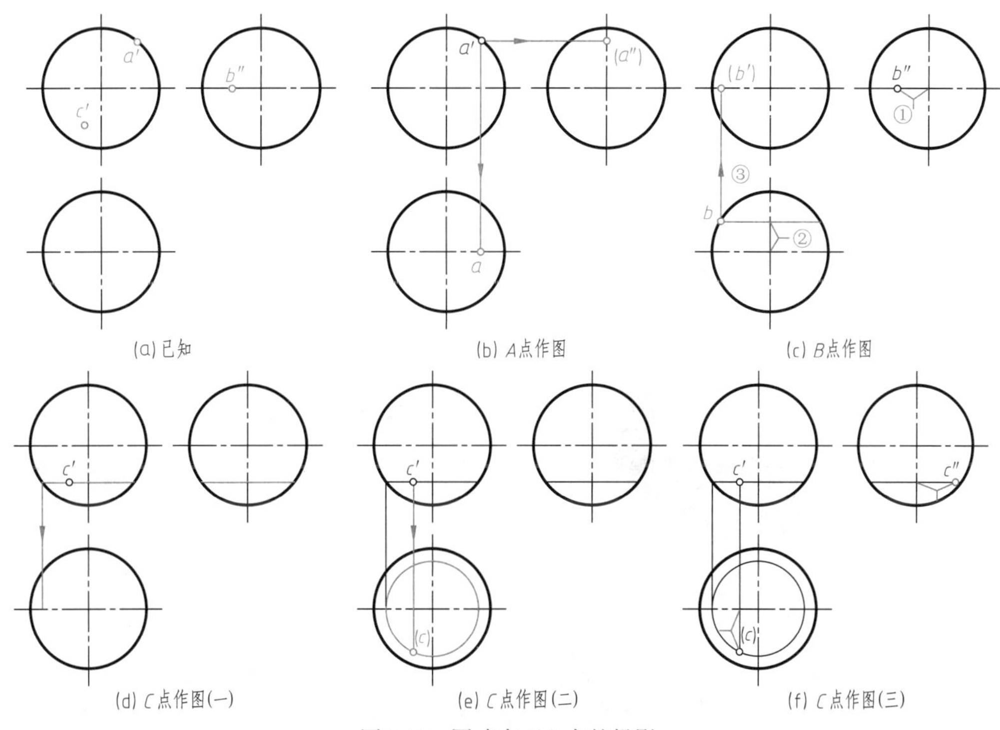

图3-12 圆球表面上点的投影

3.2 截交线

用平面截切立体，平面与立体就会产生交线，如图3-13所示，三棱锥被平面P截切为两部分，其中截切立体的平面称为截平面；立体被截切后的部分称为截断体；截平面与立体表面的交线称为截交线，由截交线围成的断面称为截断面。

截交线的基本性质：

① 共有性：截交线是截平面与立体表面的共有线，截交线上的点也都是它们的共有点。

② 封闭性：由于立体表面是有范围的，所以截交线一般是封闭的平面图形。

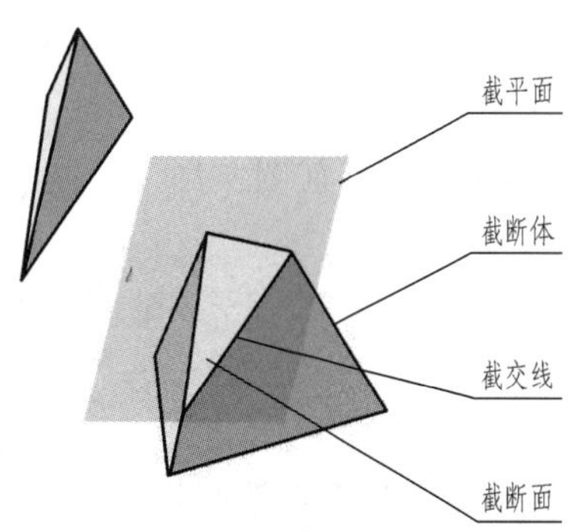

图3-13 截交线概念

根据截交线性质，求截交线，就是求出截平面与立体表面的一系列共有点，然后依次连接即可。

3.2.1 平面立体的截交线

【例3-1】 如图3-14（a）、（b）所示，六棱柱被*P*、*Q*两个平面截切。已知主视图，补画俯、左视图。

分析：*P*平面与六棱柱的五个侧面和*Q*平面相交，构成六边形且与*V*面垂直为正垂面，其投影在正面积聚为直线，另两面投影为类似的六边形。

*Q*平面与六棱柱的两个侧面、左端面和*P*平面相交，构成矩形，且与*H*面平行为水平面，其投影在*H*面是显实的矩形，另两面积聚成直线。

作图步骤：

① 按照高平齐，先作出*Q*平面的左视图（直线），再按照长对正、宽相等作出*Q*平面的俯视图（矩形），如图3-14（c）所示。

② 按照长对正，作出*P*平面的俯视图（六边形），如图3-14（d）所示。

③ 检查，完成截断体三视图，如图3-14（e）所示。

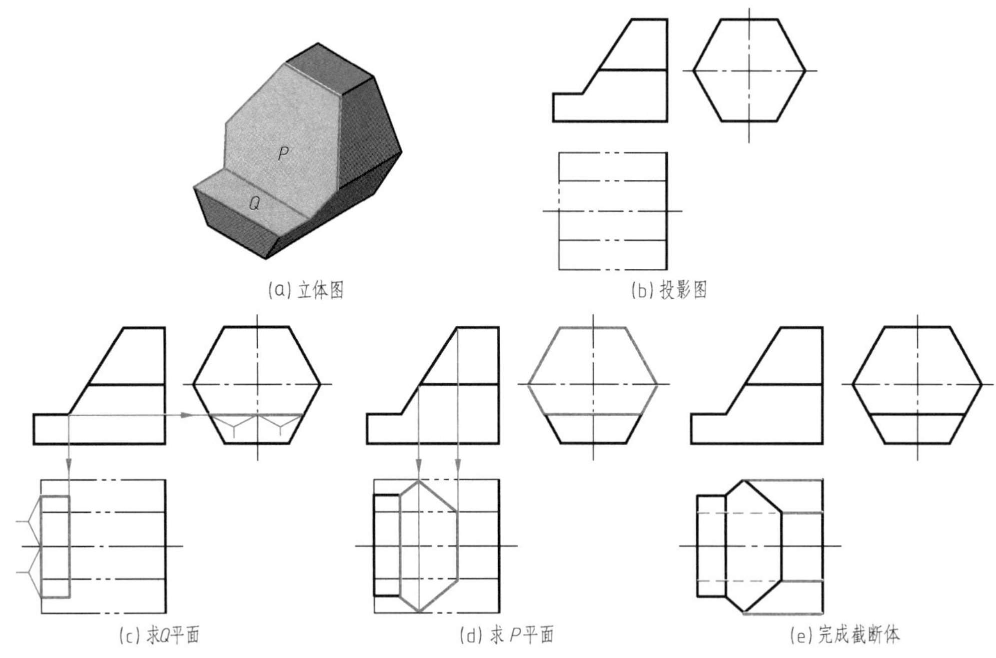

图3-14 六棱柱的截交线作图

【例3-2】 如图3-15（a）、（b）所示，三棱锥被*P*平面截切，已知主视图，补画俯、左视图。

分析：*P*平面与三棱锥的三个侧面相交，截交线构成三角形且为正垂面，其投影在正面积聚为直线，另两面投影为类似的三角形。

作图步骤：

① 过1′、2′点按照长对正、高平齐作出水平面投影1、2和侧面投影1″、2″，如图3-15（c）所示。

② 过3′先按照高平齐作出侧面投影3″，然后量取宽相等作出水平面投影3，如图3-15（d）所示。

③ 完成截交线、截断体的三视图，如图3-15（e）所示。

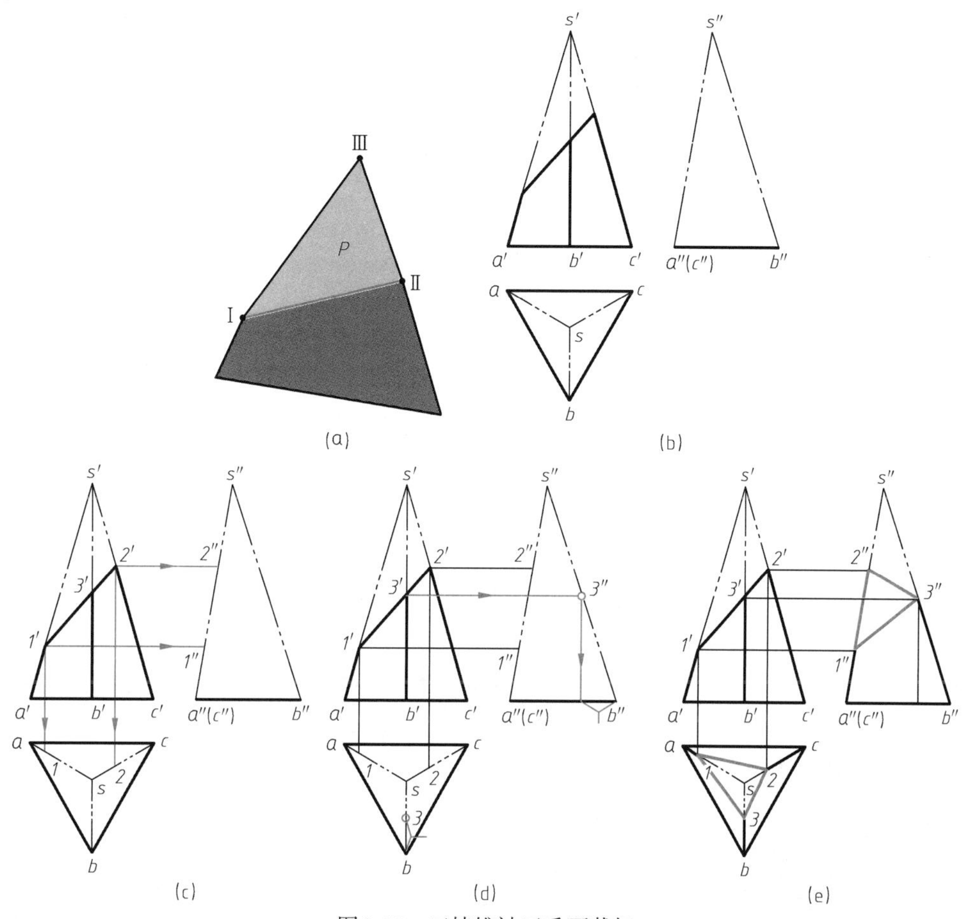

图3-15　三棱锥被正垂面截切

3.2.2　曲面立体的截交线

（1）圆柱的截交线

平面截切圆柱时，根据截平面与圆柱轴线的相对位置不同，其截交线有三种不同的形状，如表3-1所示。

表3-1　圆柱截交线的三种形状

截平面位置	与轴线平行	与轴线垂直	与轴线倾斜
截交线形状	矩形	圆	椭圆
立体图			

续表

截平面位置	与轴线平行	与轴线垂直	与轴线倾斜
投影图			

【**例3-3**】 如图3-16（a）所示，求作圆柱被正垂面P截切后的三视图。

分析：截平面P与圆柱轴线倾斜，因此截交线的形状为椭圆。截平面是正垂面，因此，截交线正面积聚为一条斜线，水平面投影与圆柱面的投影重合为圆，侧面投影为类似的椭圆，需求出椭圆上一系列的点，才能完成侧面投影。

作图步骤：

① 绘制基准线，布置视图。绘制圆柱的三视图，绘制主视图的截交线，如图3-16（b）所示。

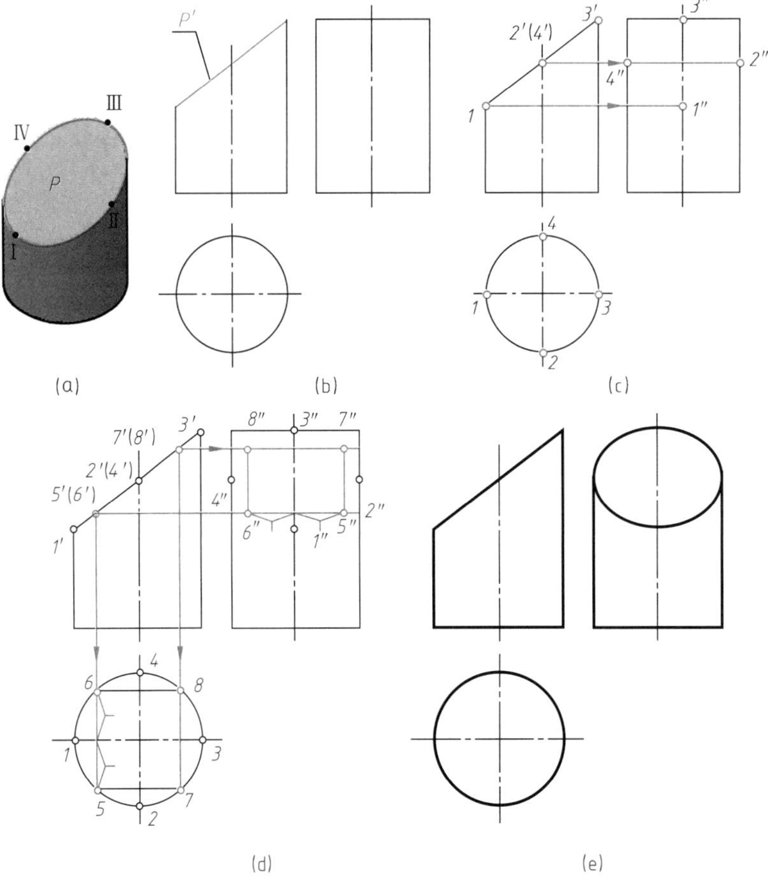

图3-16 圆柱被正垂面截切的三视图画法

② 作截交线上四个特殊点：根据高平齐作出1″、2″、3″、4″，如图3-16（c）所示。

③ 作截交线上一般位置点：在主视图截交线积聚的直线上找两个一般位置的点5′、(6′)，按照长对正作出俯视图的对应点5、6，最后根据高平齐、宽相等作出左视图的对应点5″、6″。Ⅶ、Ⅷ两点作法和Ⅴ、Ⅵ两点作法相同，如图3-16（d）所示。

④ 光滑连接椭圆，检查、加深，完成截断体，如图3-16（e）所示。

【例3-4】 如图3-17（a）所示，补画圆柱截切后的三视图。

分析：圆柱被两个水平面（与轴线垂直）和两个侧平面（与轴线平行）组合切掉左上角和右上角。主视图四个截平面均积聚为直线，俯视图中两个水平面反映实形（圆弧和直线），两个侧平面积聚为直线，左视图中两个侧平面反映实形（矩形），两个水平面积聚成直线且重合。

作图步骤：

① 作*P*面——按照高平齐、宽相等，作出*P*面积聚的直线ⅠⅡ，如图3-17（b）所示。

② 作*Q*面——按照尺寸关系，直接作出*Q*面反映实形的矩形，如图3-17（c）所示。

③ 检查、加深，完成截断体的三视图，如图3-17（d）所示。

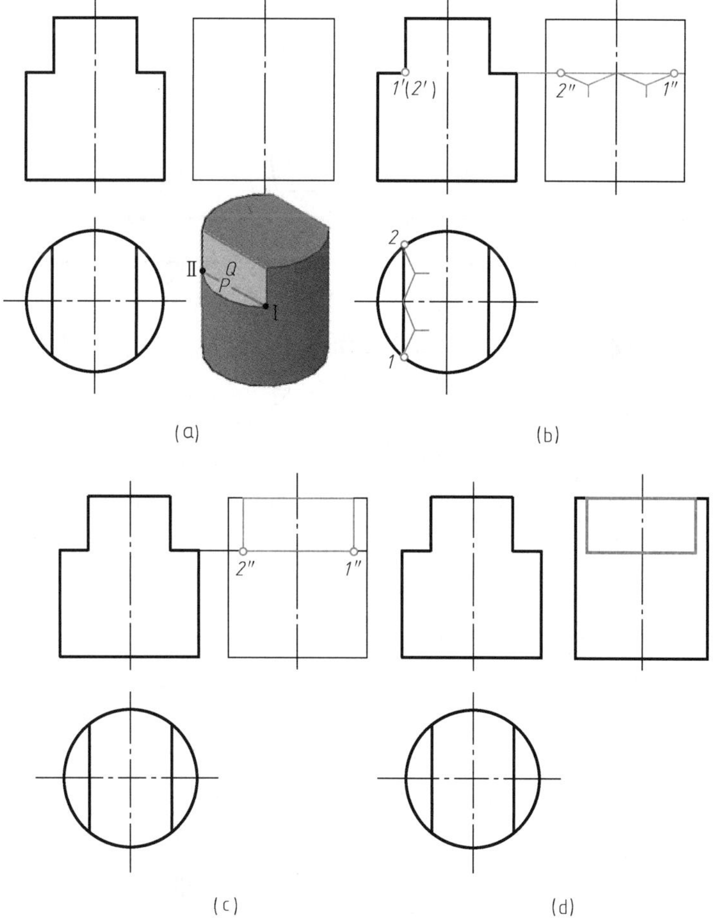

图3-17 圆柱被截切后的三视图画法

（2）圆锥的截交线

平面截切圆锥时，根据截平面与圆锥的相对位置不同，其截交线有五种不同的形状，如表3-2所示。

表3-2 圆锥的截交线

截平面的位置	过锥顶	与轴线垂直	与轴线平行	与轴线倾斜且$\theta>\phi$	与轴线倾斜且$\theta=\phi$
截交线形状	三角形	圆	双曲线+直线	椭圆	抛物线+直线
立体图	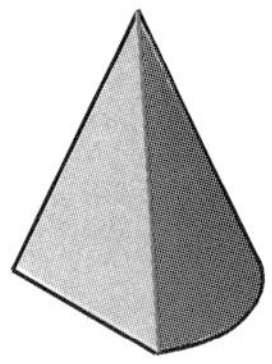	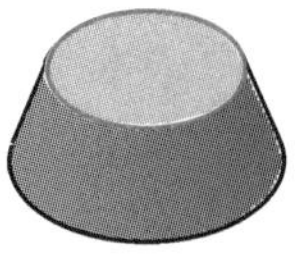	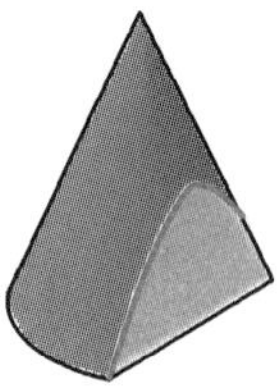	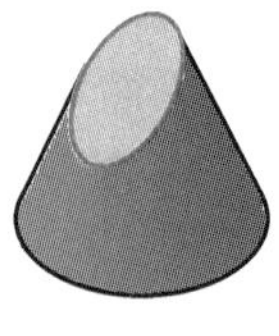	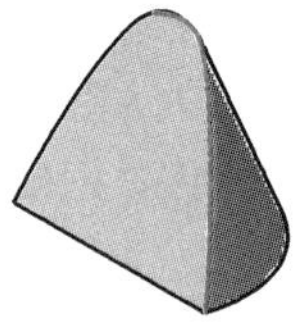
投影图	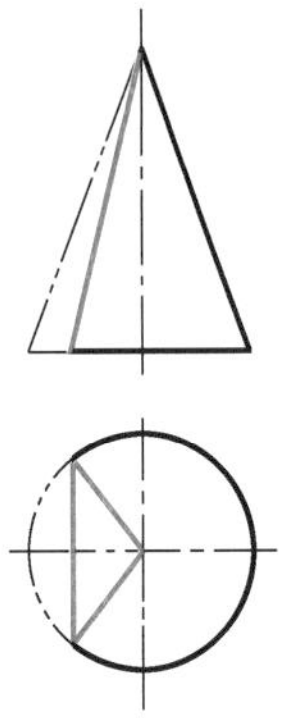	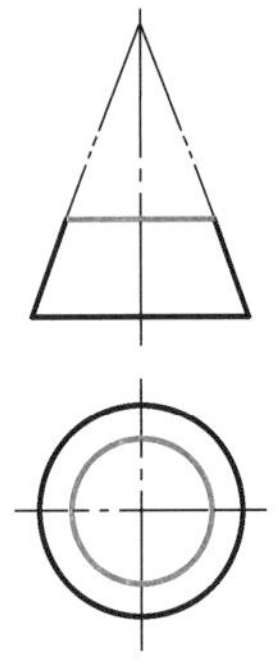	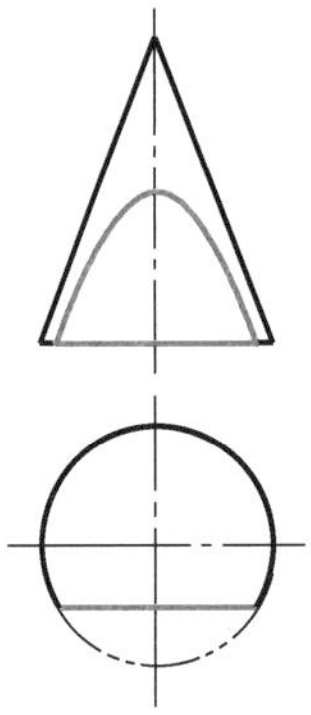	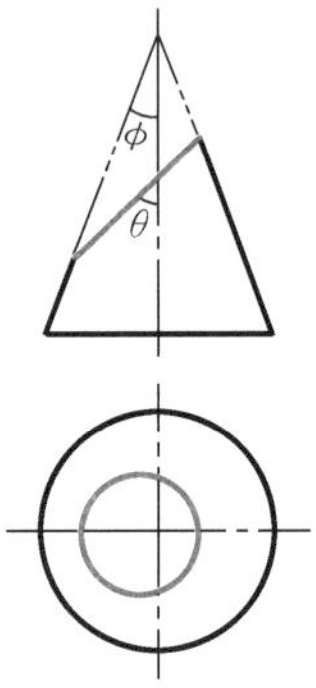	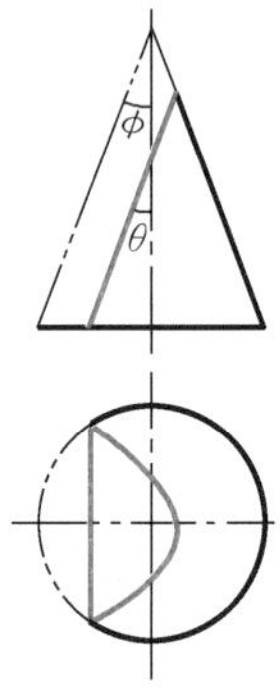

【例3-5】 求作正圆锥被正平面截切后的三视图，如图3-18（a）所示。

分析：截平面与圆锥轴线平行，其截交线由双曲线和直线构成封闭的平面图形。双曲线的V面投影反映实形，其H面和W面投影积聚为直线。

作图步骤：

① 绘制基准线，布置视图。绘制圆锥的三视图，绘制俯、左视图的截交线，如图3-18（b）所示。

② 作截交线上三个特殊点：根据长对正作出1′、2′，根据高平齐作出3′，如图3-18（c）所示。

③ 作截交线上一般位置点：在左视图截交线积聚的直线上作任意两个一般位置的点4'、(5')，按照高平齐作出过该两点辅助圆主视图的投影、长对正作出俯视图反映实形的辅助圆，该圆与截交线的交点即为4、5，最后根据长对正作出主视图的对应点4″、5″，如图3-18（d）所示。

④ 光滑连接双曲线，检查、加深，完成截断体，如图3-18（e）所示。

（3）球体的截交线

平面截切圆球，其截交线都是圆。根据截平面与投影面的相对位置，截交线的投影可能是圆、直线或椭圆。

当截平面为投影面平行面时，截交线在该投影面上的投影反映实形（圆），其余两面投影积聚为线段，如图3-19（a）所示；当截平面为投影面的垂直面时，截交线在该投影面上的投影积聚为直线，其余两面投影为类似形（椭圆），如图3-19（b）所示。

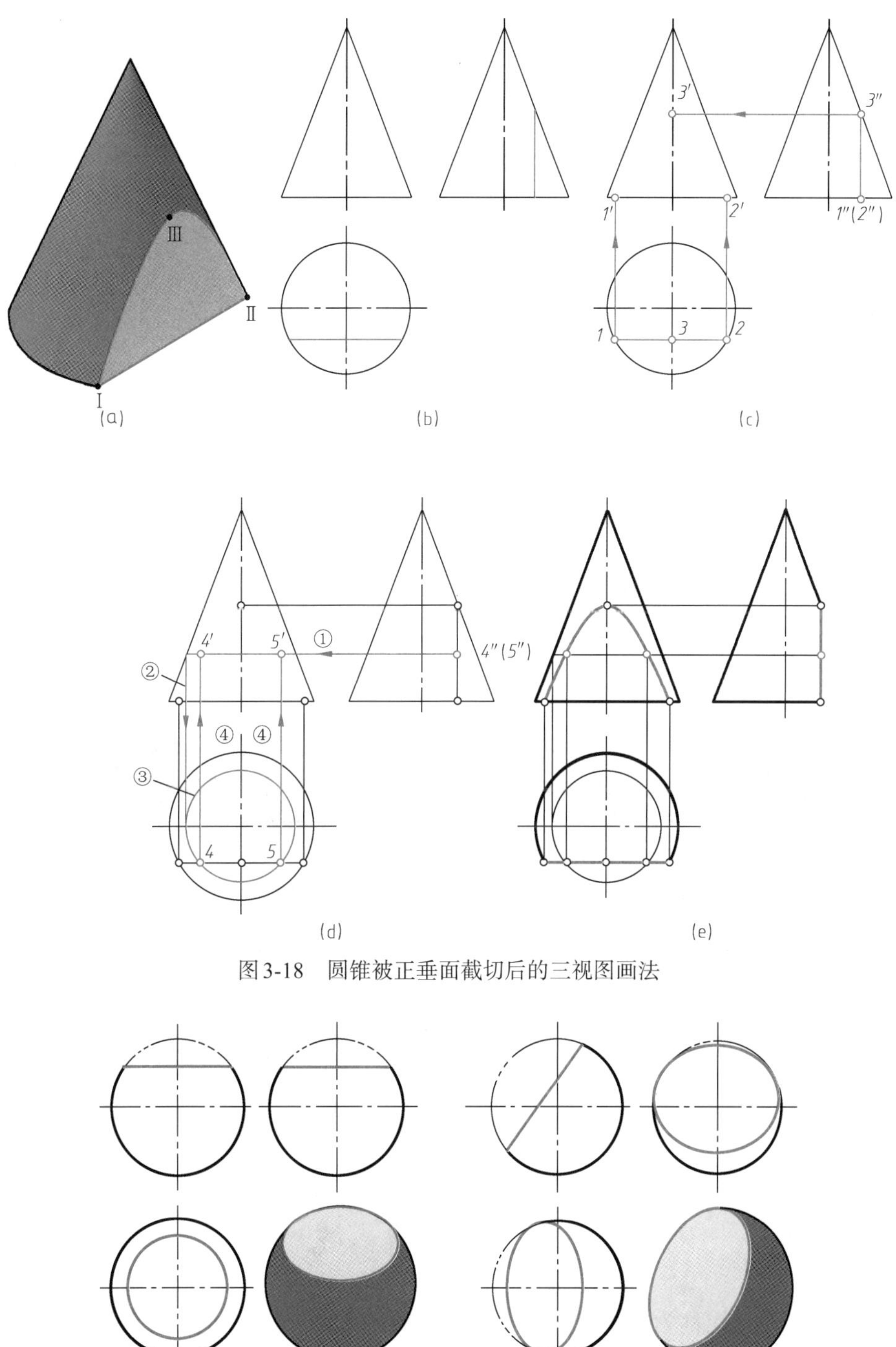

图3-18　圆锥被正垂面截切后的三视图画法

图3-19　圆球的截交线

【例3-6】 补画开槽半球的俯、左视图，如图3-20（a）所示。

分析：半球被一个P平面和两个对称的Q平面截切，截平面P是水平面，截平面Q是侧平面。主视图中P、Q面均积聚为直线；俯视图中P面反映实形（两段圆弧和两段直线），两个Q面积聚为直线；左视图中P面积聚的直线部分可见、部分不可见，两个Q面重合在一起且反映实形（一段圆弧和一段直线）。

作图步骤：

① 完成俯视图：先作出P面反映实形的圆，按照长对正作出两个Q面积聚的直线，如图3-20（b）所示。

② 完成左视图：先作出Q面反映实形的圆，按照高平齐作出P面积聚的直线，2″5″之间的不可见，用细虚线绘制，如图3-20（c）所示。

③ 检查、加深，完成截断体的三视图，如图3-20（d）所示。

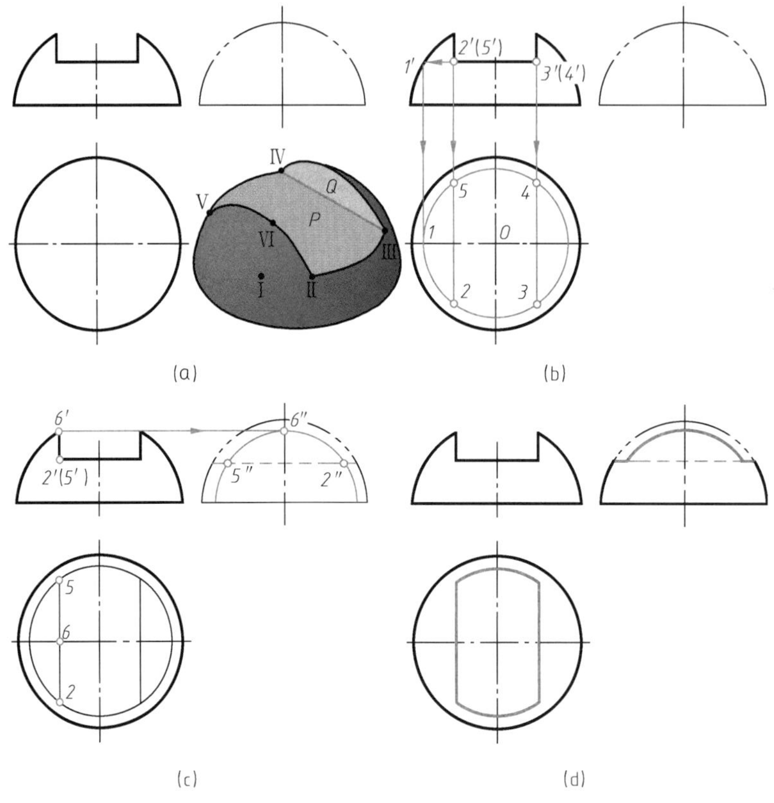

图3-20 开槽半球的截交线

3.3 相 贯 线

两立体表面的交线称为相贯线，相交的立体称为相贯体。工程中常见的是两回转体相交的零件，如图3-21所示，本节只讨论这类相贯线的性质及画法。

图3-21 相贯线实例

相贯线的基本性质：

① 共有性：相贯线是相交两立体表面的共有线，相贯线上的点是两个立体表面的共有点。

② 封闭性：一般情况下，相贯线是封闭的空间曲线，特殊情况下是平面曲线或直线。

3.3.1 两圆柱正交

(1) 利用投影的积聚性求作相贯线

【例3-7】 求两个异径圆柱正交相贯线的投影，如图3-22（a）所示。

分析：两个圆柱正交是指两圆柱轴线垂直相交，如图3-22（a）所示，小圆柱轴线是铅垂线，大圆柱轴线是侧垂线，两个圆柱面分别在水平投影面和侧立投影面上具有积聚性，因此相贯线的水平面投影和侧面投影分别积聚在它们的圆周上。所以，该题只要根据已知的水平面投影和侧面投影求作相贯线的正面投影即可。

相贯线为封闭的空间曲线，前后、左右对称，正面投影相贯线前后重合。因此，只需作出前面的一半。作图时，前后、左右对称作图。

作图步骤：

① 求特殊点：大圆柱的最上素线与小圆柱的最左、最右素线的交点Ⅰ、Ⅲ是相贯线的最高点，同时Ⅰ是最左点，Ⅲ是最右点。两个点的三面投影可以直接作出。小圆柱的最前素线、最后素线与大圆柱素线的交点Ⅱ、Ⅳ是相贯线的最前点和最后点，也是最低点。水平面投影和侧面投影直接作出，然后根据高平齐作出其正面投影2′（4′），如图3-22（b）所示。

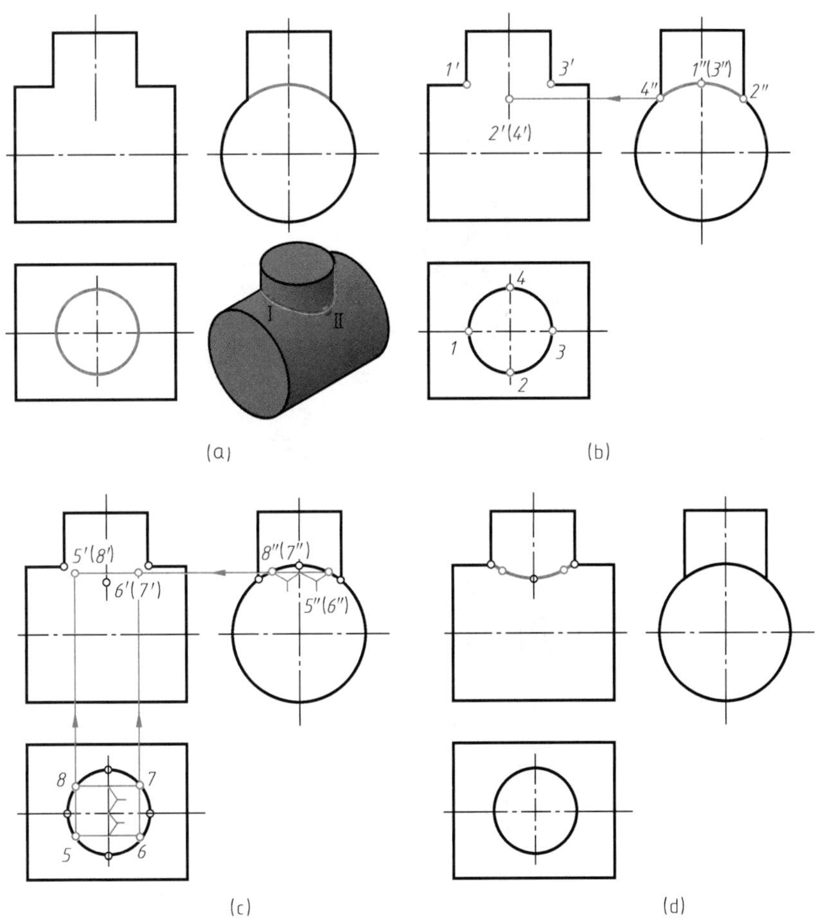

图3-22 两圆柱正交的相贯线

② 求一般位置点：在左视图相贯线上取对称点5″（6″）、8″（7″），根据宽相等在俯视图上作出四个对称点5、6、7、8，最后按照长对正、高平齐作出主视图上四个对称点5′（8′）、6′（7′），如图3-22（c）所示。

③ 光滑连接．依次光滑连接各点，即为相贯线的正面投影线，如图3-22（d）所示。

两个异径圆柱正交有多种情况，如表3-3所示，无论是两圆柱相交、圆柱与圆柱孔相交、两圆柱孔相交或者两圆柱交集部分，虽然相交的形式不同，但相贯线的性质和形状一样，作图方法相同。

表3-3 两圆柱正交相贯线的基本形式

两圆柱相交情况	立体图	投影图
两圆柱垂直相交	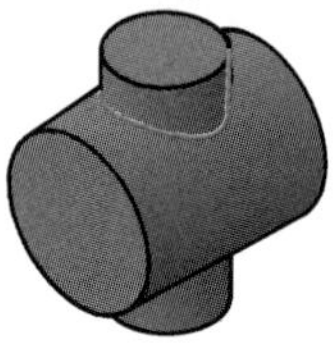	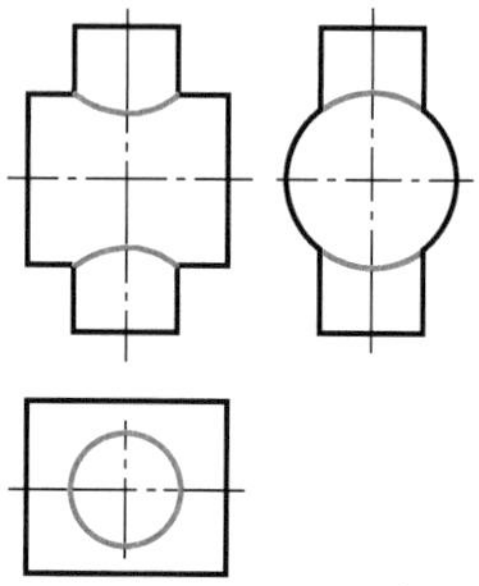
大圆柱上挖切小圆柱		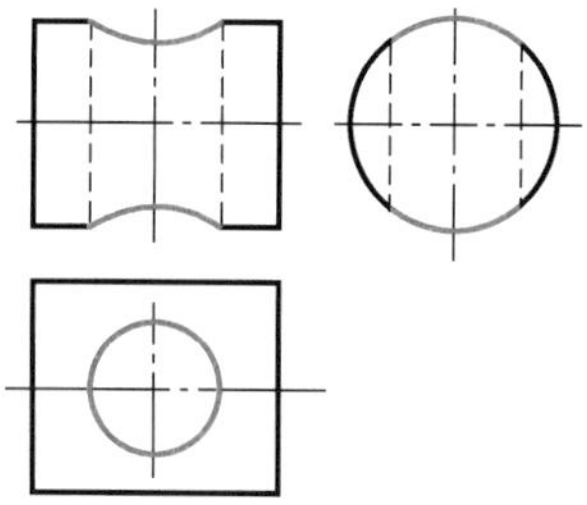
小圆柱上挖切大圆柱		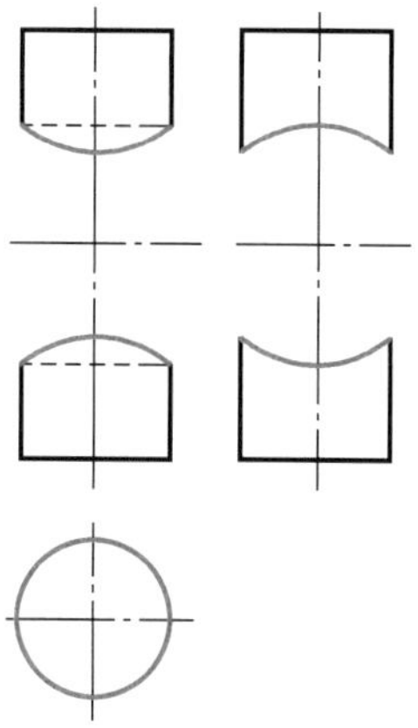

续表

两圆柱相交情况	立体图	投影图
两个圆柱交集部分		
两个圆柱孔		

（2）相贯线的简化画法

为了简化作图，国家标准规定，允许采用简化画法作出相贯线的投影，即用圆弧代替非圆曲线。如图3-23所示，两个异径圆柱正交，两个圆柱轴线都平行于正面，相贯线的正面投影可用大圆柱的半径（$\phi/2$）为半径作圆弧来代替，圆心在小圆柱轴线上，圆弧由小圆柱向大圆柱轴线弯曲。

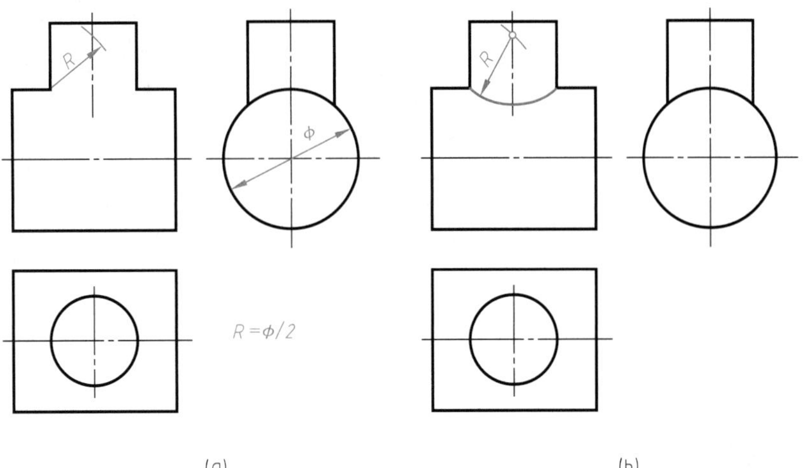

图3-23　相贯线的简化画法

(3) 相贯线的变化趋势

当正交两圆柱的相对位置不变，而相对大小发生变化时，相贯线的形状和位置也会随之变化，如表3-4所示。

表3-4 两圆柱正交相贯线的变化趋势

两圆柱直径大小	立体图	投影图
$\phi_1 < \phi_2$	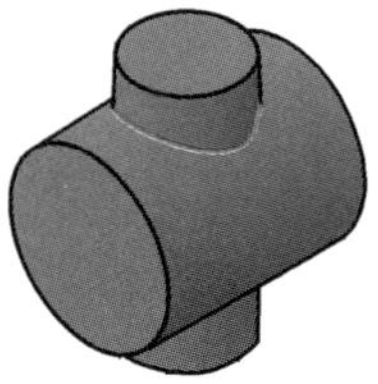	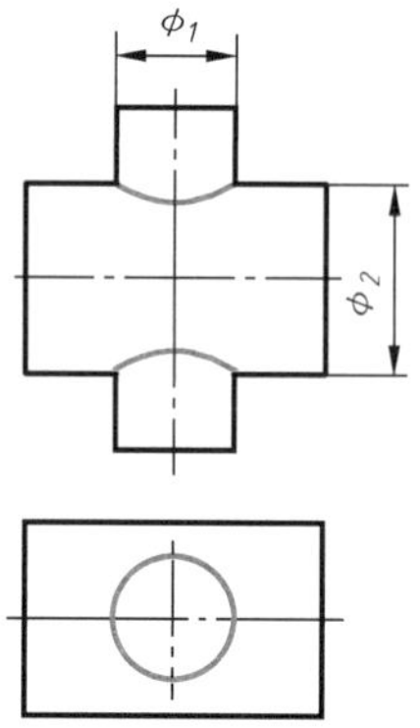
$\phi_1 = \phi_2$	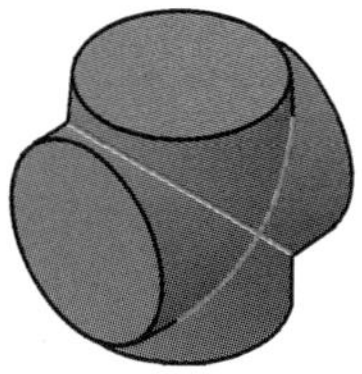	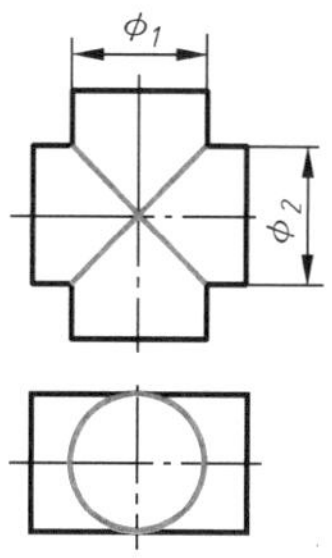
$\phi_1 > \phi_2$	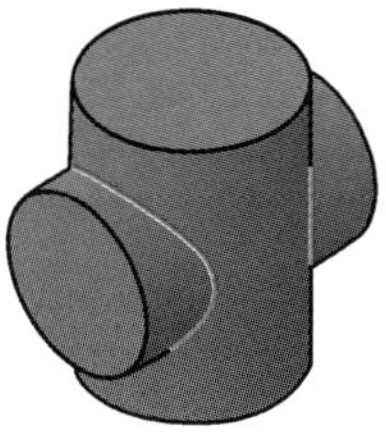	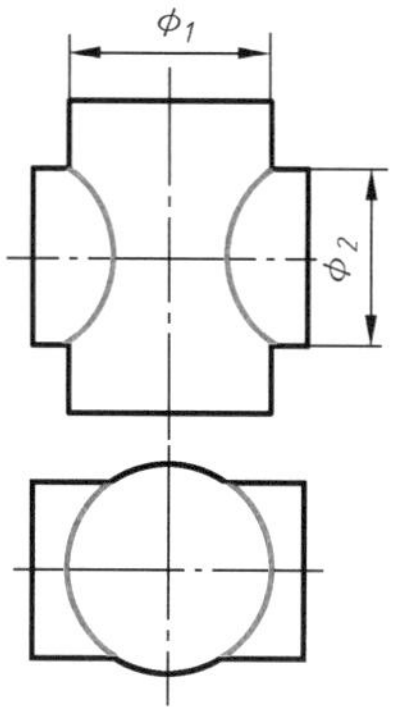

注：两异径圆柱正交时的相贯线弯向大圆柱的轴线。

3.3.2 相贯线的特殊情况

两回转体相交，其相贯线一般为空间曲线，但在特殊情况下，相贯线是平面曲线或直线。

① 两个回转体同轴相交时，相贯线是垂直轴线的圆，如图3-24所示。

② 当轴线相交的两圆柱或圆柱与圆锥公切于一个圆球时，相贯线是两个相交的椭圆，如图3-25所示。椭圆在垂直的投影面的投影积聚为直线，在倾斜的投影面上的投影为类似形。

③ 当相交的两圆柱轴线平行时，相贯线为直线，如图3-26所示。

④ 当两圆锥共锥顶相交时，相贯线为直线，如图3-27所示。

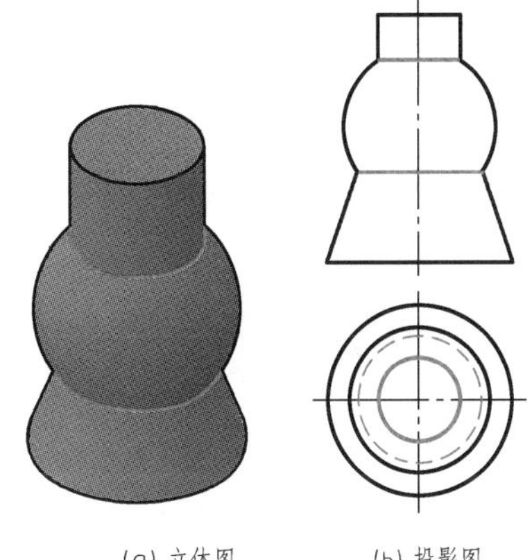

图3-24 同轴回转体的相贯线——圆

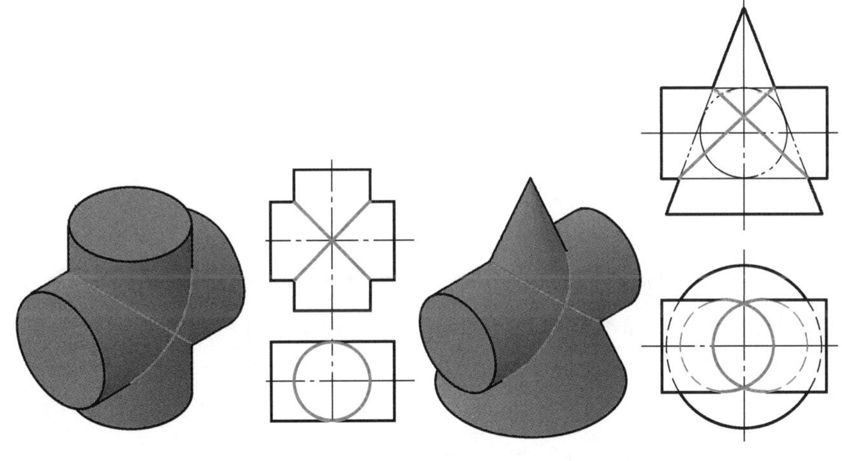

图3-25 正交两圆柱直径相等时的相贯线

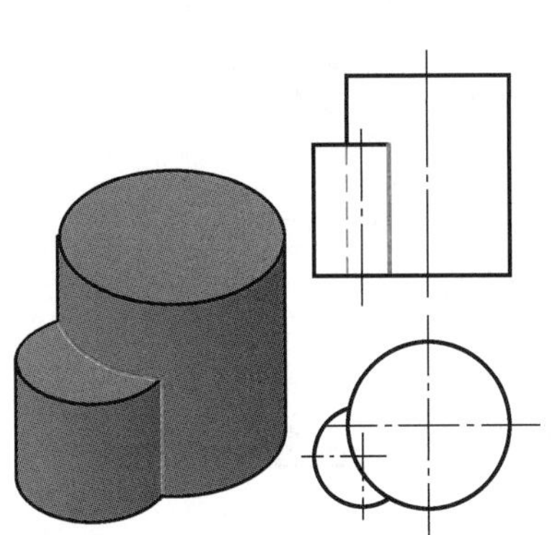
图3-26 两轴线平行的相交圆柱的相贯线

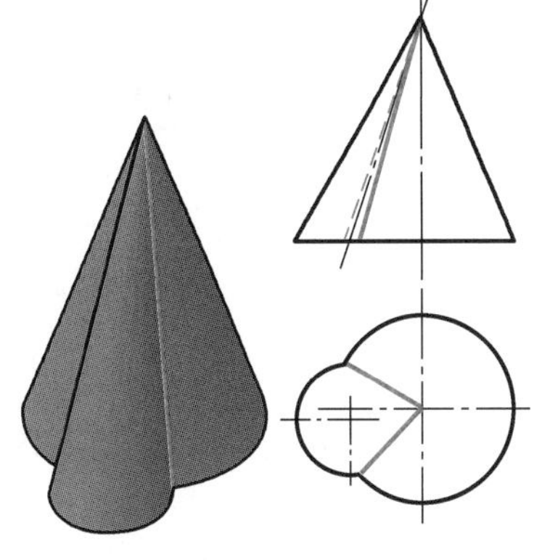
图3-27 两圆锥共锥顶相交的相贯线

第4章 轴测图

能力目标

- 能够正确绘制简单平面立体和曲面立体的正等轴测图。
- 能够正确绘制单一方向有曲面的立体的斜二等轴测图。

知识点

- 轴测图的基本概念及投影特性。
- 正等轴测图的画法。
- 斜二等轴测图的画法。

视图能够准确地表达物体的形状和大小，且作图简便，但这种图样缺乏立体感。因此，在工程上常采用直观性强、富有立体感的轴测图作为辅助图样，用以说明机器及零部件的内外结构和工作原理。图4-1所示为同一物体三视图与轴测图的对比。

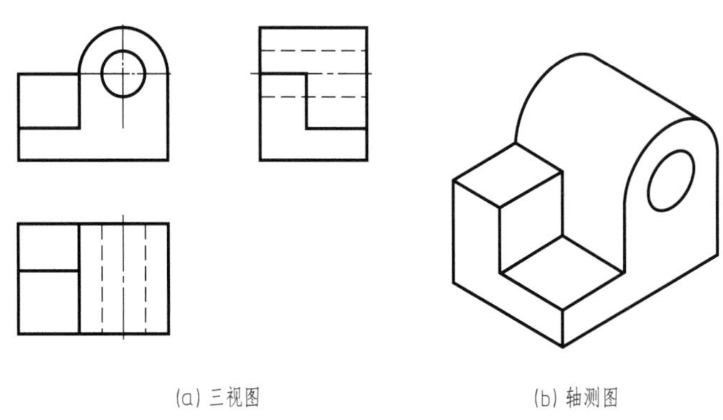

图4-1　三视图与轴测图的对比

4.1　轴测图的基本知识（GB/T 4458.3—2013）

4.1.1　轴测图的形成

将物体连同其参考直角坐标系沿不平行于任一坐标面的方向，用平行投影法将其投射在单一投影面上所得到的图形称为轴测投影图，简称轴测图。形成轴测投影的平面P称为轴测投影面。图4-2所示为轴测投影图的形成方法。

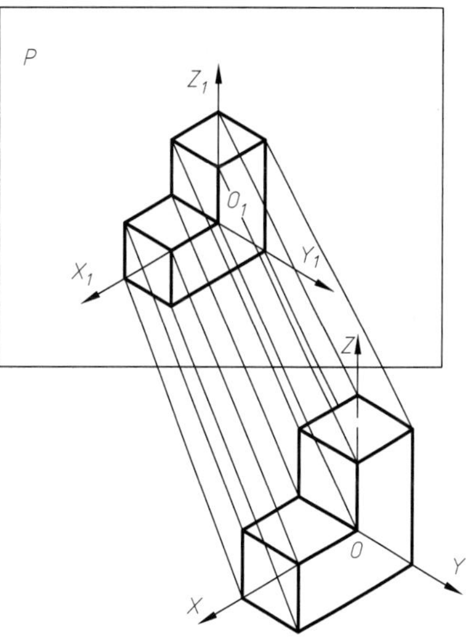

图4-2 轴测投影图的形成方法

4.1.2 轴测图的基本概念

（1）轴测轴

空间直角坐标轴在轴测投影面上的投影称为轴测轴，用O_1X_1、O_1Y_1、O_1Z_1表示。

（2）轴间角

相邻两轴测轴之间的夹角$\angle X_1O_1Y_1$、$\angle Y_1O_1Z_1$、$\angle X_1O_1Z_1$称为轴间角。

（3）轴向伸缩系数

轴测轴上的线段与空间坐标轴上对应线段长度之比称为轴向伸缩系数，X轴、Y轴、Z轴的轴向伸缩系数分别用p_1、q_1、r_1表示。

4.1.3 轴测图的种类

按照投射线是否垂直轴测投影面，轴测图分为正轴测图和斜轴测图；根据轴向伸缩系数是否相等，轴测图分为等轴测图（$p_1=q_1=r_1$）、二等轴测图（$p_1=q_1\neq r_1$，或$p_1\neq q_1=r_1$）、三轴测图（$p_1\neq q_1\neq r_1$）。

机械工程中最常用的轴测图是正等轴测图和斜二等轴测图。两种轴测图的特性如表4-1所示。

表4-1 正等轴测图和斜二等轴测图特性

轴测图类型		正等轴测图（简称正等测）	斜二等轴测图（简称斜二测）
特性	投射方向	投射线与轴测投影面垂直	投射线与轴测投影面倾斜
	轴间角	Z_1 120° 120° O_1 X_1 Y_1；上 下 后 右 左 前	Z_1 X_1 135° O_1 135° Y_1；上 左 右 下 后 前
	轴向伸缩系数	$p_1=q_1=r_1\approx0.82$	$p_1=r_1=1$，$q_1=0.5$
	简化轴向伸缩系数	$p=q=r=1$	无
边长为L的正方体的轴测图		0.82L 0.82L 0.82L $p_1=q_1=r_1\approx0.82$；L L L $p=q=r=1$	L 0.5L L

4.1.4 轴测图的投影特性

轴测投影是用平行投影法绘制的一种投影图，因此具有平行投影的基本特性。

（1）平行性

① 物体上平行于坐标轴的线段，其轴测投影平行于相应的轴测轴，且同一轴向的线段，其轴向伸缩系数都是相同的。

② 物体上相互平行的线段，在轴测投影中仍相互平行。

（2）测量性

在坐标轴上的线段或者平行坐标轴的线段可以直接量取线段的长度尺寸，与坐标轴不平行的线段，不能在图上直接量取尺寸，而要先定出该线段的两端点的位置，再画出该直线的轴测投影。

4.2 正等轴测图

4.2.1 平面立体的正等轴测图画法

画平面立体正等轴测图的方法有坐标法、切割法和叠加法。

（1）坐标法

坐标法是画平面立体正等轴测图的基本方法，作图时，沿坐标轴测量各顶点的坐标，直接画出立体表面各顶点的轴测图，然后依次连接成立体表面的轮廓线，即完成平面立体的轴测图。

【例4-1】 如图4-3（a）所示，已知正六棱柱的主、俯视图，画出其正等轴测图。

分析：由于正六棱柱前后、左右均对称，故将坐标原点O定在其顶面中心，以六边形的对称线为X轴和Y轴，棱柱的中心线为Z轴，从上表面开始作图。

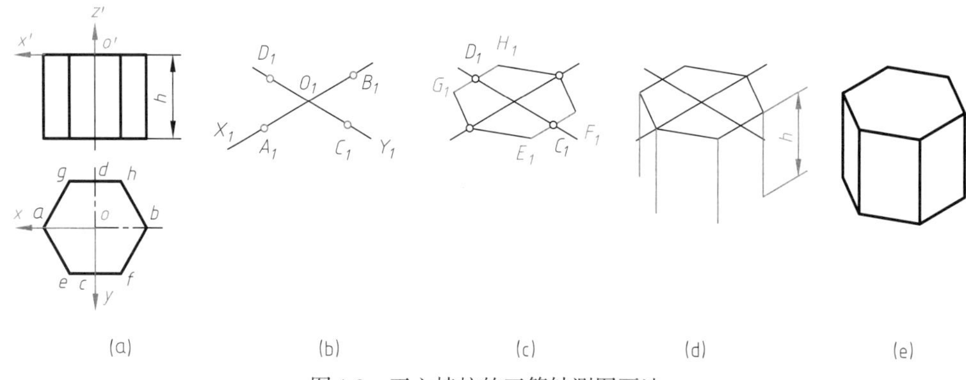

图4-3 正六棱柱的正等轴测图画法

作图步骤：

① 在主、俯视图上确定坐标，如图4-3（a）所示。

② 画出轴测轴，沿X轴直接量取oa、ob，并在轴测轴上量取O_1A_1、O_1B_1确定A_1、B_1两点；沿Y轴直接量取oc、od，并在轴测轴上量取O_1C_1、O_1D_1确定C_1、D_1两点，如图4-3（b）所示。

③ 过C_1、D_1点作X_1轴的平行线，并使$E_1F_1=ef$、$G_1H_1=gh$，然后顺次连接正六边形的轴

测图，如图4-3（c）所示。

④ 由各顶点向下量取高为h的可见棱线，如图4-3（d）所示。

⑤ 连接下表面各顶点，擦去作图线，并加深轮廓线，完成正六棱柱轴测图，如图4-3（e）所示。

（2）切割法

切割法适用于画由长方体切割而成的物体的轴测图。这种方法是以坐标法为基础，先用坐标法画出完整长方体，然后用切割方法画出其不完整部分。

【例4-2】 如图4-4（a）所示，已知物体的三视图，画出其正等轴测图。

分析：该物体可看作是长方体被一个水平面和一个正垂面组合切去左上角，又被两个正平面和一个水平面组合在上方居中切去左右方向的通槽。先画出长方体的轴测图，然后按照截平面的定位分步截切，完成轴测图。

作图步骤：

① 在视图上选定坐标轴，如图4-4（a）所示。

② 分析视图的尺寸，如图4-4（b）所示。

③ 画轴测轴，沿坐标轴量取长、宽、高作出长方体的轴测图，如图4-4（c）所示。

④ 在长方体上按照尺寸H_1、L_1、L_2画出截平面的定位线，如图4-4（d）所示。

⑤ 利用轴测投影的平行性，作出水平面和正垂面的轴测图，如图4-4（e）所示。

⑥ 按照尺寸B_1、H_2画出两个正平面和一个水平面切槽的轴测图，如图4-4（f）所示。

⑦ 擦去作图线，检查、加深，完成轴测图，如图4-4（g）所示。

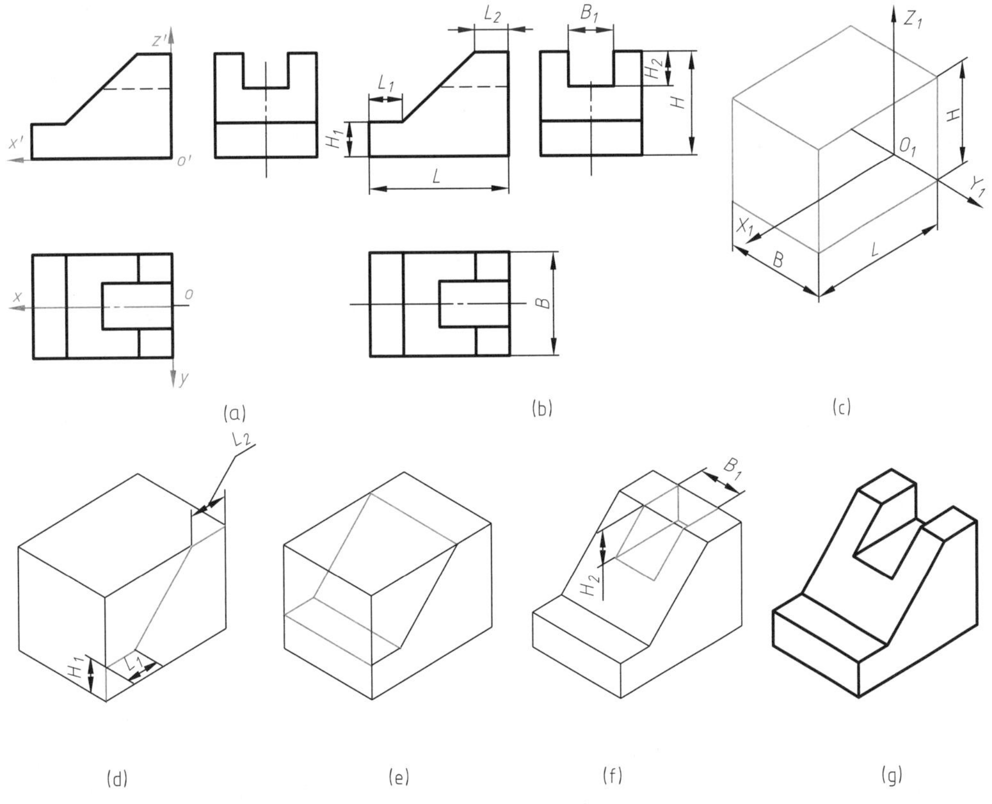

图4-4 切割法画正等轴测图

(3) 叠加法

将物体看作是由几个简单形体叠加而成的，按其相对位置逐个画出各简单形体的轴测图，从而完成整个物体的轴测图，这种方法称为叠加法。

【例4-3】 如图4-5（a）所示，已知物体的三视图，画出其正等轴测图。

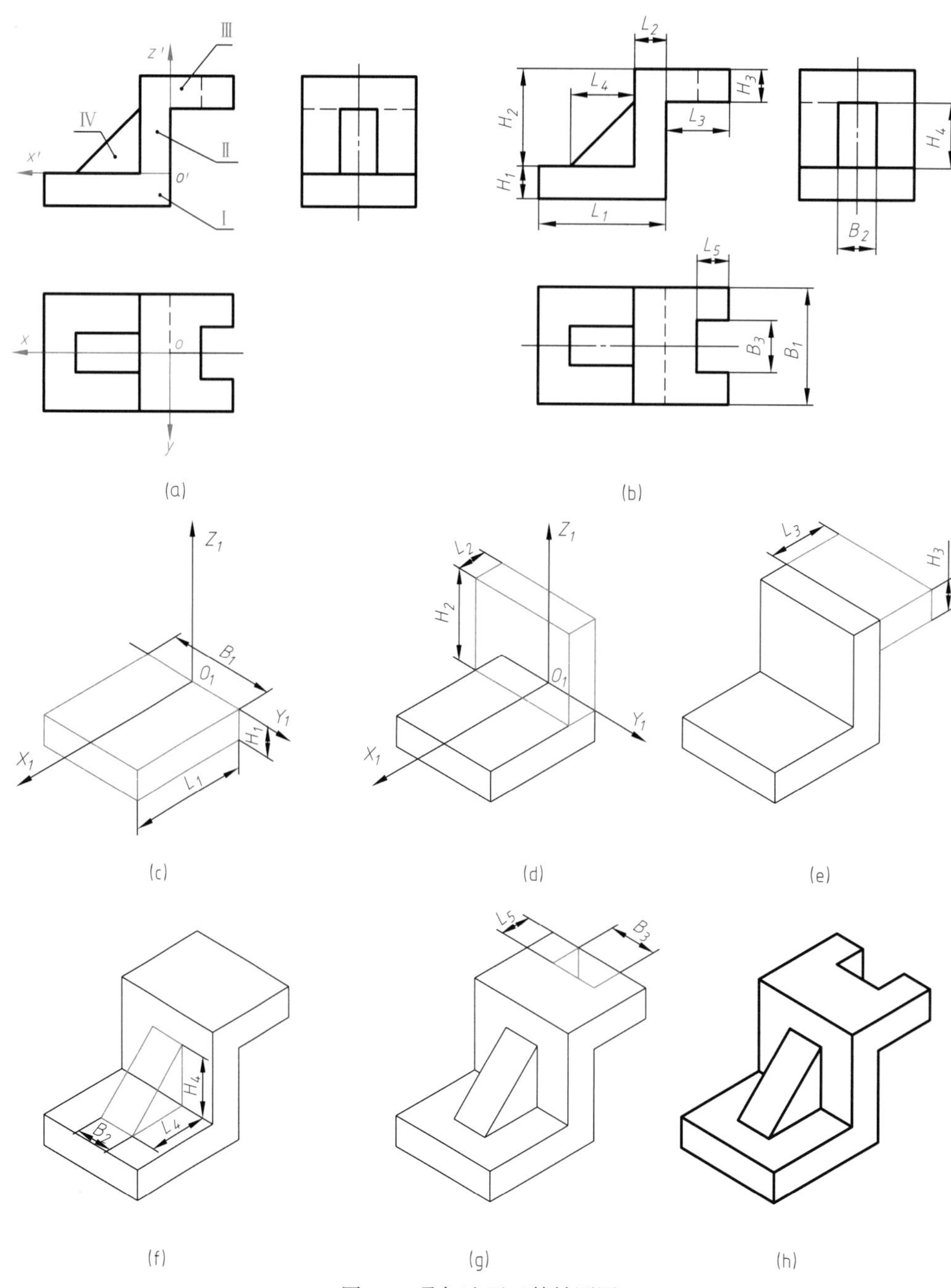

图4-5 叠加法画正等轴测图

分析：如图4-5（a）所示，可将物体看作是三个长方体（Ⅰ、Ⅱ、Ⅲ）和一个三棱柱Ⅳ叠加而成的。画图时按照各几何体的相对位置一个一个画出。最后在长方体Ⅲ上用两个正平面和一个侧平面截切通槽，即可完成轴测图。

作图步骤：

① 在视图上选定坐标轴，如图4-5（a）所示。

② 分析视图，确定各基本体的相对位置和尺寸，如图4-5（b）所示。

③ 画轴测轴，并根据L_1、B_1、H_1尺寸画出长方体（Ⅰ）的轴测图，如图4-5（c）所示。

④ 根据L_2、H_2尺寸画出长方体（Ⅱ）的轴测图，如图4-5（d）所示。

⑤ 根据L_3、H_3尺寸画出长方体（Ⅲ）的轴测图，如图4-5（e）所示。

⑥ 根据B_2、L_4、H_4尺寸画出三棱柱（Ⅳ）的轴测图，如图4-5（f）所示。

⑦ 根据B_3、L_5尺寸画出两个正平面和一个侧平面截切通槽的轴测图，如图4-5（g）所示。

⑧ 擦去作图线，检查、加深，完成轴测图，如图4-5（h）所示。

4.2.2 曲面立体的正等轴测图画法

（1）圆柱

分析：如图4-6（a）所示，圆柱的轴线与水平面垂直，上、下表面是平行水平面且大小相等的圆，其轴测投影为椭圆，可采用四心法画出。

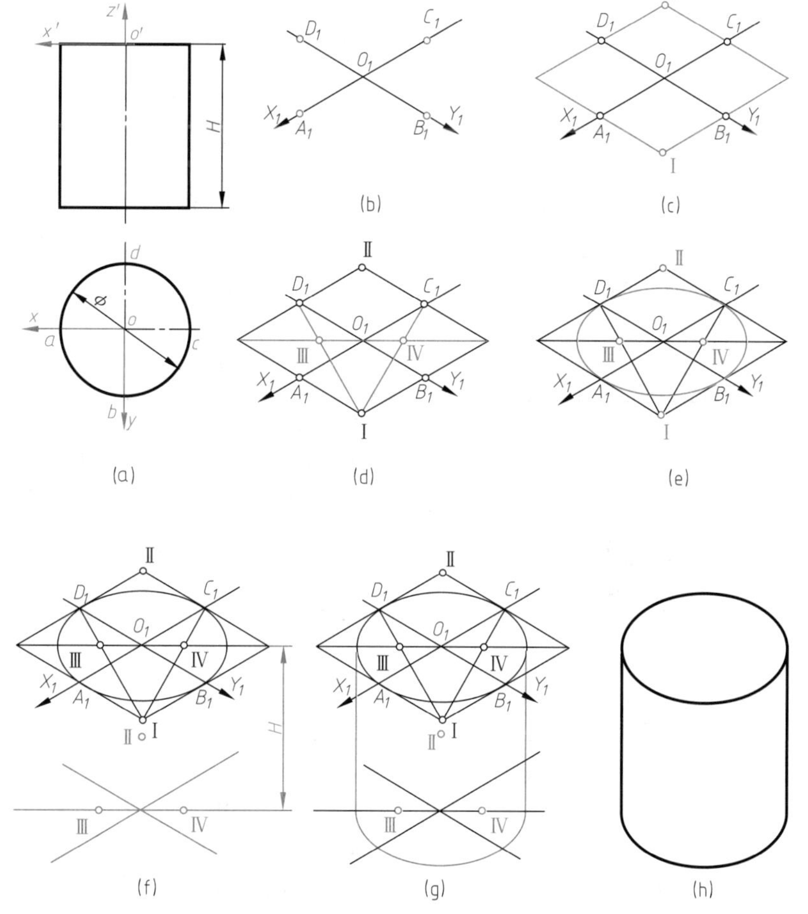

图4-6 圆柱的正等轴测图画法

作图步骤：

① 在视图上定出坐标轴，如图4-6（a）所示。

② 画轴测轴，在轴测轴上以圆的半径截取A_1、B_1、C_1、D_1四个点，如图4-6（b）所示。

③ 过A_1、B_1、C_1、D_1四个点分别作X_1轴和Y_1轴的平行线，得到圆外切正方形的轴测图，菱形短对角线交点为Ⅰ、Ⅱ，如图4-6（c）所示。

④ 连接菱形的长对角线和ⅠC_1、ⅠD_1，得到交点Ⅲ、Ⅳ，如图4-6（d）所示。

⑤ 以Ⅰ点为圆心、ⅠC_1（或ⅠD_1）长为半径画圆弧，连接C_1、D_1两点；以Ⅱ点为圆心、ⅡA_1（或ⅡB_1）长为半径画圆弧，连接A_1、B_1两点；以Ⅲ点为圆心、ⅢA_1（或ⅢD_1）长为半径画圆弧，连接A_1、D_1两点；以Ⅳ点为圆心、ⅣB_1（或ⅣC_1）长为半径画圆弧，连接B_1、C_1两点，完成椭圆，如图4-6（e）所示。

⑥ 将轴测轴及椭圆圆心Ⅱ、Ⅲ、Ⅳ点下移圆柱高度H，如图4-6（f）所示。

⑦ 按照步骤⑤的方法，画出底圆的轴测图，作出上、下两椭圆的公切线，如图4-6（g）所示。

⑧ 擦去作图线，检查、加深，完成圆柱轴测图，如图4-6（h）所示。

当圆柱轴线垂直正面或侧面时，正等轴测图画法和图4-6相同，只是圆内所含轴线不同，三种位置圆柱正等轴测图的对比见表4-2。

表4-2 圆柱的正等轴测图

<table>
<tr><td rowspan="3">平行投影面圆的正等轴测图</td><td>平行水平面</td><td>平行正面</td><td>平行侧面</td></tr>
<tr><td>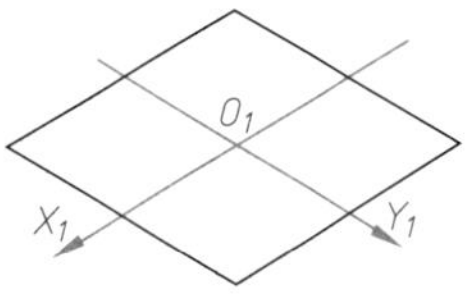</td><td>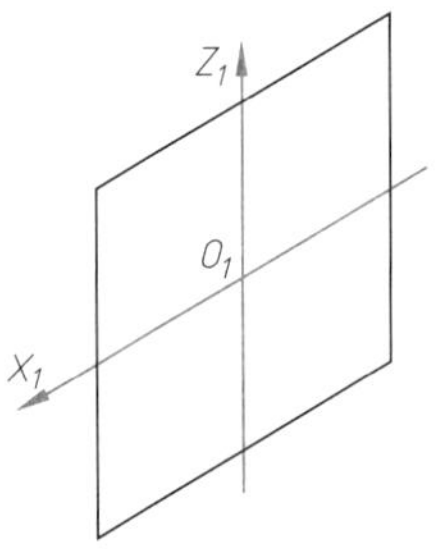</td><td>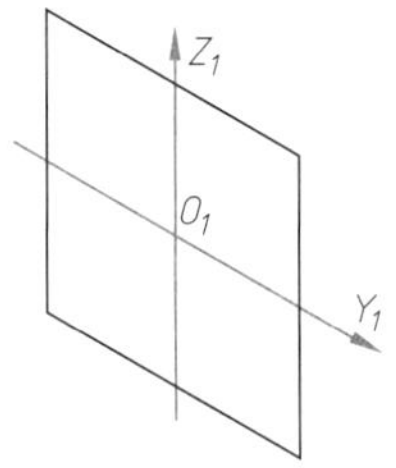</td></tr>
<tr><td>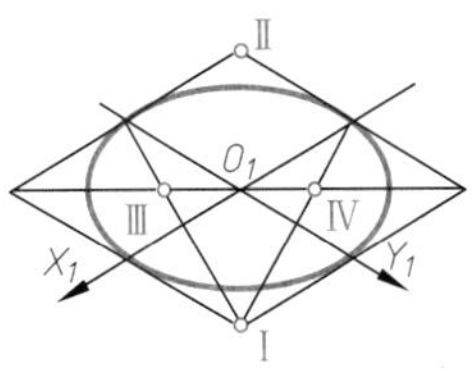</td><td>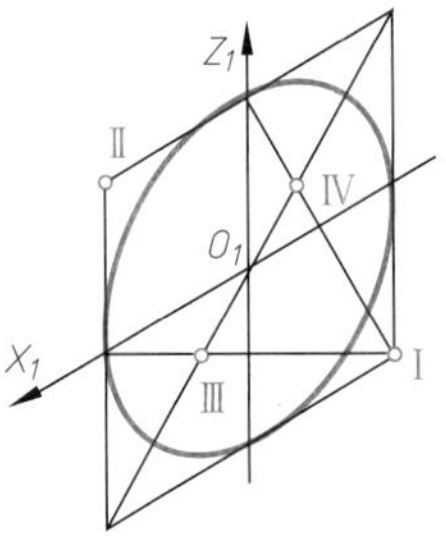</td><td>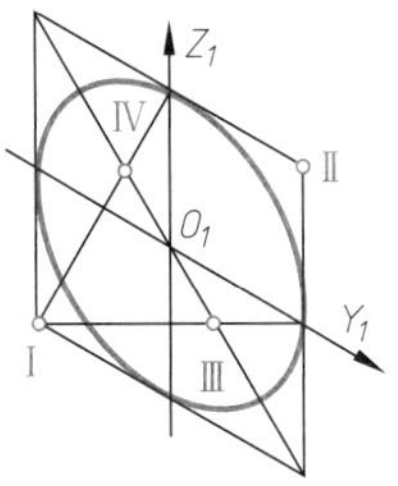</td></tr>
<tr><td rowspan="2">轴线垂直投影面的圆柱正等轴测图</td><td>垂直水平面</td><td>垂直正面</td><td>垂直侧面</td></tr>
<tr><td>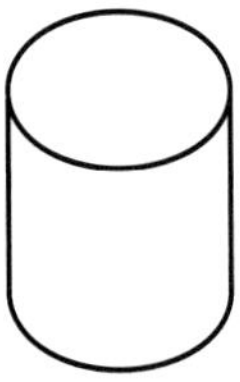</td><td>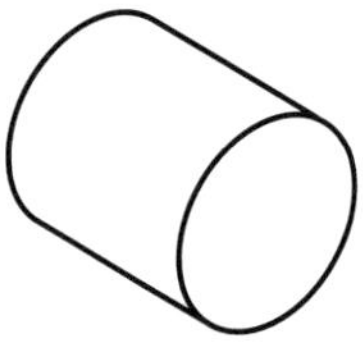</td><td>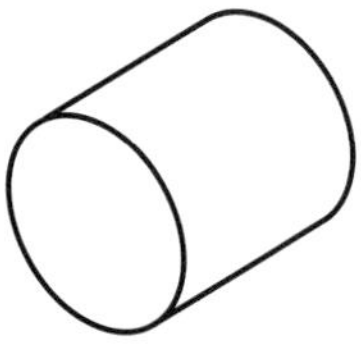</td></tr>
</table>

续表

	垂直水平面	垂直正面	垂直侧面
轴线垂直投影面的半圆柱正等轴测图			

(2) 圆角

1/4圆周的圆角是机件中常见的结构，可以利用简化画法画出其正等轴测图。

【例4-4】 根据已知视图［图4-7（a)］，画出带圆角长方体的正等轴测图。

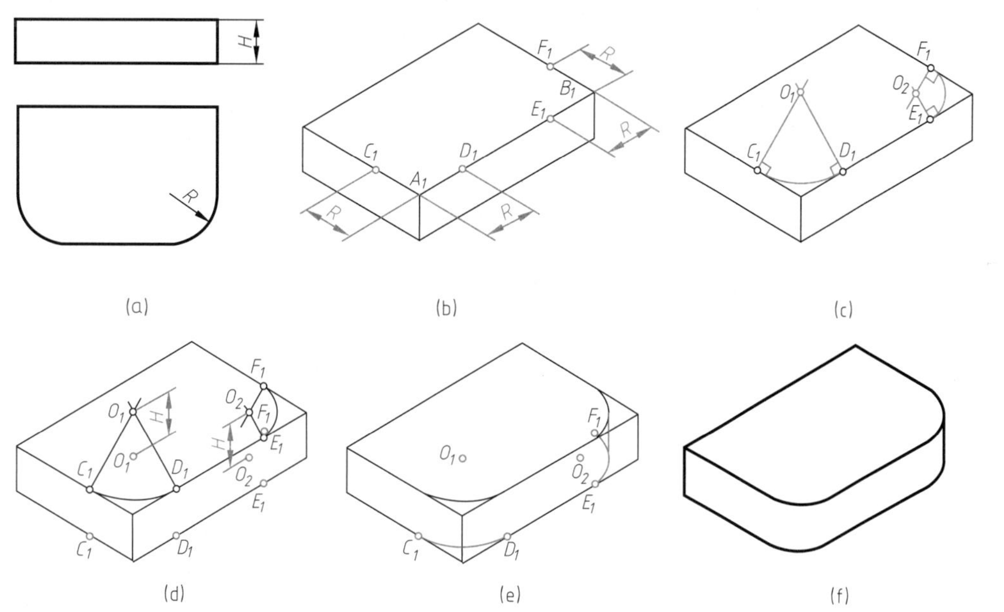

图4-7 带圆角长方体的正等轴测图画法

作图步骤：

① 作出长方体的轴测图，在其上由角的顶点A_1、B_1沿两边截取圆角半径R，得切点C_1、D_1、E_1、F_1，如图4-7（b）所示。

② 过切点C_1、D_1、E_1、F_1作相应直线的垂线，得交点O_1、O_2，分别以O_1、O_2为圆心，

到相应切点的距离为半径画弧，如图4-7（c）所示。

③ 将O_1、O_2及四个切点沿Z_1轴方向下移板厚H，如图4-7（d）所示。

④ 分别以O_1、O_2为圆心，到相应切点的距离为半径画弧，在右端作上、下两圆弧的公切线，如图4-7（e）所示。

⑤ 擦去作图线，检查、加深，完成正等轴测图，如图4-7（f）所示。

4.3 斜二等轴测图

由表4-1可知，物体上平行于XOZ坐标面的直线和平面图形，其轴测投影反映实长和实形。所以，当物体上有较多的圆、圆弧或者较复杂轮廓平行XOZ坐标面时，采用斜二等轴测图画图比较方便。

【例4-5】 作如图4-8（a）所示的斜二等轴测图。

作图步骤：

① 在视图中确定坐标轴（将前表面设置为XOZ坐标面），如图4-8（a）所示。

② 画出轴测轴，画出半圆柱前端面半圆，沿Y_1轴向后$B_1/2$的距离画后端面的半圆，绘制前后半圆的公切线，如图4-8（b）所示。

③ 在半圆柱的后端面绘制竖板的前表面所有轮廓线，如图4-8（c）所示。

④ 将竖板前表面可见轮廓线沿Y_1轴向后移动$B_2/2$，作右上角圆的公切线，如图4-8（d）所示。

⑤ 画出半圆柱孔可见的轮廓线，如图4-8（e）所示。

⑥ 擦去作图线，检查、加深，完成斜二等轴测图，如图4-8（f）所示。

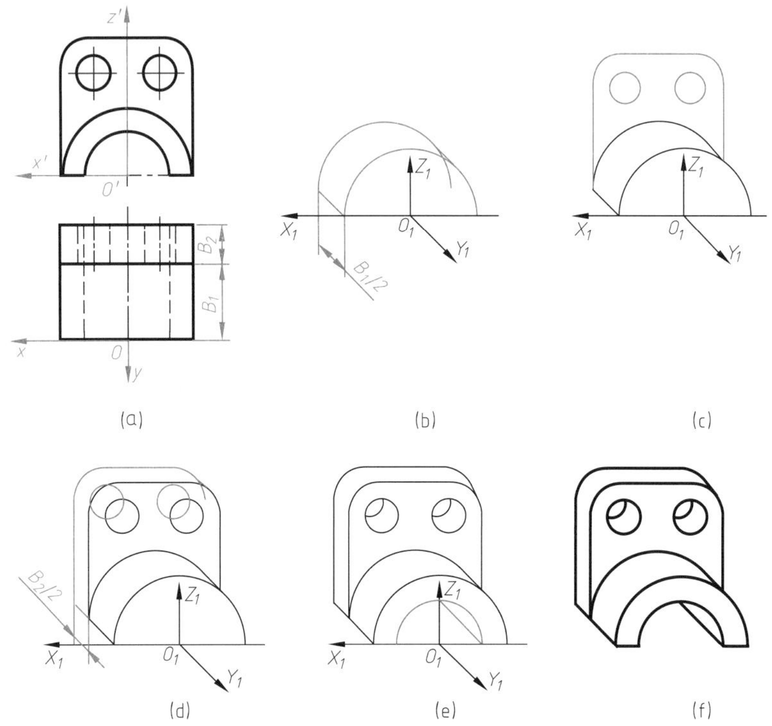

图4-8 斜二等轴测图画法

第5章 组合体

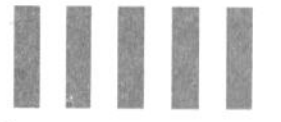

能力目标

- 能够正确、熟练绘制组合体的三视图。
- 能够正确、完整、清晰地标注组合体的尺寸。
- 能够准确、快速读懂组合体视图，并按要求补画第三视图和补画视图中所缺图线。

知识点

- 形体分析法。
- 组合体的画法。
- 组合体的尺寸标注。
- 形体分析法读图、特征切割法读图。

从几何角度看，机器零件大多可以看成是由棱柱、棱锥、圆柱、圆锥、圆球等基本几何体组合而成。本课程中，把由两个或两个以上的基本体按照一定的方式组合而成的形体称为组合体。

5.1 组合体的形体分析

5.1.1 形体分析法

假想把组合体分解成若干基本体，分析这些基本体的结构形状、组合方式、相对位置及表面连接关系，以便进行组合体画图、读图及尺寸标注的方法，称为形体分析法。如图5-1所示支架，可分解为圆筒（圆柱）、凸台（圆柱）、连接板（棱柱）、支撑板（圆柱与棱柱）、肋板（棱柱）五部分组成。

5.1.2 组合体的组合形式及其表面连接关系

（1）组合体的组合形式

组合体的组合形式有叠加和切割两种基本形式。工程中常见的是由这两种形式综合的形体。

① **叠加**：由若干基本几何体叠加而成，如图5-2（a）所示。

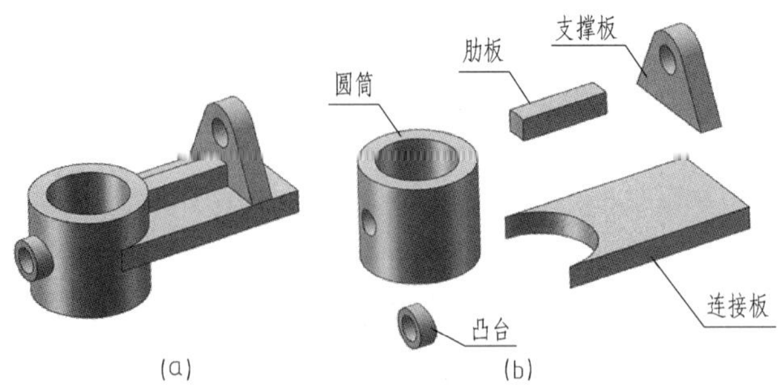

图5-1 支架的形体分析

② **切割**：在基本体上切割或穿孔，如图5-2（b）所示。

③ **综合**：对于形状较为复杂的组合体，通常既有叠加、又有切割的综合形式形成，如图5-1所示。

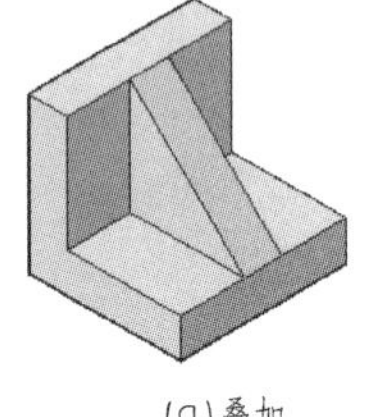

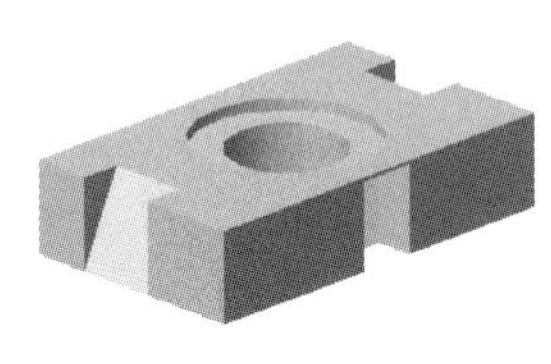

图5-2 组合体的组合形式

（2）组合体的表面连接关系

组合体在叠加或切割的过程中，有的表面平齐构成了一个面，有的表面不平齐分成不同的面，有的表面相交，有的相切，还有的表面轮廓成为形体的内部。画组合体视图之前必须要搞清其表面连接关系。

1）平齐和不平齐

如图5-3（a）所示，上、下两个四棱柱叠加，前后两个表面都平齐（即共面），它们的连接部分无分界线，不画线。如图5-3（b）所示，上、下两个四棱柱叠加，前表面平齐（共面），后表面不平齐（不共面），画细虚线。如图5-3（c）所示，上、下两个四棱柱叠加，前、后表面都不平齐（不共面），画粗实线。

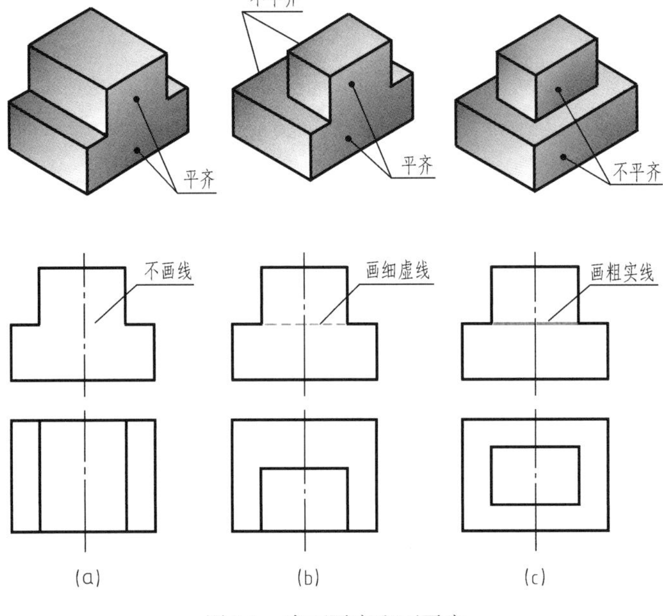

图5-3 表面平齐和不平齐

2）相交与相切

当两基本体的表面相交时，则表面交线是它们的分界线，图上必须画出；当两基本体的表面相切时，由于在相切处两表面是光滑过渡，故此处不画线，如图5-4所示。

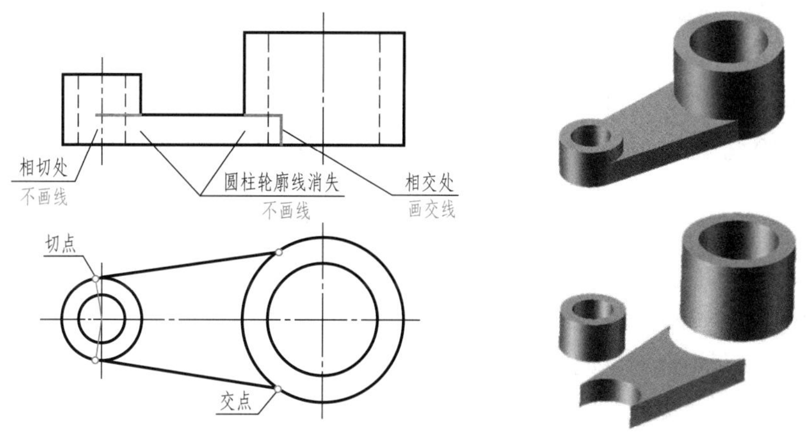

图5-4 相交、相切及轮廓线消失

3）轮廓线消失

组合体由基本体叠加的过程中，连接部分的表面及其轮廓已经变成组合体内部实体，原有轮廓线消失，如图5-4所示，两圆柱的部分素线与连接板结合之后不再存在，该处不画线。

5.2 组合体三视图的画法

画组合体的基本方法就是采用形体分析法。为了正确而快速地画出组合体，一般按照以下步骤进行。

（1）对组合体进行形体分析

通过形体分析，搞清楚组合体各组成部分的组合形式及相邻表面的连接关系，确定物体的整体结构形状、相对位置，才能不多线、不漏线，按正确的作图方法和步骤画出组合体三视图。

（2）选择视图

① 确定反映组合体形状特征的主视图。一般应把反映组合体各组成部分结构形状、相对位置的投射方向作为主视图的投射方向。

② 一般应将组合体放稳、放正，即将组合体的主要面或主要轴线平行或垂直投影面放置。

③ 尽量减少视图的虚线。

（3）画图

1）选择图幅、确定比例

根据组合体的大小及复杂程度选择图幅、绘图比例。

2）布置视图，绘制基准线

布置视图时，要考虑留出足够标注尺寸的地方，视图之间的距离恰当，图面匀称。布置好视图后，画出组合体的基准线、对称中心线、主要轴线。

3）画底稿

① 按照形体分析，先主后次，逐一画出每个组成部分的三视图，这样有利于保证视图间的尺寸关系，提高绘图速度和作图的准确率。

② 每个基本体应从反映形状特征或具有积聚性的视图入手画图，三个视图配合着一起画图，确保投影关系，避免多线、漏线。

③ 完成每个基本体的三视图后，检查该基本体与其相邻基本体的表面连接关系，处理好画线还是不画线问题。

4）检查，加深。

【例 5-1】 画出图 5-5（a）所示轴承座的三视图。

（1）形体分析

该轴承座可以假想地分解成底板（棱柱切割）、圆筒（圆柱切割）、支撑板（棱柱切割）、肋板（棱柱切割）四个部分。底板在最下边，支撑板在底板的后上方，这两块板的后表面平齐，前表面不平齐，左右表面相交。圆筒在支撑板的上方，前后表面不平齐，支撑板左、右两侧面与圆柱面相切。肋板在底板的上面、支撑板的前面、圆筒的正下面，其前表面与圆柱前端面平齐，两侧面与圆柱面相交，后表面与支撑板前表面接触，此面消失，如图 5-5（b）所示。

（2）确定主视图的投射方向

如图 5-5（c）所示的轴承座，比较各个投射方向，选择 A 向为主视图投射方向较合理。

（3）选比例，定图幅

优先选用原值比例 1：1。

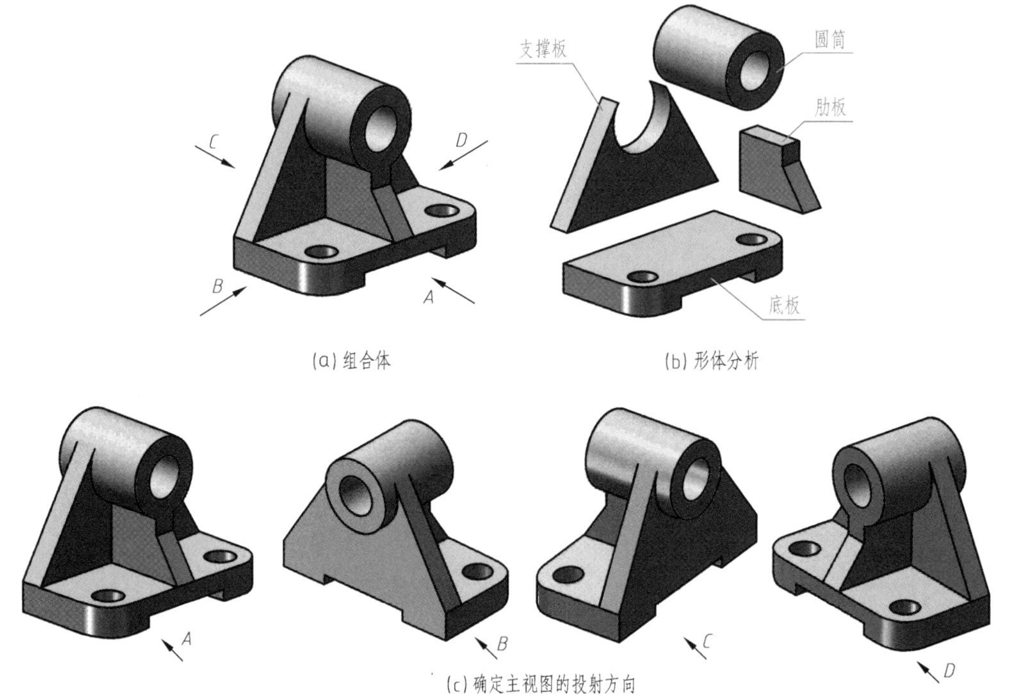

(a) 组合体　　(b) 形体分析

(c) 确定主视图的投射方向

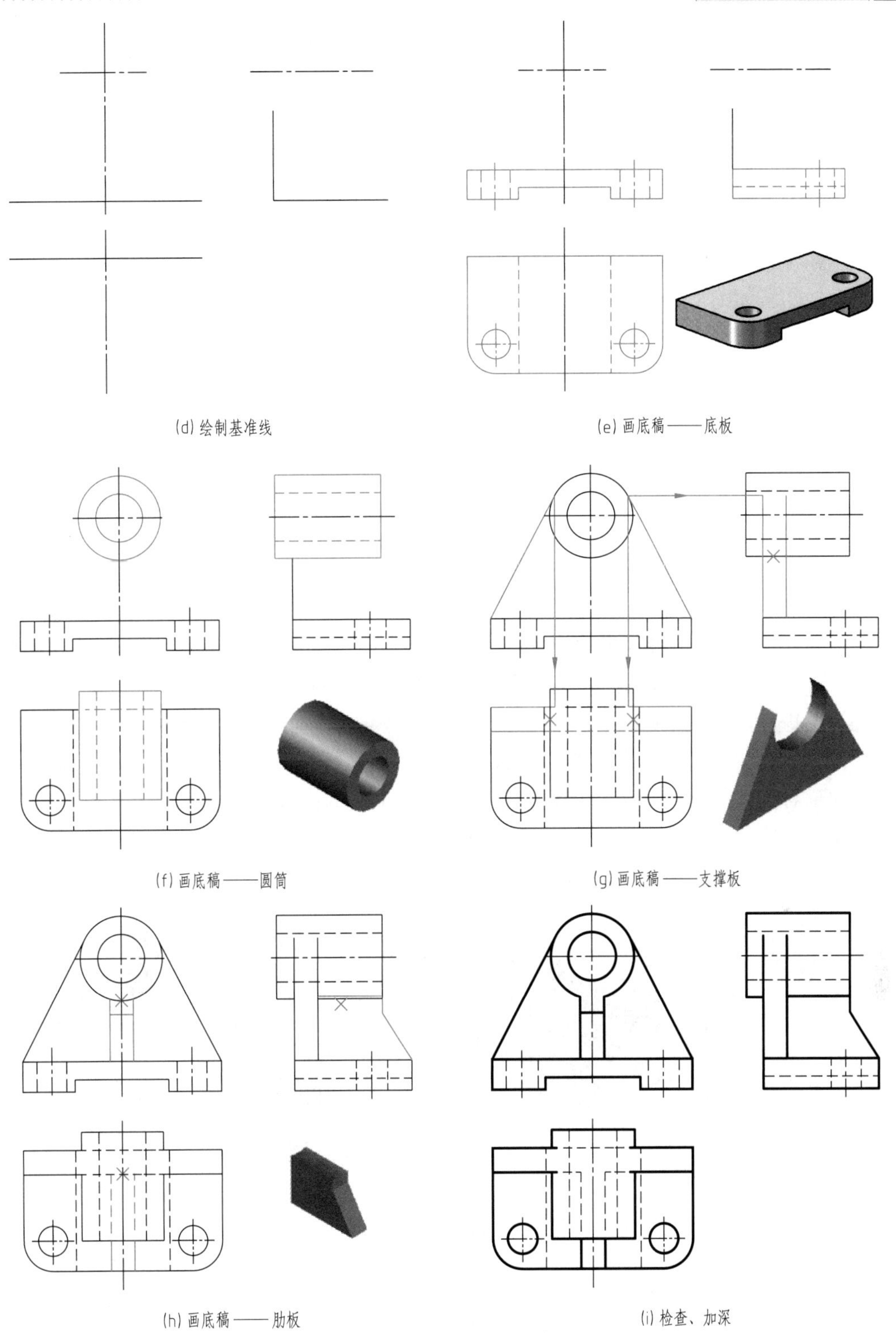

图5-5 轴承座三视图的画法

(4) 绘制基准线

如图5-5（d）所示，合理布置视图，绘制三个视图的基准线。

（5）画底稿

① 画底板。

底板的俯视图反映其主要形状特征，先画俯视图（矩形、圆角、圆孔），然后根据尺寸关系画其主视图和左视图；底板正下方的通槽，先画具有积聚性的主视图，再根据长对正、高平齐完成俯、左视图，如图5-5（e）所示。

② 画圆筒。

圆筒在主视图上反映形状特征且具有积聚性，先画其主视图，再根据长对正、高平齐完成俯、左视图，如图5-5（f）所示。

③ 画支撑板。

支撑板在主视图上反映形状特征且具有积聚性，先画其主视图，再根据长对正、高平齐完成俯、左视图。注意：支撑板左、右两个侧面与圆柱面相切，俯、左视图中前表面积聚成可见的直线段只画到切点处；支撑板与圆筒组合之后，圆柱最左、最右、最下素线消失，不画线，俯、左视图需擦除该段图线，如图5-5（g）所示。

④ 画肋板。

肋板在主视图上具有积聚性，先画其主视图，再根据长对正、高平齐完成俯、左视图。注意：肋板与圆筒组合之后，前表面平齐，不画线，主视图需擦除该段圆弧；圆柱最下素线消失，不画线，左视图需擦除该段图线；肋板与支撑板组合之后，肋板后表面和支撑板前表面接触部分消失，俯视图需擦除该段虚线，如图5-5（h）所示。

（6）检查、加深

底稿画完以后，逐个仔细检查各基本形体表面的连接关系，纠正错误和补充遗漏。由于组合体内部各形体融合为一体，需检查是否画出了多余的图线。经认真修改并确定无误后，擦去多余的图线。描深图线，如图5-5（i）所示。

【例5-2】 画出图 5-6（a）所示切割型组合体的三视图。

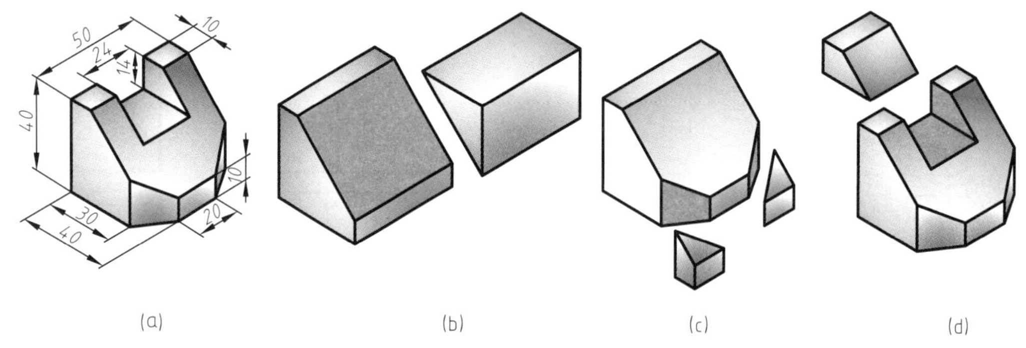

图5-6 切割型组合体画法

分析：由图5-6（a）可知，该组合体是由四棱柱经多个面切割而成。首先，可以看成是四棱柱被侧垂面切去前上角，如图5-6（b）所示；又被两个铅垂面对称切去左前角和右前角，如图5-6（c）所示；最后被两个侧平面和一个水平面从前到后在上面居中切去一个通槽，如图5-6（d）所示。

作图步骤见表5-1。

表 5-1　切割型组合体的作图步骤

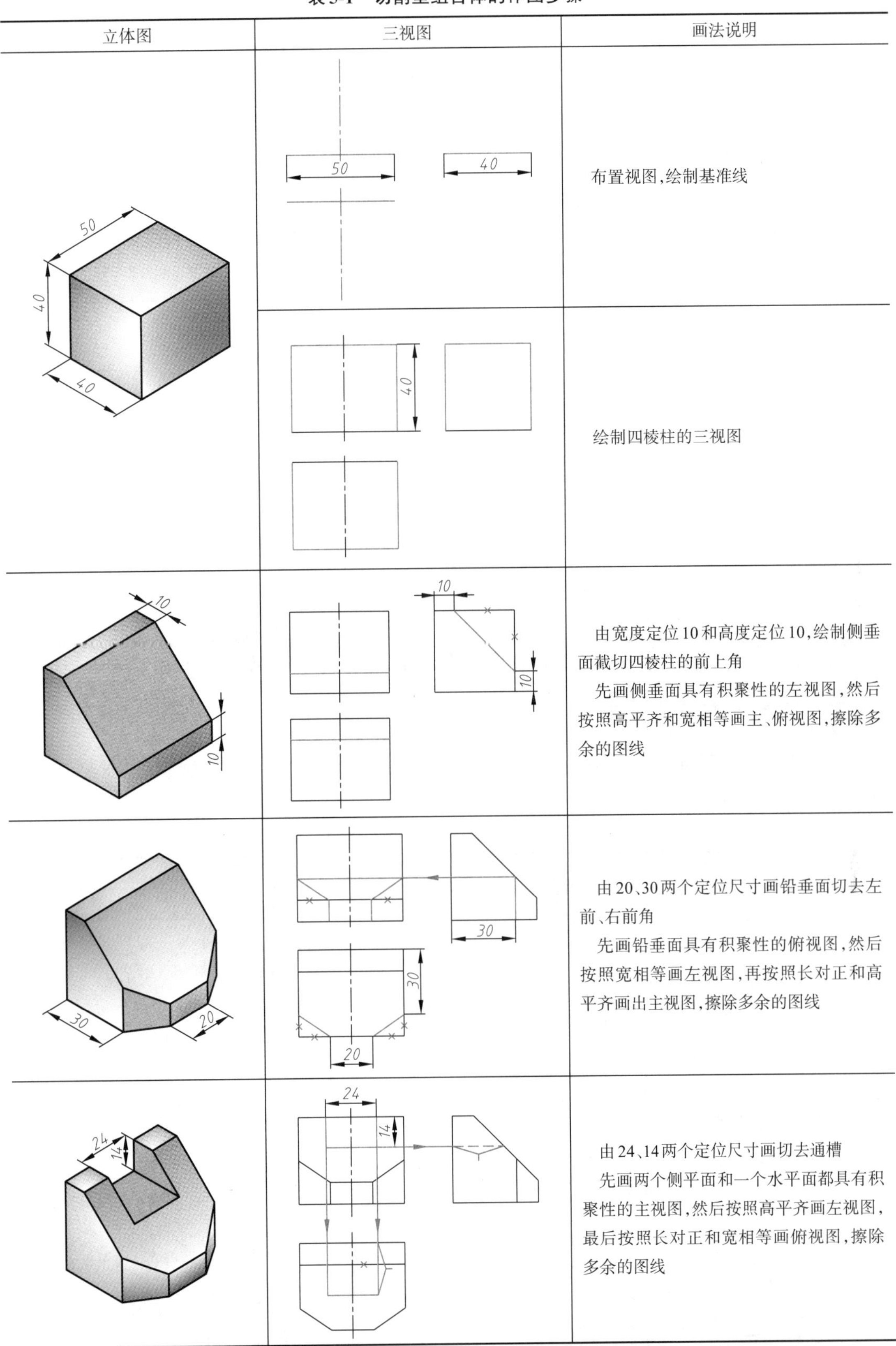

立体图	三视图	画法说明
		布置视图，绘制基准线
		绘制四棱柱的三视图
		由宽度定位10和高度定位10，绘制侧垂面截切四棱柱的前上角 先画侧垂面具有积聚性的左视图，然后按照高平齐和宽相等画主、俯视图，擦除多余的图线
		由20、30两个定位尺寸画铅垂面切去左前、右前角 先画铅垂面具有积聚性的俯视图，然后按照宽相等画左视图，再按照长对正和高平齐画出主视图，擦除多余的图线
		由24、14两个定位尺寸画切去通槽 先画两个侧平面和一个水平面都具有积聚性的主视图，然后按照高平齐画左视图，最后按照长对正和宽相等画俯视图，擦除多余的图线

续表

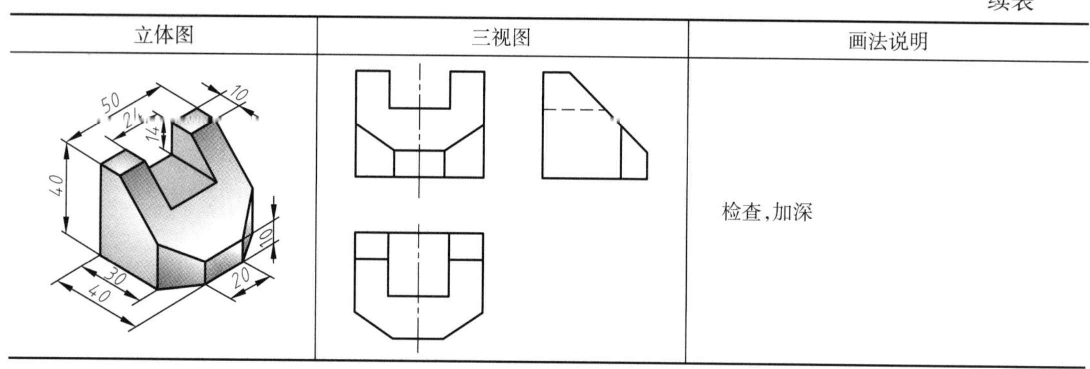

立体图	三视图	画法说明
		检查,加深

5.3 组合体的尺寸标注

组合体的三视图只能表达其结构和形状，其大小和各组成部分的相对位置，需要通过图样上的尺寸标注来确定。

5.3.1 标注尺寸的基本要求

组合体的尺寸标注必须正确、完整、清晰。

① 正确　标注的尺寸应正确无误，注法符合国家标准规定。

② 完整　标注的尺寸应能完全确定物体的形状和大小，既不重复，也不遗漏。

③ 清晰　标注的尺寸清晰地布置在视图中，便于读图，不致发生误解和混淆。

5.3.2 基本体的尺寸标注

在标注组合体尺寸之前，必须正确、快速地标注各组成部分基本体的尺寸。常见基本体的尺寸标注见表5-2。

表5-2　常见基本体的尺寸标注

平面立体			回转体		
名称	尺寸标注	标注说明	名称	尺寸标注	标注说明
四棱柱		标注长、宽、高三个尺寸,至少需要两个视图	圆柱	φ	圆柱要标注直径和高度尺寸,一个视图即可表达清楚
六棱柱	( )	正六棱柱在主视图上标注高度尺寸,在俯视图上标注正六边形的大小,一般标注对边的距离(此时将对角线长度作为参考尺寸,加括号)。一般需要两个视图	圆锥	φ	圆锥要标注底圆直径和高度尺寸,一个视图即可表达清楚

续表

平面立体			回转体		
名称	尺寸标注	标注说明	名称	尺寸标注	标注说明
三棱锥	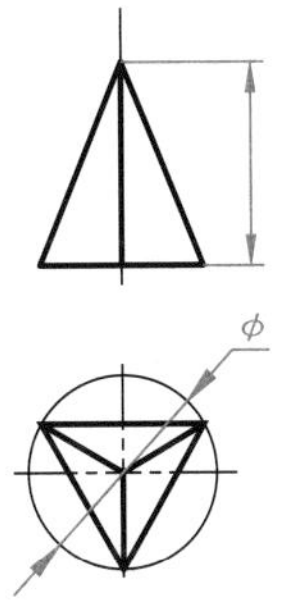	正三棱锥在主视图上标注高度尺寸，在俯视图上标注正三角形外接圆直径。需要两个视图	圆球	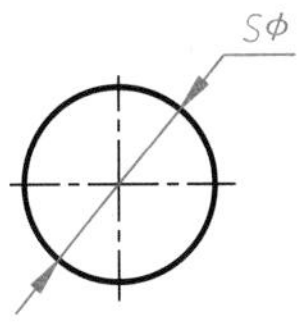	圆球要标注直径尺寸，一个视图即可表达清楚
四棱台	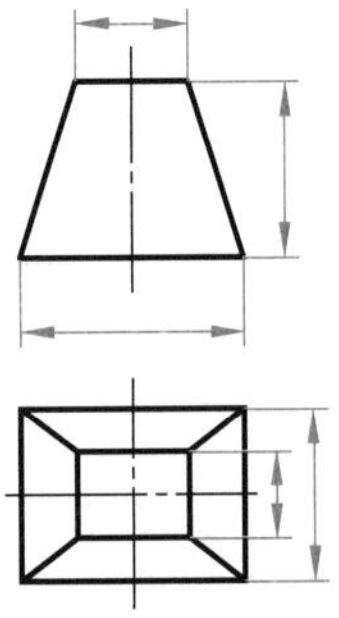	四棱台要标注上下底面矩形的长度和宽度尺寸，及其高度尺寸。需要两个视图	圆环	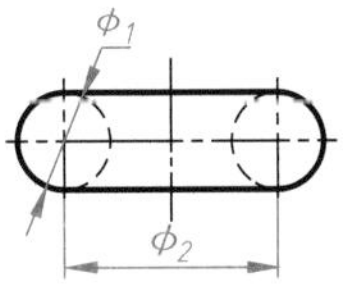	圆环要标注母线圆的直径 ϕ_1 和回转圆直径 ϕ_2 尺寸，一个视图即可表达清楚

5.3.3　截断体和相贯体的尺寸标注

截断体表面的截交线和相贯体表面的相贯线是在加工过程中自然产生的交线，画图时按一定的作图方法求得的，故标注截断体的尺寸时，一般先标注基本体的定形尺寸，然后标注截平面的定位尺寸，如表5-3所示。同理，标注相贯体的尺寸时，只需标注参与相贯的各基本体的定形尺寸及定位尺寸，如图5-7所示。

表5-3　截断体的尺寸标注

平面立体			回转体		
截断体	尺寸标注	标注说明	截断体	尺寸标注	标注说明
三棱柱被侧平面和正垂面截切	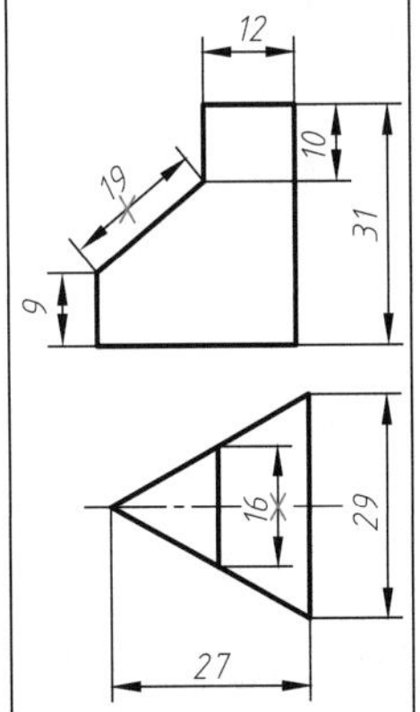	①标注三棱柱长27、宽29、高31三个定形尺寸 ②标注侧平面和正垂面定位尺寸12、10和9 ③19、16多余尺寸	圆柱被两个侧平面和一个水平面截切	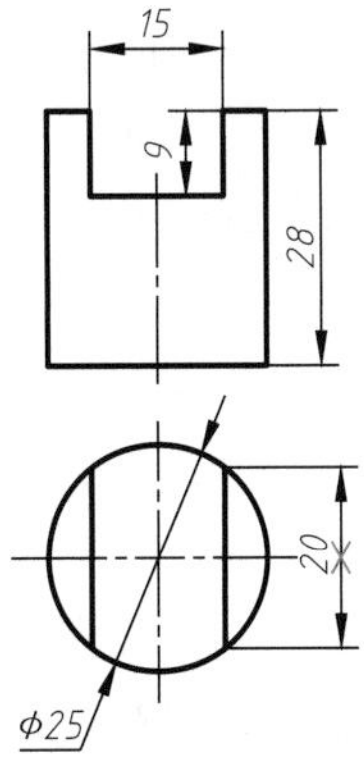	①标注圆柱直径 ϕ25和高度28定形尺寸 ②标注两个侧平面和水平面的定位尺寸15和9 ③20是多余尺寸

续表

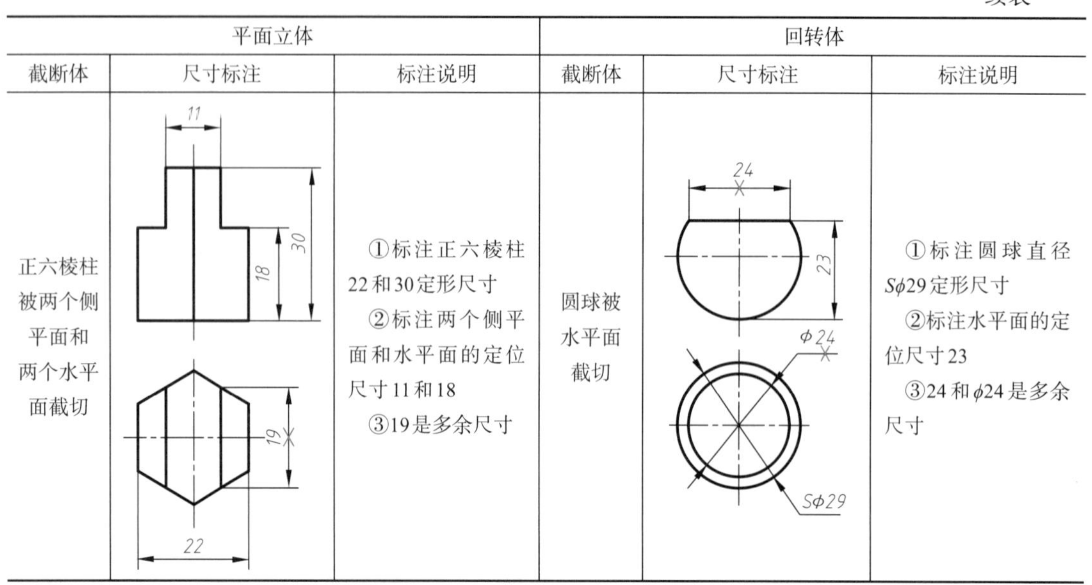

平面立体			回转体		
截断体	尺寸标注	标注说明	截断体	尺寸标注	标注说明
正六棱柱被两个侧平面和两个水平面截切	11 30 18 19 22	①标注正六棱柱22和30定形尺寸 ②标注两个侧平面和水平面的定位尺寸11和18 ③19是多余尺寸	圆球被水平面截切	24 23 $\phi24$ $S\phi29$	①标注圆球直径$S\phi29$定形尺寸 ②标注水平面的定位尺寸23 ③24和$\phi24$是多余尺寸

注：截交线不标注尺寸，只标注基本体的定形尺寸和截平面的定位尺寸。

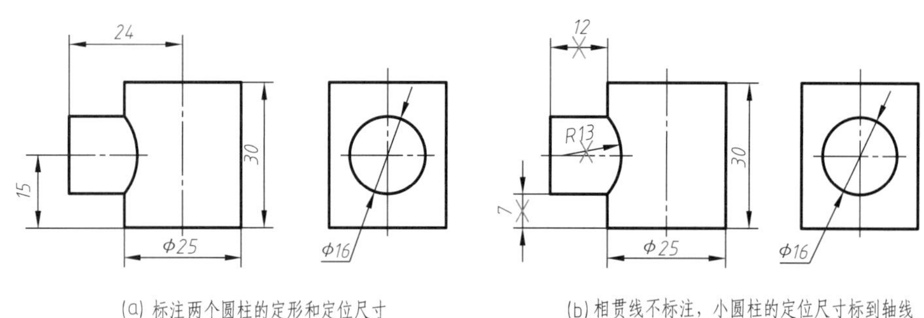

(a) 标注两个圆柱的定形和定位尺寸　　(b) 相贯线不标注，小圆柱的定位尺寸标到轴线

图5-7　相贯体的尺寸标注

5.3.4　组合体的尺寸标注

(1) 组合体的尺寸种类

标注尺寸之前，首先要选择标注尺寸的起点，即尺寸基准。一般情况下，组合体的长、宽、高每个方向至少要选择一个尺寸基准。通常选择组合体的对称面、底面、大的端面、回转体的轴线作为尺寸基准，如图5-8所示的三个方向的尺寸基准。

1）定形尺寸

确定组合体中各基本体形状和大小的尺寸，称为定形尺寸。如图5-8的$\phi40$、$\phi24$、40是圆筒的定形尺寸。

2）定位尺寸

确定组合体中各基本体之间相对位置的尺寸，称为定位尺寸。如图5-8中的70是底板上两个半长圆孔的轴线定位尺寸。

3）总体尺寸

确定组合体外形大小的总长、总宽、总高的尺寸，称为总体尺寸。如图5-8的中80、$\phi52$、40。

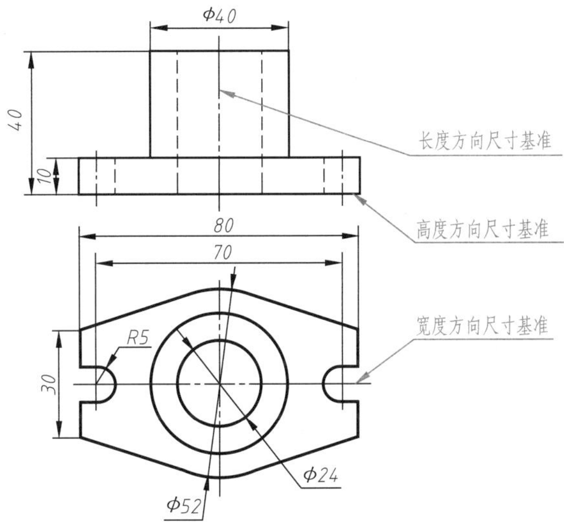

图5-8　组合体的尺寸基准和尺寸种类

有的尺寸既可能是定形尺寸，也可能是定位尺寸，还可能是总体尺寸。如图5-8中的40既是圆筒的定形尺寸，也是组合体的总高，不要重复标注尺寸。

（2）常见组合结构的尺寸标注

常见组合结构的尺寸标注见表5-4。

表5-4　常见组合结构的尺寸标注

立体图	视图及尺寸标注	标注说明
	24、18、10、16、R3、4×Φ3	定形尺寸：24、16、$R3$、4×$\phi3$ 定位尺寸：18、10 总体尺寸：总长24，已标注 总宽16，已标注
	10、R8、Φ8	定形尺寸：$R8$、$\phi8$ 定位尺寸：10 总体尺寸：总长不标注 总宽不标注，通过$R8$来确定
	10、R5、18、Φ5	定形尺寸：$R5$、$\phi5$、18 定位尺寸：10 总体尺寸：总长不标注 总宽18，已标注

续表

立体图	视图及尺寸标注	标注说明
	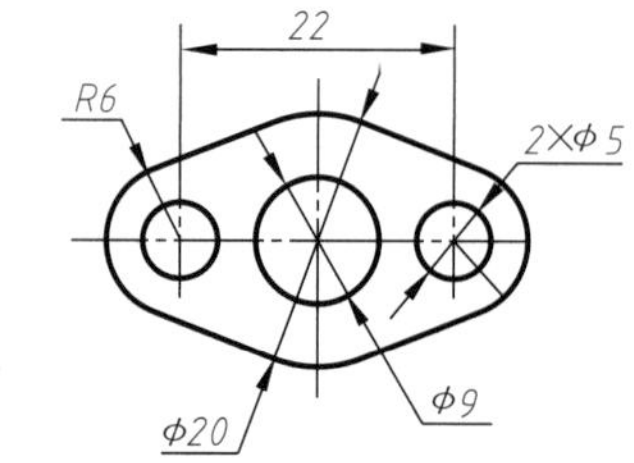 22 R6 2×ϕ5 ϕ20 ϕ9	定形尺寸：ϕ20、ϕ9、R6、2×ϕ5 定位尺寸：22 总体尺寸：总长不标注 总宽已标注ϕ20
	ϕ30 4×ϕ4 ϕ8 ϕ23	定形尺寸：ϕ30、ϕ8、4×ϕ4 定位尺寸：ϕ23 总体尺寸：总长、总宽 已标注ϕ30
	26 ϕ36 R3 22 ϕ10	定形尺寸：ϕ36、ϕ10、R3 定位尺寸：26、22 总体尺寸：总长已标注ϕ36 总宽已标注22

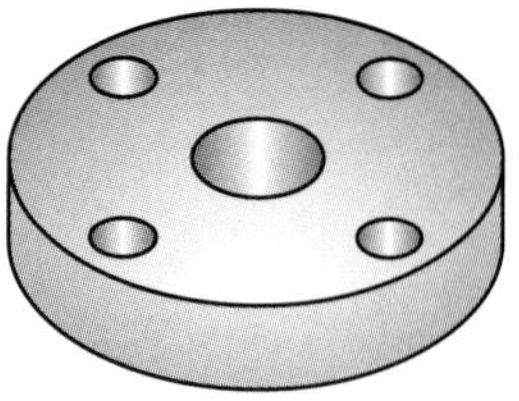

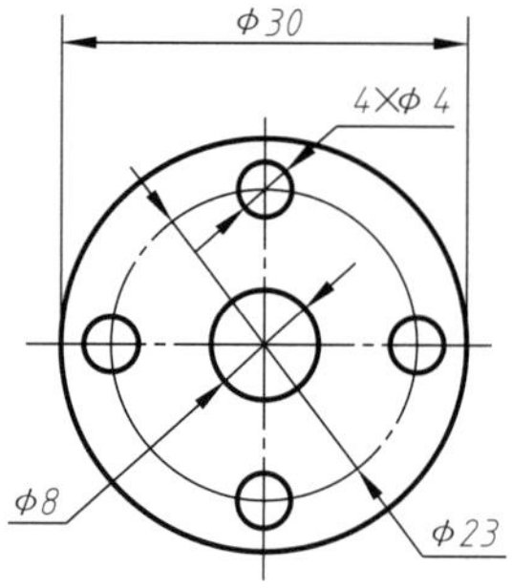

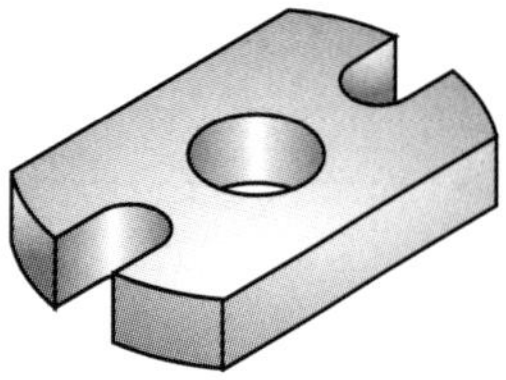

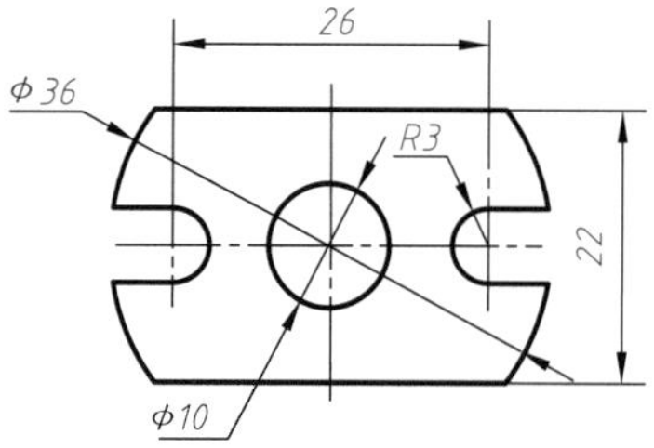

（3）组合体尺寸标注方法与步骤

【例5-3】 如图5-9（a）所示，正确标注组合体的尺寸。

① 对组合体进行形体分析。

将组合体分解为圆筒、底板、支撑板、肋板四部分，如图5-9（a）所示。

② 选定三个方向的尺寸基准。

如图5-9（b）所示，以轴承座左右对称面作为长度方向的尺寸基准，以底板的下表面作为高度方向的尺寸基准，以底板和支撑板的后表面，作为宽度方向的尺寸基准。

③ 逐个标注出各基本体的定形尺寸和定位尺寸，如图5-9（c）~（f）所示。

④ 标注组合体的总体尺寸，总长由底板长度34确定，总宽由底板宽度20和定位尺寸3确定，总高由定位尺寸22和圆筒外径ϕ14确定，不要重复标注。

⑤ 检查、调整。

（4）清晰标注尺寸

① 标注组合体尺寸必须在形体分析的基础上，按假想分解的各个基本形体标注定形和定位尺寸，如图5-10（a）所示。切忌片面地按视图中的线段来标注尺寸，如图5-10（b）中的20、12、18都是错误标注。

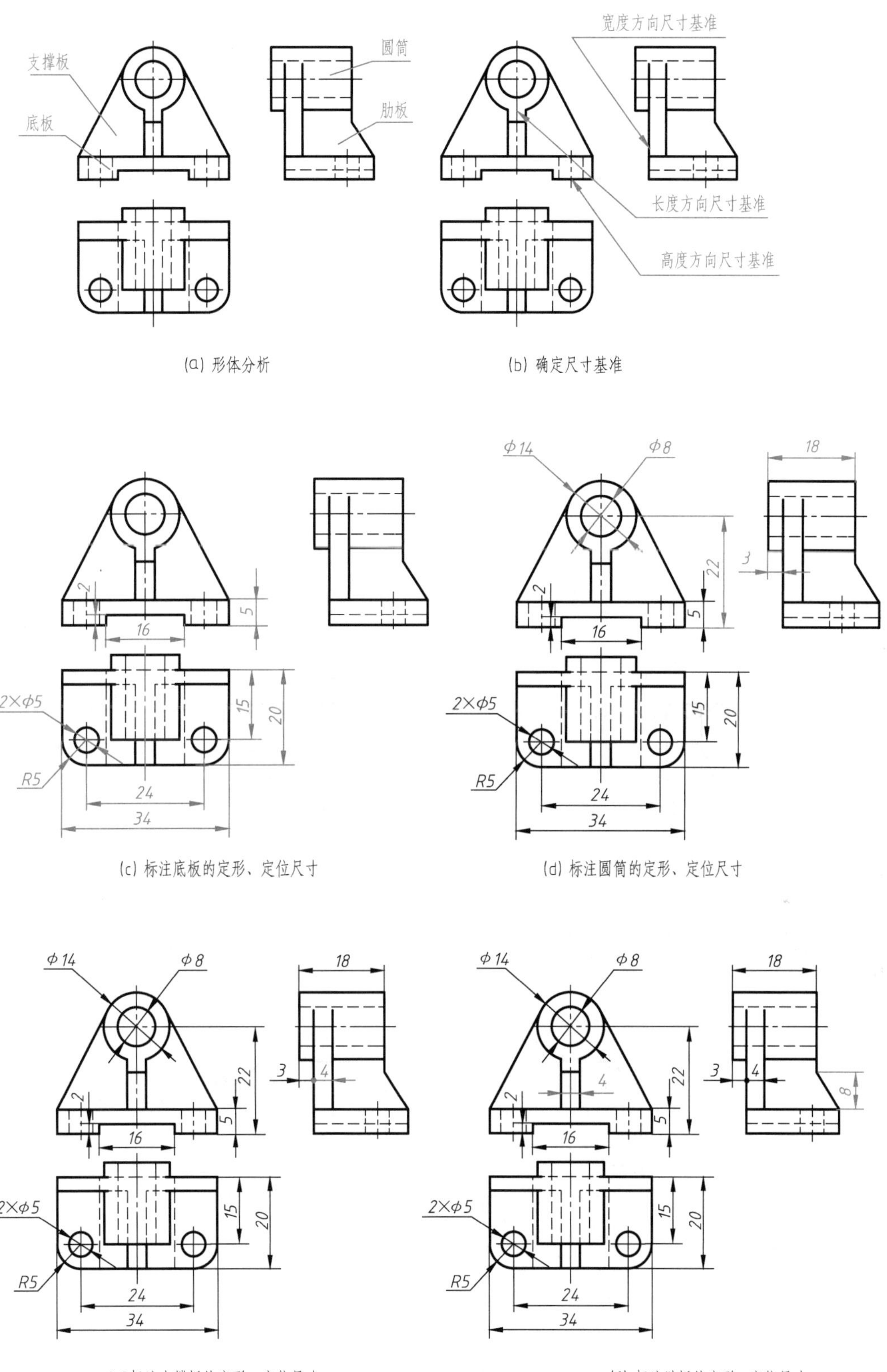

图5-9 轴承座的尺寸标注

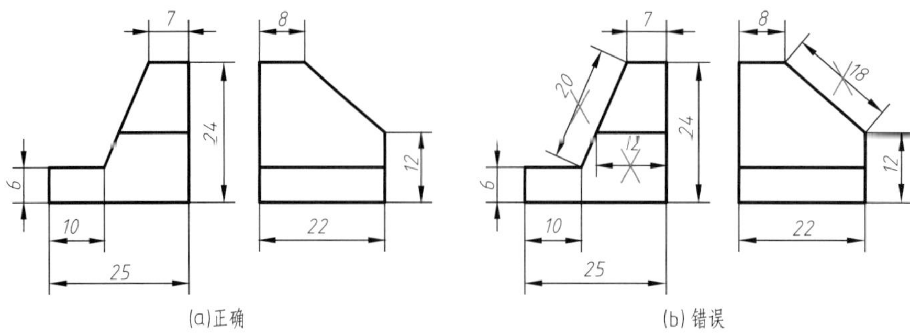

图5-10 组合体应进行形体分析之后再标注尺寸

② 组合体的尺寸应尽量集中标注在反映形体形状特征和位置特征较为明显的视图上，如图5-11中的6、10、7、8、12。

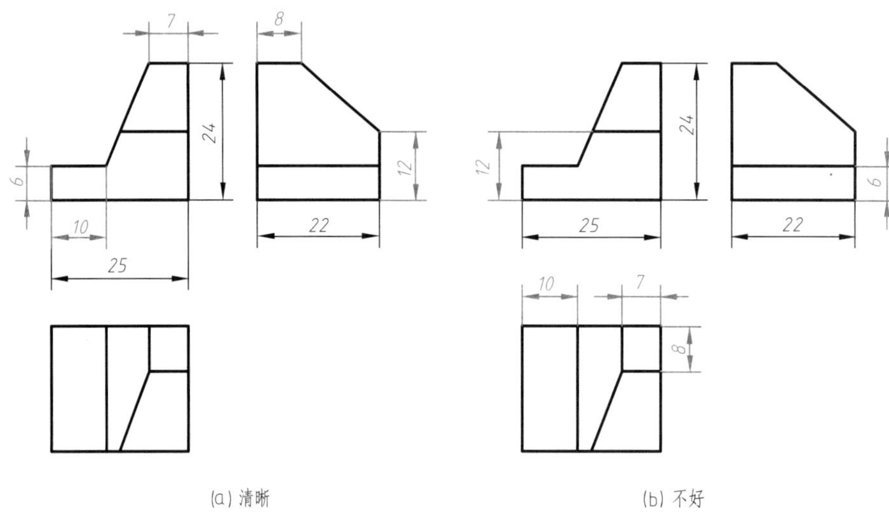

图5-11 尺寸集中标注在特征视图上

③ 对称形体的尺寸，应以对称中心线为基准向两端标注尺寸，不能只标注一半的尺寸，如图5-12所示。

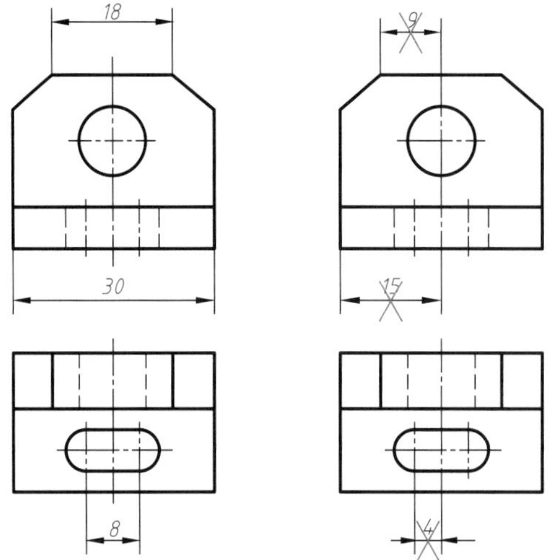

图5-12 对称形体的尺寸标注

④ 为使图形清晰，应尽量将尺寸注在视图外面，如图5-13中的$\phi10$、$R3$。与两视图有关的尺寸最好注在两视图之间，以便于看图，如图5-13中的16、18、25。

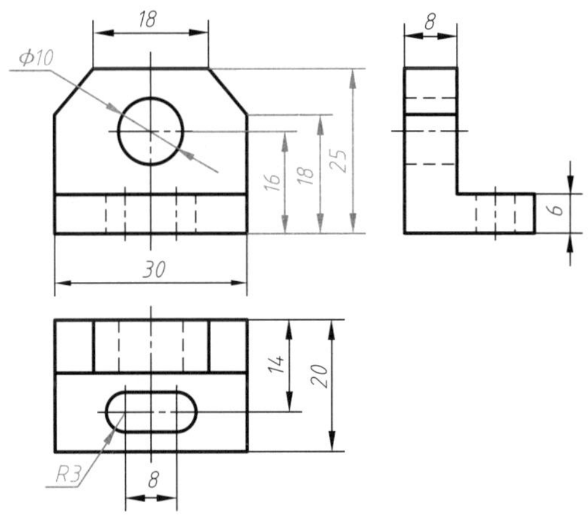

图5-13　尺寸标注的位置

⑤ 同轴回转体的直径尺寸一般注在非圆视图上，如图5-14（a）所示，标注在同心圆的视图上不清晰，如图5-14（b）所示。

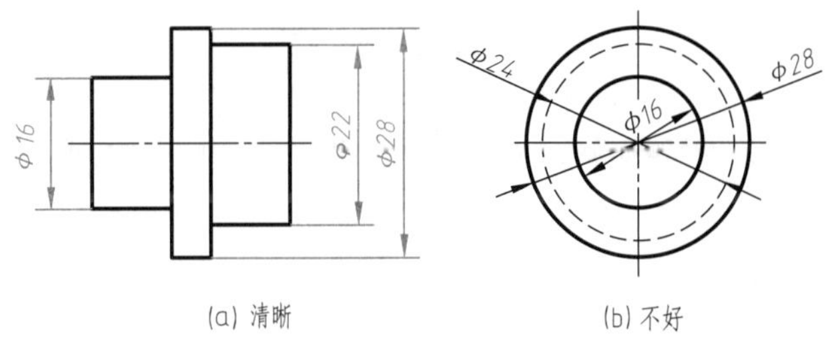

图5-14　同轴回转体直径的尺寸标注

⑥ 圆弧半径尺寸必须标注在投影为圆弧的视图上，且相同圆角只标注一次，圆弧半径前不应标注圆弧数目，如图5-15所示。

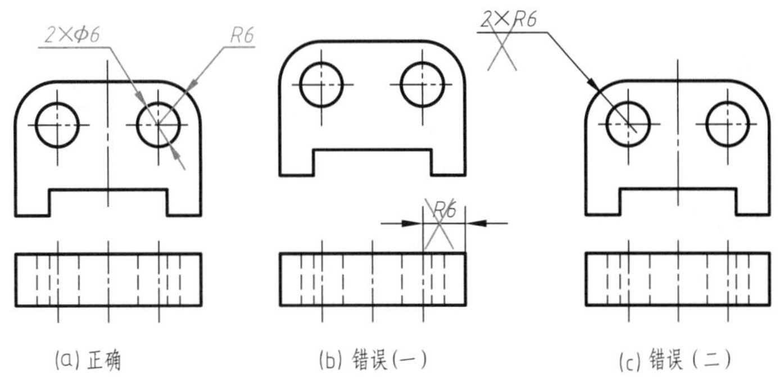

图5-15　半径的尺寸标注

⑦ 对于物体上直径相同的几个小孔，只需标注其中一个孔的尺寸，在直径符号“ϕ”前注明孔数，如图5-15（a）中的“$2\times\phi6$”。

⑧ 若组合体某个方向端部是回转面，该方向的总体尺寸一般通过标注回转面轴线的定

位尺寸和回转面半径尺寸来间接表示，如图5-16（a）中10、*R*8确定总长，18是多余尺寸；如图5-16（b）中22、*R*6确定总长，34是多余尺寸。

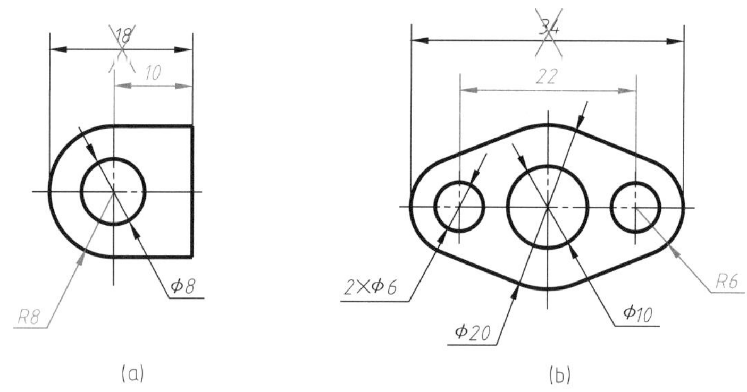

图5-16 端部是回转面的尺寸标注

⑨ 为了保持图形清晰，尺寸应尽量避免标注在虚线上。

5.4 组合体的读图方法

学会画图和读图是本课程最终的学习目标。画图是用正投影法将空间物体以平面图形的形式在图纸上反映出来；读图则是根据投影规律由视图想象出物体的空间形状和结构。要正确、迅速地读懂视图，必须掌握读图的基本方法和步骤，培养空间想象能力，通过不断实践，逐步提高读图能力。

5.4.1 读图的基本要领

（1）熟练掌握各基本体的三视图

熟练掌握各基本体的三视图是组合体读图的基础。

（2）将几个视图联系起来读图

一个或两个视图不能确切地表达形体的结构形状，如图5-17所示，读图时需要几个视图联系起来一起读。

（3）抓住反映形体形状特征的视图

特征视图就是指反映形体的形状和位置特征最明显的视图。读组合体视图时，从特征视图入手，如图5-18所示左视图，再配合其他视图，就能较快地想象物体的形状来。

（4）明确视图中的图线和线框的含义

视图是由图线和线框组成的，弄清视图中线框和图线的含义对读图有很大帮助，如图5-19所示。

1）图线

① 具有积聚性的面（平面或曲面）的投影。

② 两个面的交线的投影。

③ 回转面轮廓转向线的投影。

2）封闭线框

① 平面的投影。

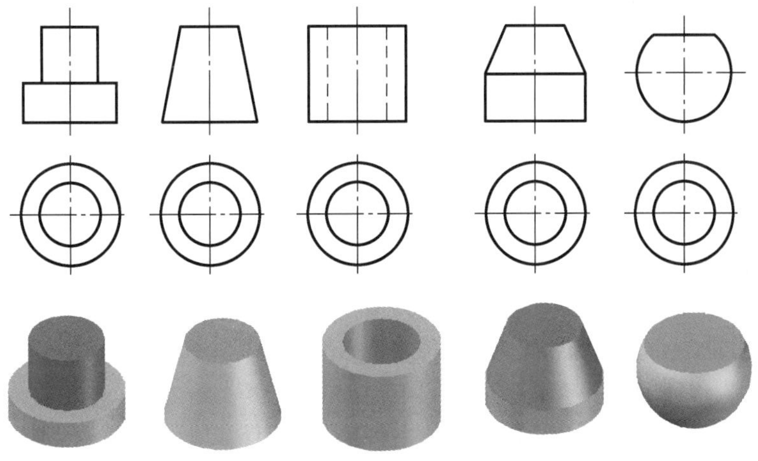

(a) 一个视图不能确切地表达形体的结构形状

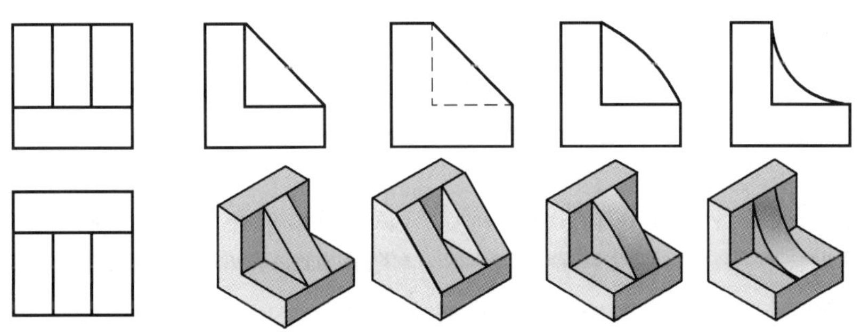

(b) 两个视图不能确切地表达形体的结构形状

图5-17 几个视图联系起来一起读图

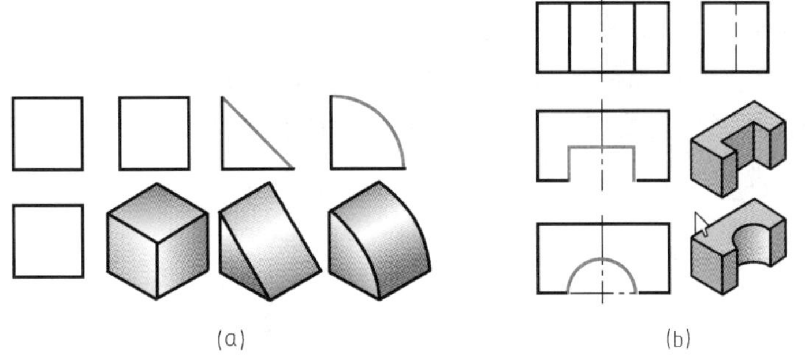

(a) (b)

图5-18 从特征视图入手分析立体图形

② 曲面的投影。

③ 平面和曲面相切的投影。

④ 通孔的投影。

3）相邻的两个封闭线框

表示相交或相对凹凸的两个面。如图5-19中两个相邻线框Ⅲ、Ⅳ为相交，两个相邻线框Ⅰ、Ⅲ相对凹凸，即一前一后。

4）大线框内套小线框

一般表示相对凹凸的两个面或者是通孔。如图5-19中Ⅴ、Ⅵ线框相对凹凸，即一上一下。Ⅰ、Ⅱ线框中，Ⅱ线框表示通孔的投影。

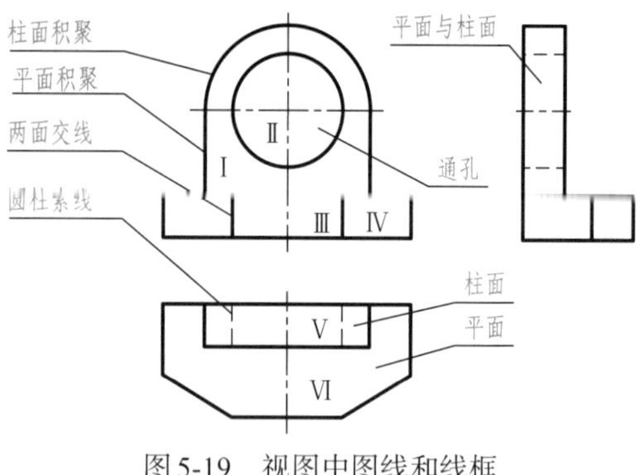

图5-19 视图中图线和线框

5.4.2 读图的基本方法

（1）形体分析法

读图的基本方法与画图一样，也是运用形体分析法。一般从反映组合体形状特征和位置特征明显的视图着手，将视图划分为若干部分，找出各部分在其他视图中的投影，然后逐一想象出各部分的形状以及各部分之间的相对位置，最后综合起来想象出组合体的整体形状。

现以支架的三视图为例（图5-20），说明形体分析法读图的方法和步骤。

1）分线框，对投影

由于在物体的三视图中，凡是具有投影关系的三个封闭的线框，通常可以表示某一基本体或一个面。因此，读图时先在视图上分线框，然后按照投影关系找出各封闭线框的其他投影。如图5-20（a）中，分成Ⅰ、Ⅱ、Ⅲ、Ⅳ四个封闭的线框。

2）按投影，定形体

分线框后，根据各种基本体的投影特点，确定各线框所表示的是哪一种基本体。如图5-20（b）中，线框Ⅰ的三个视图都是矩形，所以确定为四棱柱底板，底板与半圆柱相交。底板上有两个圆柱通孔。其他线框分析如图5-20（c）~(e）所示。

3）综合起来，想整体

确定了各线框所表示的基本体后，再分析各基本体的相对位置，就可以想象出物体的整体形状。从图5-20（a）所示三视图可知，底板Ⅰ与半圆筒Ⅱ相交且下表面平齐，圆柱形凸台Ⅲ在半圆筒上方居中，两个竖板Ⅳ在底板和半圆筒上方前后对称，整个物体前后对称。这样，把它们综合起来，想象出整体形状，如图5-20（f）所示。

【例5-4】 读懂主、俯视图，补画左视图，如图5-21（a）所示。

由物体两个视图画出其第三视图，必须先根据所给的两个视图想象出物体的结构形状，再画出正确的第三视图，是读图和画图的综合训练。

作图步骤：

① 通过主、俯视图确定该形体是叠加和切割综合方式的组合体，因此在已有视图上按照形体分析法先分成Ⅰ、Ⅱ、Ⅲ三个封闭的线框，如图5-21（a）所示。

② 每个线框对投影、定形体、补画视图。如图5-21（b）所示Ⅰ线框，通过主、俯视图可以确定该部分是由四棱柱切割而成。首先看主视图中的矩形不完整，中间下方缺了V形，俯视图中和其对应的虚线与矩形同宽，因此可以确定是四棱柱在下方从前向后截切V形通槽。再从俯视图中看，该矩形也是不完整，缺了一个半圆形，从主视图中与其对应的粗实线可以确定该四棱柱在前方、V形槽的上方截切半圆形通槽。结构形状确定之后，补画该部分的左视图。分析补画其他线框，如图5-21（c）、(d）所示。

③ 在补画其他线框时，一定要考虑各基本体在组合的过程中表面性质发生了变化，注意平齐与不平齐、相切与相交、轮廓线消失等图线画法。

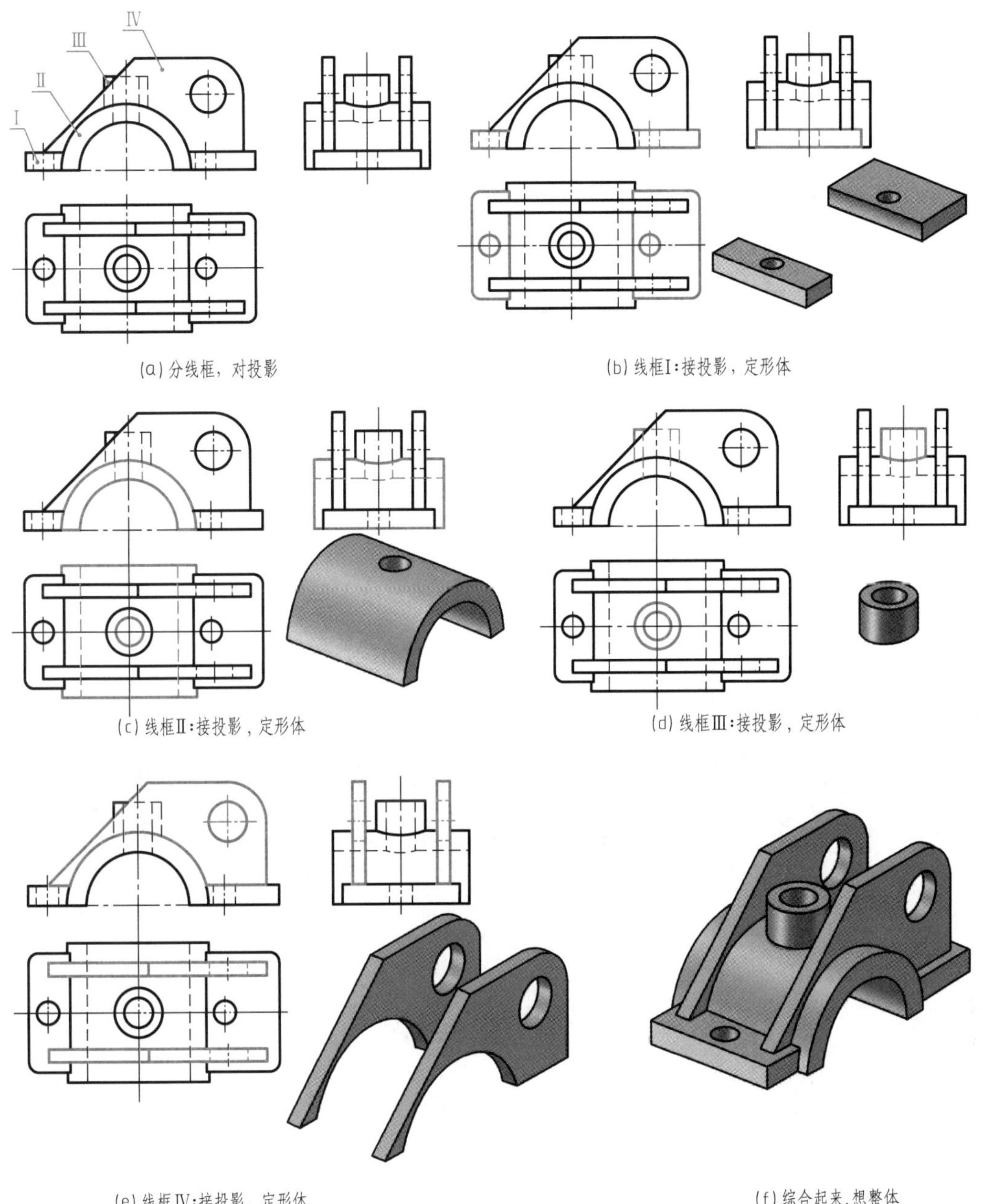

图5-20 形体分析法的读图方法和步骤

（2）特征切割分析法

形体分析法是从“体”的角度将物体分解为由多个基本体组成，适合于叠加或综合组合方式形成的组合体。对于切割型的组合体，分线框之后，按照投影关系没有“体”和线框对应，只是一个面或者一条线与其有对应关系，这种情况下，就不能用形体分析法读图了。此时，可以从切割型组合体被切去部分的特征视图出发，分析被哪些面切去，在读图的过程中，可以边想象、边徒手画出轴测图，及时记录读图过程，帮助有效读懂视图。

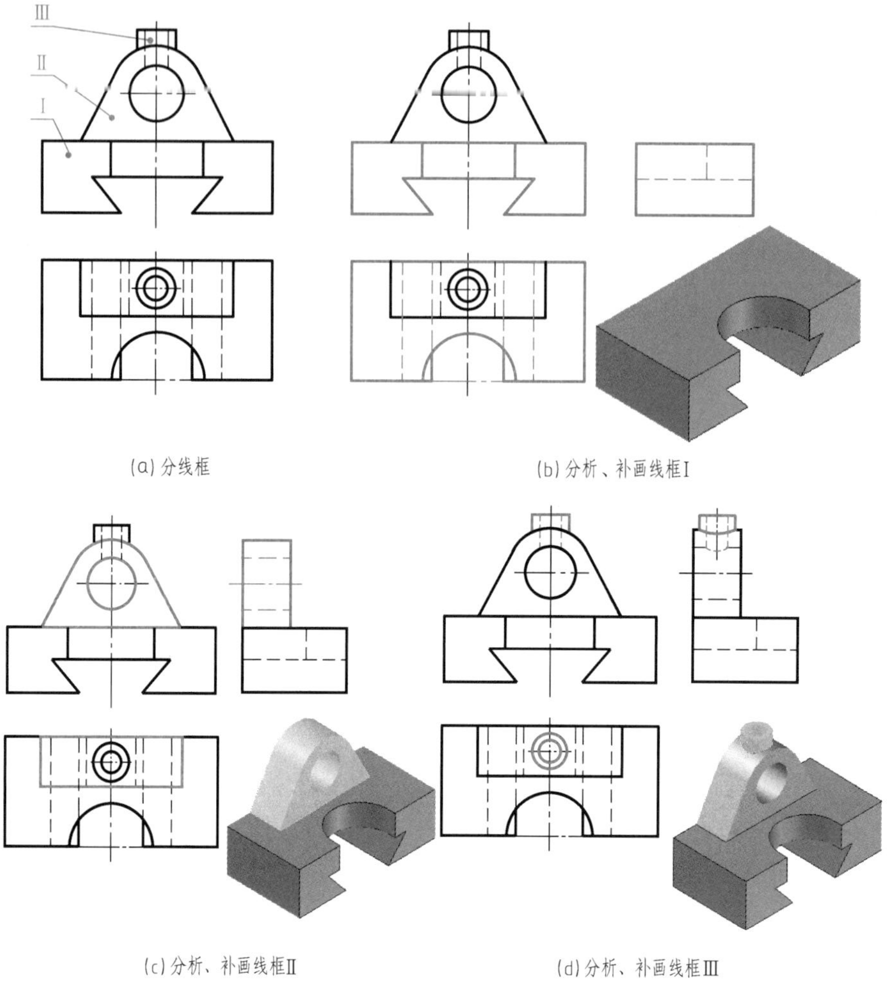

Ⅲ
Ⅱ
Ⅰ
(a) 分线框
(b) 分析、补画线框Ⅰ
(c) 分析、补画线框Ⅱ
(d) 分析、补画线框Ⅲ

图5-21　补画第三视图

现以图5-22所示三视图为例，说明特征切割分析法读图的过程。

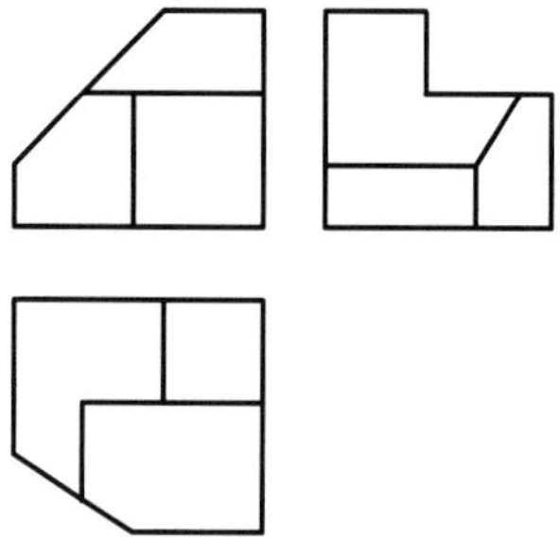

图5-22　用于说明特征切割分析法的三视图

从图5-22可以看出，该形体是由四棱柱被多个平面切割而成，读图方法和步骤见表5-5。

表5-5　特征切割分析法读图方法和步骤

三视图	轴测图	读图说明
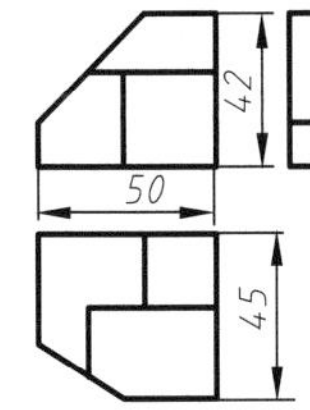	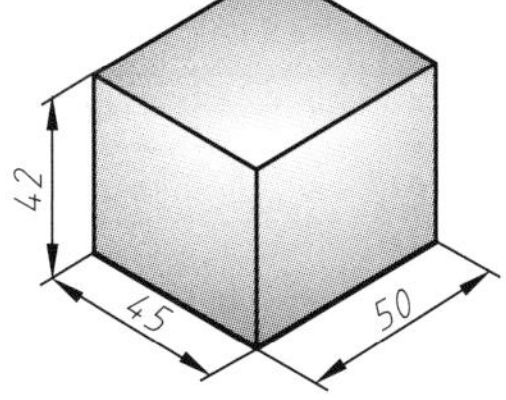	根据视图中的长、宽、高画出四棱柱的轴测图
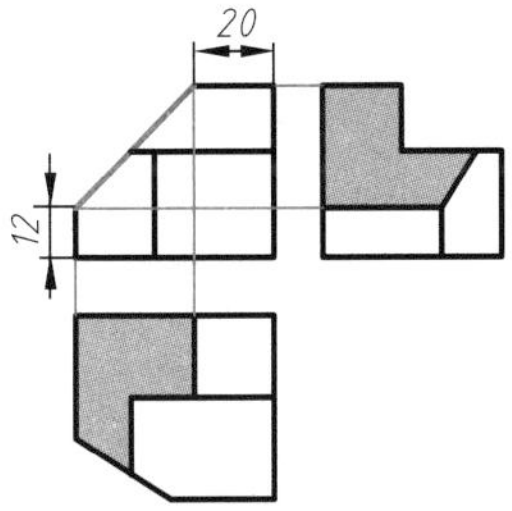	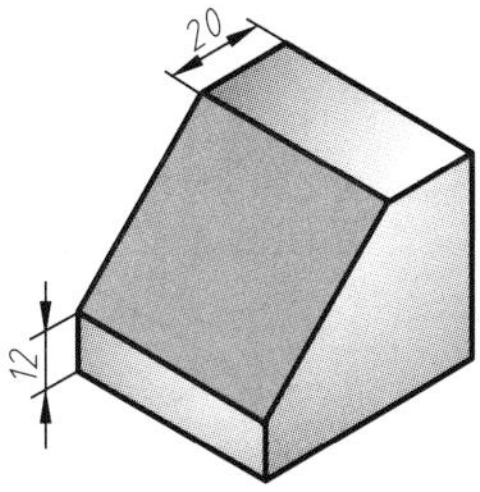	根据20、12定位尺寸画出正垂面切去左上角的轴测图
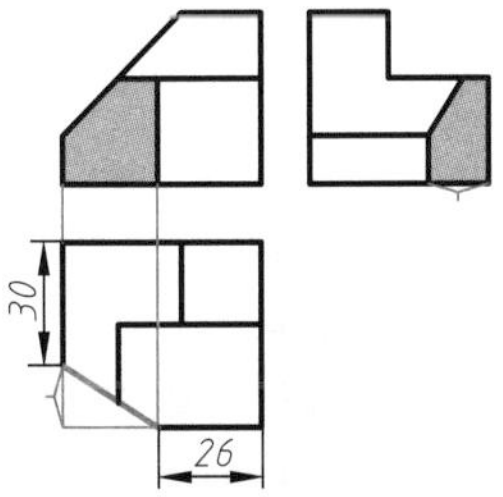	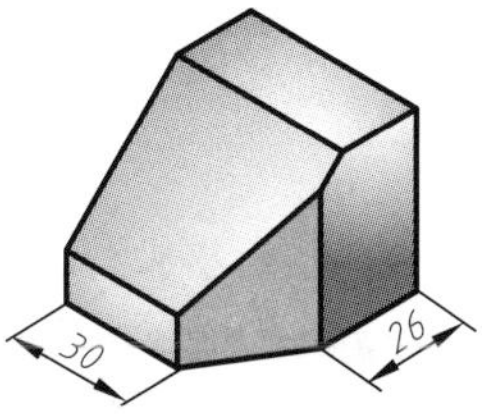	根据26、30两个定位尺寸画出铅垂面切去左前角的轴测图
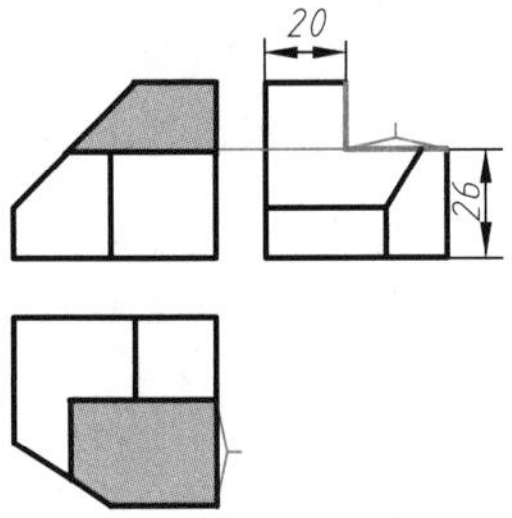	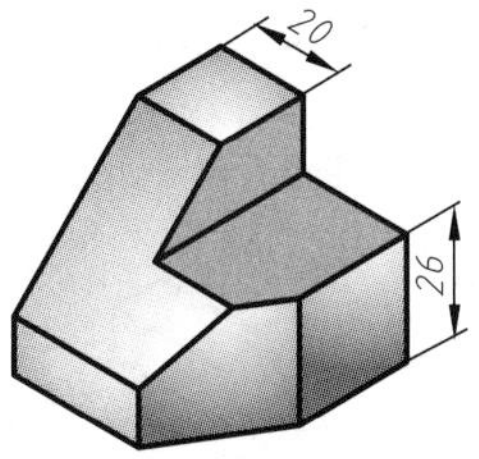	根据26、20两个定位尺寸画出切去前上角的轴测图

注：根据画出的轴测图，对应视图分析截切物体的特征面的形状，特征面在特征视图上积聚成直线，另外两面投影：与投影面垂直积聚为直线、与投影面平行是显实的平面图形、与投影面倾斜是类似的平面图形。

【例5-5】 根据已有视图，补画图中所缺图线，如图5-23所示。

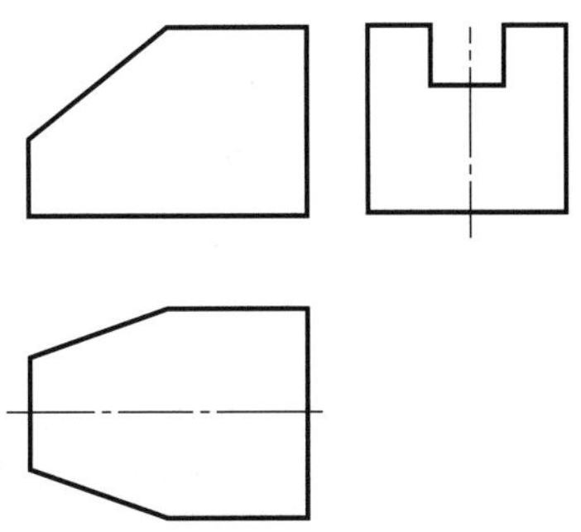

图5-23　补画视图中的缺线

补画视图中的缺线，也是在读懂已有视图的基础上，想象出物体的结构形状，再补画视图中所缺图线。

补画缺线的方法与步骤见表5-6。

表5-6 补画缺线的方法与步骤

补画缺线	轴测图	步骤说明
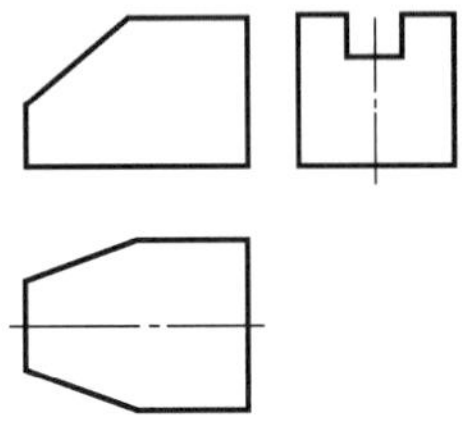	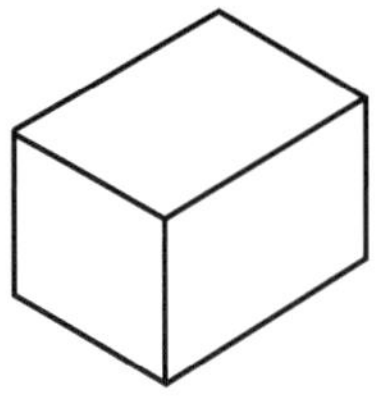	根据视图中的长、宽、高，画出四棱柱的轴测图
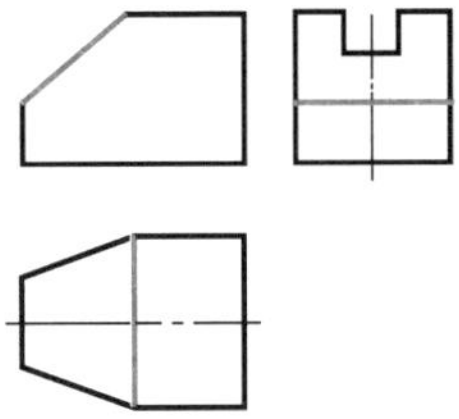	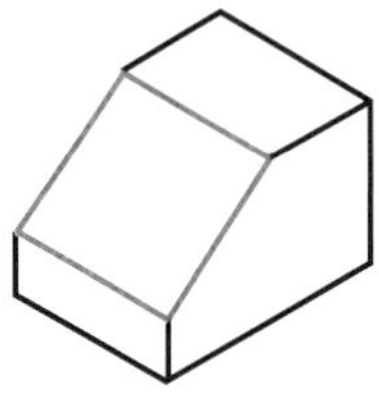	由主视图中矩形缺了左上角，可以确定该部分是由正垂面切去，由正垂面的位置先画出其轴测图，然后按长对正、高平齐画出俯、左视图的交线
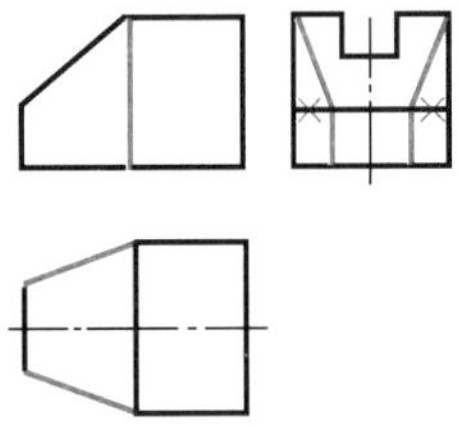	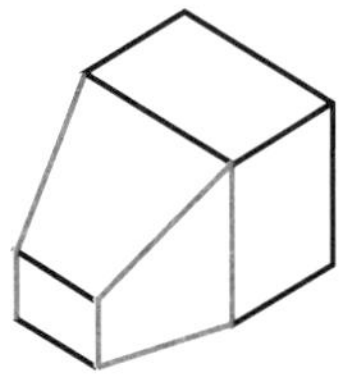	由俯视图中矩形缺了左前、左后两部分，可以确定该部分被两个铅垂面切去，由铅垂面的位置先画出其轴测图，然后按长对正、宽相等画出主、左视图的交线 两个铅垂面截切之后，原来正垂面截切的交线部分被切掉，需要擦除
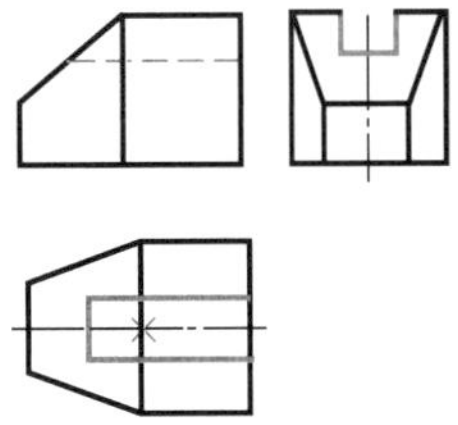	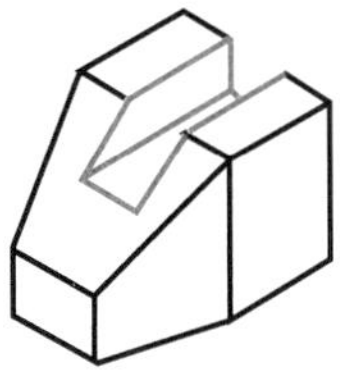	由左视图中矩形缺了上方中间部分，可以确定该部分被两个正平面和一个水平面切去，由三个面的位置先画出其轴测图，然后按高平齐画出主视图的细虚线，然后再按长对正、宽相等画出俯视图。三个面截切通槽之后，原来正垂面截切的交线部分被切掉，需要擦除
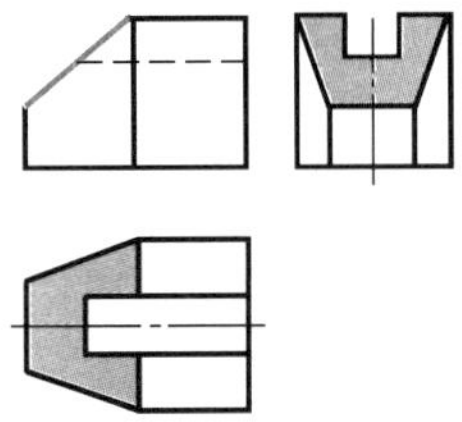	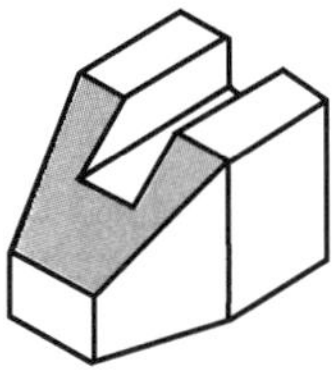	检查、调整 例如：四棱柱左上方被正垂面截切，在主视图中积聚成一条斜线，俯、左视图是类似的平面图形。从轴测图中可以看出该平面是八边形，补画出来的俯、左视图必须是类似的八边形才正确。其他面类似的按照平面的投影特性检查

注：在检查切割型组合体补缺线的过程中，根据平面的投影特性去检查，即与投影面平行是显实的平面图形、与投影面倾斜是类似的平面图形、与投影面垂直积聚成一条直线，简单地总结为“若非类似形，必有积聚性”。

第6章 机件的表达方法

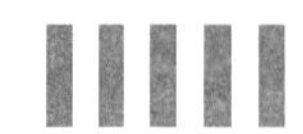

能力目标

➢ 能够运用各种表达方法正确地表达机件。

知识点

➢ 视图的种类与选择。
➢ 剖视图的种类与画法。
➢ 剖切面的种类与选择。
➢ 简化画法。

前面介绍了用三视图表达机件的方法，但在工程实际中，机件的结构形状千变万化，有繁有简，仅用三视图很难将机件内外结构形状表达清楚。因此，国家标准《技术制图》《机械制图》规定了各种表达方法。掌握这些图样画法是正确绘制和阅读机械图样的基本条件。本章着重介绍这些常用表达方法。

6.1 视图（GB/T 13361—2012和GB/T 17451—1998）

视图主要用来表达机件的外部结构形状，视图通常有基本视图、向视图、局部视图和斜视图。

6.1.1 基本视图

将物体向基本投影面投射所得的视图，称为基本视图。

国家标准《技术制图》中规定，以正六面体的六个面为基本投影面，将物体放在正六面体中从A、B、C、D、E、F六个方向分别向基本投影面投射，即得到六个基本视图，如图6-1所示。

六个基本视图的名称和投射方向如下：

主视图——由前向后投射所得的视图。

左视图——由左向右投射所得的视图。

俯视图——由上向下投射所得的视图。

右视图——由右向左投射所得的视图。

仰视图——由下向上投射所得的视图。

后视图——由后向前投射所得的视图。

(1) 基本视图的位置关系

六个基本投影面展开时，正投影面保持不动，其余各投影面沿着投影轴旋转90°展开至与正投影面处于同一平面上，后视图随着左视图一同旋转180°，如图6-2所示。在同一张图纸内按图6-2配置视图时可不标注视图的名称。

(2) 基本视图之间的尺寸关系

六个基本视图之间仍保持“长对正、高平齐、宽相等”的尺寸关系，如图6-3所示。

(3) 基本视图与物体间的方位关系

主视图周围的四个基本视图靠近主视图的边是物体的后面，远离主视图的边是物体的前面。后视图反映物体的上、下和左、右方位，如图6-4所示。

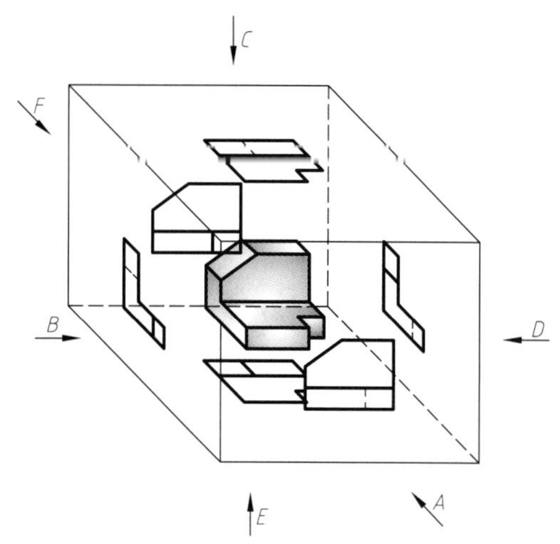

图6-1 基本视图的形成

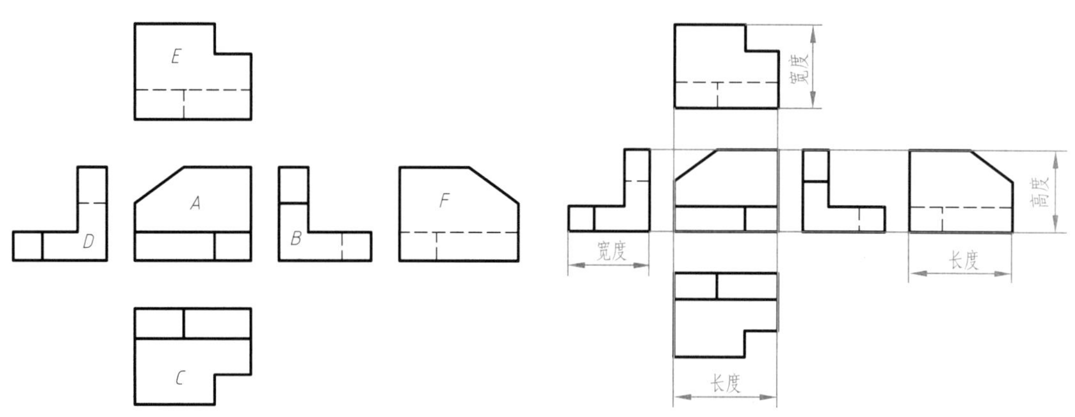

图6-2 基本视图的位置关系

图6-3 基本视图之间的尺寸关系

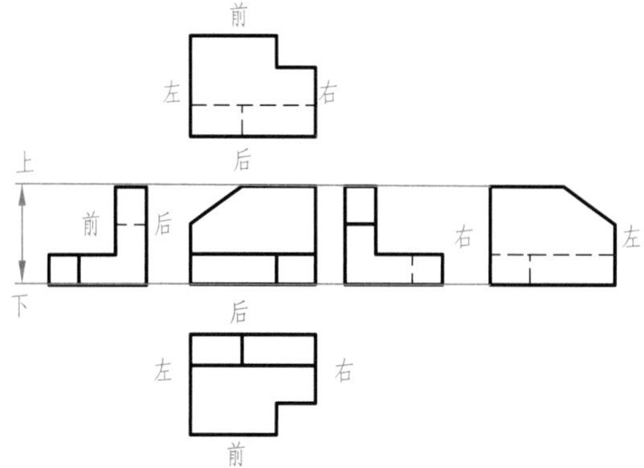

图6-4 基本视图与物体间的方位关系

在实际绘图时，应根据机件的结构特点选用必要的基本视图。一般优先选用主、左、俯三个视图，任何机件的表达，都必须有主视图。

6.1.2 向视图（GB/T 17451—1998）

向视图是可自由配置的基本视图。向视图必须标注，机械制图在向视图的上方标注大写拉丁字母“×”，在相应视图的附近用箭头指明投射方向并标注相同的字母，如图6-5所示。

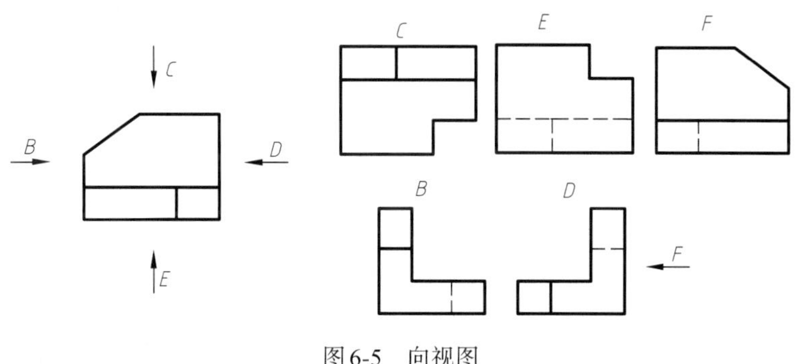

图6-5 向视图

6.1.3 局部视图（GB/T 17451—1998）

局部视图是将物体的某一部分向基本投影面投射所得的视图。

在机械制图中，局部视图的配置可选择以下方式：

按基本视图的配置形式配置，如图6-6（a）中的俯视图；

按向视图的配置形式配置并标注，如图6-6（b）所示。

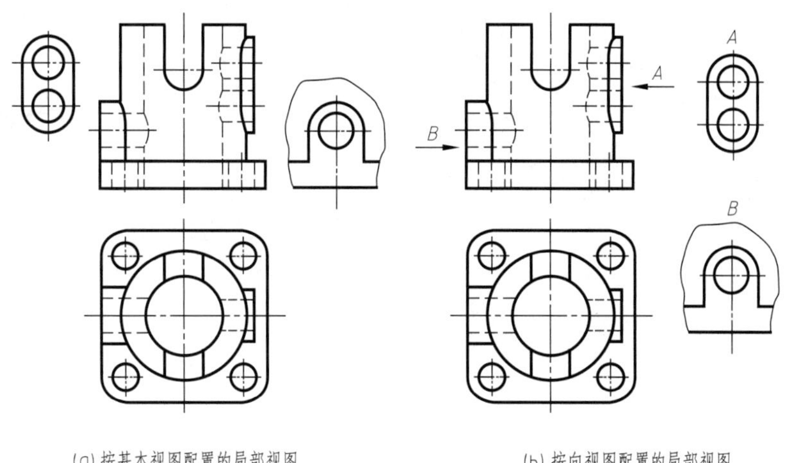

图6-6 局部视图

画局部视图时，其断裂边界线用波浪线或双折线绘制，见图6-6中的*B*向局部视图。当所表示的局部视图的外轮廓成封闭时，则不必画出其断裂边界线，见图6-6中的*A*向局部视图。

标注局部视图时，通常在其上方用大写的拉丁字母标出视图的名称，在相应视图附近用箭头指明投射方向，并注上相同的字母，如图6-6（b）所示。当局部视图按基本视图位置配置，中间又没有其他图形隔开时，则不必标注，如图6-6（a）所示。

6.1.4 斜视图（GB/T 17451—1998）

斜视图是物体向不平行于基本投影面的平面投射所得的视图，如图6-7所示。

斜视图通常按向视图的配置形式配置并标注，如图6-7（c）所示。必要时，允许将斜视图旋转配置，在旋转后的斜视图上方应标注视图名称“×”及旋转符号，旋转符号的箭头方向应与斜视图的旋转方向一致，表示该视图名称的大写拉丁字母应靠近旋转符号的箭头端，如图6-7（d）所示。也允许将旋转角度标注在字母之后。旋转符号的尺寸和比例如图6-7（e）所示。

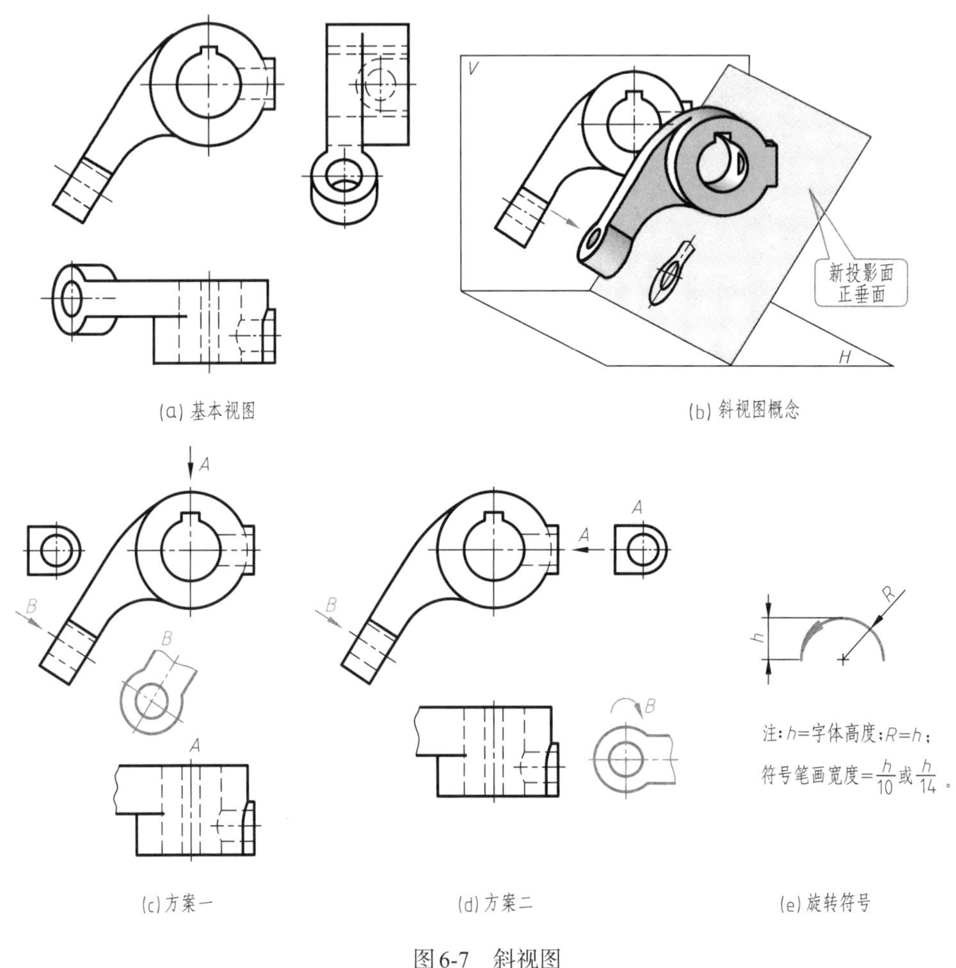

图6-7 斜视图

6.2 剖视图（GB/T 4458.6—2002和GB/T 17452—1998）

在视图中，机件内部形状和孔、槽等不可见部分用细虚线绘制，如图6-8所示。但当机件内部形状比较复杂时，图上细虚线就比较多，有时还和外形轮廓重合，使图形很不清晰，给画图、读图和尺寸标注带来困难。为了清晰表达机件内部结构形状，国家标准规定用剖视图表达。

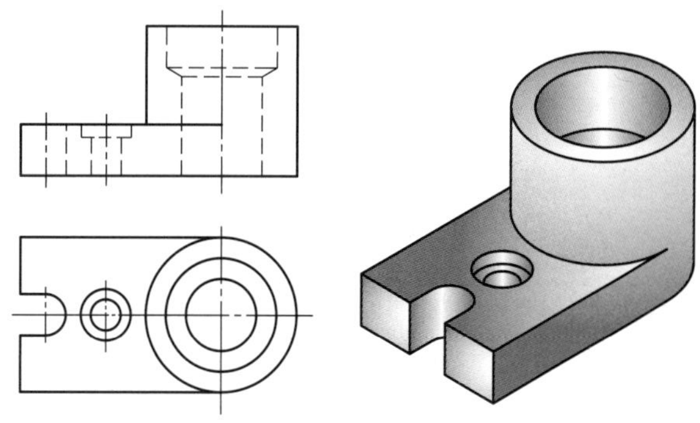

图6-8　细虚线多使图形不清晰

6.2.1　剖视图概述

（1）剖视图的概念

1）剖视图的形成

假想用剖切面剖开机件，将处在观察者和剖切面之间的部分移去，而将其余部分向投影面投射所得到的图形称为剖视图，简称剖视。

剖视图的形成过程如图6-9（a）所示，图6-9（b）中的主视图即是机件的剖视图。

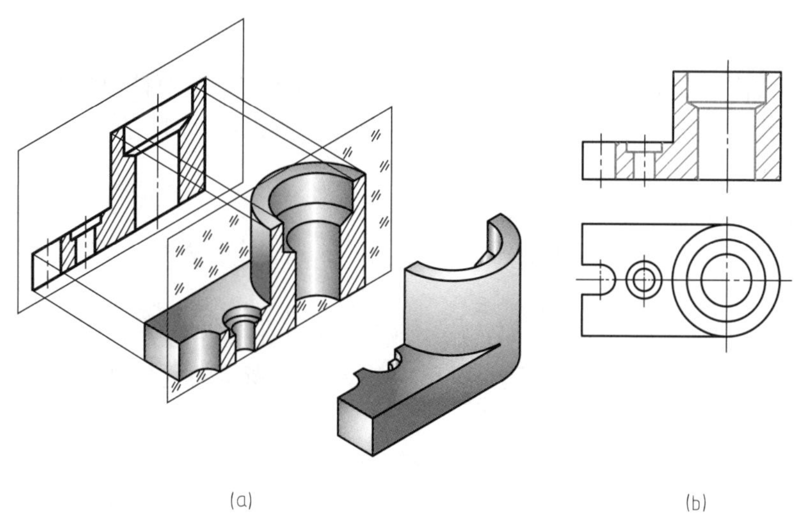

(a)　　(b)

图6-9　剖视图

2）剖面符号

剖视图中的剖切面与机件接触处应画上剖面符号。在读图时，根据图形上有无剖面符号，就可以清楚地区分出机件的实体与空心部分，便于想象出机件的内、外结构形状。

通用剖面线的表示：不需在剖面区域中表示材料的类别时，可采用通用剖面线表示。

① 通用剖面线应以适当角度的细实线绘制，最好与主要轮廓或剖面区域的对称线成45°角，间隔不小于0.7mm，如图6-10所示。

② 同一物体的各个剖面区域，其剖面线画法应一致（方向相同、间距相等）。相邻物体的剖面线必须以不同的方向或以不同的间隔画出。

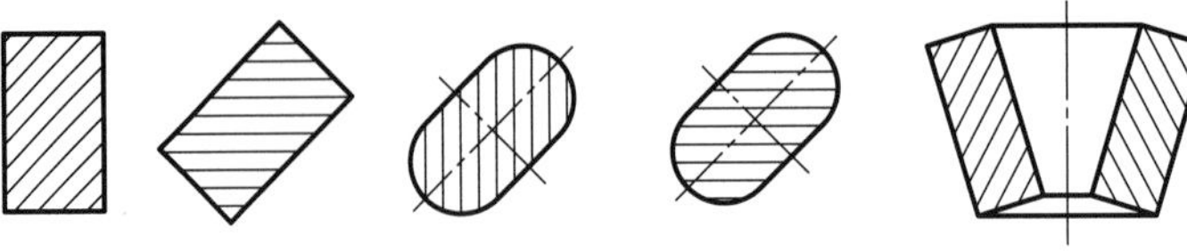

图6-10 通用剖面线的表示法

本书主要采用通用剖面线（以下简称剖面线）。

国家标准中规定了各种材料的剖面符号，见表6-1。

表6-1 剖面符号（摘自GB/T 4457.5—2013节选）

材料名称	剖面符号	材料名称	剖面符号
金属材料 （已有规定剖面符号除外）		非金属材料 （已有规定剖面符号除外）	
线圈绕组元件		陶瓷、硬质合金 型砂、粉末冶金等	
转子、变压器等的叠钢片		玻璃及其他透明材料	

3）标注

一般应标注剖视图的名称“×—×”（“×”为大写拉丁字母或阿拉伯数字）。在相应的视图上（起始、转折、终止处）用剖切符号表示剖切位置和投射方向，并标注相同的字母，如图6-11所示的*A*—*A*。

下列情况可以省略剖视图的标注。

① 当剖视图按基本视图位置配置，中间又没有其他图形隔开时，可省略箭头和名称，如图6-11所示的俯视图。

② 当单一剖切平面通过机件的对称平面或基本对称平面，且剖视图按基本视图位置配置，中间又没有其他图形隔开时，可省略标注，见图6-11所示的主视图和图6-9（b）。

4）画剖视图时注意事项

① 为使剖视图反映实形，剖切平面一般应平行于某一投影面；剖切时通过机件的对称面或内部孔、槽的轴线。

② 剖切面与实体的交线及剖切面后面的可见轮廓线均用粗实线画出。不可见轮廓线一般不画。只有当机件的结构没有完全表达清楚，若画出少量虚线可以减少视图数量，才画出必要的虚线，如图6-12所示。

③ 由于剖视是假想的，所以，当某个视图被画成剖视图后，其他视图仍应按完整的机件画出，如图6-13所示。

④ 不要遗漏剖切平面后面的可见轮廓线，表6-2列出了剖视图中常见漏线。

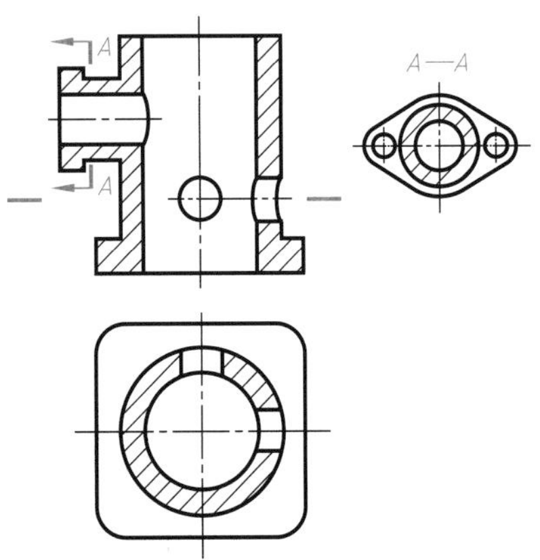

图6-11 剖视图的标注

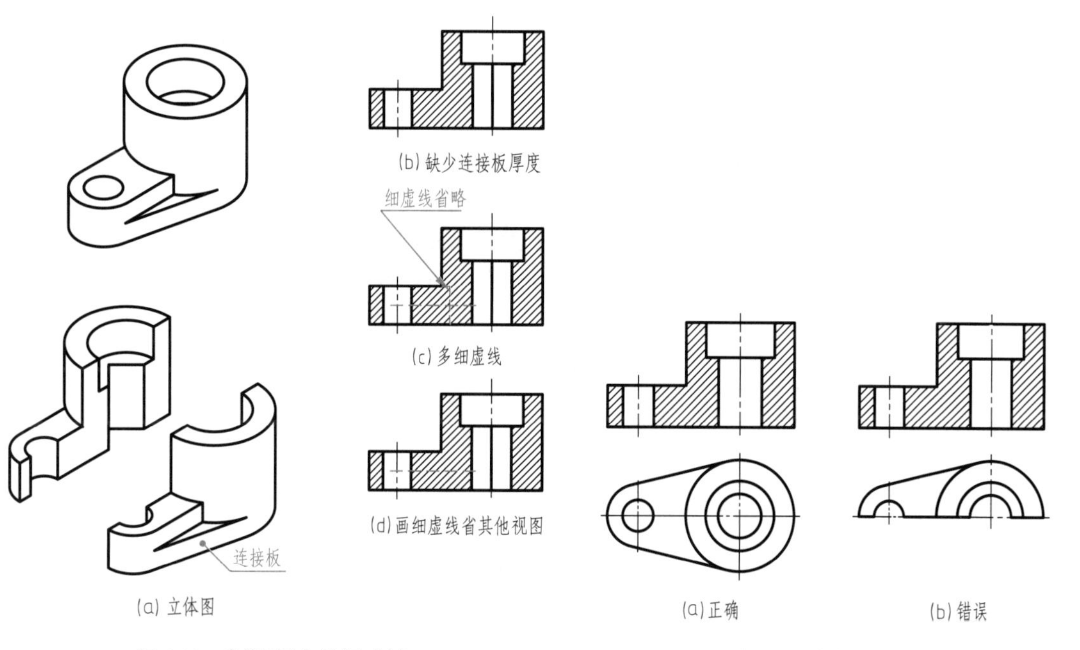

图6-12　剖视图中的细虚线

图6-13　剖视图画法

表6-2　剖视图中常见漏线

轴测剖视图	剖视图漏线	正确画法
	□10　φ10	□10　φ10

（2）剖视图的画法

画机件剖视图的思维方法，仍是上一章组合体的形体分析法。但与组合体不同的是：在形体分析法的基础上，根据机件的内外结构特点，选择适当的剖切面将机件假想地剖开之后进行投射。

如图6-14（a）所示，剖视图绘图步骤如下。

① 确定剖切面的位置，假想剖开机件，如图6-14（b）所示。

② 绘制俯视图，如图6-14（c）所示。

③ 绘制剖视图（主视图）。

a. 画出主视图的外部轮廓线，如图6-14（d）所示。

b. 画出剖切面与机件实体相交的交线及剖切面后面的可见轮廓线，如图6-14（e）所示。

c. 画剖面线（剖切面与实体相交的区域），如图6-14（f）所示。

d. 标注剖视图，如图6-14（g）所示，该剖视图可省略标注。

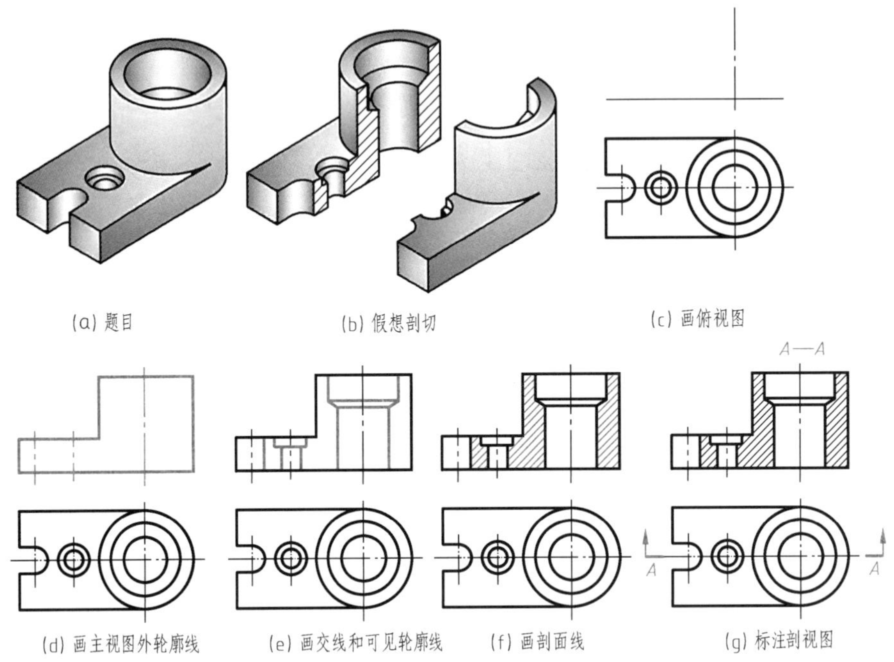

图6-14 剖视图的画法

6.2.2 剖视图的种类

剖视图根据剖切面将机件剖开的范围可分为全剖视图、半剖视图和局部剖视图。

（1）全剖视图

用剖切面完全地剖开机件所得的剖视图称为全剖视图。前面介绍的剖视图均为全剖视图。全剖视图主要用于表达外形简单、内部形状复杂的不对称机件，或外形简单的对称机件。

（2）半剖视图

当机件具有对称平面时，向垂直于对称平面的投影面上投射所得的图形，可以对称中心线为界，一半画成剖视图，另一半画成视图，称为半剖视图，如图6-15所示。

半剖视图既表达了机件的内部形状，又保留了机件的外部形状，所以它是内、外形状都比较复杂的对称机件常采用的表达方法。

画半剖视图应注意的问题：

① 半个视图与半个剖视图的分界线应是细点画线；

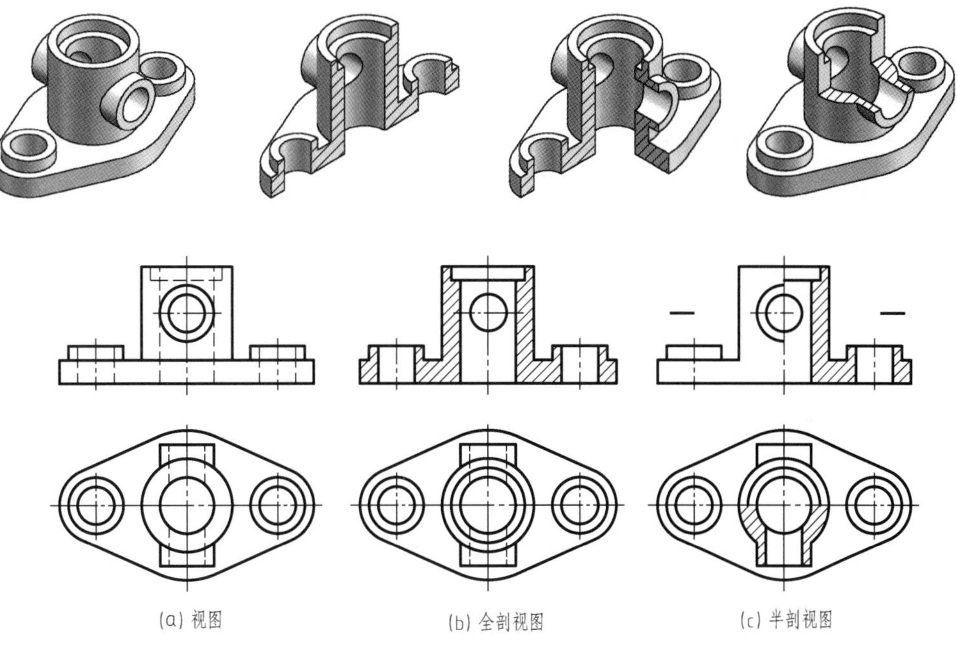

图6-15 半剖视图的形成

② 在半个视图中表示内部形状的虚线，应省略不画；

③ 若机件的对称面上有轮廓线时，不能作半剖视图；

④ 在半剖视图中，只画出一半形状的部分，尺寸采用半标注；

⑤ 半剖视图是全部剖开，对称表达，因此标注方法应与全剖视图相同。

（3）局部剖视图

用剖切面局部地剖开机件所得的剖视图称为局部剖视图，如图6-16所示。

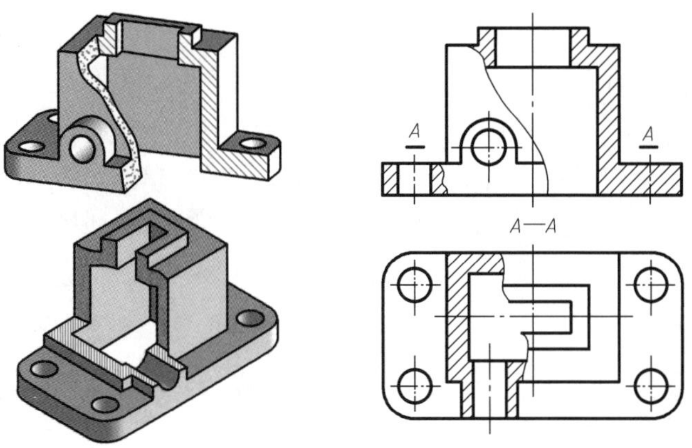

图6-16 局部剖视图

局部剖视图既能把机件局部的内部形状表达清楚，又能保留机件的某些外形，是一种很灵活的表达方法。

画局部剖视图时应注意以下几点：

① 局部剖视图以波浪线为界，波浪线不应与轮廓线重合，不能用轮廓线代替，也不能

超出轮廓线之外，如图6-16、图6-17所示。

② 当被剖切部分结构为回转体时，允许将该结构中心线作为局部剖视与视图的分界线，如图6-17（a）所示。

③ 当机件对称且在图上有轮廓线与对称中心线重合时，不宜采用半剖视图，此时可采用局部剖视图，如图6-17（b）所示。

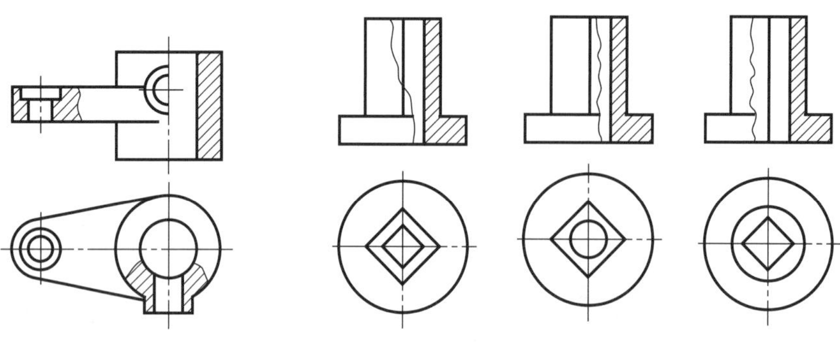

(a) 中心线作为分界线　　(b) 对称机件采用局部剖视图

图6-17 局部剖视图剖切位置的选择

④ 局部剖一般可以省略标注，但当剖切位置不明显或局部剖视图未能按照投影关系配置时，则必须加以标注。

6.2.3 剖切面的种类

机件的内部结构是各种各样的，剖视图能否完整、清晰地表达其形状，与剖切面的选择是密切相关的。国家标准《技术制图》规定有三种剖切面：单一剖切面、几个平行的剖切平面、几个相交的剖切面。应根据机件的结构特点和表达的需要选用。

（1）单一剖切面

单一剖切面指用一个剖切面剖切机件，图6-14是单一剖切面的全剖视图，图6-15（c）是单一剖切面的半剖视图。

图6-18中的“*B—B*”剖视图是采用单一斜剖切面剖切得到的全剖视图，主要用于表达机件上倾斜部分的内部结构形状。用单一斜剖切面剖切得到的剖视图一般按照投影关系配置，也可以配置在其他适当位置。必要时也可以旋转到水平位置配置，但必须标注旋转符号。

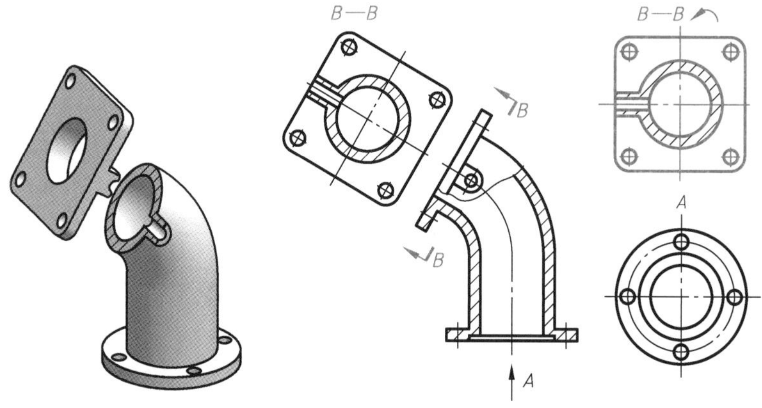

图6-18 单一剖切面

（2）几个平行的剖切平面

几个平行的剖切平面指两个或两个以上平行的剖切平面，并且要求各剖切平面的转折处必须是直角，如图6-19所示。

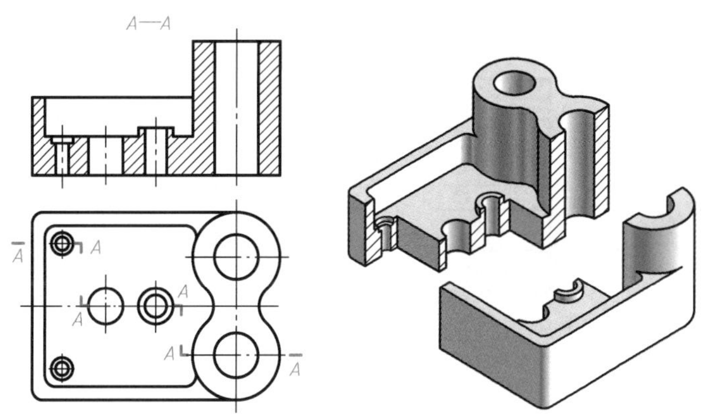

图6-19　几个平行的剖切平面

采用几个平行的剖切平面画剖视图时，应注意以下几点：

① 必须在相应视图上用剖切符号表示剖切位置，在剖切平面的起止和转折处标注相同字母，剖切符号两端用箭头表示投射方向（当剖视图按投影关系配置，中间又无其他图形隔开时，可省略箭头），并在剖视图上方标出相同字母的剖视图名称“×—×”，如图6-19和图6-20所示。

② 在剖视图中，不应画出剖切平面转折处的投影，如图6-20（b）所示。

③ 用几个平行的剖切平面画出的剖视图中，一般不允许出现不完整要素。仅当两个要素在图形上具有公共对称中心线或轴线时，可以对称中心线或轴线为界各画一半，如图6-20（c）所示。

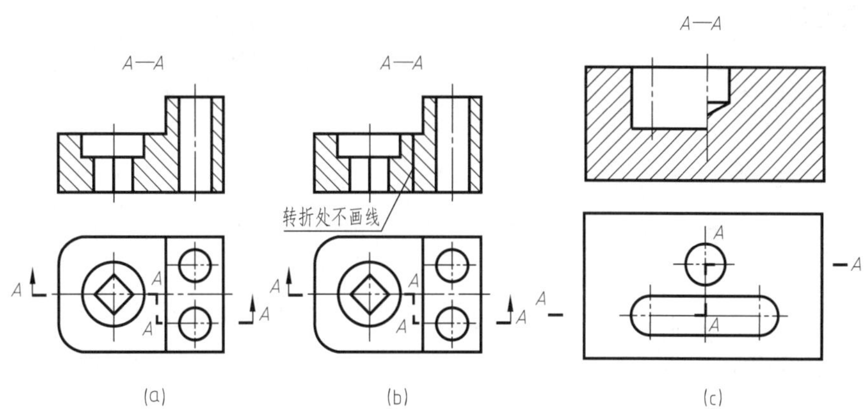

图6-20　几个平行的剖切平面剖切注意事项

（3）几个相交的剖切面

几个相交的剖切面指用相交的剖切面（交线垂直于某一基本投影面）剖切机件。

采用几个相交的剖切面画剖视图时，应注意以下几点：

① 用几个相交的剖切面获得的剖视图应旋转到一个投影平面上，先假想用相交剖切平

面剖开机件，然后将被剖切平面剖开的结构及其有关部分旋转到与选定的投影面平行再进行投射，如图6-21所示；或采用展开画法，此时应标注“×—×展开”，如图6-22所示。

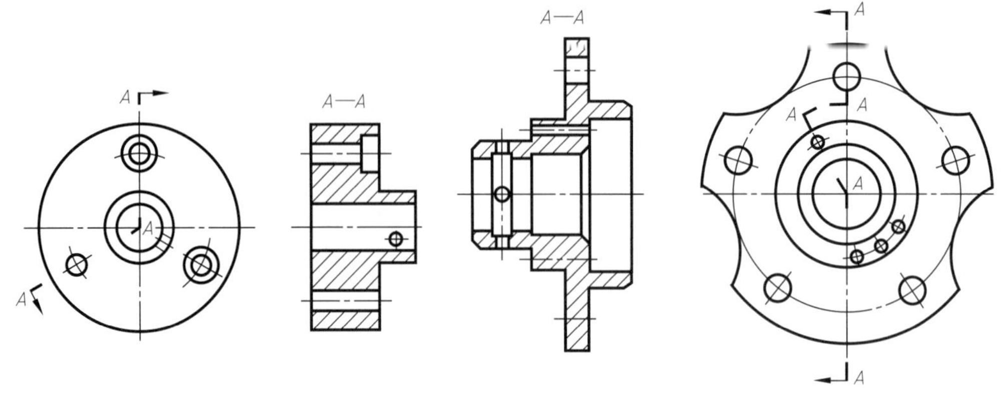

图6-21 旋转绘制的剖视图

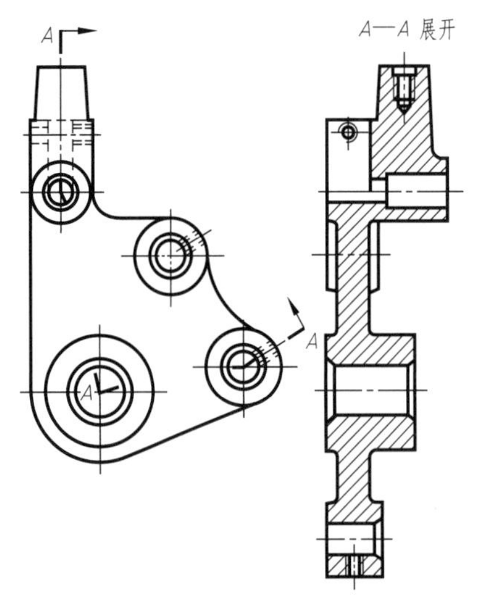

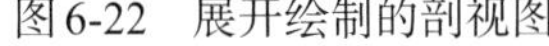

图6-22 展开绘制的剖视图

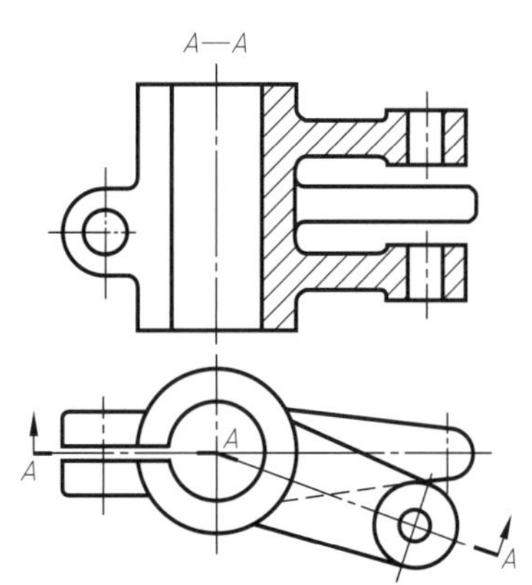

图6-23 剖切产生不完整要素的处理

② 在剖切平面后的其他结构一般仍按原来位置投射，如图6-21（a）中空心圆柱上的小油孔。

③ 当剖切后产生不完整要素时，应将此部分按不剖绘制，如图6-23所示。

④ 用几个相交的剖切面画出的剖视图，必须加以标注，其标注方法如图6-21~图6-23所示。

6.3 断面图（GB/T 4458.6—2002）

6.3.1 断面图的概念

假想用剖切面将物体的某处切断，仅画出该剖切面与物体接触部分的图形，称为断面图，简称断面，如图6-24所示。

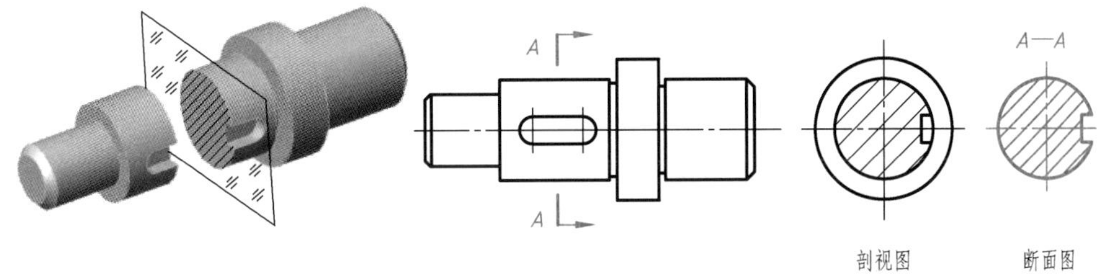

图6-24 断面图

从图6-24中可以看出，断面图与剖视图不同之处是：断面图仅画出机件被切断面的图形，而剖视图则要求除画出机件被切断面的图形外，还要画出剖切面以后的所有部分的投影。

6.3.2 断面图的分类及画法

断面图按其图形所处位置不同，分为移出断面图和重合断面图两种。

（1）移出断面图

画在视图轮廓之外的断面图称为移出断面图，如图6-25所示。

移出断面的轮廓线用粗实线绘制，在断面上画出剖面符号。移出断面应尽量配置在剖切线的延长线上，或其他适当位置。

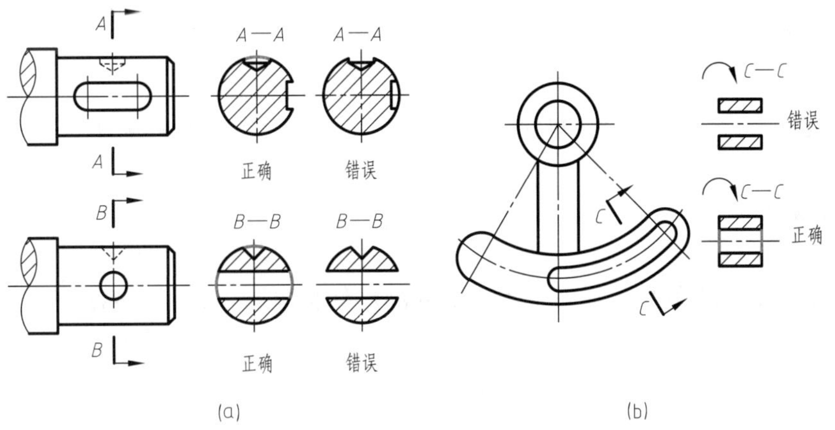

图6-25 按剖视图绘制的移出断面图

当剖切平面通过回转面形成的孔或凹坑的轴线时，这些结构应按剖视图要求绘制，如图6-25（a）所示。

当剖切平面通过非圆孔会导致出现完全分离的两个断面时，这些结构按剖视图要求绘制。在不致引起误解时，允许旋转绘制，如图6-25（b）所示。

由两个或多个相交的剖切平面剖切得出的移出断面，中间一般应断开绘制，如图6-26所示。

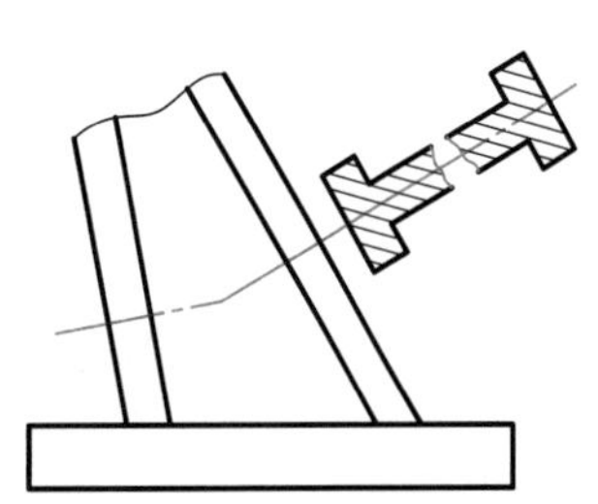

图6-26 两个相交剖切平面的移出断面图

(2) 重合断面图

画在视图轮廓之内的断面图称为重合断面图，如图6-27（a）所示。

重合断面的轮廓线用细实线绘制。当视图中的轮廓线与重合断面的图形重叠时，视图中的轮廓线仍应连续画出，不可间断，如图6-27（b）所示。

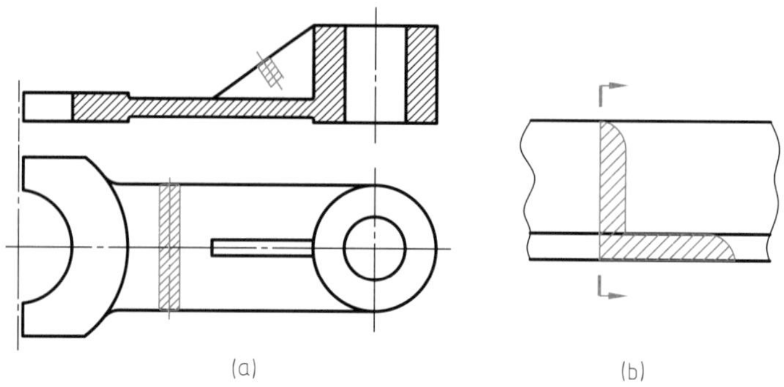

图6-27 重合断面图的画法

6.3.3 断面图的标注

① 一般应用大写的拉丁字母标注移出断面图的名称“×—×”，在相应的视图上用剖切符号表示剖切位置和投射方向（用箭头表示），并标注相同的字母，如图6-28（d）所示，剖切符号之间的剖切线可以省略不画。

② 配置在剖切符号延长线上的不对称移出断面和不对称重合断面可省略字母，如图6-27（b）和图6-28（b）所示。

③ 不配置在剖切延长线上的对称移出断面，以及按投影关系配置的移出断面，一般不必标注箭头，如图6-28（a）所示。

④ 配置在剖切符号延长线上的对称移出断面，不必标注字母和箭头，如图6-28（c）所示。

⑤ 对称的重合断面及配置在视图中断处的对称移出断面，不必标注，如图6-27（a）所示。

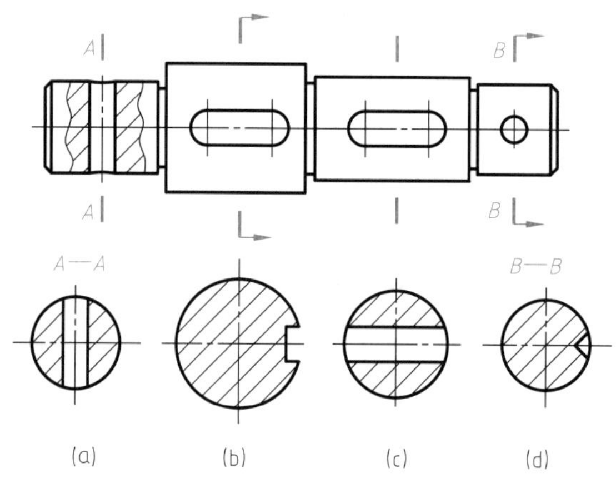

图6-28 断面图的标注

6.4　局部放大图（GB/T 13361—2012）

将图样中所表示的物体部分结构，用大于原图形的比例所绘出的图形，称为局部放大图，如图6-29所示。

局部放大图可以根据需要画成视图、剖视图、断面图，它与被放大部分的表达方法无关。局部放大图应尽量配置在被放大部位的附近，方便读图。

局部放大图的断裂边界，可以采用细实线圆作为边界线，如图6-29所示的Ⅰ，也可以采用波浪线或双折线作为边界线，如图6-29所示的Ⅱ。

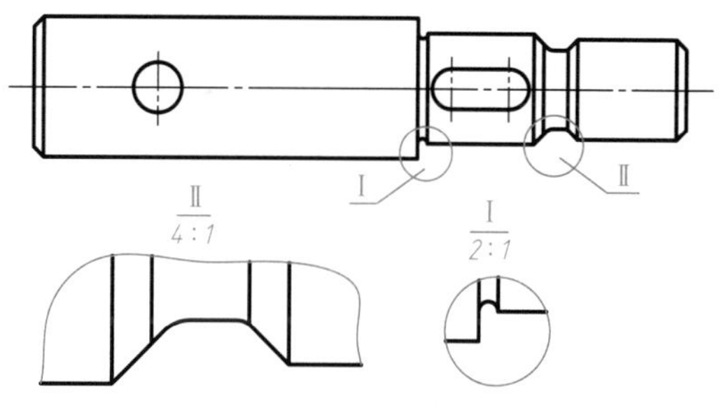

图6-29　局部放大图

局部放大图应把被放大部位用细实线圆圈出，在相应的局部放大图上方标出放大比例。当机件上有几处被放大部位时，必须用罗马数字依次标明被放大部位，并在局部放大图上方标出相应的罗马数字和放大比例，如图6-29所示。

6.5　简化画法（GB/T 16675.1—2012）

简化画法是包括规定画法、省略画法、示意画法等在内的图示方法。

规定画法是对标准中规定的某些特定表达对象所采用的特殊图示方法。

省略画法是通过省略重复投影、重复要素、重复图形等达到使图形简化的图示方法。

示意画法是用规定符号和（或）较形象的图线绘制图样的表意性图示方法。

① 对于机件的肋板、轮辐及薄壁等结构，如按纵向剖切，这些结构都不画剖面符号，而用粗实线将它与其邻接部分分开，如图6-30所示。

② 当机件回转体上均匀分布的肋板、轮辐、孔等结构不处于剖切平面上时，可将这些结构旋转到剖切平面上画出，如图6-31所示。

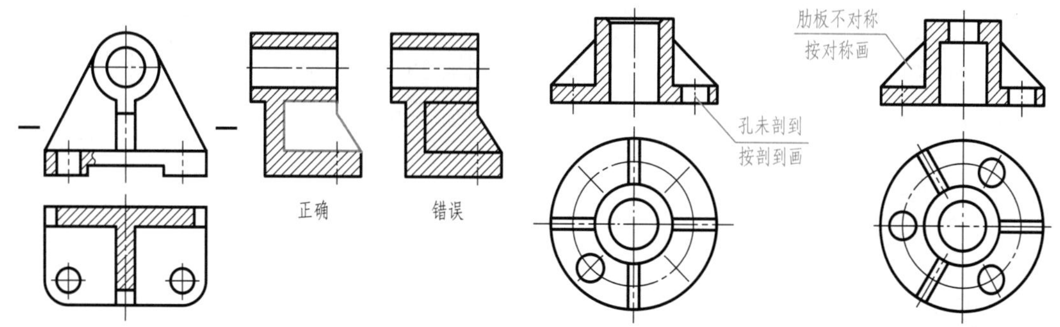

图6-30　肋板的剖切画法　　图6-31　回转体上规则分布结构要素的旋转画法

③ 较长的机件（如轴、杆、型材、连杆等），沿长度方向的形状一致或按一定规律变化时，可断开后缩短绘制，但要标注实际尺寸，如图6-32所示。

④ 与投影面倾斜角度小于或等于30°的圆或圆弧，手工绘图时，其投影可用圆或圆弧代替，如图6-33所示。

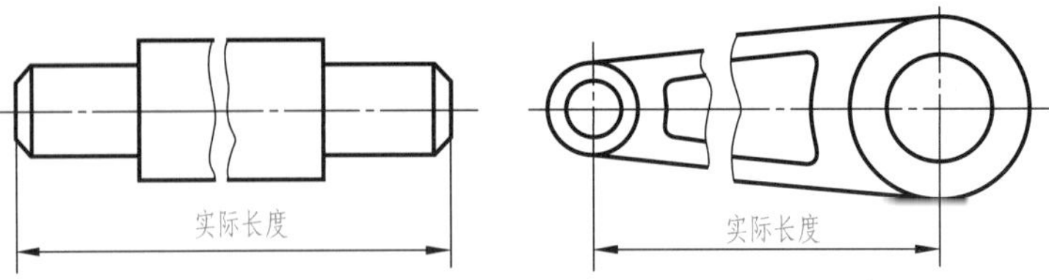

图6-32 较长机件的简化画法

⑤ 当回转体零件上的平面在图形中不能充分表达时，可用两条相交的细实线表示这些平面，如图6-34所示。

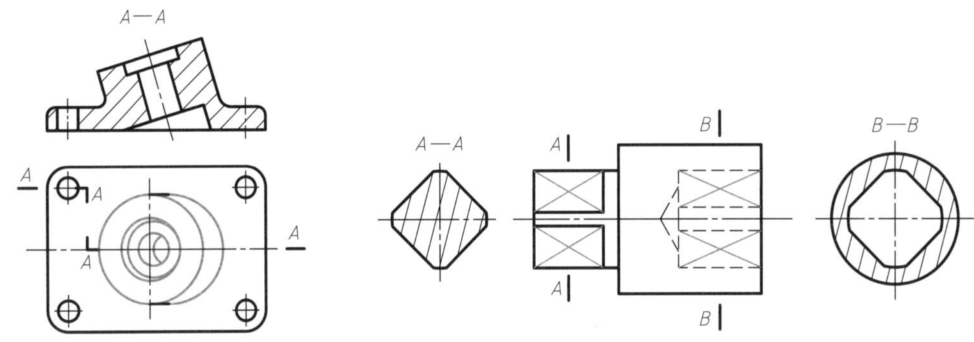

图6-33 与投影面≤30°的圆的简化画法

图6-34 平面的简化画法

⑥ 在不致引起误解时，对于对称机件的视图可以只画1/2或1/4， 并在对称中心线的两端画出两条与其垂直的平行细实线，如图6-35（a）、（b）所示。

基本对称的零件仍可按对称零件的方式绘制，但应对其中不对称的部分加注说明，如图6-35（c）、（d）所示。

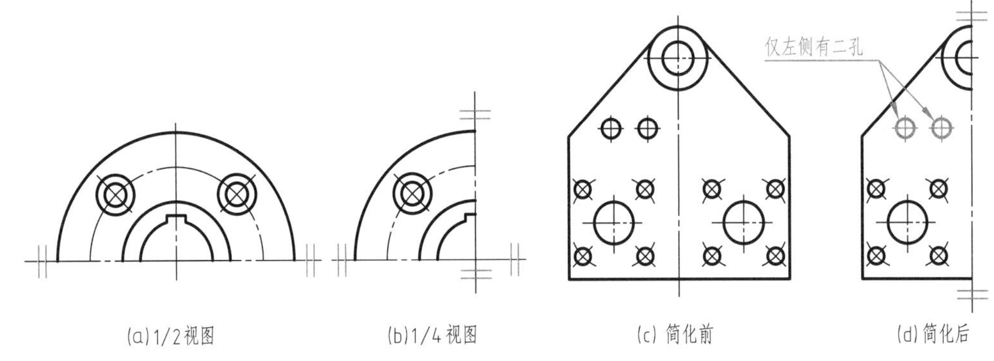

图6-35 对称和基本对称机件的简化画法

⑦ 在不致引起误解时，图形中的过渡线、相贯线可以简化，例如用圆弧或直线代替非圆曲线，如图6-36所示。也可采用模糊画法表示相贯体，如图6-37所示。

⑧ 当机件具有若干相同结构（齿、槽、孔等），并按一定规律分布时，只需要画出几个完整的结构，其余用细实线相连或标明中心位置，在零件图中则必须注明该结构的总数，如图6-38所示。若干直径相同且成规律分布的孔，可以仅画出一个或少量几个，其余只需用细点画线或用“+”表示其中心位置。

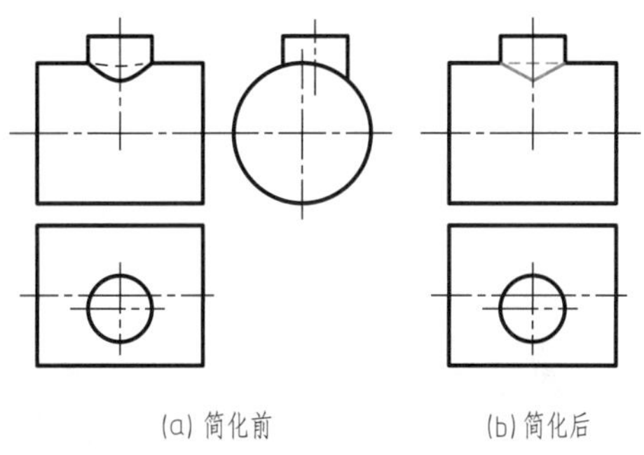

图6-36 相贯线的简化画法

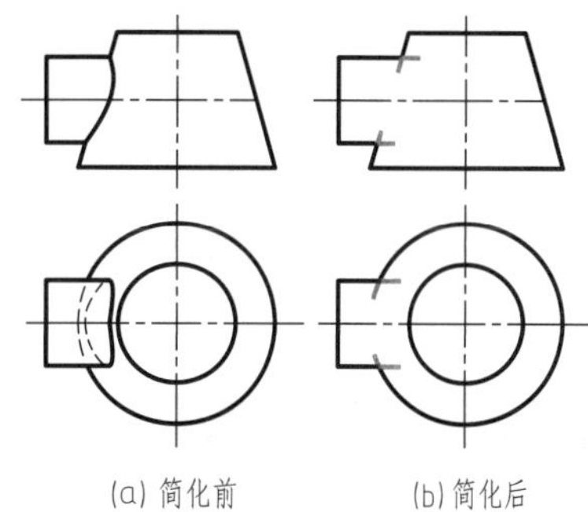

图6-37 相贯线的模糊画法

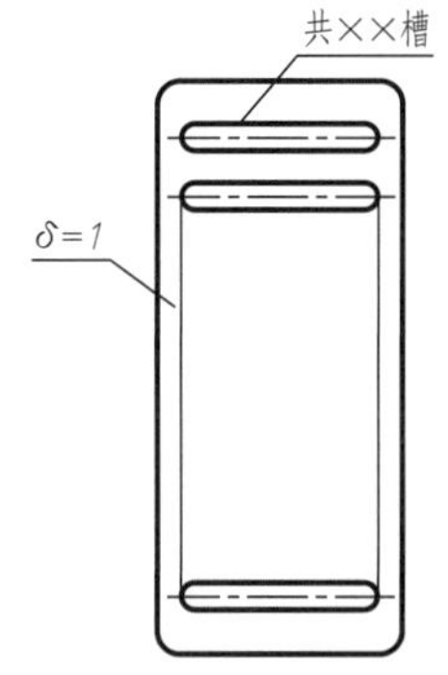

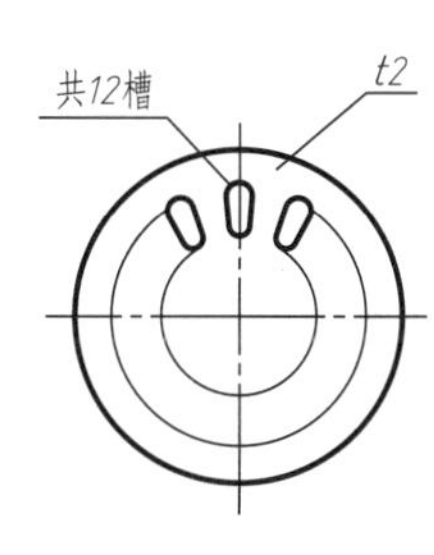

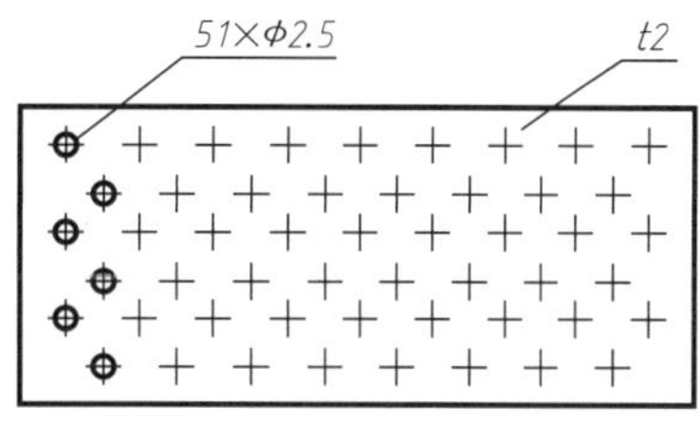

图6-38 机件上相同结构的简化画法

⑨ 在不致引起误解的情况下，剖面符号可省略，如图6-39所示。

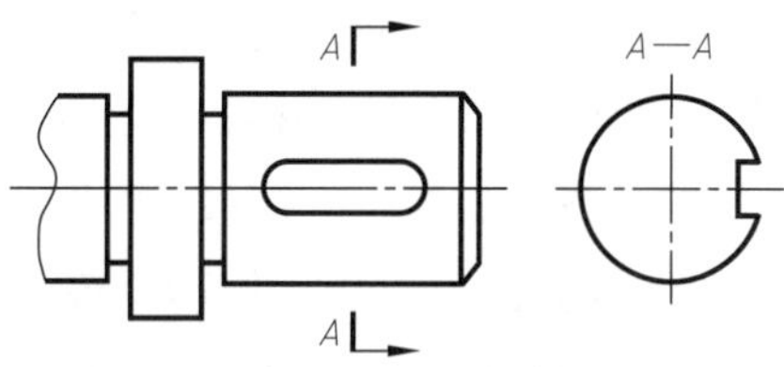

图6-39 移出断面图的简化画法

⑩ 在不至于引起误解时，零件图中的小圆角、锐边的倒角或45°小倒角允许省略不画，但必须注明尺寸或在技术要求中加以说明，如图6-40所示。

⑪ 滚花一般采用在轮廓线附近用粗实线局部画出的方法表示，也可省略不画，如图6-41所示。

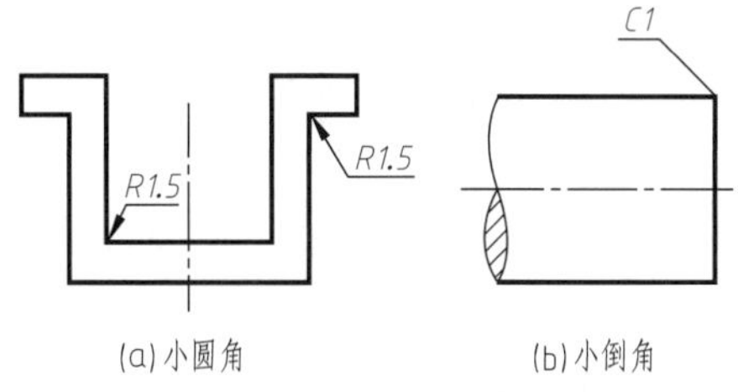

图6-40 小圆角和小倒角的简化画法

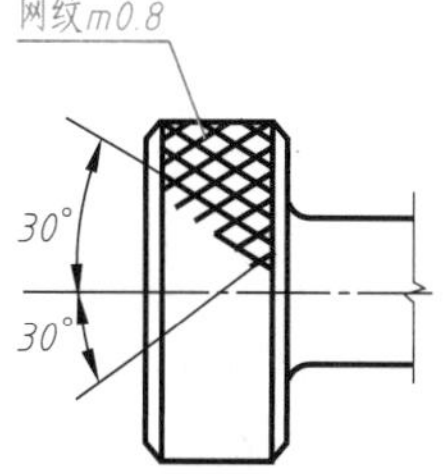

图6-41 滚花结构的示意画法

第7章 标准件和常用件

能力目标

- 能够按照规定画法正确绘制标准件图。
- 能够正确写出标准件的规定标记。
- 能够正确查阅标准手册。

知识点

- 标准件和常用件的规定画法。
- 标准件的规定标记。
- 标准件图中标注方法。

组成各种机器和设备的零件一般都是通过螺纹紧固件进行连接。为加速设计工作和便于专业化生产，国家标准对连接件的结构、形式、材料、尺寸、精度及画法等全部予以标准化，这类零件称为标准件，如螺栓、螺柱、螺钉、螺母、垫圈、键、销、滚动轴承、圆柱螺旋压缩弹簧等。同时，在机械传动等方面，广泛使用齿轮等机件，因其结构典型、应用广泛，国家标准只对其部分结构和尺寸参数标准化，故称这类零件为常用件。

7.1 螺纹及螺纹紧固件

7.1.1 螺纹

（1）螺纹的结构要素（GB/T 14791—2013）

螺纹的结构和尺寸是由牙型、直径、线数、螺距和导程、旋向等要素确定的。

1）牙型

螺纹牙型是指在螺纹轴线平面内的螺纹轮廓形状。它由牙顶、牙底和两牙侧构成，并形成一定的牙型角。常见的螺纹牙型有三角形、梯形、锯齿形及矩形等，如图7-1所示。不同牙型有不同用途，三角形螺纹用于连接，梯形、锯齿形螺纹用于传动。在工程图样中，螺纹牙型用螺纹特征代号表示。常用标准螺纹的牙型角、螺纹代号及示例见表7-1。

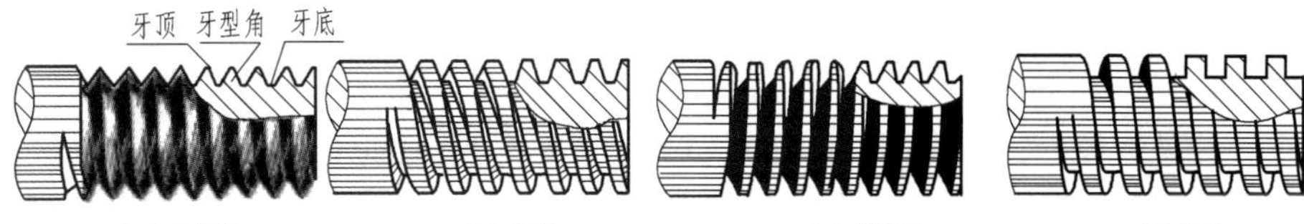

(a) 三角形 (b) 梯形 (c) 锯齿形 (d) 矩形

图 7-1 常见的螺纹牙型

表 7-1 常用标准螺纹

螺纹分类				外形及牙型图	特征代号	说 明
连接螺纹	普通螺纹	粗牙		60°	M	用于一般零件的连接，是应用最广泛的连接螺纹
		细牙				用于细小的精密或薄壁零件
	管螺纹	非螺纹密封管螺纹		55°	G	用于水管、气管、油管等一般低压管路的连接
		用螺纹密封的管螺纹	圆锥外	55°	R	适用于密封性要求高的水管、油管、煤气管等中、高压的管路系统中
			圆锥内	55°	R_c	
			圆柱内	55°	R_p	
传动螺纹	梯形螺纹			30°	Tr	可双向传递运动和动力，如各种机床的传动丝杠等
	锯齿形螺纹			3° 30°	B	只能传递单向动力，例如螺旋压力机的传动丝杠

2）直径。

螺纹直径分大径、小径、中径三种。

大径：与外螺纹牙顶或内螺纹牙底相切的假想圆柱或圆锥的直径。内、外螺纹的大径分别用D、d表示。在表示螺纹时采用的是公称直径，公称直径是代表螺纹尺寸的直径。普通螺纹的公称直径就是大径。

小径：与外螺纹牙底或内螺纹牙顶相切的假想圆柱或圆锥的直径。内、外螺纹的小径分别用D_1、d_1表示。

中径：中径圆柱或中径圆锥的直径。中径圆柱（或中径圆锥）是一个假想圆柱（或圆锥），该圆柱（或圆锥）母线通过圆柱螺纹（或圆锥螺纹）上牙厚与牙槽宽相等的地方。内、外螺纹的中径分别用D_2、d_2表示。图7-2（a）为外螺纹，图7-2（b）为内螺纹。

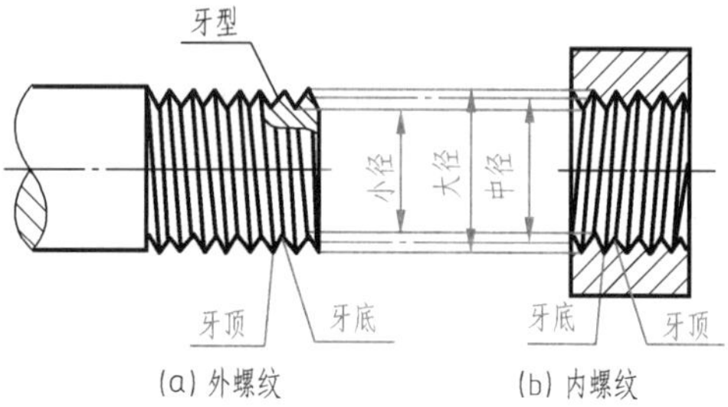

3）线数

螺纹线数有单线和多线之分。只有一个起点的螺纹，称为单线螺纹，如图7-3（a）所示；具有两个或两个以上起点的螺纹称为多线螺纹，如图7-3（b）所示。螺纹的线数用n表示。

4）螺距和导程

相邻两牙体上的对应牙侧与中径线相交两点间的轴向距离，称为螺距，用“P”表示。最邻近的同名牙侧与中径线相交两点间的轴向距离，称为导程，导程是一个点沿着中径圆柱或中径圆锥上的螺旋线旋转一周所对应的轴向位移，用“Ph”表示。导程与螺距有如下关系：螺距=导程/线数，如图7-3所示。

(a) 外螺纹 (b) 内螺纹

图7-2 螺纹的直径

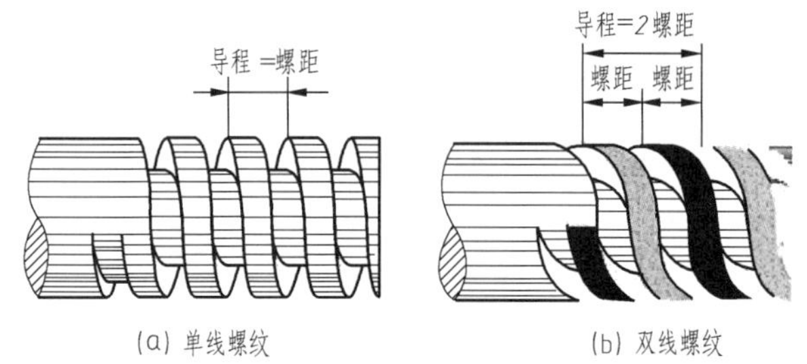

图7-3 螺纹的线数、螺距及导程

5）旋向

螺纹分左旋和右旋两种。顺时针旋转时旋入的螺纹，称为右旋螺纹（RH）。逆时针旋转时旋入的螺纹，称为左旋螺纹（LH），如图7-4所示。

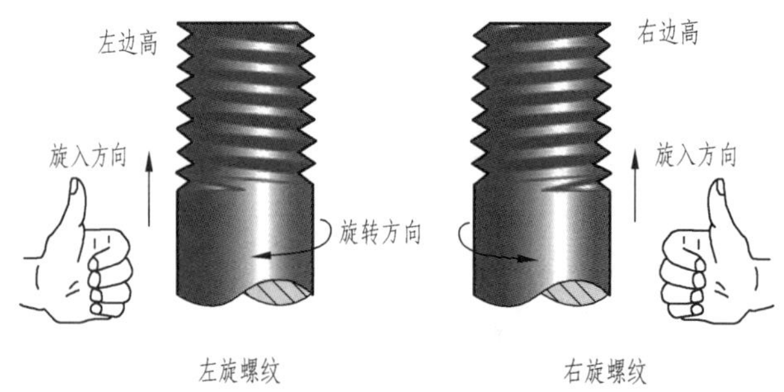

图7-4 螺纹的旋向

内外螺纹必须成对配合使用，只有螺纹的牙型、大径、螺距、线数和旋向，这五个要素完全相同时，内外螺纹才能相互旋合。

（2）螺纹的分类

螺纹的分类如下：

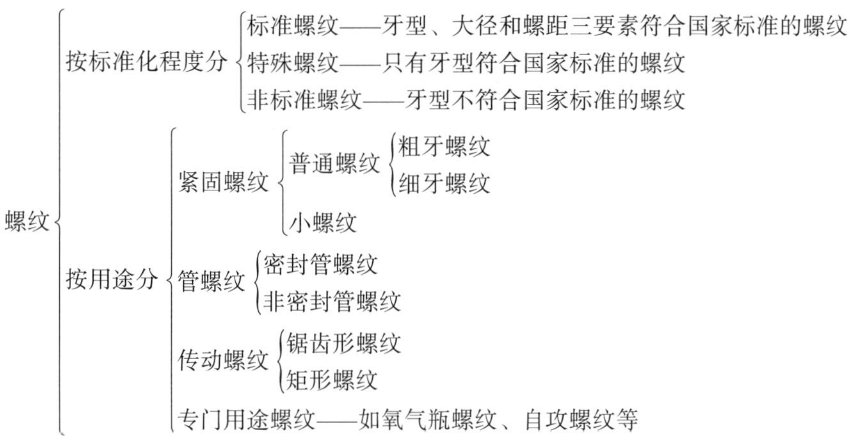

（3）螺纹的表示法（GB/T 4459.1—1995）

1）单个螺纹的表示法

① 外螺纹和剖视图中内螺纹，其牙顶圆的投影用粗实线表示，牙底圆的投影用细实线表示，在螺杆的倒角或倒圆部分也应画出。小径可近似地画成大径的0.85倍。有效螺纹终止界线（简称螺纹终止线）用粗实线表示。无论外螺纹还是内螺纹，在剖视图中的剖面线都应画到粗实线。在垂直于螺纹轴线的投影面的视图中，表示牙底圆的细实线只画约3/4圈，此时，螺杆或螺孔上的倒角投影不应画出，如图7-5、图7-6所示。

② 不可见螺纹的所有图线用虚线绘制，如图7-7所示。

③ 绘制不穿通螺孔时，一般应将钻孔深度与螺纹部分的深度分别画出。钻孔深度一般应比螺纹深度大0.5D（D为螺纹大径），如图7-8所示。

④ 螺尾部分一般不必画出，当需要表示螺尾时，该部分用与轴线成30°的细实线画出，如图7-5~图7-7所示。

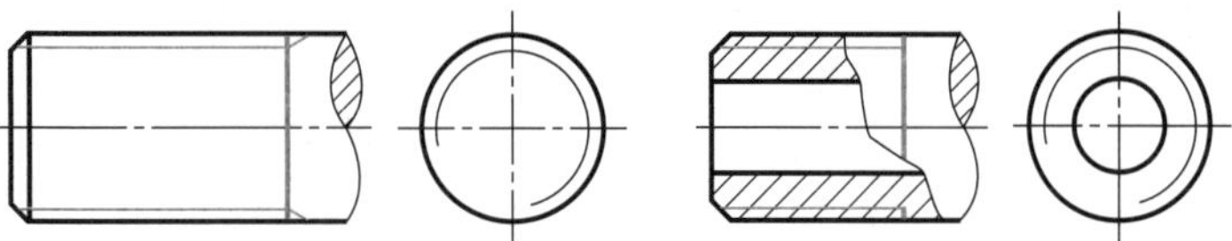

图7-5　外螺纹的表示法

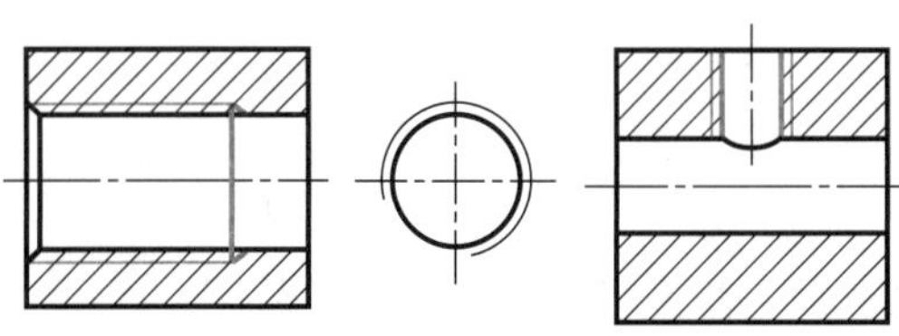

图7-6　内螺纹的表示法

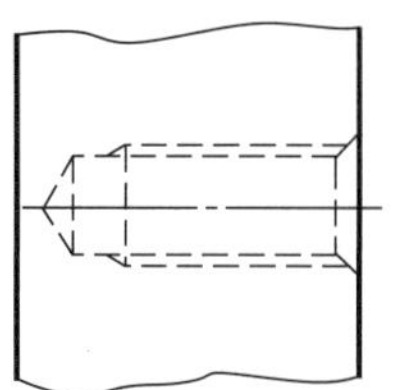

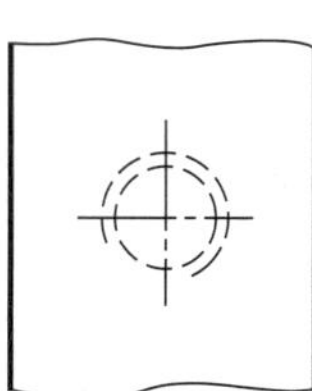

图7-7　不可见螺纹的表示法

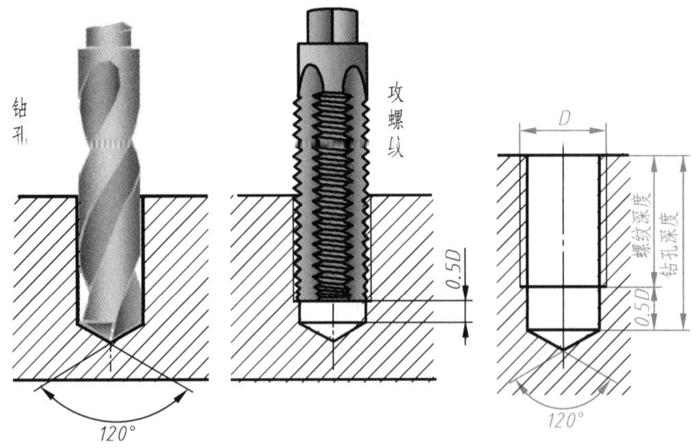

图7-8 不穿通螺孔（盲孔）的表示法

2）内、外螺纹旋合的表示法

以剖视图表示内外螺纹连接时，其旋合部分应按照外螺纹的表示法绘制，其余部分仍按各自的表示法绘制，如图7-9所示。

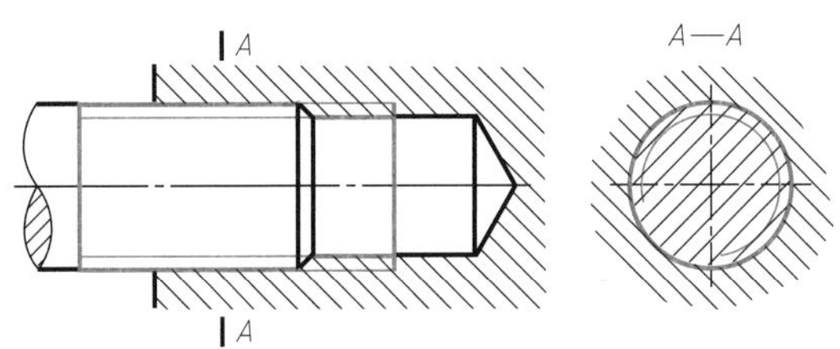

图7-9 内、外螺纹旋合的表示法

（4）螺纹标记

1）普通螺纹标记（GB/T 197—2018）

完整螺纹标记由螺纹特征代号、尺寸代号、公差带代号及其他有必要进一步说明的个别信息组成。具体标记内容及示例见表7-2。

表7-2 螺纹的标记（摘自GB/T 197—2018）

<table>
<tr><th>标记项目</th><th colspan="3">标记说明</th><th>标记示例</th></tr>
<tr><td>特征代号</td><td colspan="3">螺纹特征代号见表7-1</td><td>M</td></tr>
<tr><td rowspan="5">尺寸代号</td><td rowspan="2">单线螺纹</td><td>细牙</td><td>公称直径×螺距</td><td>M8×1</td></tr>
<tr><td>粗牙</td><td>可以省略标注其螺距</td><td>M8</td></tr>
<tr><td rowspan="3">多线螺纹</td><td colspan="2">公称直径×Ph导程(P螺距)</td><td>M16×Ph3P1.5-6H</td></tr>
<tr><td colspan="2">如果没有误解风险，可以省略导程代号Ph</td><td>M16×3P1.5-6H</td></tr>
<tr><td colspan="2">为了更加清晰地标记多线螺纹，可以在螺距后增加括号，用英语说明螺纹的线数。双线为two starts；三线为three starts；四线为four starts</td><td>M16×Ph3P1.5(two starts)-6H</td></tr>
</table>

续表

<table>
<tr><th>标记项目</th><th colspan="3">标记说明</th><th>标记示例</th></tr>
<tr><td rowspan="5">公差带代号</td><td colspan="3">公差带代号包含中径公差带代号和顶径公差带代号。各直径的公差带代号由表示公差等级的数值和表示公差带位置的字母(内螺纹用大写字母,外螺纹用小写字母)组成</td><td>M10×1.25-5g6g
M10×1.25-5H6H</td></tr>
<tr><td colspan="3">如果中径公差带代号和顶径(内螺纹小径或外螺纹大径)公差带代号相同,只标注一个公差带代号
螺纹尺寸代号与公差带间用“-”号分开</td><td>M10-6g
M10-6H</td></tr>
<tr><td colspan="3">表示螺纹配合时,内螺纹公差带代号在前,外螺纹公差带代号在后,中间用斜线“/”分开</td><td>M6-6H/6g
M20×2-6H/5g6g</td></tr>
<tr><td rowspan="2">在下列情况下,中等公差精度等级的公差带代号可以省略</td><td>内螺纹</td><td>—5H 公称直径小于或等于1.4mm时
—6H 公称直径大于或等于1.6mm时</td><td rowspan="2">M10
中径公差带和顶径公差带为6g、中等公差精度等级的粗牙外螺纹或中径公差带和顶径公差带为6H、中等公差精度等级的粗牙内螺纹</td></tr>
<tr><td>外螺纹</td><td>—6h 公称直径小于或等于1.4mm时
—6g 公称直径大于或等于1.6mm时</td></tr>
<tr><td rowspan="2">其他信息</td><td>旋合长度</td><td colspan="2">对旋合长度为短组和长组螺纹,宜在公差带代号后分别标注“S”和“L”代号。对旋合长度为中等组螺纹,不标注其旋合长度组代号(N)</td><td>M20×2-5H-S
M6-7H/7g6g-L
M6</td></tr>
<tr><td>旋向</td><td colspan="2">对左旋螺纹,应在螺纹标记的最后标注代号“LH”
右旋螺纹不标注旋向代号</td><td>M8×1-LH
M6×0.75-5h6h-S-LH
M14×Ph6P2-6H-L-LH
M14×Ph6P2(three starts)-6H-L</td></tr>
</table>

2）梯形螺纹标记（GB/T 5796.4—2005）

完整的梯形螺纹标记应包括螺纹特征代号、尺寸代号、公差带代号和旋合长度代号，具体标记内容及示例见表7-3。

表7-3 梯形螺纹标记（摘自GB/T 5796.4—2005）

<table>
<tr><th>标记项目</th><th colspan="3">标记说明</th><th>标记示例</th></tr>
<tr><td>特征代号</td><td colspan="3">螺纹特征代号见表7-1</td><td>Tr</td></tr>
<tr><td rowspan="4">尺寸代号</td><td>单线螺纹</td><td colspan="2">公称直径×螺距</td><td>Tr40×7</td></tr>
<tr><td>多线螺纹</td><td colspan="2">公称直径×导程(P螺距)</td><td>Tr40×14(P7)</td></tr>
<tr><td rowspan="2">旋向</td><td>左旋螺纹</td><td>应加注代号“LH”</td><td>Tr40×14(P7)LH</td></tr>
<tr><td>右旋螺纹</td><td>不标注旋向代号</td><td>Tr40×14(P7)</td></tr>
<tr><td rowspan="2">公差带代号</td><td colspan="3">公差带代号仅包含中径公差带代号。公差带代号由表示公差等级的数值和表示公差带位置的字母(内螺纹用大写字母,外螺纹用小写字母)组成。螺纹尺寸代号与公差带间用“-”号分开</td><td>Tr40×7-7H
Tr40×7-7e
Tr40×14(P7)LH-7e</td></tr>
<tr><td colspan="3">表示螺纹配合时,内螺纹公差带代号在前,外螺纹公差带代号在后,中间用斜线“/”分开</td><td>Tr40×7-7H/7e
Tr40×14(P7)-7H/7e</td></tr>
</table>

续表

标记项目		标记说明	标记示例
旋合长度	长旋合长度组	宜在公差带代号后分别标注"L"代号	Tr40×7-7H/7e-L
	中等旋合长度组	不标注其旋合长度组代号(N)	Tr40×7-7e

3） 管螺纹标记（GB/T 7306.1—2000，GB/T 7306.2—2000，GB/T 7307—2001）

管螺纹的标记由螺纹的特征代号和尺寸代号组成，如表7-4所示。

表7-4 管螺纹标记（摘自GB/T 7306.1—2000，GB/T 7306.2—2000，GB/T 7307—2001）

管螺纹	标记说明			标记示例
55°非密封管螺纹(GB/T 7307—2001)	特征代号	管螺纹G		G
	尺寸代号	GB/T 7306所规定的分数和整数		
	公差等级代号	外螺纹	分A、B两级进行标记	G3A、G4B
		内螺纹	不标记公差等级代号	G2
	旋向	当螺纹为左旋时，加注"LH" 右旋不标注		G2-LH G3A-LH G4B-LH
	螺纹副	仅需标注外螺纹的标记代号		G3A
55°密封管螺纹(GB/T 7306.1—2000，GB/T 7306.2—2000)	特征代号	圆柱内螺纹R_p，与圆柱内螺纹相配合的圆锥外螺纹R_1 圆锥内螺纹R_c，与圆锥内螺纹相配合的圆锥外螺纹R_2		R_p、R_1、R_c、R_2
	尺寸代号	GB/T 7306所规定的分数和整数		
	旋向	当螺纹为左旋时，加注"LH" 右旋不标注		R_p3/4 LH R_c3/4
	螺纹副	圆柱内螺纹和圆锥外螺纹	前面为内螺纹、后面为外螺纹的特征代号，中间用斜线分开	$R_p/R_1$3/4
		圆锥内螺纹和圆锥外螺纹		$R_c/R_2$3

(5) 螺纹标注方法（GB/T 4459.1—1995）

① 标准的螺纹，应注出相应标准所规定的螺纹标记。

② 公称直径以mm为单位的螺纹，其标记应直接注在螺纹的大径的尺寸线上或其延长线上，如图7-10所示。

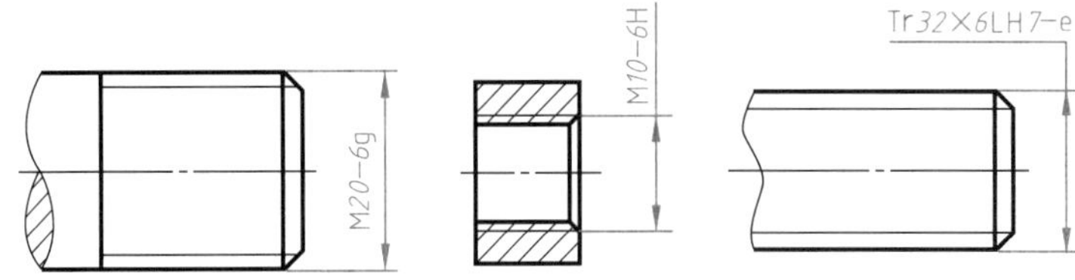

图7-10 公称直径以mm为单位的螺纹的标记示例

③ 管螺纹，其标记一律注在引出线上，引出线应由大径处引出，或由对称中心处引出，如图7-11所示。

④ 非标准的螺纹，应画出螺纹的牙型，并注出所需要的尺寸及有关要求，如图7-12所示。

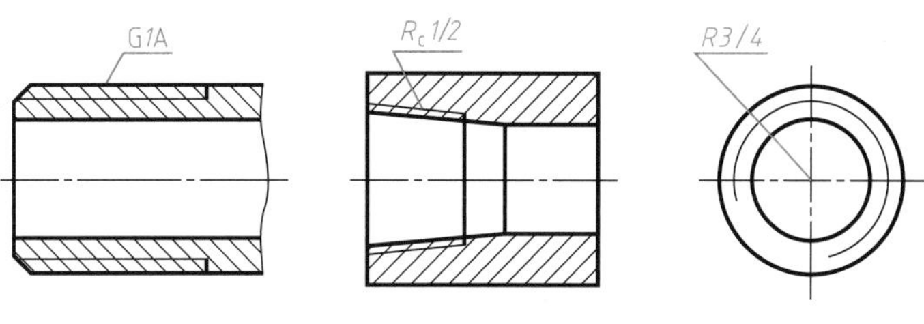

图7-11　管螺纹的标记示例

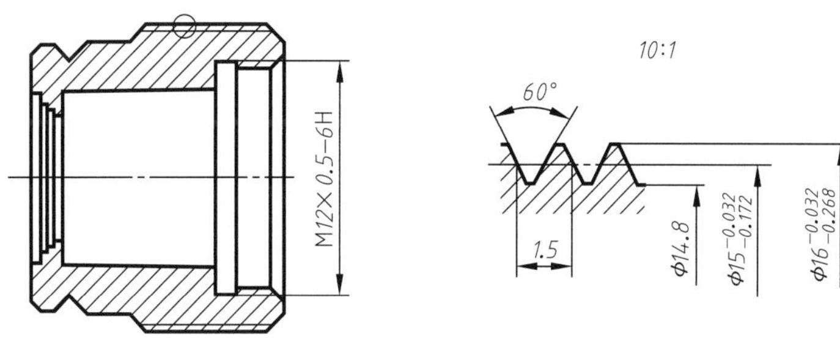

图7-12　非标准螺纹的标记示例

7.1.2　螺纹紧固件

螺纹紧固件均属于标准件，一般由标准件厂家大量生产。不需画零件图，外购时根据规定标记购买。

7.1.2.1　螺纹紧固件及其规定标记

常用的螺纹紧固件有螺栓、双头螺柱、螺钉、螺母、垫圈等，国家标准规定了螺纹紧固件的结构、形状、尺寸及其标记，螺纹紧固件的简化画法及简化标记如表7-5所示。

表7-5　螺纹紧固件的简化画法及简化标记

名称	简化画法(GB/T 4459.1—1995)	简化标记(GB/T 1237—2000)
六角头螺栓		螺纹规格 d=M12、公称长度 l=80mm、性能等级为8.8级、表面氧化、产品等级为A级 螺栓　GB/T 5782　M12×80
双头螺柱	30	旋入端为粗牙普通螺纹，紧固端为 P=1mm的细牙普通螺纹，d=10mm，l=30mm、性能等级为4.8级、A型 螺柱　GB/T 897　AM10-M10×1×30
开槽沉头螺钉		螺纹规格 d=M6、公称长度 l=20mm、性能等级为4.8级、不经表面处理、产品等级为A级 螺钉　GB/T 68　M6×20
开槽圆柱头螺钉		螺纹规格 d=M6、公称长度 l=20mm、性能等级为4.8级、不经表面氧化、产品等级为A级 螺钉　GB/T 65　M6×20

续表

名称	简化画法(GB/T 4459.1—1995)	简化标记(GB/T 1237—2000)
开槽锥端紧定螺钉	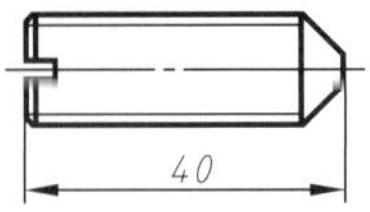 40	螺纹规格 d=M10、公称长度 l=40mm、性能等级为4.8级、不经表面氧化、产品等级为A级 螺钉 GB/T 71 M10×40
内六角圆柱头螺钉	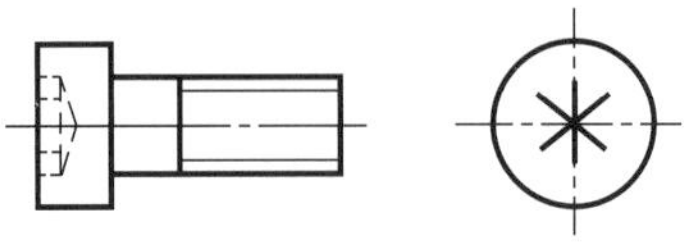	螺纹规格 d=M6、公称长度 l=20mm、性能等级为8.8级、表面氧化、产品等级为A级 螺钉 GB/T 70.1 M6×20
1型六角螺母	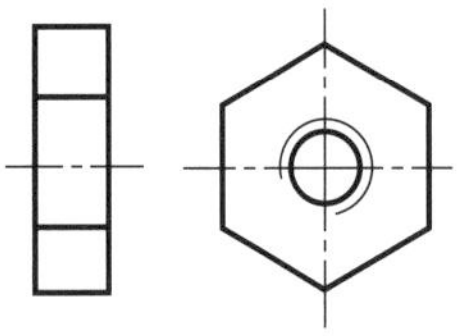	螺纹规格 D=M16、性能等级为8级、不经表面处理、产品等级为A级 螺母 GB/T 6170 M16
弹簧垫圈	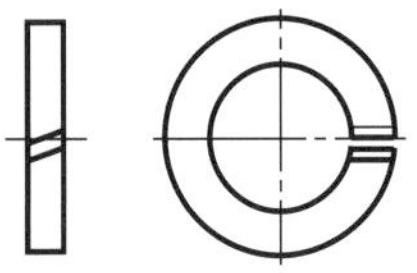	规格16mm，材料为65Mn、表面氧化的标准型弹簧垫圈 垫圈 GB/T 93 16
平垫圈	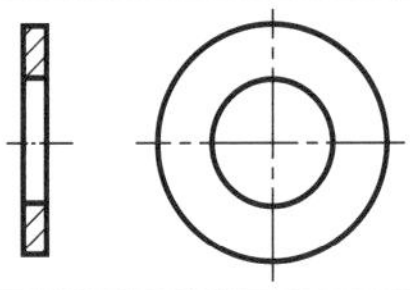	标准系列、公称规格16mm、由钢制造的硬度等级为220HV级、不经表面处理、产品等级为A级的平垫圈 垫圈 GB/T 97.1 16

7.1.2.2 螺纹紧固件的连接及其画法

常见的螺纹连接有螺栓连接、双头螺柱连接和螺钉连接三种。画装配图时，应首先遵守下列基本规定。

① 在装配图中，当剖切平面通过螺杆的轴线时，对于螺栓、螺柱、螺钉、螺母及垫圈等紧固件均按未剖切绘制，即仍画出其外形。螺纹紧固件的工艺结构，如倒角、退刀槽、缩颈、凸肩等均可省略不画。

② 在装配图中，不穿通的螺纹孔可不画出钻孔深度，仅按有效螺纹部分的深度（不包括螺尾）画出。

③ 在剖视图、断面图中，相邻两零件的剖面线应方向相反或间隔不等。但同一个零件在各个视图中的剖面线方向和间隔应一致。

④ 两零件表面接触时，只画一条粗实线，不接触时画两条粗实线。

(1) 螺栓连接及其画法

用螺栓穿过两个被连接零件的通孔后套上垫圈，并拧紧螺母即为螺栓连接。

螺栓公称长度L可按下式估算：

$$L \geq \delta_1 + \delta_2 + h\text{(垫圈厚)} + m\text{(螺母厚)} + a \tag{7-1}$$

式中，δ_1、δ_2为被连接件的厚度，mm；$h=0.15d$；$m=0.8d$；a为螺栓伸出螺母的长度，mm，取0.2~0.4d。

根据式（7-1）计算出螺栓公称长度后，再查表选取与它接近的标准长度，简化画法如图7-13所示。

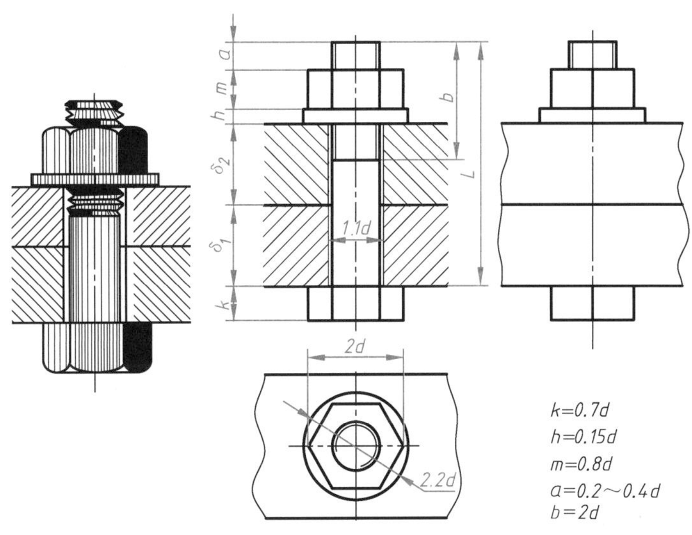

图7-13　螺栓连接画法

（2）双头螺柱连接及其画法

将双头螺柱一端（旋入端）旋紧在被连接件的螺孔内，在另一端（紧固端）套上带通孔的被连接零件，加上垫圈，拧紧螺母，即完成螺柱连接。螺柱旋入端的长度 b_m 由被旋入的零件的材料强度来定。当零件材料是钢或青铜时，$b_m=d$；当零件材料是铸铁时，$b_m=1.25d$；当零件材料强度在铸铁与铝之间时，$b_m=1.5d$；当零件材料是纯铝时，$b_m=2d$。

双头螺柱的公称长度 L 按下列公式计算：

$$L \geq \delta + S(\text{垫圈厚}) + m(\text{螺母厚}) + a \tag{7-2}$$

式中，δ 为通孔零件的厚度，mm；S=0.25d；m=0.8d；a 为螺柱伸出螺母的长度，mm，取0.2~0.4d。

根据式（7-2）计算出螺柱公称长度后，选取与它接近的标准值即可绘制。简化画法如图7-14所示。

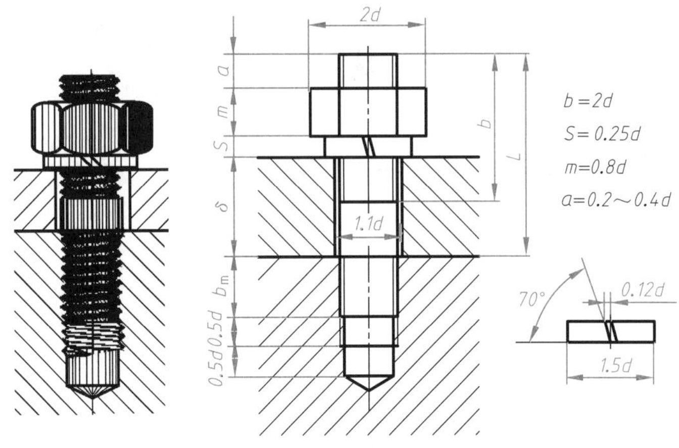

图7-14　双头螺柱连接的画法

（3）螺钉连接及其画法

将螺钉穿过一被连接零件上的通孔，再拧入另一被连接件的螺孔，将两个零件连接起来，即为螺钉连接。

螺钉的公称长度按下列公式计算，然后从螺钉标准的长度系列中选取与它接近的标准值。

$$L = l_1 + \delta \tag{7-3}$$

式中，δ为通孔零件的厚度，mm；l_1为螺钉的旋入端长，mm。

l_1与带螺孔的被连接件的材料有关，可参照双头螺柱的旋入端长度b_m值，近似选取$l_1=b_m$。

提示：螺钉螺纹终止线应高于螺纹孔端面，或在螺杆全长上都制有螺纹，而连接部分的画法与螺柱旋入端画法相近。螺钉头部的一字槽，在垂直于螺钉轴线的投影面的视图中，一字槽应倾斜45°画出，左右倾斜均可。当图中槽宽≤2mm时，允许涂黑表示，如图7-15所示。

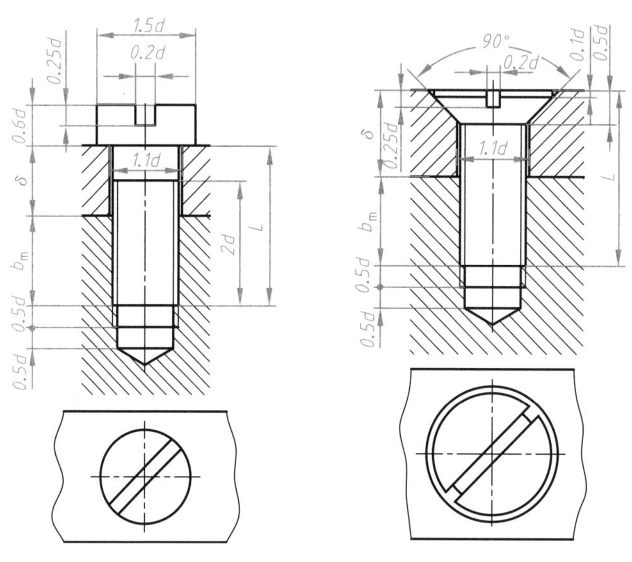

图7-15 螺钉连接的画法

7.2 齿 轮

7.2.1 术语和定义（GB/T 3374.1—2010）

（1）齿轮

齿轮是一个构件，它与另一个有齿构件通过共轭齿面的相继啮合，从而传递或接受运动。

（2）齿轮副

齿轮副是可围绕其轴线转动的两齿轮组成的机构，其轴线的相对位置是固定的，通过轮齿的相继接触作用由一个齿轮带动另一个齿轮转动。

常用的齿轮副有以下三种（图7-16）：

平行轴齿轮副（直齿圆柱齿轮传动）——两轴线相互平行的齿轮副，如图7-16（a）所示；

锥齿轮副（圆锥齿轮传动）——两轴线相交的齿轮副，如图7-16（b）所示；

交错轴齿轮副（蜗轮蜗杆传动）——两轴线交错的齿轮副，如图7-16（c）所示。

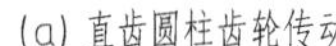
(a) 直齿圆柱齿轮传动

(b) 圆锥齿轮传动

(c) 蜗轮蜗杆传动

图7-16　齿轮副的种类

（3）直齿轮

圆柱齿轮是分度曲面为圆柱面的齿轮，圆柱齿轮的轮齿有直齿、斜齿和人字齿。直齿轮是分度圆柱面齿线为直母线的圆柱齿轮。

（4）直齿圆柱齿轮轮齿的各部分名称（图7-17）

轮齿：齿轮上的一个凸起部分，插入配对齿轮的相应凸起部分之间的空间，凭借其外形以保证一个齿轮带动另一个齿轮运转。

① 齿顶圆（直径d_a）：齿顶圆柱面被垂直于其轴线的平面所截的截线称为齿顶圆。

② 齿根圆（直径d_f）：齿根圆柱面被垂直于其轴线的平面所截的截线称为齿根圆。

③ 分度圆（直径d）：分度圆柱面与垂直于其轴线的一个平面的交线，称为分度圆；节圆柱面被垂直于其轴线的一个平面所截的截线，称为节圆（直径d'）。在一对标准齿轮啮合中，两齿轮分度圆柱面相切，即$d=d'$。

④ 齿顶高（h_a）：从分度圆到齿顶圆的径向距离。

⑤ 齿根高（h_f）：从分度圆到齿根圆的径向距离。

⑥ 齿高（h）：轮齿在齿顶圆与齿根圆之间的径向距离，即齿顶高与齿根高之和（$h=h_a+h_f$）。

⑦ 端面齿槽宽（e）：在端平面（垂直于轴线的平面）上，一个齿槽的两侧齿廓之间的分度圆弧长。

⑧ 端面齿厚（s）：一个齿的两侧端面齿廓之间的分度圆弧长。

⑨ 端面齿距（p）：两个相邻同侧端面齿廓之间的分度圆弧长称为齿距，$p=s+e$。对于标准齿轮，分度圆上齿厚与齿槽宽相等，故$s=e=p/2$。

⑩ 齿宽（b）：齿轮的有齿部位沿分度圆柱面的母线方向度量的宽度称为齿宽。

⑪ 齿数（z）：一个齿轮的轮齿总数。

⑫ 中心距（a）：齿轮副的两轴之间的最短距离称为中心距。

⑬ 齿形角（α）：端面齿廓与分度圆交点处的端面压力角，即该点处的径向直线与齿廓在该点处切线所夹的锐角，如图7-17（b）所示。

（5）直齿圆柱齿轮的基本参数

① 模数（m）。

齿轮分度圆周长为

$$\pi d = pz \tag{7-4}$$

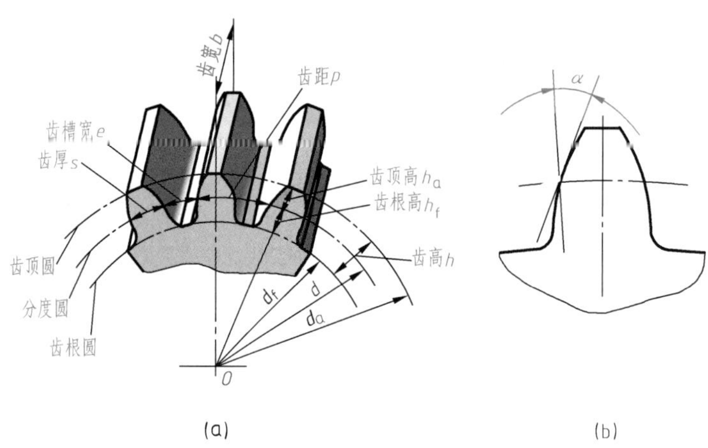

图7-17 标准直齿圆柱齿轮部分名称和代号

则分度圆直径为

$$d = \frac{pz}{\pi} \tag{7-5}$$

国家标准规定：分度曲面上的齿距（以mm计）除以圆周率π所得的商称为模数，用符号“m”表示，单位为mm，即

$$m = \frac{p}{\pi} \tag{7-6}$$

将式（7-6）代入式（7-5），得

$$d = mz \tag{7-7}$$

一对正确啮合齿轮的模数m必须相等。模数的数值已标准化，其值如表7-6所示。

表7-6 渐开线圆柱齿轮模数系列（摘自GB/T 1357—2008）

第一系列	1,1.25,1.5,2,2.5,3,4,5,6,8,10,12,16,20,25,32,40,50
第二系列	1.125,1.375,1.75,2.25,2.75,3.5,4.5,5.5,(6.5),7,9,11,14,18,22,28,36,45

注：选用模数时应优先选用第一系列，其次是第二系列，括号内的模数尽可能不用。

② 齿轮各部分尺寸与模数的关系。

直齿齿轮轮齿各部分的尺寸，都需根据模数来确定。直齿圆柱齿轮轮齿（正常齿）各部分的尺寸与模数的关系见表7-7。

表7-7 直齿圆柱齿轮轮齿各部分的尺寸与模数的关系

名称及代号	计算公式	名称及代号	计算公式
模数m	$m=p/\pi=d/z$	分度圆直径d	$d=mz$
齿顶高h_a	$h_a=m$	齿顶圆直径d_a	$d_a=d+2h_a=m(z+2)$
齿根高h_f	$h_f=1.25m$	齿根圆直径d_f	$d_f=d-2h_f=m(z-2.5)$
齿高h	$h=2.25m$	中心距a	$a=\frac{d_1+d_2}{2}=m\frac{z_1+z_2}{2}$
齿距p	$p=\pi m$		

7.2.2 直齿圆柱齿轮的表示法（GB/T 4459.2—2003）

由于圆柱齿轮齿廓曲线作图复杂，一般不画出它的真实投影。为了简明地表达轮齿部分，国家标准对齿轮画法作如下规定。

（1）单个直齿圆柱齿轮的表示法

① 齿顶圆和齿顶线用粗实线绘制；分度圆和分度线用细点画线绘制；齿根圆和齿根线用细实线绘制，也可省略不画，如图7-18（a）、（b）所示。

② 在剖视图中，当剖切平面通过齿轮的轴线时，轮齿一律按不剖处理，即轮齿上不画剖面线，齿根线用粗实线绘制，如图7-18（c）所示。

③ 当需要表示齿线的特征时，可用三条与齿线方向一致的细实线表示，如图7-18（d）、（e）所示。

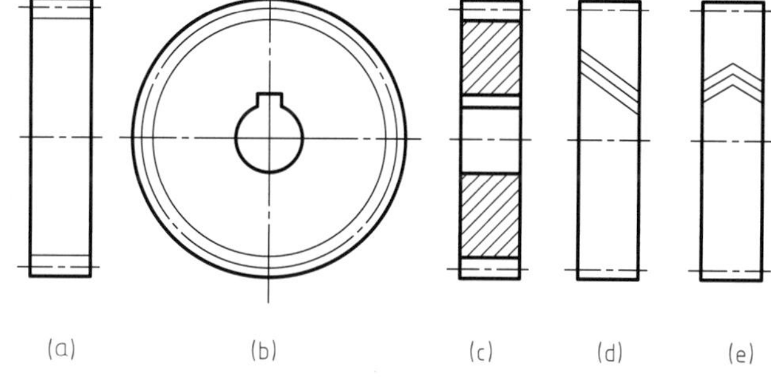

图7-18 单个直齿圆柱齿轮的画法

（2）两直齿圆柱齿轮啮合的表示法

① 在平行于圆柱齿轮轴线的投影面的视图中，啮合图的齿顶线和齿根线不需画出，节线用粗实线绘制，其他处的节线用细点画线绘制，如图7-19（a）所示。

② 在垂直于圆柱齿轮轴线的投影面的视图中，啮合区内的齿顶圆均用粗实线绘制，两节圆相切用细点画线绘制，齿根圆用细实线绘制，如图7-19（b）所示；其省略画法如图7-19（d）所示。

③ 在通过齿轮轴线的剖视图中，当剖切平面通过两啮合齿轮的轴线时，在啮合区内，两节线重合，用细点画线绘制；将一个齿轮的轮齿用粗实线绘制，另一个齿轮的轮齿被遮挡的部分用细虚线绘制（这条虚线也可以省略不画），如图7-19（c）所示。在剖视图中，当剖切面不通过啮合齿轮的轴线时，齿轮一律按不剖绘制。当需要表示齿线的特征时，可用三条与齿线方向一致的细实线表示，如图7-19（e）所示。

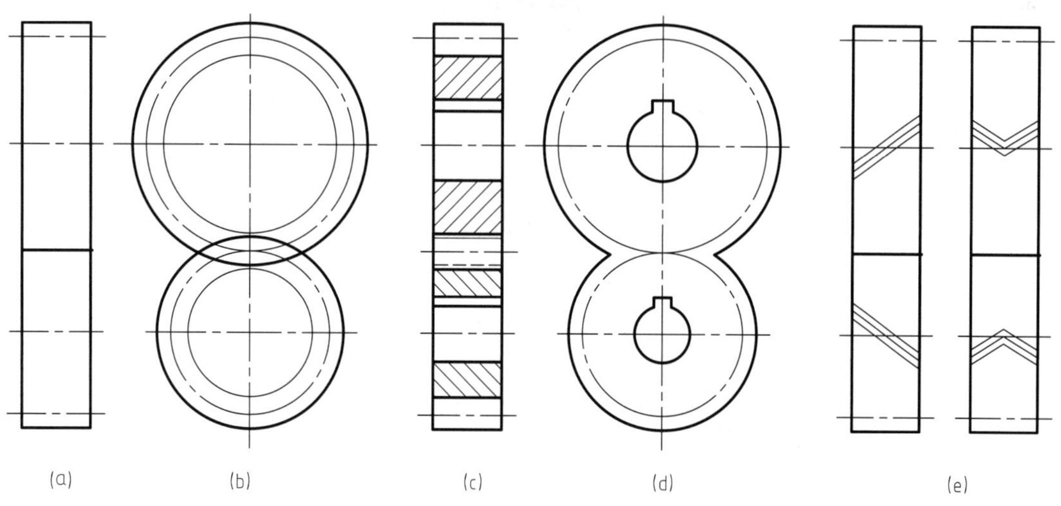

图7-19 两直齿圆柱齿轮的啮合画法

图7-20是一张齿轮零件图，从图上可以看出，制造一个齿轮必须表示出齿轮的形状、尺寸及技术要求，而且要列出制造齿轮所需要的参数和公差值，参数表一般配置在图样的右上角，参数项目可根据需要进行增加或减少。

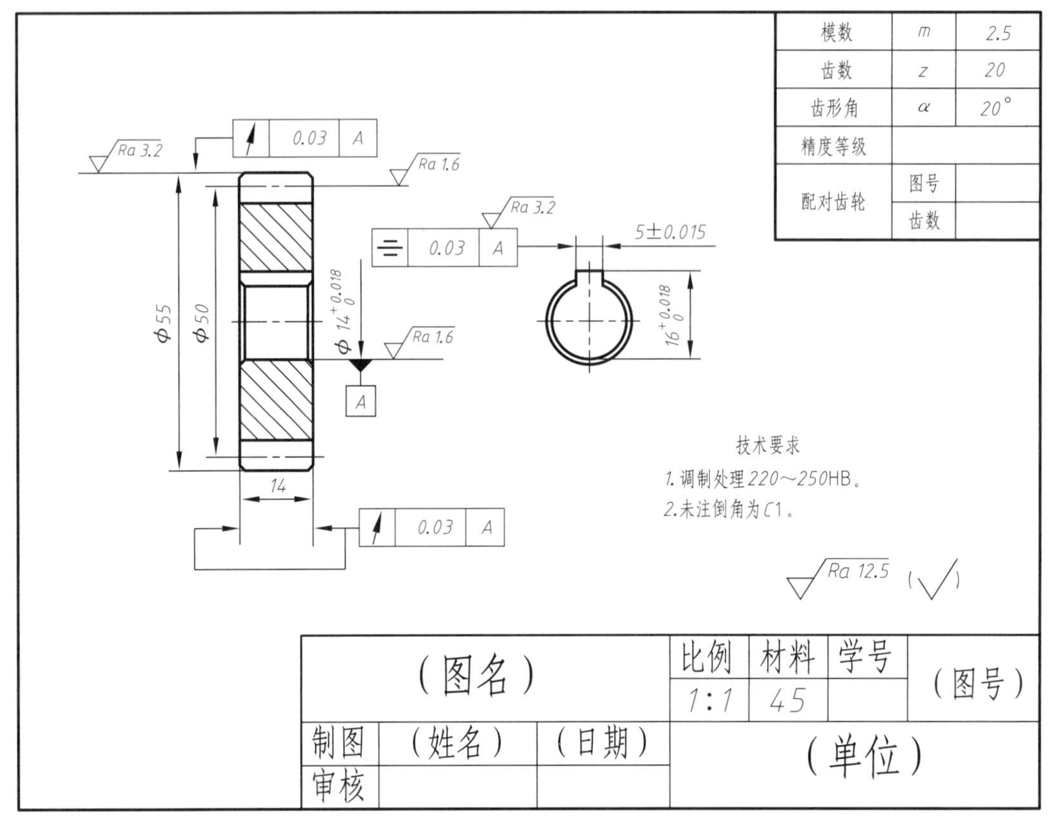

图7-20　圆柱齿轮的零件图

7.3　键及其连接

键连接是一种可拆式连接。键主要用于连接轴和装在轴上的齿轮、皮带轮等传动件，使轴和传动件一起运动，以传递扭矩和旋转运动。

（1）普通平键的种类及规定标记（GB/T 1096—2003）

键的种类很多，常用的有普通平键、半圆键、钩头楔键等，目前应用较广的是普通平键。普通平键有A型、B型、C型三种类型，如图7-21所示。

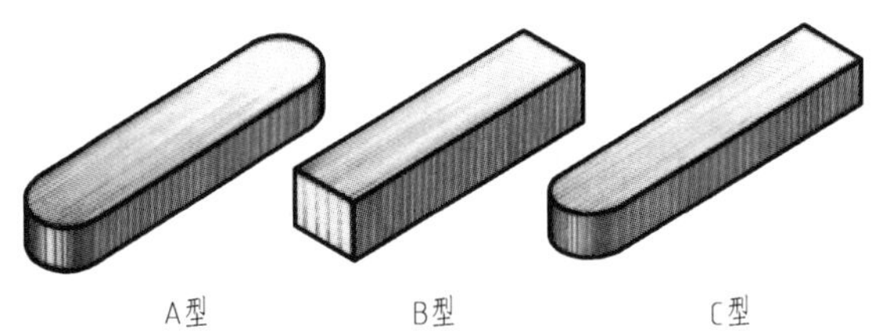

图7-21　普通平键的类型

键的规定标记格式为：

标准编号　名称　类型　键宽×键高×键长

A型普通平键省略类型的标注。

标记示例：

键宽b=10mm，键高h=8mm，键长l=40mm的A型普通平键（A型）的标记示例为：

GB/T 1096 键 10×8×40

键宽b=10mm，键高h=8mm，键长l=40mm的B型普通平键（B型）的标记示例为：

GB/T 1096 键 B10×8×40

（2）普通平键键连接的表示法（GB/T 1095—2003）

① 零件图中键槽的表示法和尺寸注法如图7-22（a）、（b）所示。键槽尺寸参照GB/T 1095。

② 在装配图上键连接的表示法如图7-22（c）所示。

普通平键靠侧面传递扭矩，两侧面为工作表面，在装配图上，键与轴、轮毂上键槽两侧面相接触，分别画一条线。键的上表面为非工作面，与轮毂键槽顶面不接触，应留有空隙，画两条线。

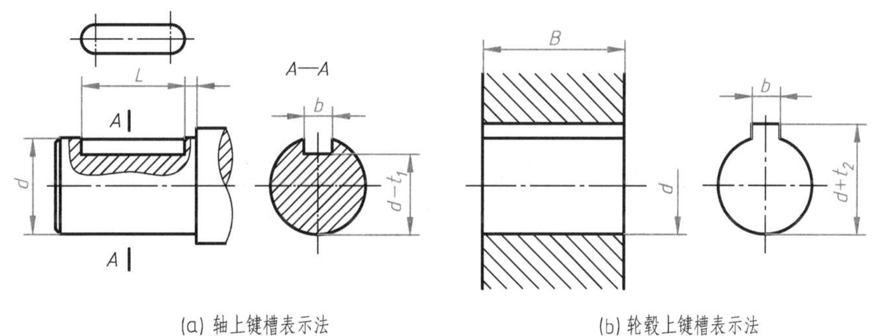

(a) 轴上键槽表示法　(b) 轮毂上键槽表示法

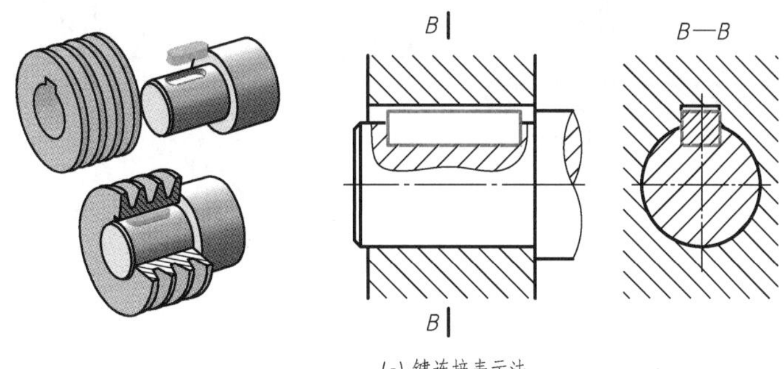

(c) 键连接表示法

图7-22　普通平键连接表示法

7.4　销及其连接

（1）销的种类及规定标记

销主要用于两零件之间的连接或定位。常用的销有圆柱销、圆锥销和开口销，如图7-23所示。

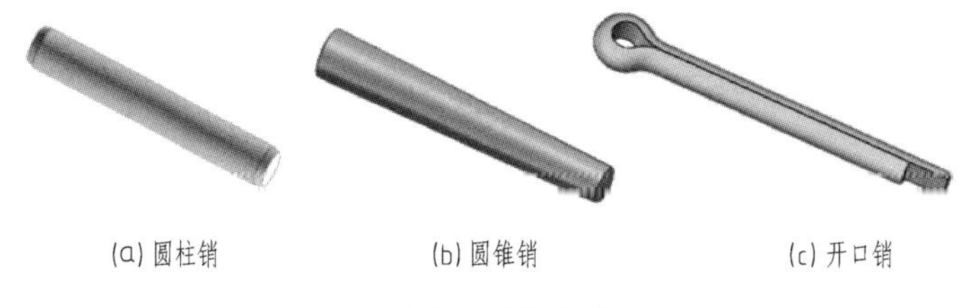

图7-23 销的种类

常用销的简化规定标记格式为：

名称 标准编号 类型 公称直径 公差代号×公称长度

例1：公称直径d=6mm、公差为m6、公称长度l=30mm、材料为钢、不经淬火、不经表面处理的圆柱销的标记：

销 GB/T 119.1 6 m6×30

例2：公称直径d=10、公称长度l=40、材料为35钢，热处理硬度28~38HRC、表面氧化处理的A型圆锥销标记：

销 GB/T 117 10×40

例3：公称规格为5、公称长度l=50、材料为低碳钢，不经表面处理的开口销标记：

销 GB/T 91 5×50

（2）销孔的加工方法及尺寸标注

圆柱销和圆锥销用于零件间的连接或定位时，为保证其定位精度，两零件的销孔应该在被连接零件装配后用钻头同时钻出，然后用铰刀铰孔。如图7-24（a），（b）所示。且标注时应在零件图上注写“装配时配作”或“与××件配”。圆锥销孔的公称直径是指小端直径，标注时应引出标注，如图7-24（c）所示。

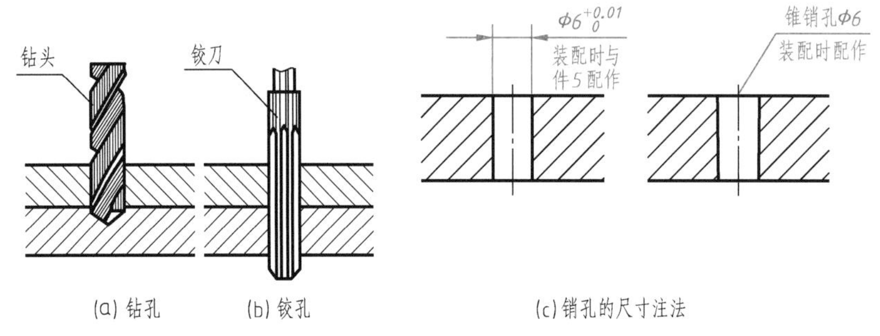

图7-24 销孔的加工方法及尺寸标注

（3）销连接装配图画法

销连接装配图的画法如图7-25、图7-26所示。

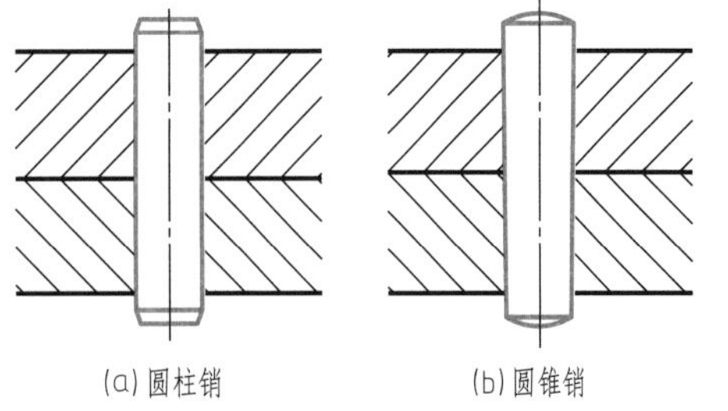

图7-25 圆柱销和圆锥销连接装配图画法

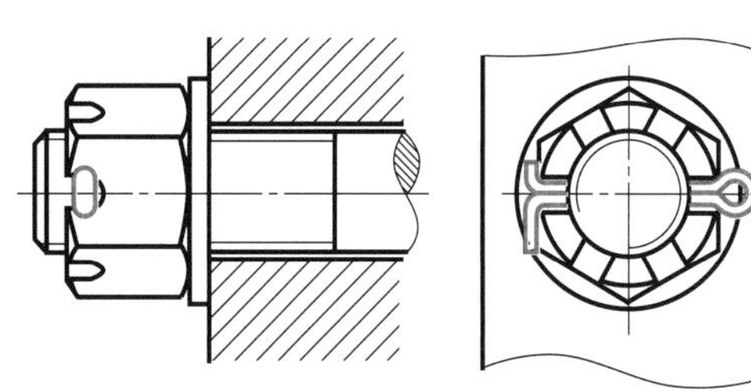

图7-26 开口销连接装配图画法

7.5 滚动轴承

轴承可分为滚动轴承和滑动轴承两种，主要用于支持轴旋转及承受轴上的载荷。由于滚动轴承应用广泛，因此，下面仅对滚动轴承的基础知识作简单介绍。

滚动轴承是标准部件，一般由外圈、内圈、滚动体和保持架（隔离圈）四部分组成，如图7-27所示。

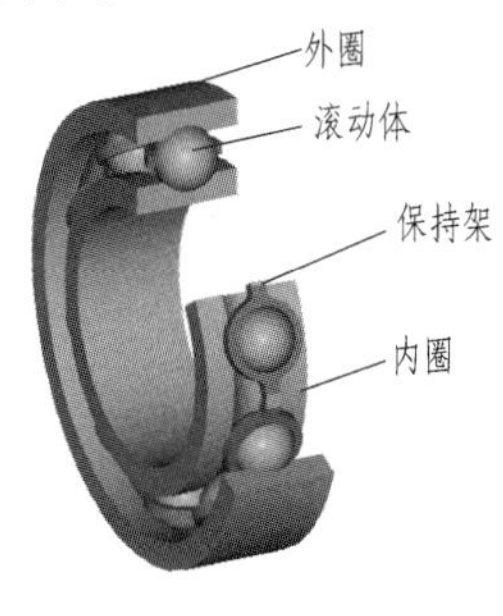

(a) 轴承结构

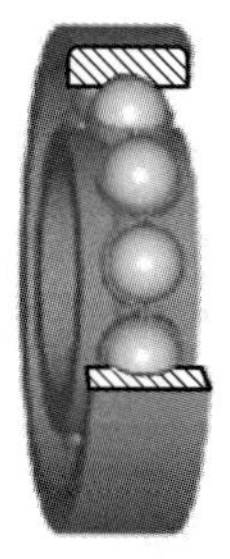

(b) 深沟球轴承

(c) 推力球轴承

(d) 圆锥滚子轴承

图7-27　滚动轴承的结构

7.5.1 滚动轴承的代号和标记（GB/T 272—2017）

滚动轴承（以下简称轴承）代号由基本代号、前置代号和后置代号三部分构成。

（1）基本代号（滚针轴承除外）

基本代号表示轴承的基本类型、结构和尺寸，是轴承代号的基础。轴承外形尺寸符合GB/T 273.1、GB/T 273.2 、GB/T 273.3、GB/T 3882任一标准的规定，其基本代号由轴承系列（类型代号、尺寸系列代号），内径代号构成，其顺序按表7-8规定。

表7-8　轴承代号的顺序

<table>
<tr><td rowspan="4">前置代号</td><td colspan="4">基本代号</td><td rowspan="4">后置代号</td></tr>
<tr><td colspan="3">轴承系列</td><td rowspan="3">内径代号</td></tr>
<tr><td rowspan="2">类型代号</td><td colspan="2">尺寸系列代号</td></tr>
<tr><td>宽度(或高度)系列代号</td><td>直径系列代号</td></tr>
</table>

1）类型代号

类型代号用阿拉伯数字（以下简称数字）或大写拉丁字母（以下简称字母）表示，按表7-9的规定。

2）尺寸系列代号

尺寸系列代号用数字表示。由轴承的宽（高）度系列代号和直径系列代号组合而成。向心轴承、推力轴承尺寸系列代号按表7-10规定。

3）内径代号

轴承的内径代号用数字表示，按表7-11规定。

（2）前置代号、后置代号

前置、后置代号是轴承在结构形状、尺寸、公差、技术要求等有改变时左右添加的补充代号。

表 7-9 轴承类型代号

代号	轴承类型	代号	轴承类型
0	双列角接触球轴承	N	圆柱滚子轴承
1	调心球轴承		双列或多列用字母NN表示
2	调心滚子轴承和推力调心滚子轴承	U	外球面球轴承
3	圆锥滚子轴承	QJ	四点接触球轴承
4	双列深沟球轴承	C	长弧面滚子轴承(圆环轴承)
5	推力球轴承		
6	深沟球轴承		
7	角接触球轴承		
8	推力圆柱滚子轴承		

注：1.在代号后或前加字母或数字表示该类轴承中的不同结构。

2.符合GB/T 273.1的圆锥滚子轴承代号由基本代号和后置代号构成。

表 7-10 轴承尺寸系列代号

直径系列代号	向心轴承								推力轴承			
	宽度系列代号								高度系列代号			
	8	0	1	2	3	4	5	6	7	9	1	2
	尺寸系列代号											
7	—	—	17	—	37	—	—	—	—	—	—	—
8	—	08	18	28	38	48	58	68	—	—	—	—
9	—	09	19	29	39	49	59	69	—	—	—	—
0	—	00	10	20	30	40	50	60	70	90	10	—
1	—	01	11	21	31	41	51	61	71	91	11	—
2	82	02	12	22	32	42	52	62	72	92	12	22
3	83	03	13	23	33	—	—	—	73	93	13	23
4	—	04	—	24	—	—	—	—	74	94	14	24
5	—	—	—	—	—	—	—	—	—	95	—	—

表 7-11 轴承内径代号

轴承公称内径/mm		内径代号	示例
0.6~10(非整数)		用公称内径毫米数直接表示，在其与尺寸系列代号之间用“/”分开	深沟球轴承 617/0.6 d=0.6mm 深沟球轴承 618/2.5 d=2.5mm
1~9(整数)		用公称内径毫米数直接表示，对深沟及角接触球轴承直径系列7、8、9，内径与尺寸系列代号之间用“/”分开	深沟球轴承 625 d=5mm 深沟球轴承 618/5 d=5mm 角接触球轴承 707 d=7mm 角接触球轴承 719/7 d=7mm
10~17	10	00	深沟球轴承 6200 d=10mm
	12	01	调心球轴承 1201 d=12mm
	15	02	圆柱滚子轴承 NU 202 d=15mm
	17	03	推力球轴承 51103 d=17mm

续表

轴承公称内径/mm	内径代号	示例
20~480(22,28,32除外)	公称内径除以5的商数，商数为个位数，需在商数左边加“0”，如08	调心滚子轴承 22308 d=40mm 圆柱滚子轴承 NU 1096 d=480mm
≥500以及22,28,32	用公称内径毫米数直接表示，但在与尺寸系列之间用“/”分开	调心滚子轴承 230/500 d=500mm 深沟球轴承 62/22 d=22mm

1）前置代号

前置代号用字母表示，经常用于表示轴承分部件（轴承组件）。代号及含义按表7-12的规定。

表7-12 前置代号

代号	含义	示例
L	可分离轴承的可分离内圈或外圈	LNU 207，表示NU 207轴承的内圈 LN 207，表示N 207轴承的外圈
LR	带可分离内圈或外圈与滚动体的组件	
R	不带可分离内圈或外圈的组件（滚针轴承仅适用于NA型）	RNU 207，表示NU 207轴承的外圈和滚子组件 RNA 6904，表示无内圈的NA 6904滚针轴承
K	滚子和保持架组件	K 81107，表示无内圈和外圈的81107轴承
WS	推力圆柱滚子轴承轴圈	WS 81107
GS	推力圆柱滚子轴承座圈	GS 81107
F	带凸缘外圈的向心球轴承（仅适用于d≤10mm）	F 618/4
FSN	凸缘外圈分离型微型角接触球轴承（仅适用于d≤10mm）	FSN 719/5-Z
KIW-	无座圈的推力轴承组件	KIW-51108
KOW-	无轴圈的推力轴承组件	KOW-51108

2）后置代号

后置代号用字母（或加数字）表示。后置代号所表示轴承的特性及排列顺序按表7-13的规定。

表7-13 后置代号

组别	1	2	3	4	5	6	7	8	9
含义	内部结构	密封与防尘与外部形状	保持架及其材料	轴承零件材料	公差等级	游隙	配置	振动及噪声	其他

（3）标记示例

滚动轴承 6203 GB/T 276—2013

6—类型代号，深沟球轴承；2—尺寸系列（02）代号；03—内径代号，d=17mm。

滚动轴承 719/7 GB/T 292—2007

7—类型代号，角接触球轴承；19—尺寸系列代号；7—内径代号，d=7mm。

滚动轴承 N2210 GB/T 283—2007

N—类型代号，圆柱滚子轴承；22—尺寸系列（02）代号；10—内径代号，d=50mm。

7.5.2 滚动轴承表示法（GB/T 4459.7—2017）

GB/T 4459.7—2017《机械制图滚动轴承表示法》的部分规定了滚动轴承的通用画法、特征画法和规定画法，见表7-14。本部分适用于在装配图中不需要确切地表示其形状和结构的标准滚动轴承。采用通用画法或特征画法绘制滚动轴承时，一般应绘制在轴的两侧，在同一图样中一般只采用一种画法。

表7-14 常见滚动轴承的画法

轴承类型	通用画法	特征画法	规定画法
深沟球轴承	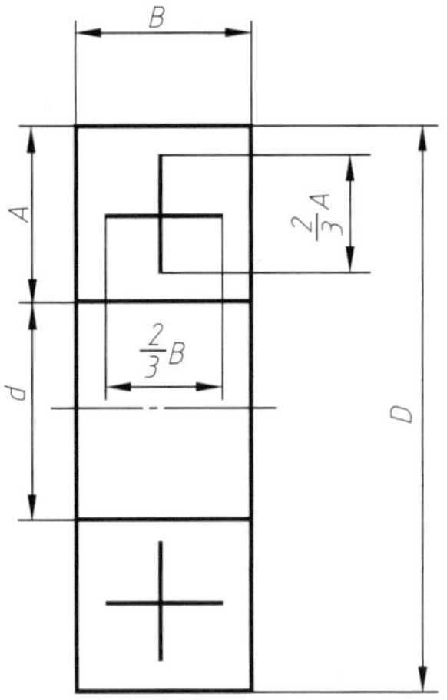	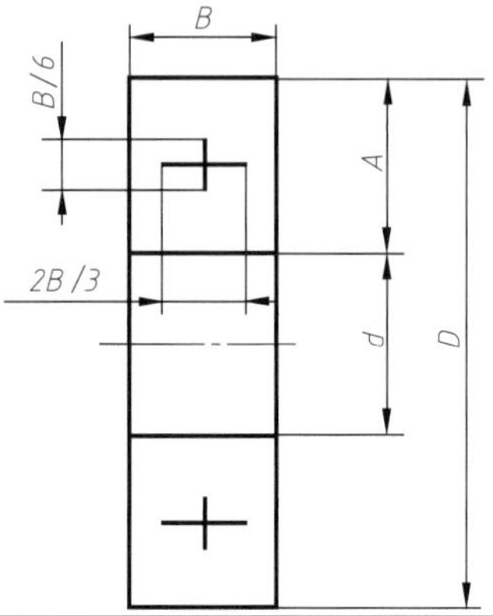	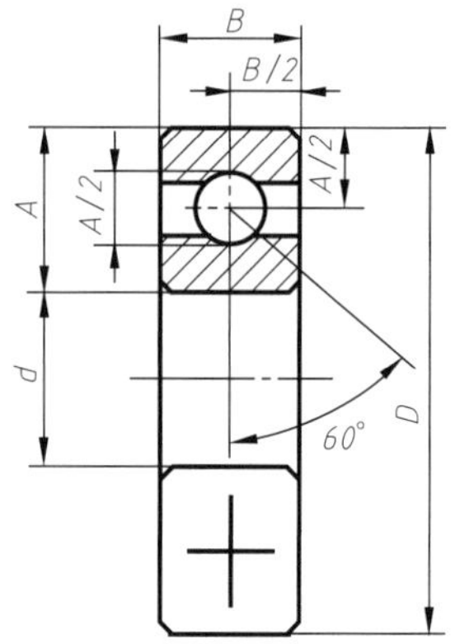
圆锥滚子轴承		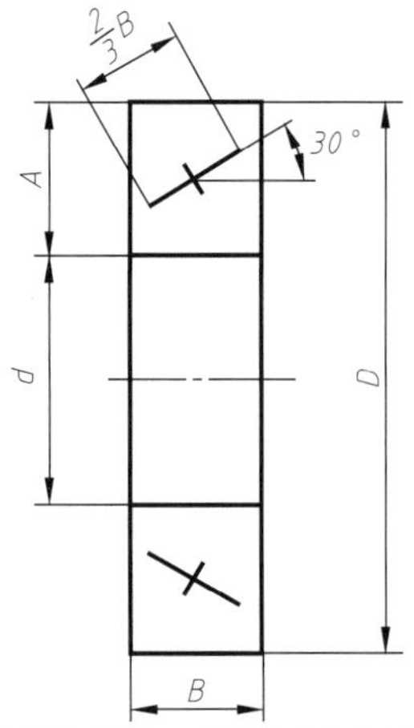	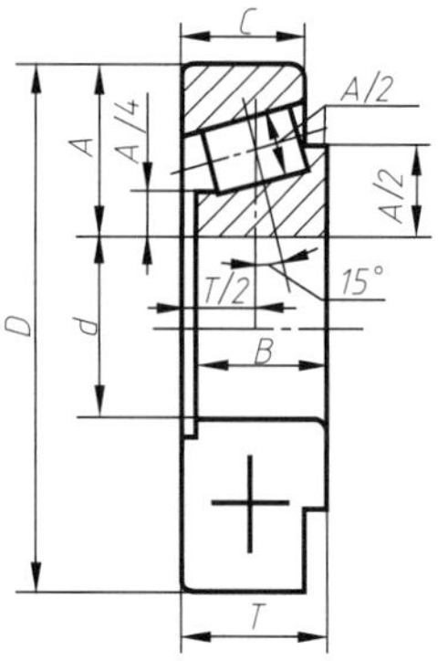
推力球轴承	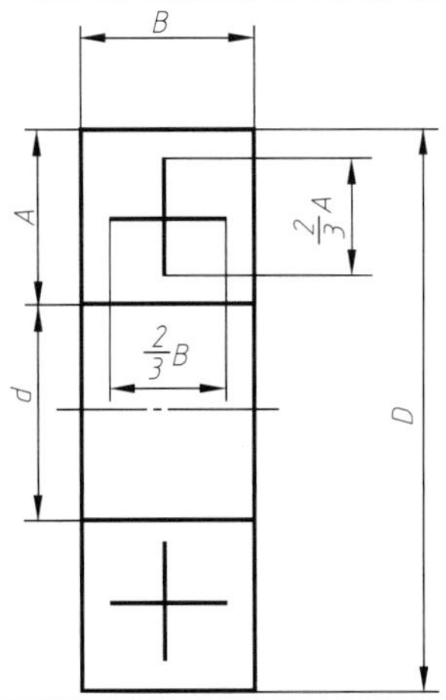	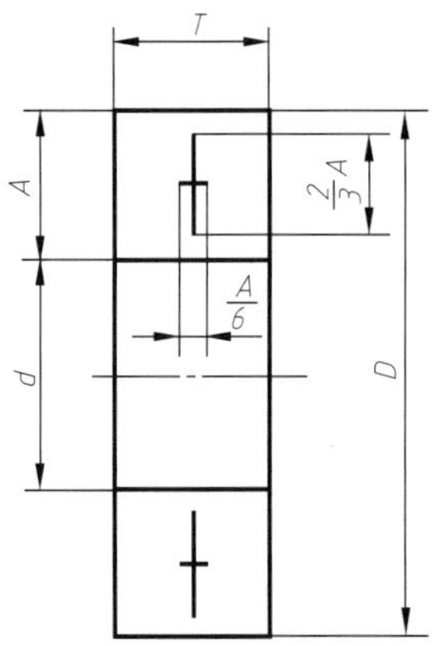	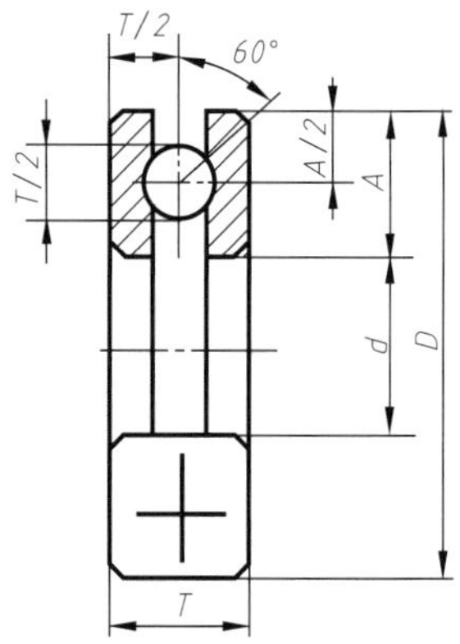

（1）通用画法

在剖视图中，当不需要确切地表示滚动轴承的外形轮廓、载荷特性和结构特征时，可用矩形线框及位于线框中央正立的十字符号表示，十字符号不应与矩形线框接触。

（2）特征画法

在剖视图中，如需较形象地表示滚动轴承的结构特征，可采用在矩形线框内画出其结构要素符号的表示方法表示滚动轴承。

（3）规定画法

必要时，在滚动轴承的产品图样、产品样品、产品标准、用户手册和使用说明书中可采用规定画法绘制滚动轴承。在采用规定画法绘制滚动轴承的剖视图时，轴承的滚动体不画剖面线，其各套圈等一般应画成方向和间隔相同的剖面线。在不致引起误解时，也允许省略不画。在装配图中，滚动轴承的保持架及倒角等可省略不画。规定画法一般绘制在轴的一侧，另一侧按通用画法绘制。

7.6　弹　　簧

弹簧是利用材料的弹性和结构特点，通过变形和储存能量工作的一种机械零（部）件，呈圆柱形的螺旋弹簧称为圆柱螺旋弹簧，根据受力情况不同可分为压缩弹簧（Y型）、拉伸弹簧（L型）和扭转弹簧（N型），如图7-28所示。本节介绍圆柱螺旋压缩弹簧的基本知识和规定画法。

(a) 压缩弹簧

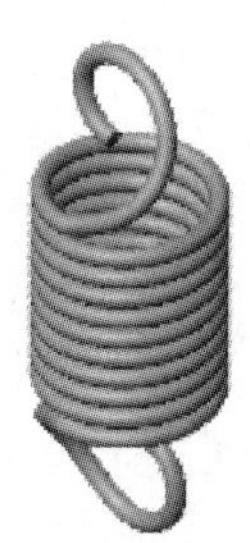

(b)拉伸弹簧

(c) 扭转弹簧

图7-28　圆柱螺旋弹簧

7.6.1　圆柱螺旋压缩弹簧的各部分名称和代号（GB/T 1805—2001）

圆柱螺旋压缩弹簧的画法和尺寸代号如图7-29所示，其各部分名称和尺寸计算关系如下。

① 线径（材料直径）d：用于缠绕弹簧的钢丝直径。

② 弹簧中径D：弹簧内径和外径的平均值，按标准选取。

③ 弹簧内径D_1：弹簧内圈直径，$D_1=D-d$。

④ 弹簧外径D_2：弹簧外圈直径，$D_2=D+d$。

⑤ 总圈数n_1：沿螺旋线两端间的螺旋圈数。

⑥ 有效圈数n：用于计算弹簧总变形量的簧圈数量，即保持相等节距的圈数。

⑦ 支承圈数n_2：为使压缩弹簧的端面与轴线垂直，工作平稳、端面受力均匀，要求在制造时将两端并紧且磨平。弹簧端部用于支承或固定的圈数，称为支承圈。支承圈有1.5圈、

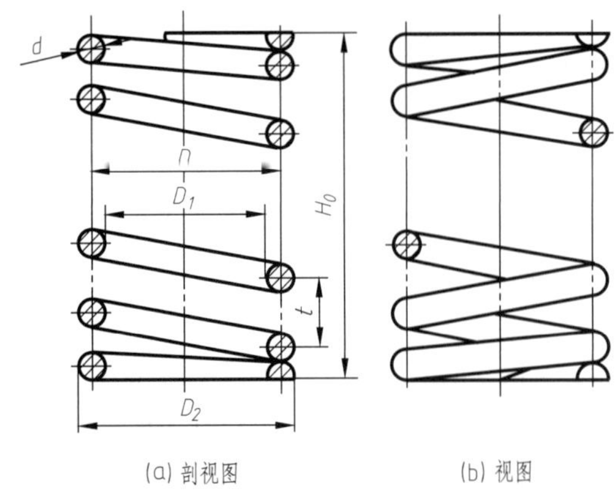

图 7-29 圆柱螺旋压缩弹簧的画法和尺寸代号

2圈及2.5圈三种形式，其中较常见的是2.5圈。

⑧ 节距t：螺旋弹簧两相邻有效圈截面中心线的轴向距离。

⑨ 旋向：从螺旋弹簧一端观察，以顺时针方向螺旋形成为右旋，以逆时针方向螺旋形成为左旋。

⑩ 自由高度（长度）H_0：弹簧无负荷作用时的高度（长度）。

两端圈磨平时H_0的计算方法（GB/T 23935—2009）：

$$n_2=1.5 \quad H_0=nt+d$$

$$n_2=2 \quad H_0=nt+1.5d$$

$$n_2=2.5 \quad H_0=nt+2d$$

⑪ 弹簧的展开长度L：制造弹簧时所需金属丝的长度。按螺旋线展开可得

$$L \approx n_1\sqrt{(\pi D)^2+t^2}$$

7.6.2 圆柱螺旋压缩弹簧的表示法（GB/T 4459.4—2003）

（1）圆柱螺旋压缩弹簧的规定画法

① 在平行于螺旋弹簧轴线的投影面的视图中，其各圈的轮廓应画成直线。

② 螺旋弹簧均可画成右旋，对必须保证的旋向要求应在“技术要求”中注明。

③ 螺旋压缩弹簧，如要求两端并紧且磨平时，不论支承圈的圈数多少和末端贴紧情况如何，均按支承圈数为2.5圈的形式绘制。必要时也可按支撑圈的实际结构绘制。

④ 有效圈数在4圈以上的螺旋弹簧中间部分可以省略，用通过中径的细点画线连接起来，两端只画1~2圈有效圈。圆柱螺旋弹簧中间部分省略后，允许适当缩短图形的长度，但标注尺寸时仍按实际长度标注。

（2）圆柱螺旋压缩弹簧的画图步骤

已知弹簧的中径D，弹簧材料直径d、节距t、有效圈数n和支承圈数n_2，先算出自由高度H_0，具体作图步骤如图7-30所示。

① 根据弹簧中径D和自由高度H_0作出矩形线框，如图7-30（a）所示。

② 画出支承圈部分直径与簧丝直径相等的圆和半圆，如图7-30（b）所示。

③ 画出有效圈数部分直径与簧丝直径相等的圆，先画出右侧圆，如图7-30（c）所示。

再画出左侧有效圈部分的圆，如图7-30（d）所示。

④ 按右旋方向作相应圆的公切线及剖面线，即完成作图，如图7-30（e）所示。

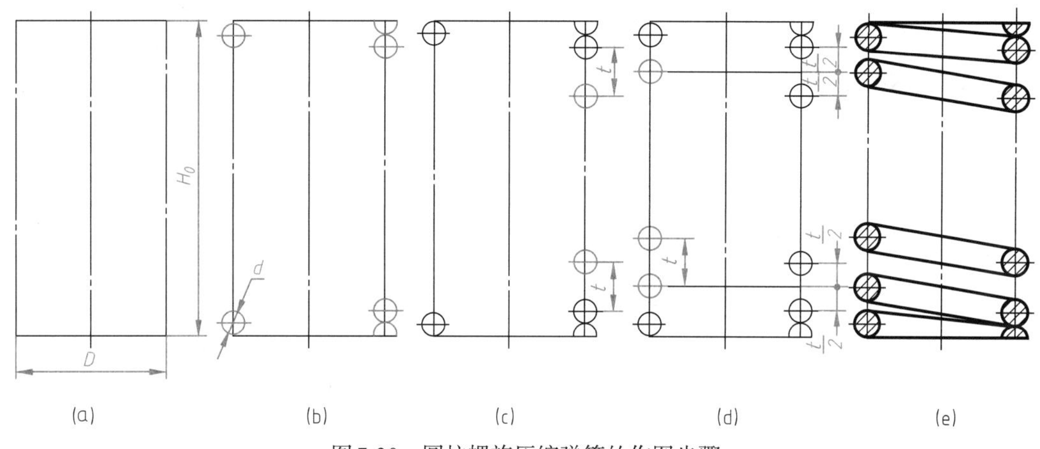

图7-30 圆柱螺旋压缩弹簧的作图步骤

（3）圆柱螺旋压缩弹簧工作图（图7-31）

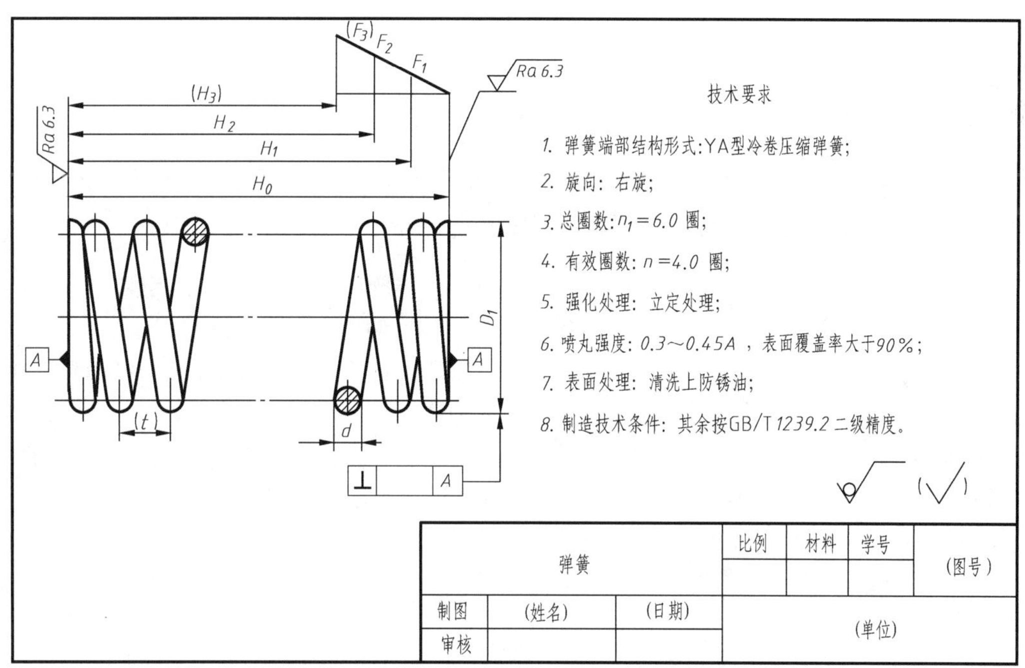

图7-31 圆柱螺旋压缩弹簧的工作图

（4）装配图中弹簧的画法

① 弹簧被挡住的结构一般不画出，可见部分应从弹簧的外轮廓线或从弹簧钢丝剖面的中心线画起，如图7-32（a）所示。

② 型材尺寸较小（弹簧钢丝直径在图形上等于或小于2mm时）的螺旋弹簧允许用示意图表示，如图7-32（c）所示。当弹簧被剖切时，也可用涂黑表示，如图7-32（b）所示。

③ 被剖切弹簧的截面尺寸在图形上等于或小于2mm时，并且弹簧内部还有零件，为了便于表达，可用图7-32（d）的形式表示。

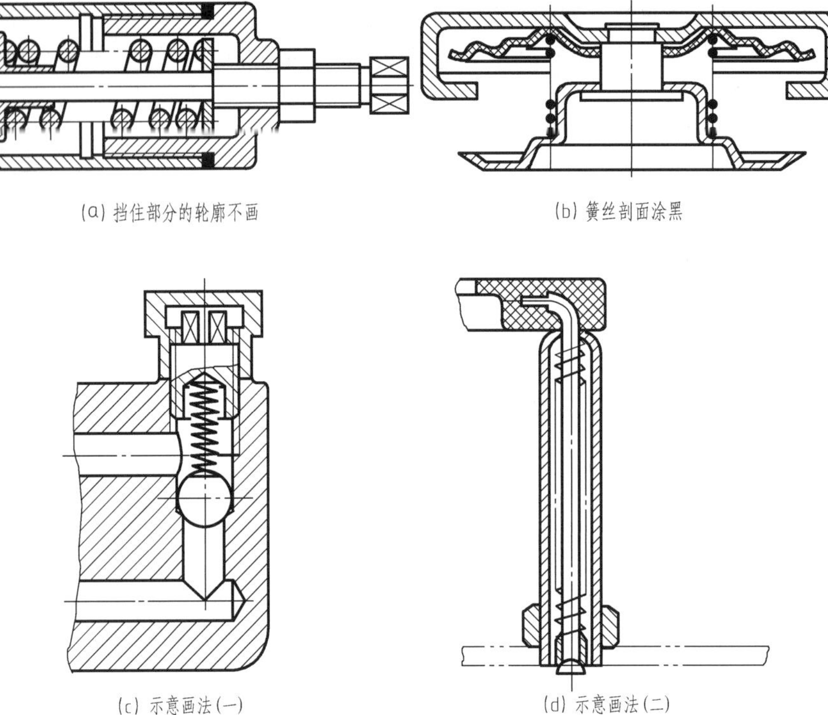

图7-32 装配图中弹簧的规定画法

7.6.3 普通圆柱螺旋压缩弹簧的规定标记（GB/T 2089—2009）

弹簧的标记由类型代号、规格、精度代号、旋向代号和标准号组成，规定如下：

类型代号　规格 — 精度代号　旋向代号　标准号

类型代号：YA为两端圈并紧且磨平的冷卷压缩弹簧，YB为两端圈并紧制扁的热卷压缩弹簧。

规格：$d \times D \times H_0$。

精度代号：2级精度制造不表示，3级应注明“3”级。

旋向代号：左旋应注明为左，右旋不表示。

标准号：GB/T 2089（省略年号）。

标记示例1：

YA型弹簧，材料直径为1.2mm，弹簧中径为8mm，自由高度40mm，精度等级为2级，左旋的两端圈并紧且磨平的冷卷压缩弹簧。

标记：YA 1.2×8×40 左 GB/T 2089

标记示例2：

YB型弹簧，材料直径为30mm，弹簧中径为160mm，自由高度200mm，精度等级为3级，右旋的两端圈并紧制扁的热卷压缩弹簧。

标记：YB 30×160×200—3 GB/T 2089

第8章 零件图

能力目标

- 能够根据零件结构形状，制定合理的表达方案表达零件的内外结构形状。
- 能够绘制和识读零件图。

知识点

- 零件图的内容。
- 典型零件的视图表达方案。
- 合理标注零件尺寸。
- 零件图中技术要求的标注。
- 读零件图的方法和步骤。

8.1 零件图的作用和内容

任何机器或者部件，都是由若干零件按照一定的要求装配而成的，表示零件结构、大小及技术要求的图样称为零件图。零件图是零件加工制造、质量检验必不可少的技术文件，包含了生产和检验零件的全部技术资料。图8-1是球阀阀盖的立体图，它的零件图见图8-2。从图纸上看出，一张完整的零件图应该包括以下四方面的内容。

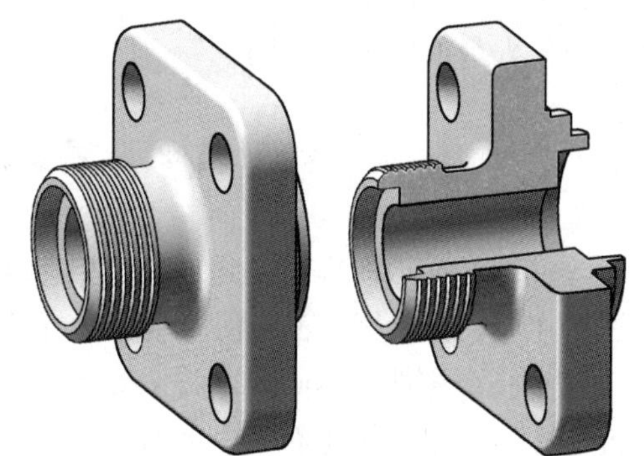

图8-1 球阀阀盖立体图

（1）一组图形

用一定数量的视图、剖视图、断面图、局部放大图等，准确、完整、清晰地表达零件各部分的内外结构形状。

（2）尺寸标注

正确、完整、清晰、合理地标注零件各部分的大小及相对位置尺寸，提供制造和检验零件所需要的全部尺寸。

（3）技术要求

说明零件在制造和检验时应达到的质量要求，例如尺寸公差、表面结构要求、几何公差、

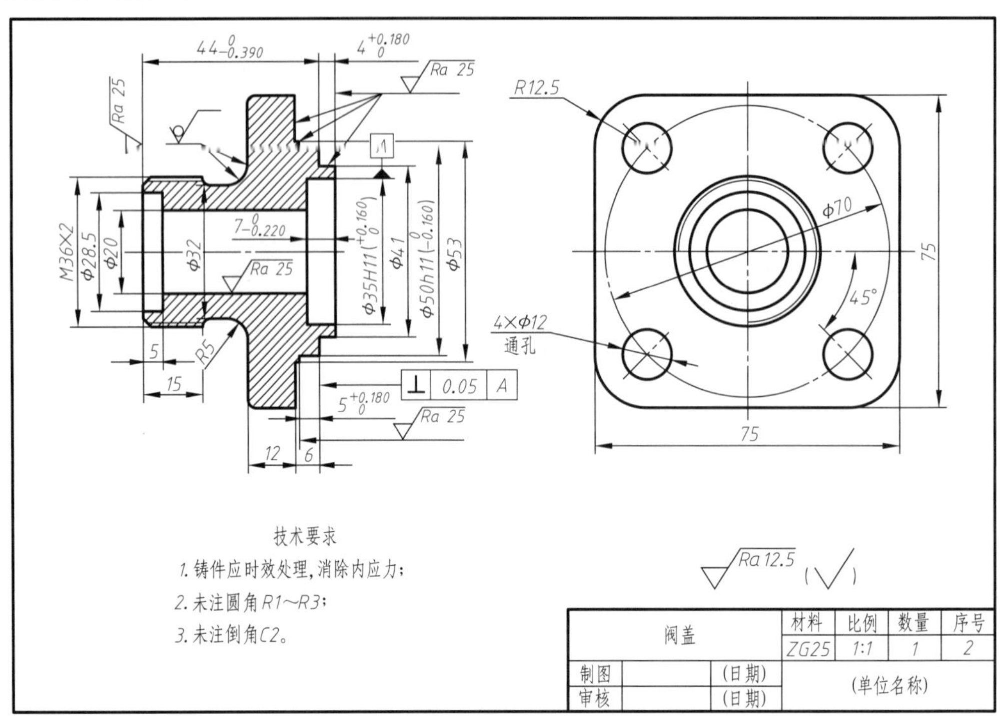

图 8-2 球阀阀盖零件图

热处理及表面处理要求。技术要求用符号注写在图上［例如，在主视图上，阀盖右端圆柱面 $\phi50h11(^{+0}_{-0.160})$ 的外圆表面结构要求为 $Ra12.5\mu m$，右侧端面相对于 $\phi50h11(^{+0}_{-0.160})$ 回转轴线几何公差垂直度要求为 0.05］，或者在图纸空白处统一写出（如在图纸标题栏右上角写出 $\sqrt{Ra12.5}$ ($\sqrt{}$)；以及在技术要求中统一写出的，对铸件进行时效处理的要求）。

（4）标题栏

标题栏位于图框的右下角，用于填写零件的名称、数量、材料、比例、图号，设计、制图、审核人员的签名和日期。

8.2 零件图的视图选择

零件图的四项内容，彼此之间是相互联系而又不可缺少的。其中，以“图形”一项为零件图的主要内容，因为没有图形就无法标注尺寸和注写技术要求等基本内容。

对于一个零件，不同的安放位置和投射方向，可得到不同特征的视图。画图时首先必须研究用一组完整、简练而又清晰的视图，把零件的结构形状表达出来，便于画图和看图。要实现这个要求，对零件的视图必须有所选择。零件图的视图选择，包括两个方面：一是主视图的选择；二是其他视图的选择。

8.2.1 主视图的选择

主视图是最重要的视图。因此在表达零件时，应该先确定主视图，然后确定其他视图。在选择主视图时，应考虑以下几个问题。

（1）零件的安放位置

一般来说，零件图中的主视图应该反映出零件在机器中的工作位置或主要加工位置。

① 加工位置原则：加工位置原则是按照零件主要加工工序的位置画主视图，这样便于技术人员对照图纸进行看图、测量及加工生产。轴类零件主要在车床上加工，装夹和加工时，轴线按水平位置放置，因此轴类零件应将轴线水平放置画出主视图。类似的还有轴套、轮、盘等零件，它们的主视图也以轴线水平放置画出。

② 工作位置原则：工作位置原则是按照零件在机器中工作时的位置作为主视图的放置位置。主要针对叉架、箱体等形状结构比较复杂的零件，加工部位较多，加工位置不是单一方向，这类零件一般按照工作位置选择主视图。如箱体类零件，由于加工面多，加工时装夹位置又各不相同，应将这类零件按其在机器中工作时的位置画出主视图，便于画图、读图及与装配图直接对照。

（2）投射方向——应能清楚地显示出零件的形状特征

以能够最清楚地显示出组成零件各基本形体的形状及其相对位置的方向，作为零件主视图的投射方向。

（3）表达方法的选择

主视图投射方向确定后，还应考虑选用恰当的表达方法，如视图、剖视图、断面图等表达方法。如图8-2中球阀阀盖主视图采用全剖视图表达内部孔槽的情况。

以上所述的各项原则，在实际应用中，一般情况下是相互一致的，有时则相互矛盾。因此，需要根据具体情况进行分析、比较，不能刻板地只遵循某个原则。例如，对于在机器中是运动的零件或者工作位置倾斜的零件，应在显示零件形状特征的前提下，按加工位置或将零件放成正常位置后画出主视图。

8.2.2　其他视图的选择

其他视图选择的原则是：配合主视图，力求用最少的图形把零件内、外结构形状表达完整、清晰。

对于形状简单的零件，用一个视图加文字说明或符号标注能表达清楚的，就不要用两个视图。

对于形状比较复杂的零件，往往需要两个以上的视图才能表示清楚，必须应用形体分析法，结合主视图进行全面考虑，其具体步骤如下。

① 结合主视图，分析还需要哪些基本视图才能把组成零件的主要形体表达清楚。

② 检查还有哪些局部形状或细小结构尚未表达出来，可采用局部视图、斜视图、断面图或局部放大图等来解决。

总之，主视图以外的其他视图（包括基本视图），都是为了补充主视图不足而画出的图形，所以每增加一个视图，都要有其表达的侧重点。

8.2.3　典型零件的视图选择

尽管生产中零件的种类繁多，结构形状千差万别，表达方案也不尽相同。但是根据其结构特征及用途，一般可将零件分成轴套类、轮盘类、叉架类和箱体类四类典型零件，每一类典型零件的结构有相似之处，表达方法也类似。

（1）轴套类零件

轴套类零件包括轴、轴套、衬套等。

1）结构特点

轴套类零件一般由若干段回转体组合而成，通常轴向长度大于径向直径。轴类零件多为实心杆件，套类零件是中空的。轴上常见的结构有轴肩、键槽、螺纹、螺纹退刀槽、砂轮越程槽、倒角、倒圆等，如图8-3所示的连接轴。

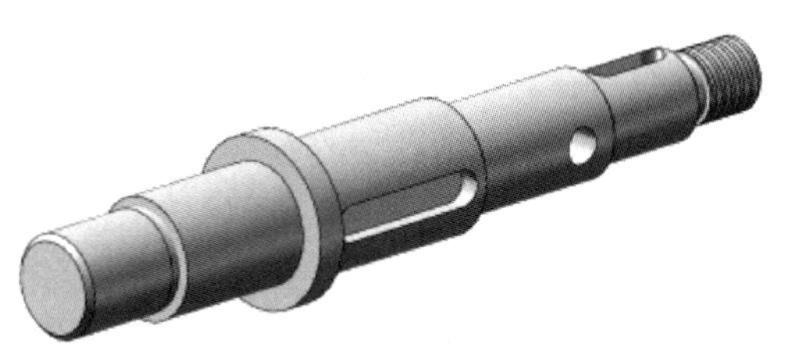

图8-3 连接轴立体图

2）作用

轴类零件主要用来支承传动零件、传递动力；套类零件一般安装在轴上或孔中，起定位、支承、保护传动零件的作用。

3）视图选择

① 选择主视图。轴套类零件主视图按照加工位置（轴线水平）放置，以垂直轴线方向作为主视图的投射方向。由于实心轴通过轴线剖切按不剖绘制，因此轴上局部结构、内部结构可采用局部剖视图表达；若为空心轴套，则一般采用全剖视图表达其内部结构。

② 选择其他视图。在注出直径ϕ的情况下，不需要其他基本视图即可表明是回转体。键槽或其他细小结构（如退刀槽等），可用断面图、局部放大图等来表达。

如图8-4所绘制的连接轴零件图中，连接轴的主视图按加工位置放置，轴上两处键槽分

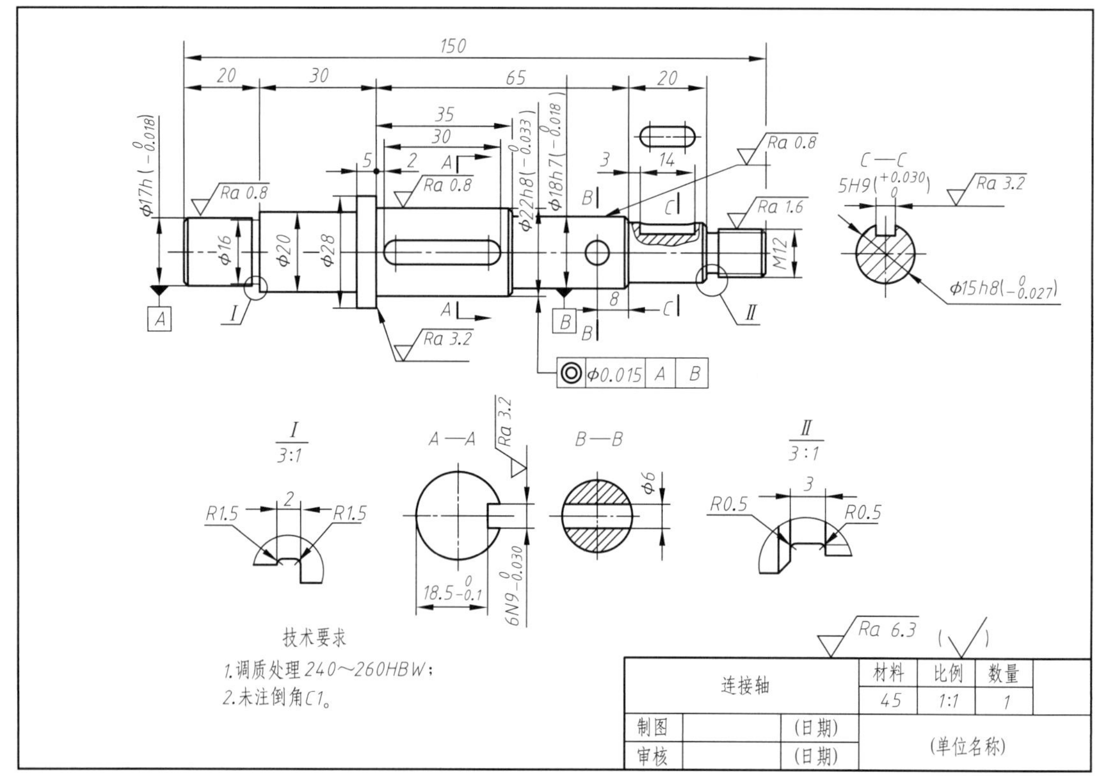

图8-4 连接轴零件图

别采用了移出断面图*A—A*及*C—C*进行表达；ϕ18轴段上的通孔ϕ6也采用了*B—B*断面图表达。对于轴上的细小结构，如左侧ϕ16轴段右端的越程槽，则用局部放大图表示，轴上右侧螺纹段左端的退刀槽也采用局部放大图表达。

（2）轮盘类零件

轮盘类零件包括手轮、带轮、端盖、压盖、法兰盘等。

1）结构特点

这类零件的主要结构是由同一轴线的回转体组成，轴向尺寸较小，径向尺寸较大。为了与其他零件连接，其上通常有孔、螺孔、键槽、凸台、轮辐等结构，多以车削加工为主。图8-5为磨床中的法兰盘立体图。

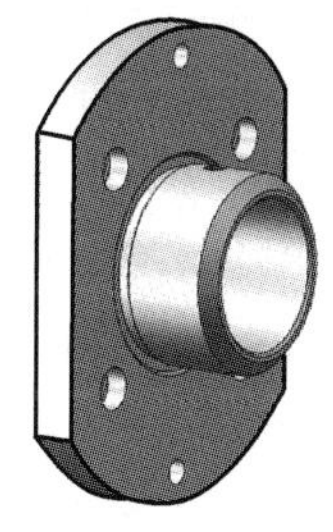
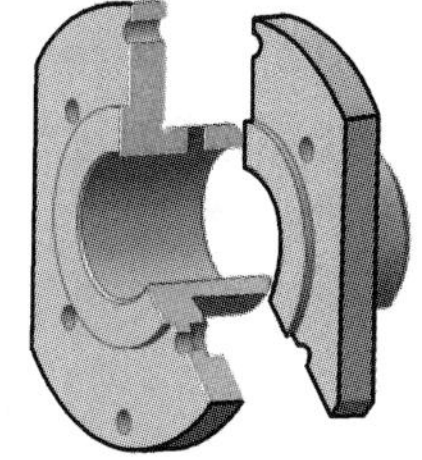

图8-5　法兰盘立体图

2）作用

轮类零件一般通过键、销与轴连接起来传递动力和扭矩；盘盖类零件主要起支承、定位和密封作用。

3）视图选择

① 选择主视图。轮盘类零件一般按加工位置（轴线水平）放置，选择垂直于轴线的投射方向画主视图。一些不以车削为主要加工方式的轮盘类零件，主视图可按形状特征和工作位置来考虑。为了表达内部结构，主视图常采用过轴线的全剖视图。图8-6所示法兰盘主视图采用两个相交的剖切面剖切的全剖视图清楚地表达了中心孔、螺纹孔、沉孔等内部结构。

② 选择其他视图。轮盘类零件一般需要两个或两个以上的基本视图。除主视图之外，一般选择左视图表达轮辐、圆孔等的分布及数量。对于键槽或一些细小结构，往往还需要用

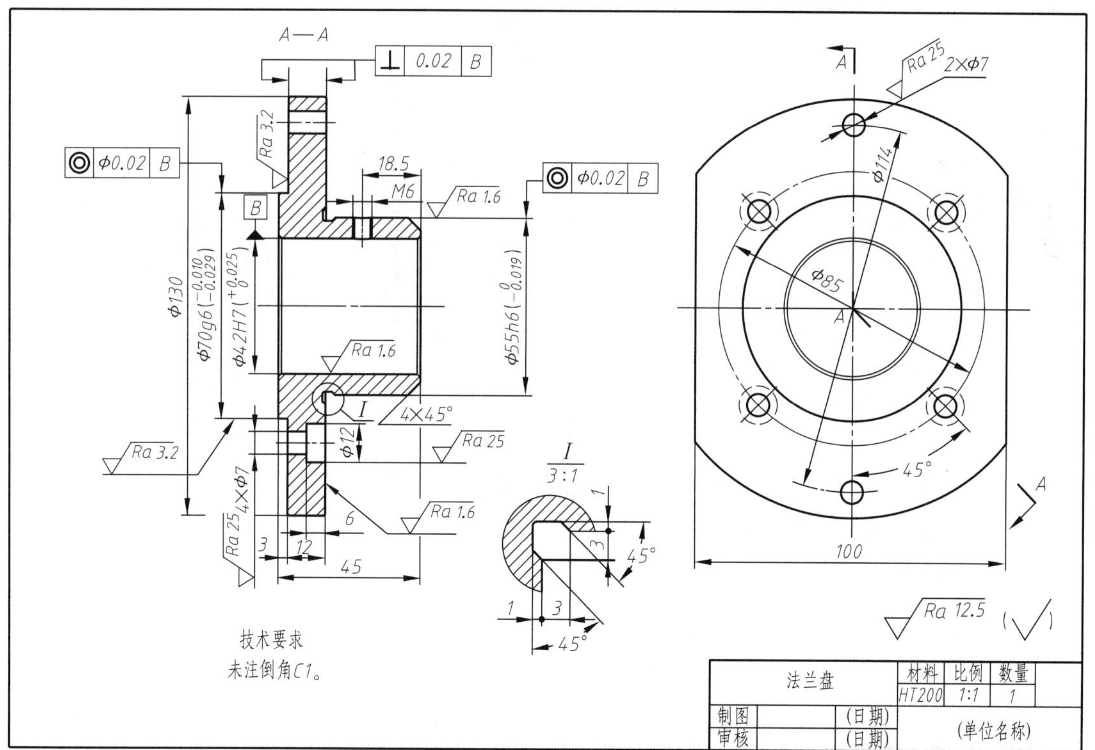

图8-6　法兰盘零件图

到断面图或局部放大图，如图8-6法兰盘零件图所示，除主视图和左视图以外，法兰盘ϕ55根部的砂轮越程槽用局部放大图来表达。

(3) 叉架类零件

叉架类零件包括各种用途的拨叉、连杆、摇杆、支架和支座等。

1) 结构特点

这类零件的结构形状差别很大，但一般都由支承部分、工作部分和连接部分组成。连接部分多是肋板结构，同时起到增加强度的作用。它们的毛坯多为铸造件或锻造件，再经过机械加工而成。零件上常见有圆孔、油槽、螺孔等。

2) 作用

拨叉主要起操纵调速的作用；支架主要起支承和连接的作用。

3) 视图选择

① 选择主视图。由于这类零件结构形式比较复杂，加工工序较多，加工位置经常变换，因此，通常按其工作位置放置零件。有些叉架类零件在机器上的工作位置正好处于倾斜状态，为了便于制图，也可将其位置放正，选择最能反映形状特征的一面作为主视图的投影方向。如图8-7所示的弯臂，它在机器上工作时不停摆动，没有固定的工作位置。为了画图方便，一般都把零件主要轮廓放置成垂直或水平位置，如图8-8所示。弯臂零件图中主视图采用局部剖视图，既表达了弯臂各部分之间的相对位置和局部的形状，又反映了螺孔、阶梯孔的穿通情况。

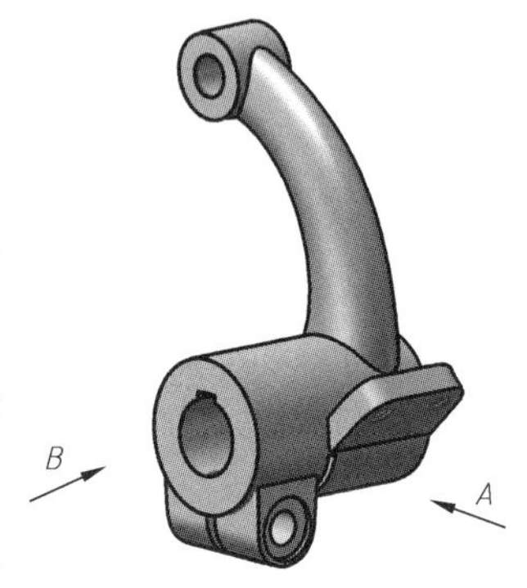

图8-7 弯臂立体图

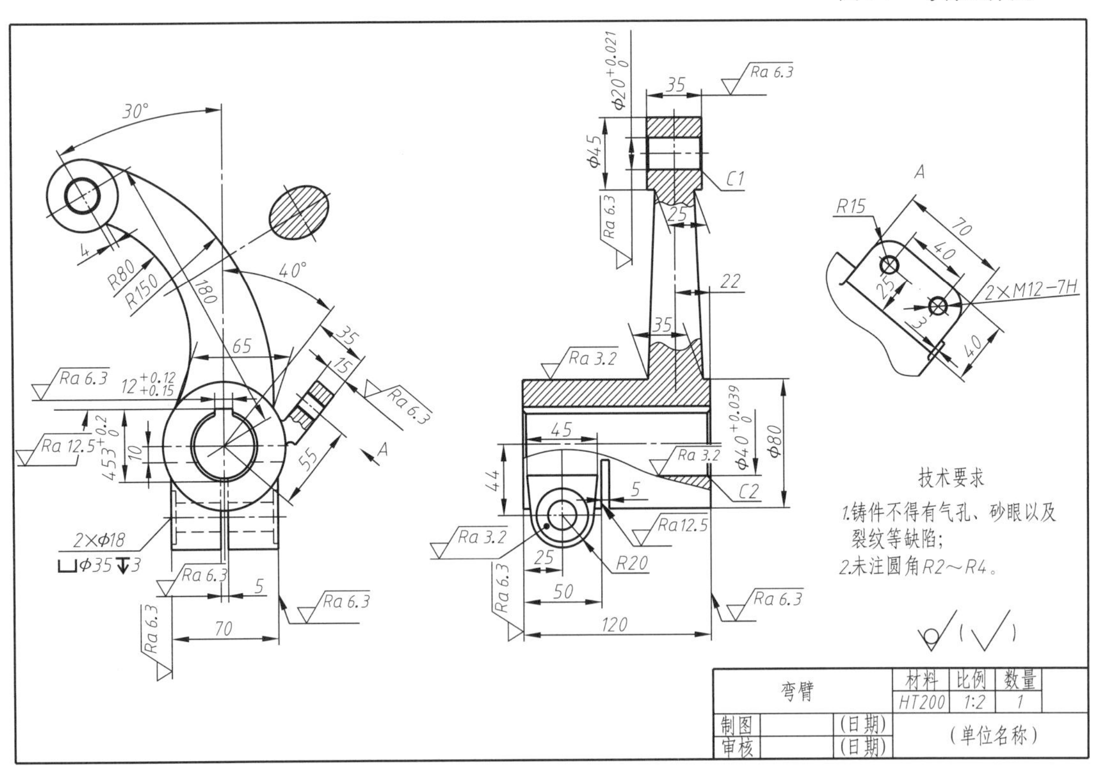

图8-8 弯臂零件图

② 选择其他视图。叉架类零件一般需要两个或两个以上的基本视图。除此之外，由于其形状一般不太规则，往往还会有一些弯曲和倾斜结构，需要采用局部视图、斜视图、断面图、局部剖视图等表达。如图8-8所示，弯臂中间的连接部分采用了移出断面图表达椭圆的断面形状，而弯臂的斜板部分，由于它不平行于任何基本投影面，因此采用斜视图*A*表达它的外形结构。

（4）箱体类零件

箱体类零件包括泵体、箱体、阀体和壳体等。

1）结构特点

箱体类零件的毛坯多为铸造件，结构、形状较前三类零件更复杂。一般内部有较大的空腔，以容纳运动零件及气、油等介质。此外通常还具有轴孔、轴承孔、凸台及肋板等结构。

为了使其他零件能够安装在箱体上，以及将箱体再安装到机座上，箱体上通常还安装底板、法兰、安装孔和螺纹孔等结构。图8-9所示为蜗轮蜗杆二级减速器箱体。

2）作用

这类零件主要是机器（或部件）的外壳或座体，因此它起着支承、包容和密封其他零件的作用。

3）视图选择

① 选择主视图。由于箱体类零件加工位置多样，通常以工作位置作为主视图的摆放位置，以最能反映形状特征及相对位置的一面作为主视图的投射方向。为了表达空腔结构，主视图一般采用剖视图。根据箱体的复杂程度、是否对称等情况合理选择全剖、半剖或局部剖视图。

② 选择其他视图。箱体类零件一般需要三个或三个以上的基本视图和其他视图。在选择其他视图时，应加以比较、分析，结合主视图，在表达完整、清晰的前提下，优先考虑选择基本视图，灵活应用各种表达方法。

如图8-9所示箱体立体图，属于典型的箱体类零件，绘制箱体零件图时，一般按工作位置放置，采用基本视图加其他视图进行表达。

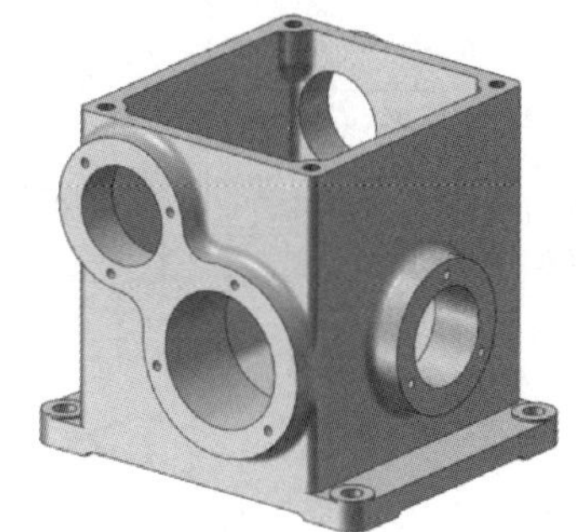

图8-9　蜗轮蜗杆二级减速器箱体立体图

a. 选择基本视图。箱体前后结构不对称，左、右壁上又有多个不在同一轴线上的凸台、轴承孔及螺纹孔需要表达，因此主视图宜采用剖视绘制，但是考虑到箱体的前后外壁上有凸台及螺孔分布，外形需要表达，因此，主视图宜采用局部剖视，一处局部剖视是表达箱体左侧壁前下方凸台$\phi68$和右侧壁凸台$\phi54$的外形、轴承孔及螺纹孔，剖切位置见俯视图中*B—B*剖切符号，另一处局部剖视是对箱体右侧的两螺纹孔进行表达，以看清螺纹孔内形及其沉孔深度，主视图中未剖切部分为表达前后外壁上对称的凸台外形及螺孔分布。箱体的前后壁各有一个带有轴承孔的凸台，外形结构已在主视图中进行表达，但内部结构未表达，故左视图需要进行剖切，剖切位置见主视图*A—A*剖切符号，此处使用全剖既可表达凸台、轴承孔、箱体宽度方向的内部结构，也可表达底板的形状结构。俯视图需要表达箱体和底座外形，以及其上的螺孔分布情况，宜采用视图表达，又因左外侧壁后上方凸台及轴承孔未在主、左视图进行表达，因此在俯视图上还需加一处局部剖视进行表达。

b. 选择其他视图。在完成箱体的主体结构表达以后，箱体的细节结构，可采用局部

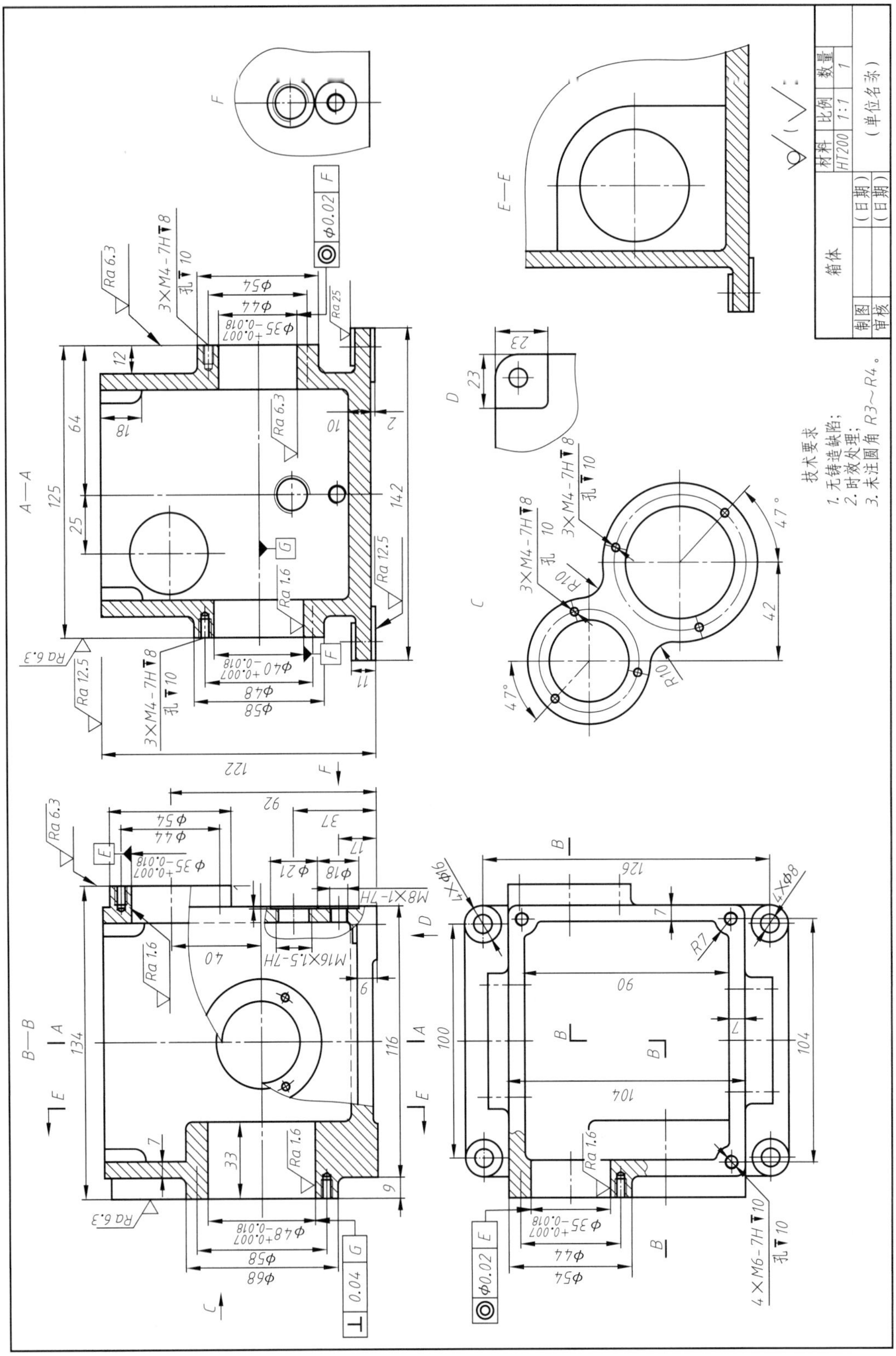

技术要求
1. 无铸造缺陷;
2. 时效处理;
3. 未注圆角R3～R4。

箱体		材料	比例	数量
		HT200	1:1	1
制图	(日期)	(单位名称)		
审核	(日期)			

图8-10 蜗轮蜗杆二级减速器箱体零件图

视图进行表达，如为了完整表达左外壁上的8字形凸台、两个轴承孔及其周围螺孔的分布情况，可绘制*C*向局部视图；对于箱体底座上四个凸台及其上面通孔的分布，以及箱体底部开了纵横两槽的整体形状结构，没必要再绘制仰视图，而是可采用*D*向局部视图进行表达；尽管箱体左内壁凸台的厚度在主视图中的局部剖视中已表达清楚，但还缺乏外形表达，因此可绘制*E*—*E*局部剖视图进行表达；最后，右外侧壁两螺孔以及锪平的凹坑外形同样可绘制*F*向局部视图进行表达。至此，箱体结构上所有的内外形状结构共采用了3个基本视图、3个局部视图和一个局部剖视进行了完整表达，箱体零件图见图8-10。

8.3 零件图的尺寸标注

尺寸标注是零件图的主要内容之一，是零件加工制造和检验的重要依据。因此，在零件图中，必须正确、完整、清晰、合理地标注零件尺寸。对于正确、完整、清晰的尺寸标注要求，前面相关章节已经作了介绍，本节重点讨论合理标注尺寸的一些基本问题和常见结构的尺寸注法，使得标注的尺寸既能满足设计要求，又符合生产实际，便于加工、测量和检验。

8.3.1 尺寸基准的选择

尺寸标注必须有尺寸基准，即尺寸标注的起点。要做到合理地标注尺寸，首先必须选择好尺寸基准。在选择尺寸基准时，必须考虑零件在机器或部件中的位置、作用、零件之间的装配关系以及零件在加工过程中的定位和测量要求等，因此，基准应根据设计要求、加工精度和测量方法确定。按基准的用途可分为设计基准、工艺基准等。按基准的主次可分为主要基准和辅助基准。下面介绍一下设计基准和工艺基准。

（1）设计基准

设计基准指在设计过程中用来确定零件在机器中的位置及其几何关系的基准面或基准线。如图8-11所示，标注支架轴孔的中心高（40±0.02)mm，应以底面*D*为基准标注出。

因为一根轴要用两个支架支承，为了保证轴线的水平位置，两个轴孔的中心应在同一轴线上。标注底板两孔的定位尺寸，长度方向以对称面*B*为基准，以保证两孔与轴孔的对称关系，故*B*、*D*为设计基准。

（2）工艺基准

工艺基准是零件在加工、测量时的基准面或基准线。在图8-11中，上部凸台的顶面*E*是工艺基准，以此为基准测量螺孔的深度比较方便。

此外，根据尺寸基准的重要性不同，基准又分为主要基准和辅助基准。同一个方向只能有一个主要基准，可以有多个辅助基准。辅助基准和主要基准之间应该有尺寸联系，如图8-11所示，零件在长、宽、高三个方向都应有一个主要基准*B*、*C*、*D*；在高度方向上，辅助基准*E*和主要基准*D*之间有联系尺寸58mm。

在选择基准时，应尽可能将设计基准和工艺基准统一起来，即基准重合原则。如图8-12中阶梯轴的轴线既是径向尺寸的设计基准又是工艺基准。当两者不能重合时，以设计基准作为主要基准，工艺基准作为辅助基准。

通常零件上可作为基准的线、面有：

① 零件上主要回转面的轴线；

② 零件的对称面；

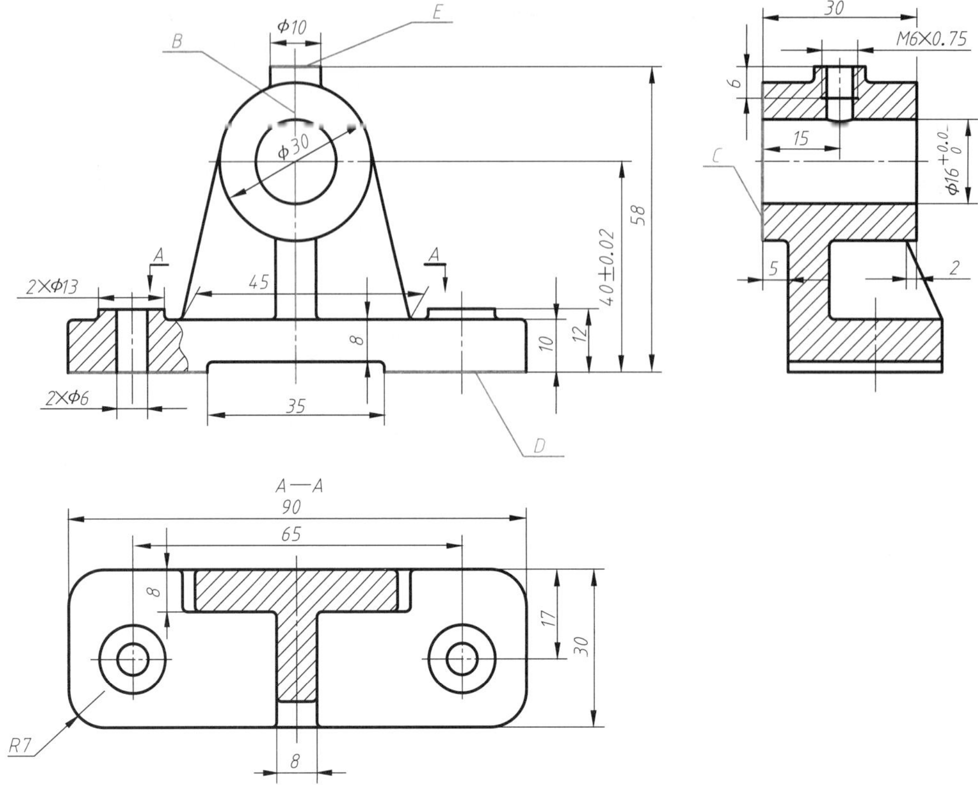

图 8-11　尺寸基准

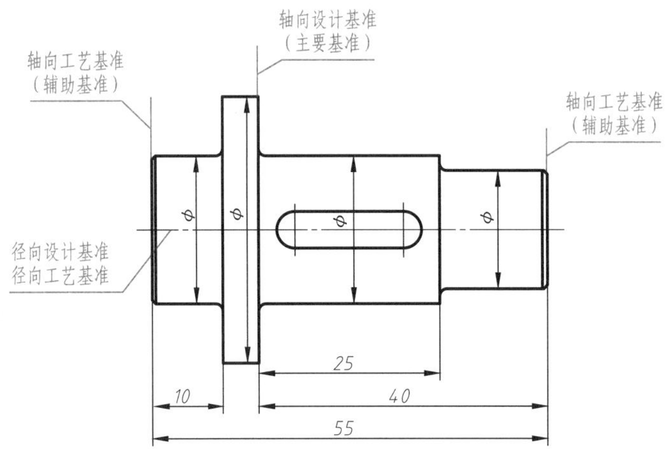

图 8-12　基准重合原则

③ 零件的主要支承面或装配面；

④ 零件的主要加工面。

8.3.2　零件图尺寸标注的要点

（1）主要尺寸直接从设计基准标注出

零件在机器或部件中影响性能、工作精度和配合的尺寸，如配合尺寸、连接尺寸、安装尺寸、重要的定位尺寸等都是主要尺寸。而零件的外形轮廓尺寸、非配合尺寸，满足机械性能、工艺要求等方面的尺寸为非主要尺寸。

对于零件上的主要尺寸，应从设计基准直接注出，以便优先保证主要尺寸的精确性。如图8-12中的尺寸25和图8-13（a）轴承座的*B*和*C*。图8-13（b）所示的标注方式则不合理。

图8-12中的40和10为非主要尺寸，从工艺基准标出，便于加工和测量。

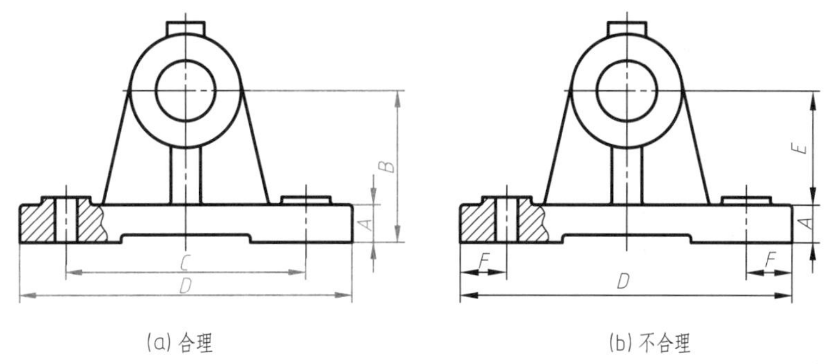

图8-13 主要尺寸标注的合理性

(2) 标注尺寸应符合加工顺序

标注尺寸应符合加工工艺要求。图8-14所示轴的加工工艺要求是：①按尺寸36确定越程槽的位置，并加工越程槽［图8-14（a）］。②车ϕ18mm的外圆和轴端倒角［图8-14（b）］。图8-14（c）的尺寸标注合理，图8-14（d）的尺寸标注不合理。

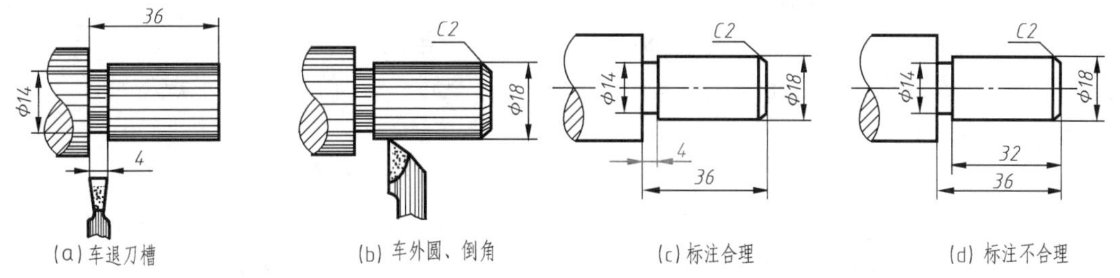

图8-14 标注尺寸符合加工工艺要求

(3) 标注尺寸应考虑测量方便

标注尺寸还要考虑测量方便，尽量做到使用普通工具就能测量，以减少专用量具的设计和制造。如图8-15所示套筒轴向尺寸的标注。按图8-15（a）标注尺寸，尺寸*A*、*C*便于测量；若按图8-15（b）标注尺寸，则尺寸*C*不便于测量。

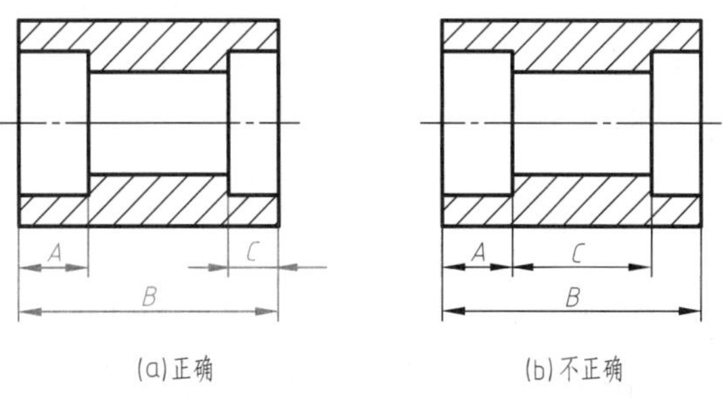

图8-15 标注尺寸便于测量

（4）同一个方向只能有一个非加工面与加工面联系

如果零件在同一个方向上有若干非加工面和加工面，则非加工面、加工面尺寸应该分别标注。一般在同一个方向上，只能有一个非加工面与加工面有尺寸联系。这是因为铸造件、锻造件表面误差较大，如果每一个非加工面都和加工面有尺寸联系，在切削加工面时，这些联系尺寸都将发生改变，很难同时保证这些尺寸的精度。图8-16（a）中，沿铸件的高度方向上有三个非加工面B、C和D，其中只有B面与加工面A有尺寸8mm的联系，这是合理的。如果按图8-16（b）所示标注尺寸，三个非加工面B、C和D都与加工面A有联系，那么在加工A面时，就很难同时保证三个联系尺寸8mm、34mm和42mm的精度，因此是不合理的。

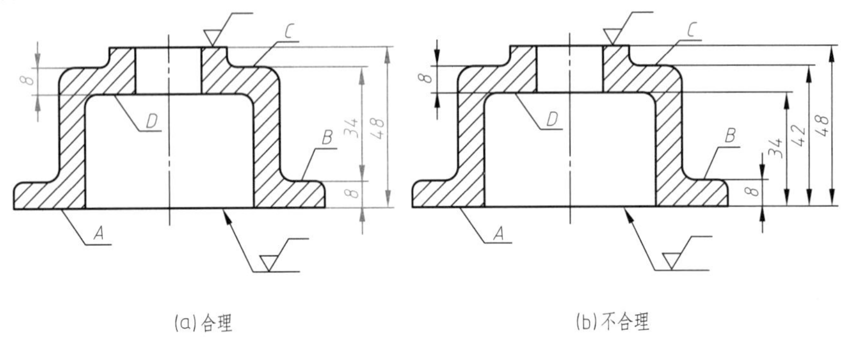

图8-16　毛坯面和加工面的尺寸标注

（5）避免标注成封闭的尺寸链

零件在同一个方向的尺寸，如图8-17（a）所示，各段长分别是A、B、C，总长为D。它们尺寸排列成链状，且首尾相接，每一个尺寸称为一环，由所有尺寸所形成的封闭环称为封闭的尺寸链。

在加工零件的各段长度时，总会有一定的误差。如以尺寸D作为封闭链，则尺寸D的误差是A、B、C各段误差的总和。若要保证尺寸D在一定的误差范围里，就应减小A、B、C各段的误差，使尺寸A、B、C各段的误差总和不能超过D的允许误差，从而提高了生产成本。因此，通常将尺寸链中某一最不重要的尺寸不标注，形成开口环；或将此尺寸作为参考尺寸加括号标注出来，如图8-17（b）所示，使制造误差都集中在这个尺寸上，既保证了重要尺寸精度，又便于加工制造。

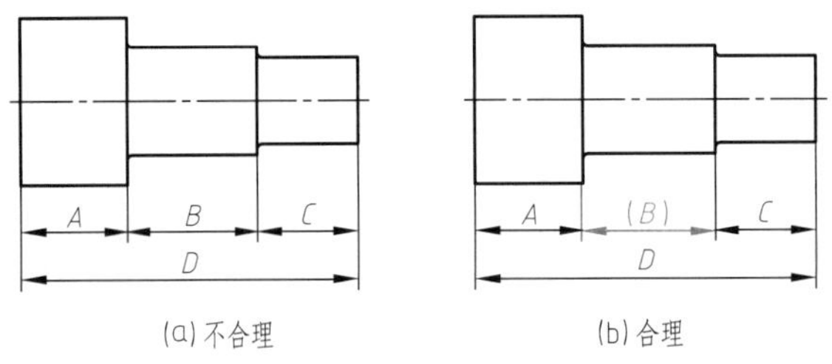

图8-17　避免标注成封闭的尺寸链

（6）零件上常见结构的尺寸注法

零件上常见结构和典型结构（如各种孔、倒角、砂轮越程槽、退刀槽）的尺寸标注方法见表8-1和表8-2。

表 8-1　常见结构的尺寸标注方法

序号	类型	旁注法		普通注法	说明
1	光孔	4×Φ7↧18	4×Φ7↧18	4×Φ7 18	四个直径为 ϕ7，深为 18，均匀分布的孔
2		4×M10－6H	4×M10－6H	4×M10－6H	四个均匀分布的螺纹孔，大径为 M10，螺纹公差等级为 6H
3	螺孔	4×M6　6H↧10	4×M6－6H↧10	4×M6－6H 10	四个均匀分布的螺纹孔，大径为 M6，螺纹公差等级为 6H，螺孔深为 10
4		4×M6－6H↧10 孔↧12	4×M6－6H↧10 孔↧12	4×M6－6H 10 12	四个均匀分布的螺纹孔，大径为 M6，螺纹公差等级为 6H，螺孔深为 10，光孔深为 12
5	沉孔	6×Φ7 ⌵Φ13×90°	6×Φ7 ⌵Φ13×90°	90° Φ13 6×Φ7	锥形沉孔的直径 ϕ7，锥角 90°，均需标注
6		4×Φ6 ⌴Φ12↧4.5	4×Φ6 ⌴Φ12↧4.5	Φ12 4.5 4×Φ6	柱形沉孔的直径为 ϕ6，深度为 4.5，均需标注

续表

序号	类型	旁注法		普通注法	说明
7	沉孔	4×Φ9 ⌴Φ20	4×Φ9 ⌴Φ20	Φ20锪孔 4×Φ9	锪平孔ϕ20的深度不需表达，一般锪平到光面为止

表8-2 典型结构的尺寸标注方法

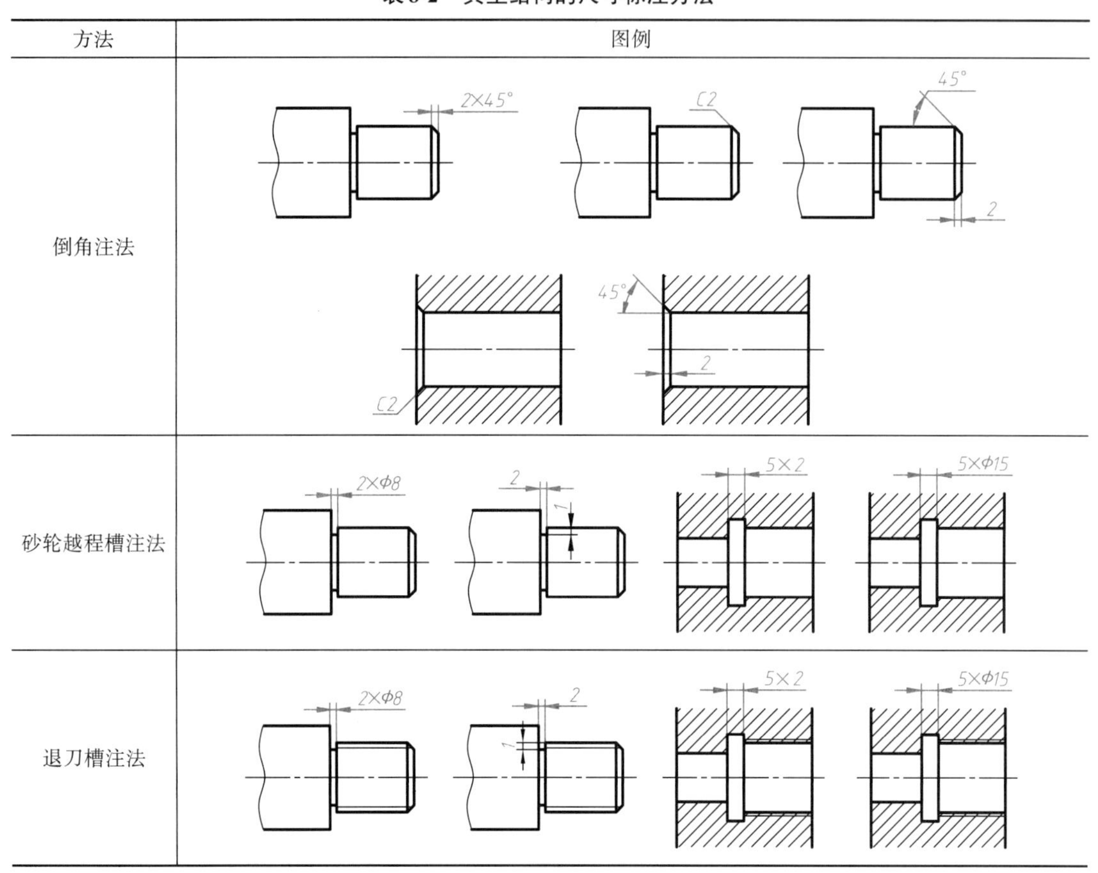

方法	图例
倒角注法	2×45°　C2　45°　2　45°　C2　2
砂轮越程槽注法	2×Φ8　2　1　5×2　5×Φ15
退刀槽注法	2×Φ8　2　1　5×2　5×Φ15

8.4 零件图的技术要求

为了保证零件的使用性能，必须在零件图中注明零件在制造过程中应该达到的技术要求。零件图中通常标注的技术要求有：

① 表面结构；

② 尺寸公差；

③ 几何公差；

④ 热处理及表面处理要求；

⑤ 零件的加工、检验要求，其他特殊要求或说明。

技术要求中的表面结构、尺寸公差、几何公差、热处理及表面处理要求，应按照有关技术标准的规定，用指定的代（符）号、字母和文字注写在图形上。对于无法注写在图形上，或需要统一说明的内容，可用简明的文字逐项写在图纸下方的空白处。

8.4.1 表面结构

表面结构是衡量零件表面质量的一项重要指标。它对零件的配合、耐磨性、腐蚀性、密封性和外观都有影响。因此，应该在零件图上注明零件在加工后应该达到的表面结构要求。

（1）表面结构的基本概念（GB/T 3505—2009）

不论采用何种加工方法所获得的零件实际表面，都不是绝对平整和光滑的，如图8-18所示用一个指定平面与实际表面相交得到轮廓称为表面轮廓，这种由凹凸不平的峰谷构成的表面轮廓可用原始轮廓（*P*轮廓）、粗糙度轮廓（*R*轮廓）和波纹度轮廓（*W*轮廓）来描述。

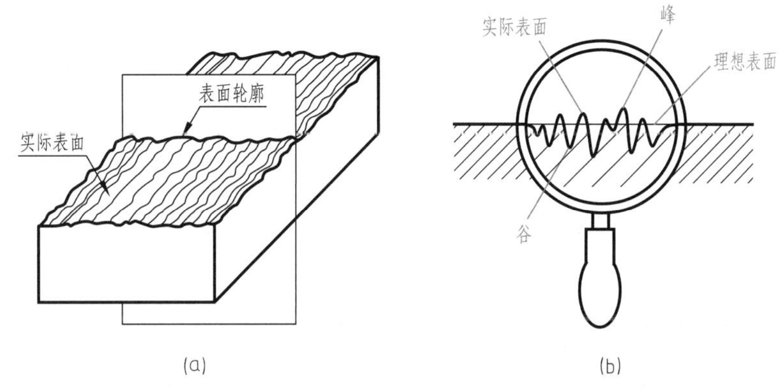

图8-18 放大后零件实际表面轮廓

① 粗糙度轮廓。粗糙度轮廓是忽略了较大间距表面不平度，而仅考虑表面轮廓中具有较小间距和峰谷所组成的微观几何形状特征。它主要是由于在加工过程中刀具在零件表面上留下的刀痕、切削时金属表面的塑性变形和机床振动等因素的影响，使得零件表面存在微观凹凸不平的几何特性。它是评定粗糙度轮廓参数的基础。

② 波纹度轮廓。波纹度轮廓是忽略了微观的凹凸不平的几何特性（即忽略了粗糙度轮廓），仅考虑表面轮廓中不平度间距比粗糙度大得多的那部分轮廓。它是评定波纹度轮廓参数的基础。

③ 原始轮廓。原始轮廓是忽略粗糙度轮廓和波纹度轮廓之后的总的轮廓。它具有宏观几何形状特性，如零件表面不平、圆截面不圆等。它是评定原始轮廓参数的基础。

零件的表面结构特性可通过粗糙度、波纹度和原始轮廓的一系列参数进行表征，是评定表面质量和保证其表面功能的重要技术指标。

（2）评定表面结构的参数（GB/T 3505—2009）

GB/T 3505—2009《产品几何技术规范（GPS）表面结构轮廓法术语、定义及表面结构参数》中规定了评定零件表面结构的三组轮廓参数：*R*轮廓（粗糙度轮廓）参数、*W*轮廓（波纹度轮廓）参数、*P*轮廓（原始轮廓）参数。

表面结构的参数值要根据零件表面功能分别选用，粗糙度轮廓参数是评定零件表面质量的一项重要指标，它对零件的配合性质、强度、耐磨性、抗腐蚀性、密封性等影响很大。因此，此处主要介绍生产中常用的评定粗糙度轮廓（*R*轮廓）的两个主要参数：轮廓的算术平均偏差*Ra*和轮廓的最大高度*Rz*（*Ra*和*Rz*为表面结构参数代号，由一个大写字母和一小写字母组成，写成斜体）。

① 轮廓的算术平均偏差（*Ra*）：在一个取样长度*l*内，纵坐标*Y*绝对值的算术平均值（图8-19）。

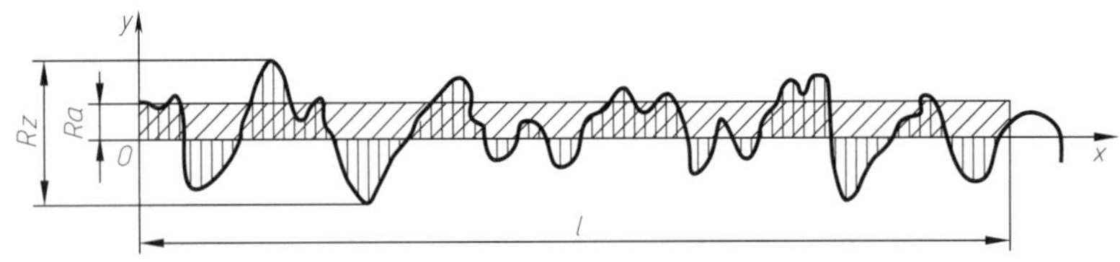

图8-19 轮廓算术平均偏差*Ra*

② 轮廓的最大高度（*Rz*）：在一个取样长度内，最大轮廓峰高和最大轮廓谷深之和的高度（图8-19）。

粗糙度轮廓参数*Ra*值越小，零件的表面越光滑，但制造成本也越高。一般情况下，在满足使用要求的前提下，推荐选用较大的*Ra*值。表8-3列出了*Ra*值的选用系列。

表8-3 粗糙度轮廓的算术平均偏差*Ra*值（摘自GB/T 1031—2009） μm

Ra（优先系列）	0.012,0.025,0.050,0.10,0.20,0.40,0.80,1.60,3.2,6.3,12.5,25,50,100
Ra（补充系列）	0.008,0.010,0.020,0.032,0.040,0.063,0.080,0.125,0.160,0.25,0.32,0.050,0.063,1.00,1.25,2.00,2.5,4.0,5.0,8.0,10.0,16.0,20,32,40,63,80

（3）表面结构的图形符号（GB/T 131—2006）

GB/T 131—2006《产品几何技术规范（GPS）技术产品文件中表面结构的表示法》规定了表面结构的图形符号及其参数的注写，零件图中对表面结构的要求可用几种不同的图形符号表示，表面结构的图形符号及其含义如表8-4所示。

表8-4 表面结构的图形符号及其含义

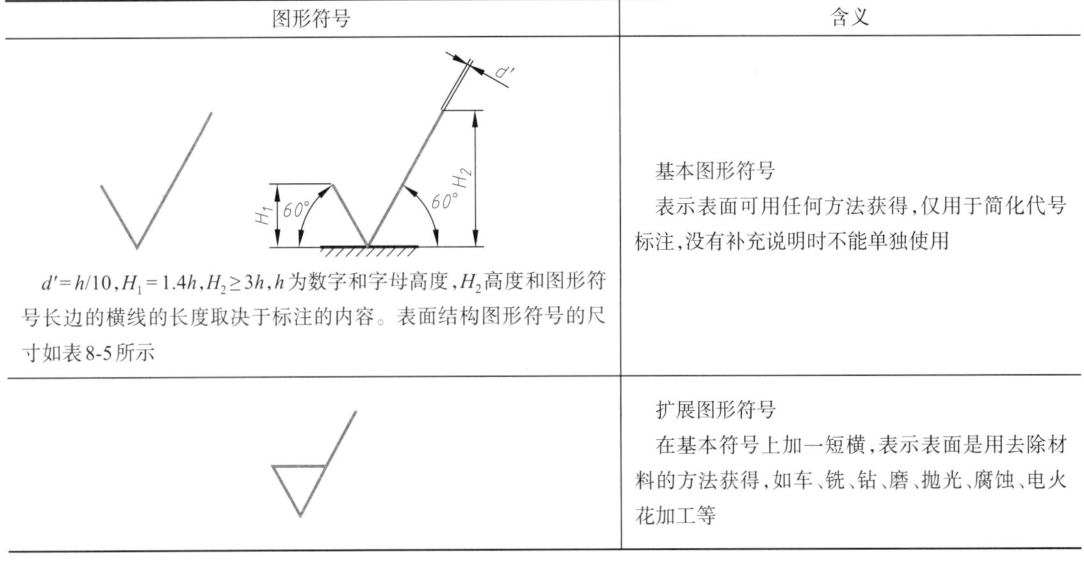

图形符号	含义
$d'=h/10$，$H_1=1.4h$，$H_2\geq 3h$，h为数字和字母高度，H_2高度和图形符号长边的横线的长度取决于标注的内容。表面结构图形符号的尺寸如表8-5所示	基本图形符号 表示表面可用任何方法获得，仅用于简化代号标注，没有补充说明时不能单独使用
	扩展图形符号 在基本符号上加一短横，表示表面是用去除材料的方法获得，如车、铣、钻、磨、抛光、腐蚀、电火花加工等

续表

图形符号	含义
	扩展图形符号 在基本符号上加一圆圈，表示表面是用不去除材料的方法获得，如铸、锻、冲压、热轧、冷轧、粉末冶金等
允许任何工艺　去除材料　不去除材料	完整图形符号 当要求标注表面结构特征的补充信息时，在上述图形符号的长边上加一横线
	工件轮廓各表面的图形符号 当在图样某个视图上构成封闭轮廓的各表面具有相同的表面结构要求时，应在完整图形符号上加一圆圈，标注在图样中工件的封闭轮廓线上

表8-5　表面结构图形符号的尺寸　μm

数字和字母高度 h	2.5	3.5	5	7	10	14	20
符号线宽 d' 字母线宽 d	0.25	0.35	0.5	0.7	1	1.4	2
高度 H_1	3.5	5	7	10	14	20	28
高度 H_2(最小值)①	7.5	10.5	15	21	30	42	60

① H_2 取决于标注内容。

(4) 表面结构代号（GB/T 131—2006）

表面结构代号由完整图形符号、参数代号（如 Ra、Rz）和参数值（极限值）组成，为了明确表面结构要求，必要时还应在图形符号的适当位置上标注补充要求，补充要求包括传输带或取样长度、加工工艺、表面纹理及方向、加工余量等，如图8-20所示。

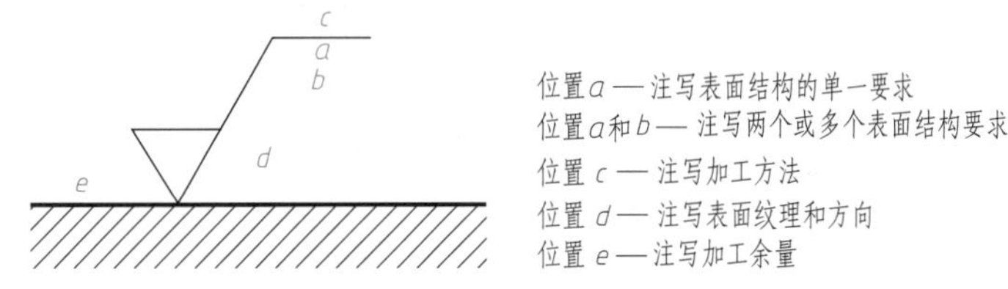

图8-20　表面结构参数补充要求的注写位置

(5) 表面结构参数的含义

表面结构要求中给定的参数极限值的判断规则有两种。

① 16%规则：当参数的规定值为上限值时，如果所选参数在同一评定长度上的全部实测值中，大于图样或技术产品文件中规定值的个数不超过实测值总数的16%，则该表面合格。当参数的规定值为下限值时，如果所选参数在同一评定长度上的全部实测值中，小于图样或技术产品文件中规定值的个数不超过实测值总数的16%，则该表面合格。16%规则是所有表面结构要求标注的默认规则。

指明参数的上、下限值时，所用参数符号没有“max”标记。

当只标注参数代号、参数值时，默认为参数的单向上限值；若为参数的单向下限值时，参数代号前应加*L*。若要表示双向极限时，上极限在上方，参数代号前加注*U*；下极限在下方，参数代号前加注*L*，如表8-6所示。

② 最大规则：检验时，若参数的规定值为最大值，则在被检表面的全部区域内测得的参数值一个也不应超过图样或技术产品文件中的规定值。若规定参数的最大值，应在参数符号后面增加一个“max”标记，如表8-6所示。

表8-6 表面结构参数的含义

代号	含义
Ra 12.5	16%规则(默认)。表示不允许去除材料，粗糙度轮廓算数平均偏差*Ra*的单项上限值为12.5μm
Ra 3.2	16%规则(默认)。表示去除材料，粗糙度轮廓算数平均偏差*Ra*的单项上限值为3.2μm
U Ra3.2 L Ra 1.6	16%规则(默认)。表示去除材料，双项极限值，粗糙度轮廓算数平均偏差*Ra*的上限值为3.2μm，下限值为1.6μm
Ra max3.2	最大规则。表示去除材料，单项最大值，粗糙度轮廓算数平均偏差最大值为3.2μm
Rz 6.3	16%规则(默认)。表示去除材料，粗糙度轮廓最大高度*Rz*的单项上限值为6.3μm

(6) 表面结构要求在图样中的表示法(表8-7)

表8-7 表面结构要求在图样中的表示法

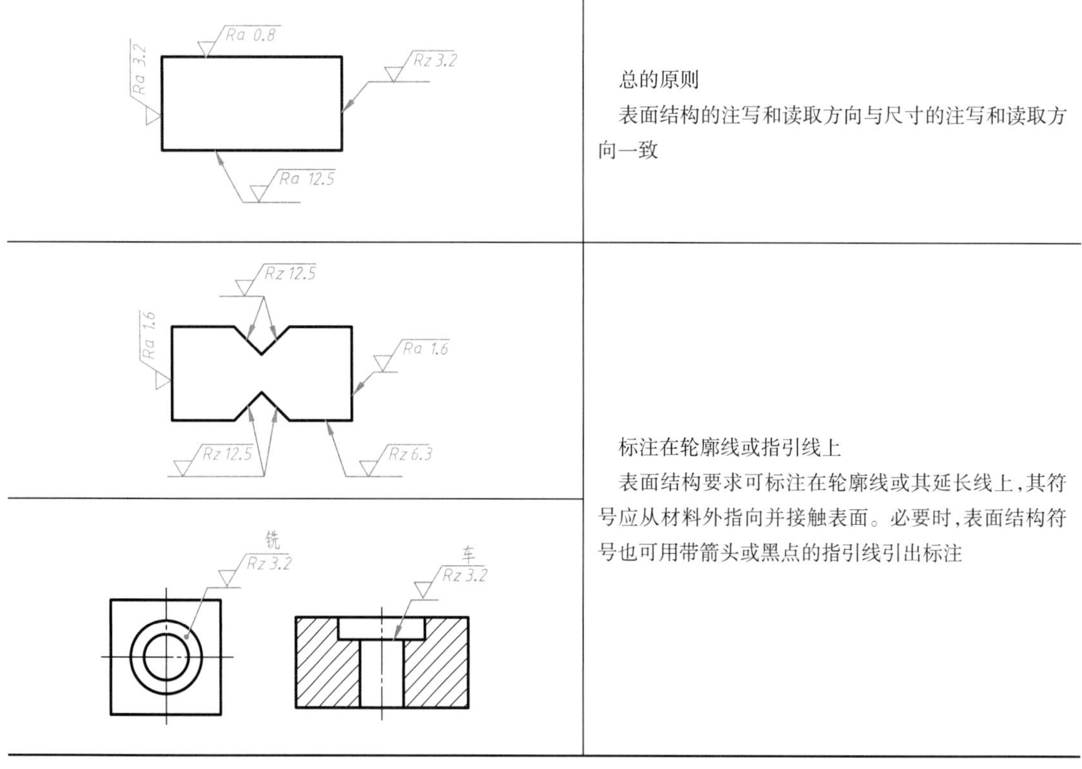

总的原则

表面结构的注写和读取方向与尺寸的注写和读取方向一致

标注在轮廓线或指引线上

表面结构要求可标注在轮廓线或其延长线上，其符号应从材料外指向并接触表面。必要时，表面结构符号也可用带箭头或黑点的指引线引出标注

续表

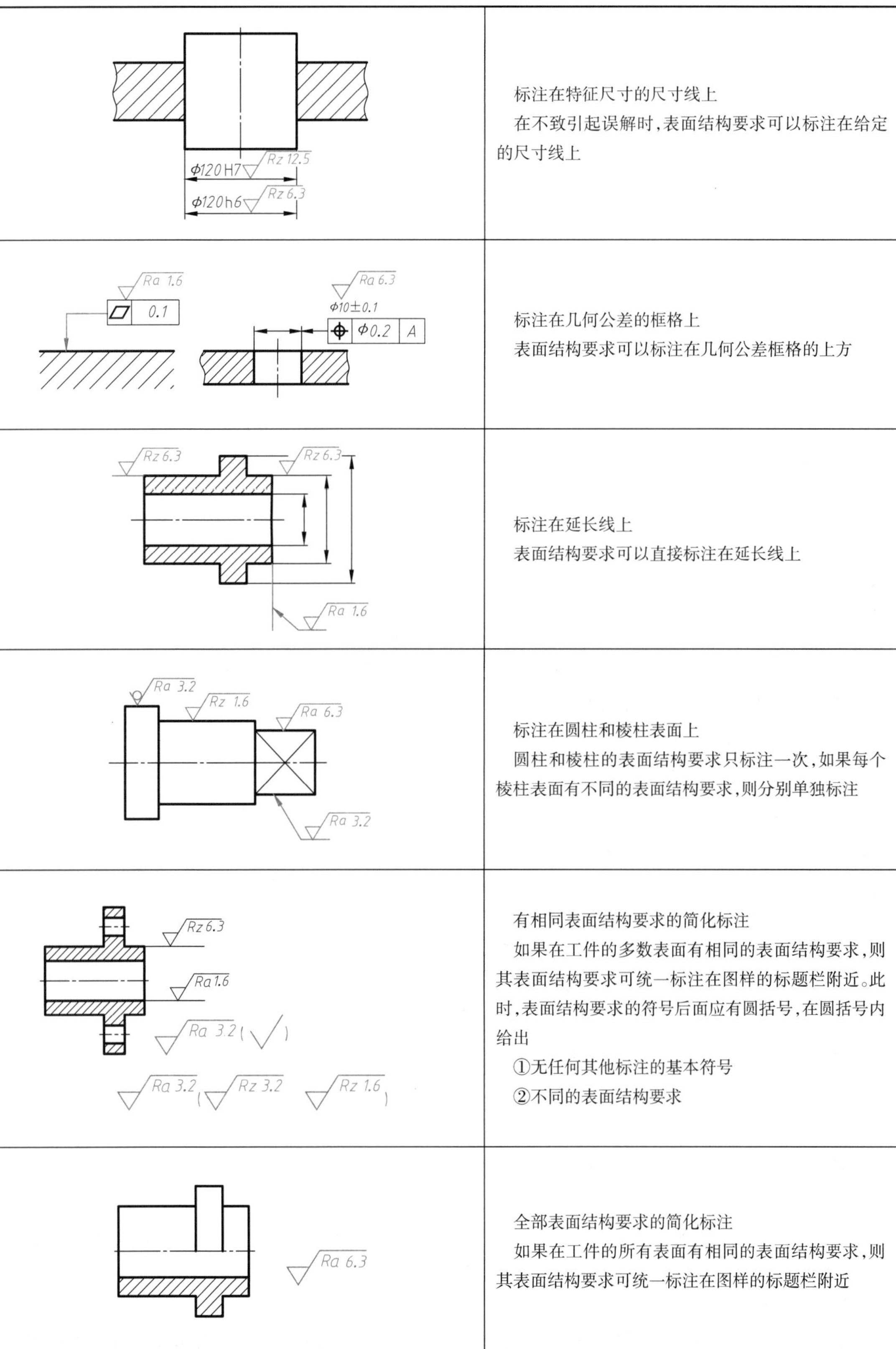

标注在特征尺寸的尺寸线上

在不致引起误解时，表面结构要求可以标注在给定的尺寸线上

标注在几何公差的框格上

表面结构要求可以标注在几何公差框格的上方

标注在延长线上

表面结构要求可以直接标注在延长线上

标注在圆柱和棱柱表面上

圆柱和棱柱的表面结构要求只标注一次，如果每个棱柱表面有不同的表面结构要求，则分别单独标注

有相同表面结构要求的简化标注

如果在工件的多数表面有相同的表面结构要求，则其表面结构要求可统一标注在图样的标题栏附近。此时，表面结构要求的符号后面应有圆括号，在圆括号内给出

①无任何其他标注的基本符号

②不同的表面结构要求

全部表面结构要求的简化标注

如果在工件的所有表面有相同的表面结构要求，则其表面结构要求可统一标注在图样的标题栏附近

续表

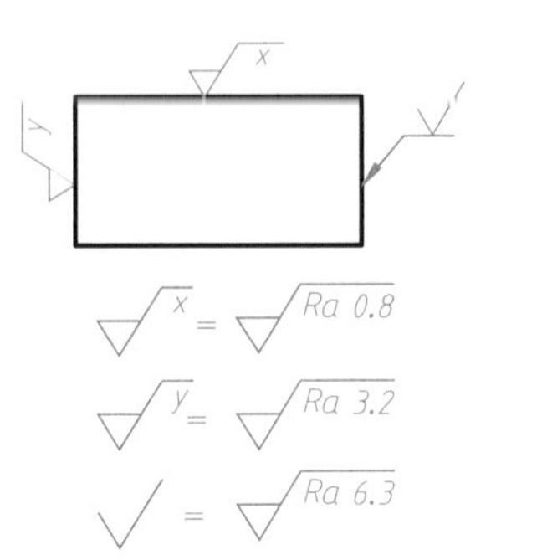	多个表面有共同要求的简化注法 当多个表面具有相同的表面结构要求或图纸空间有限时,可采用简化标注 ①可用带字母的完整符号,以等式形式,在图形或标题栏附近,对有相同表面结构要求的表面进行简化标注 ②只用表面结构符号,以等式的形式给出对多个表面共同的表面结构要求

8.4.2 极限与配合（GB/T 1800.1—2009）

在一批规格相同的零件中任取一件，不经修配或加工，就能直接安装到机器中，并能正常工作，达到设计的性能要求，零件间的这种性质称为互换性。如日常使用的螺钉、螺母、灯泡和灯头等都具有互换性。零件的互换性是机械产品批量化生产的基础，使专业化生产成为可能，从而提高劳动效率，给机器的装配和维修都带来了极大的方便，具有很大的经济效益。

在零件加工的过程中，由于受机床、刀具等因素的影响，完工后的实际尺寸总存在一定的误差。为了保证零件的互换性，允许零件的实际尺寸在一个合理的范围内变动，这个尺寸变动范围称为尺寸公差，简称公差。

（1）基本术语

1）公称尺寸

由图样规范确定的理想形状要素的尺寸，是在设计时根据零件的强度、刚度和结构要求确定的尺寸，如图8-21中孔$\phi30^{+0.028}_{+0.007}$的$\phi30$。

2）实际（组成）要素

加工后实际测量获得的尺寸（实际尺寸）。

3）极限尺寸

尺寸要素允许的尺寸的两个极端。

尺寸要素允许的最大尺寸称为上极限尺寸，如图8-21中孔$\phi30.028$。

尺寸要素允许的最小尺寸称为下极限尺寸，如图8-21中孔$\phi30.007$。

4）极限偏差

偏差：某一尺寸减其公称尺寸所得的代数差。

上极限偏差：上极限尺寸减其公称尺寸所得代数差称为上极限偏差。

下极限偏差：下极限尺寸减其公称尺寸所得代数差称为下极限偏差。

孔的上、下极限偏差分别用大写字母ES、EI表示，轴的上、下极限偏差分别用小写字母es、ei表示。

5）基本偏差

基本偏差是确定公差带相对零线位置的那个极限偏差。它可以是上极限偏差或下极限偏差，一般为靠近零线的那个偏差，如图8-22所示，孔的下极限偏差和轴的上极限偏差靠近零线，是基本偏差。

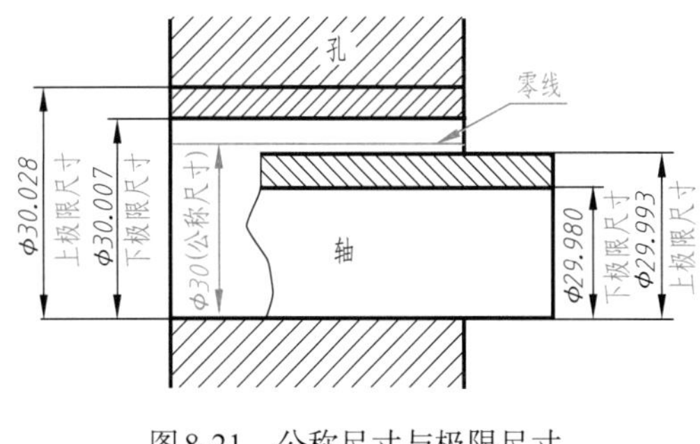

图8-21　公称尺寸与极限尺寸

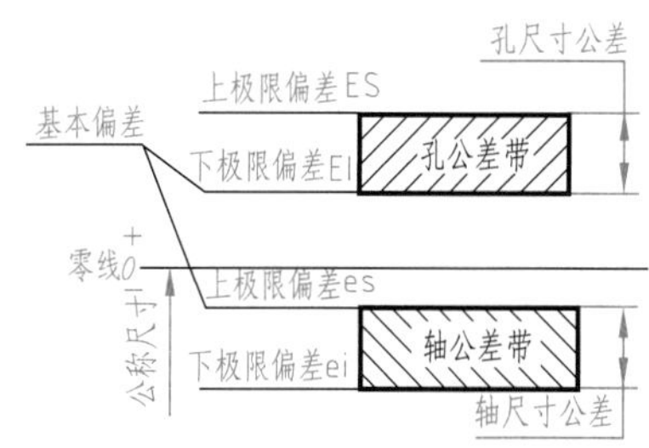

图8-22　公差带图解

6）尺寸公差（简称公差）

上极限尺寸减下极限尺寸之差，或上极限偏差减下极限偏差之差，它是尺寸允许的变动量。尺寸公差恒为正值。

7）标准公差

由国家标准GB/T 1800.1—2009《产品几何技术规范（GPS）极限与配合　第1部分：公差、偏差和配合的基础》所规定的任一公差。标准公差数值由公称尺寸和标准公差等级所确定，可在国家标准（GB/T 1800.1—2009）中查出。

标准公差等级是确定尺寸精度的等级，标准公差等级代号用符号IT（“国际公差”的符号）和数字组成，例如IT7。国家标准在公称尺寸0~500mm内规定了IT01、IT0、IT1~IT18共20个标准公差等级；公称大于500~3150mm内规定了IT1~IT18共18个标准公差等级，从IT01~IT18精度等级依次降低。同一公差等级对所有公称尺寸被认为具有同等精确程度。

8）零线、公差带

零线：在公差带图解中，表示公称尺寸的一条直线，以其为基准确定偏差和公差。通常零线沿水平方向绘制，正偏差位于其上，负偏差位于其下，如图8-22所示。

公差带：在公差带图解中，由代表上极限偏差和下极限偏差或上极限尺寸和下极限尺寸的两条直线所限定的一个区域。如图8-22所示，公差带是由公差大小和其相对零线位置来确定的，公差大小由标准公差确定，而公差带相对零线位置则由基本偏差确定。

国家标准根据不同的使用要求，对孔和轴分别规定了28个基本偏差。孔的基本偏差代号用大写的拉丁字母表示，轴的基本偏差代号用小写的拉丁字母表示。从图8-23基本偏差系列示意图中可以看出，孔的基本偏差从A~H为下极限偏差，从K~ZC为上极限偏差；轴的基本偏差从a~h为上极限偏差，从k~zc为下极限偏差；H、h的基本偏差为零，其他基本偏差的数值可查国家标准GB/T 1800.1—2009；JS和js没有基本偏差，其公差带对称分布于零线两侧，分别是IT/2、–IT/2。

基本偏差系列图中的基本偏差值表示公差带的各个位置，另一端是开口的，开口的方向表示公差带延伸的方向，它的大小由标准公差决定。

9）公差带代号

孔和轴公差带代号由基本偏差代号和标准公差等级代号组成，如H7、g7等。在零件图中尺寸公差表示如下。

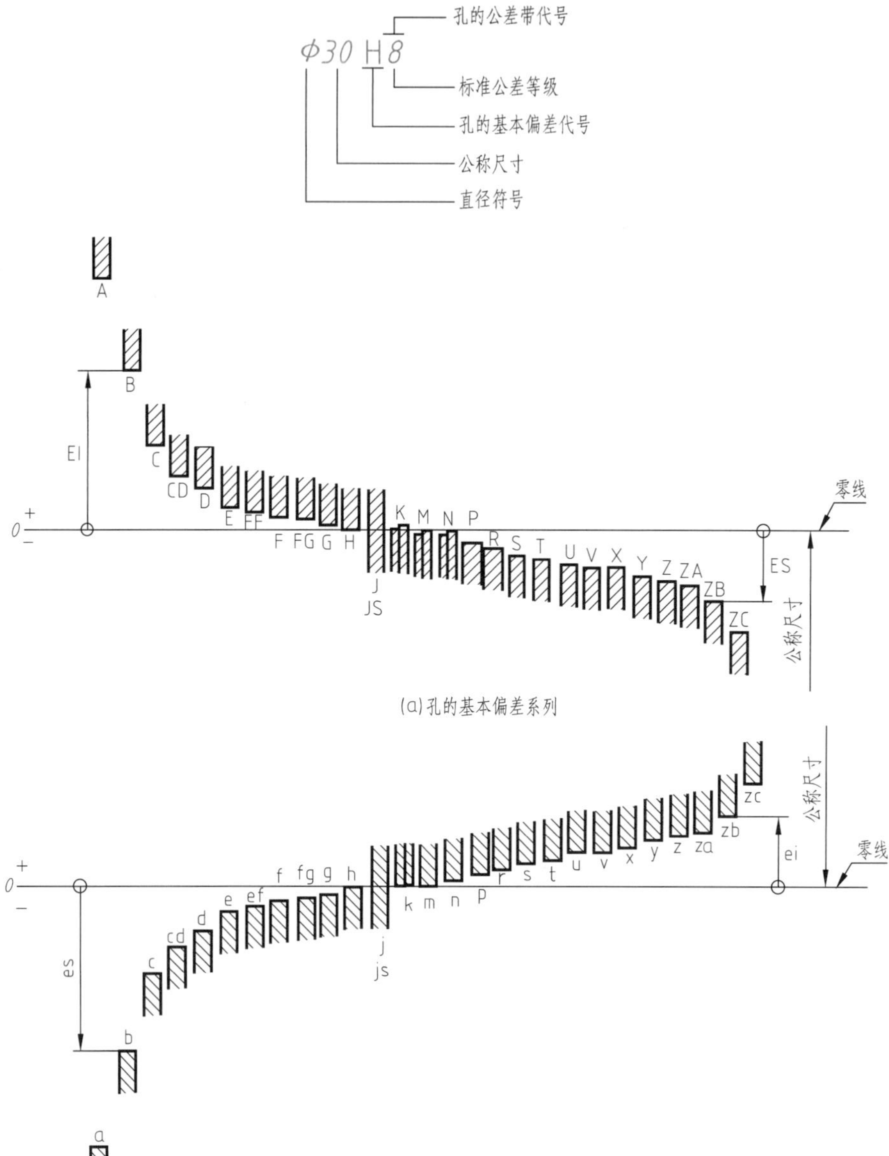

图8-23 孔和轴的基本偏差系列

当孔或轴的基本尺寸和公差等级确定以后，可查得孔或轴的上、下偏差数值。

(2) 配合

基本尺寸相同并且相互结合的孔和轴公差带之间的关系称为配合。轴通常指工件的圆柱形外尺寸要素，也包括非圆柱形的外尺寸要素（由两平行平面或切面形成的被包容面）；孔通常指工件的圆柱形内尺寸要素，也包括非圆柱形的内尺寸要素（由两平行平面或切面形成的包容面）。

1）配合种类

由于孔和轴的实际尺寸不同，装配后可能产生“间隙”和“过盈”，在孔与轴的配合中，孔的尺寸减去相配合的轴的尺寸之差为正时称为间隙，为负时称为过盈。根据不同的工作要求，轴和孔之间的配合分为三类。

① 间隙配合：具有间隙（包括最小间隙等于零）的配合。此时孔的公差带在轴的公差带之上，如图8-24所示。

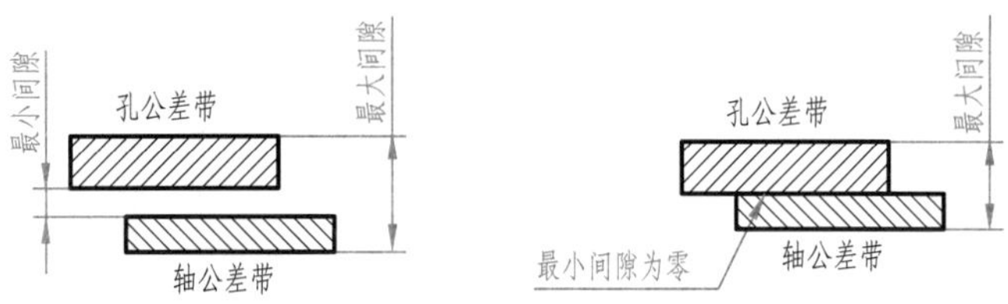

图8-24　间隙配合孔和轴公差带关系

② 过盈配合：具有过盈（包括最小过盈等于零）的配合。此时孔的公差带在轴的公差带之下，如图8-25所示。

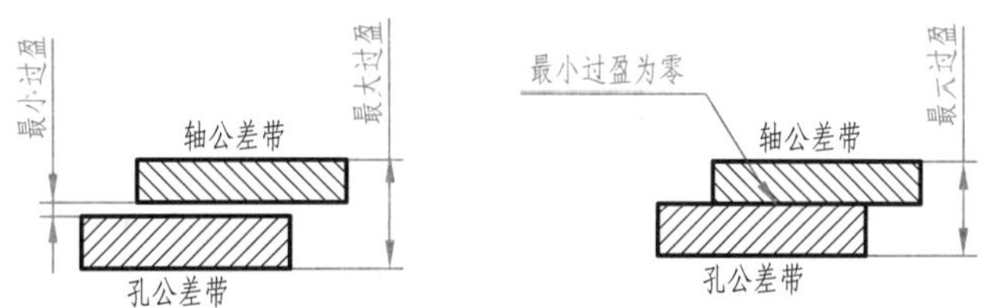

图8-25　过盈配合孔和轴公差带关系

③ 过渡配合：可能具有间隙或过盈的配合，此时，孔的公差带和轴的公差带相互交叠，如图8-26所示。

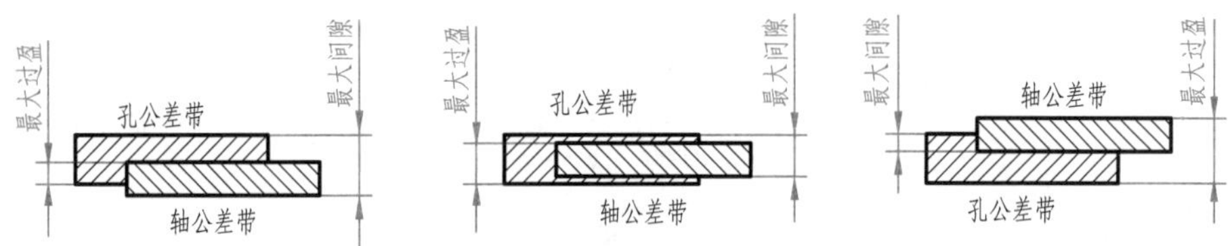

图8-26　过渡配合孔和轴公差带关系

2）配合制

同一极限制的孔和轴组成的一种配合制度。

当基本尺寸确定后，为了得到孔和轴之间不同性质的配合，需要制定其公差带，如果孔和轴都可以任意变动，则配合情况变化极多，不便于零件的设计和制造。因此，国家标准对配合规定了两种常用的基准制：基孔制和基轴制。

① 基孔制　基本偏差为一定的孔的公差带，与不同基本偏差的轴的公差带形成各种配合的一种制度，是孔的下极限尺寸与公称尺寸相等、孔的下极限偏差为零的一种配合制，如图8-27（a）所示。基孔制的孔称为基准孔，其基本偏差代号为“H”。

② 基轴制　基本偏差为一定的轴的公差带，与不同基本偏差的孔的公差带形成各种配合的一种制度，是轴的上极限尺寸与公称尺寸相等、轴的上极限偏差为零的一种配合制，如

图8-27（b）所示。基轴制的轴称为基准轴，其基本偏差代号为“h”。

在一般情况下，优先选用基孔制配合。如有特殊需求，允许将任一孔、轴公差带组成配合。

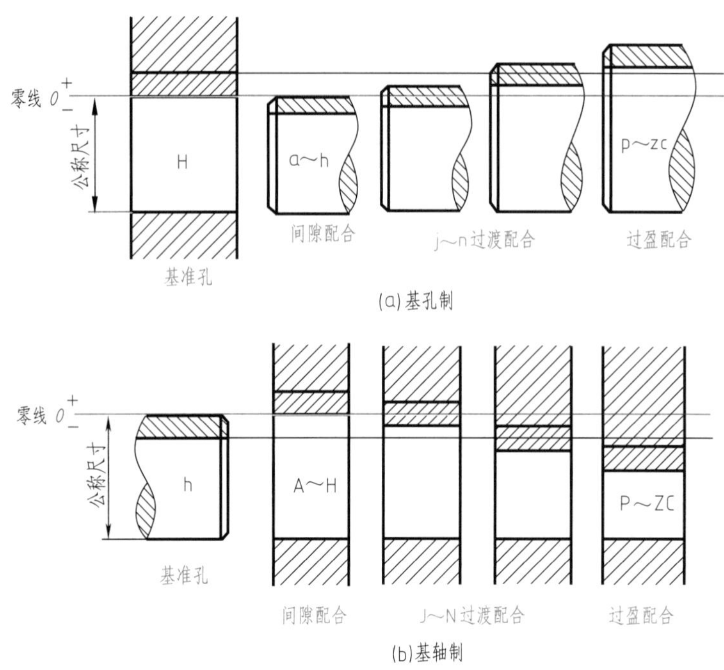

图8-27 基准制

3）配合代号

配合采用相同的公称尺寸后面标注孔、轴公差带的形式表示。孔、轴公差带写成分数形式，分子为孔公差带，分母为轴公差带。例如：

$$\phi 30\frac{H8}{f7} 或 \phi 30H8/f7$$

4）优先配合和常用配合（GB/T 1801—2009）

公称尺寸大于500~3150mm的配合一般采用基孔制的同级配合。

（3）极限与配合在图上的标注（GB/T 4458.5—2003）

1） 极限在零件图中的标注

在零件图中标注尺寸公差，可用以下三种形式中的一种进行标注（图8-28）：

① 在基本尺寸后标注公差带代号；

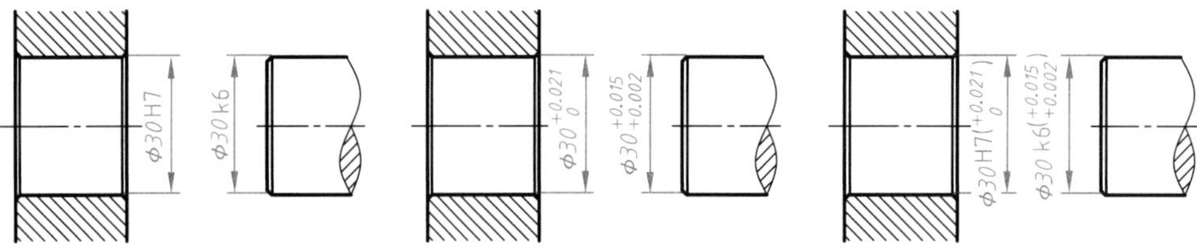

图8-28 零件图上尺寸公差的标注方法

② 在基本尺寸后标注极限偏差值；

③ 在基本尺寸后既标注公差带代号，又标注极限偏差值。

2）配合在装配图中的标注

在装配图中配合代号用分式表示，分子表示孔的公差带代号，分母表示轴的公差带代号，如图8-29（a）、（b）所示。

当设计机器时，滚动轴承属于外购件，是由专门工厂生产的标准部件，因此与滚动轴承内圈相配的轴，采用基孔制，只注轴公差带代号，而与外圈相配的外壳孔，采用基轴制，只注孔的公差带代号，如图8-29（c）所示。

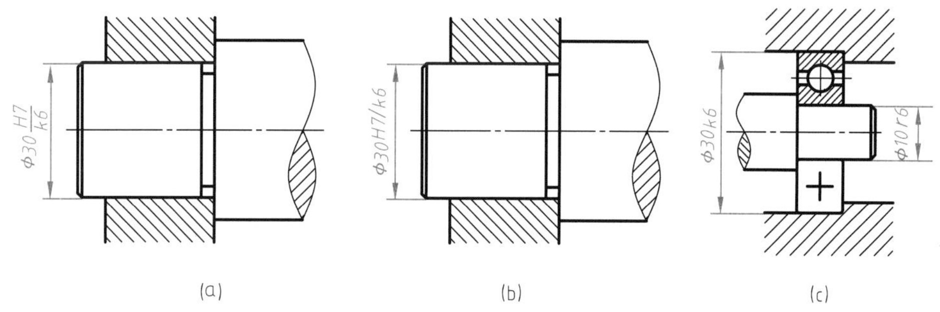

图8-29 配合代号在装配图中的标注

3）标注尺寸公差时应注意的问题

① 上、下极限偏差的字高比尺寸数字小一号，且下极限偏差与尺寸数字在同一水平线上。

② 当公差带相对于公称尺寸对称时，可采用“±”加偏差的绝对值来表示，如$\phi 30 \pm 0.016$。

③ 上、下极限偏差的小数位必须相同、对齐，当上极限偏差或下极限偏差为零时，只用数字“0”标出。

8.4.3 几何公差（GB/T 1182—2018）

（1）几何公差的基本概念

零件的加工过程中，由于加工中出现的变形和机床、刀具、夹具系统中存在的几何误差等原因，从而使得零件加工后，不但会产生尺寸误差，而且会产生几何误差。几何公差是实际（形状和位置）要素对公称（形状和位置）要素所允许的变动量。要素是指工件上的特定部分，如点、线或面，这些要素可以是组成要素（如圆柱体的外表面），也可以是导出要素（如中心线或中心面）。

机器中某些精确度较高的零件，不仅需要保证其尺寸公差，而且还要保证其几何公差。对于一般零件来说，它的几何公差可由尺寸公差、加工机床的精度等来保证。对精度要求较高的零件，则根据设计要求，需要在零件图上注出有关的几何公差。

（2）几何公差的几何特征和符号

1）几何公差的类型

国家标准中规定了几何公差的类型、几何特征符号，见表8-8。

2）几何公差的组成

几何公差规范标注的组成包括公差框格，可选的辅助平面和要素标注以及可选的相邻标

注（补充标注），见图8-30（a）。几何公差规范应使用参照线与指引线相连。如果没有可选的辅助平面或要素标注，参照线与公差框格的左侧或右侧中点相连。如果有可选的辅助平面或要素标注，参照线应与公差框格的左侧中点或最后一个辅助平面和要素框格的右侧中点相连。

表8-8　几何特征符号

公差类型	几何特征	符号	有无基准	公差类型	几何特征	符号	有无基准
形状公差	直线度	—	无	位置公差	位置度	⌖	有或无
	平面度	▱	无		同心度（用于中心点）	◎	有
	圆度	○	无		同轴度（用于轴线）	◎	有
	圆柱度	⌭	无		对称度	⌯	有
	线轮廓度	⌒	无		线轮廓度	⌒	有
	面轮廓度	⌓	无		面轮廓度	⌓	有
方向公差	平行度	//	有	跳动公差	圆跳动	↗	有
	垂直度	⊥	有		全跳动	⌰	有
	倾斜度	∠	有				
	线轮廓度	⌒	有				
	面轮廓度	⌓	有				

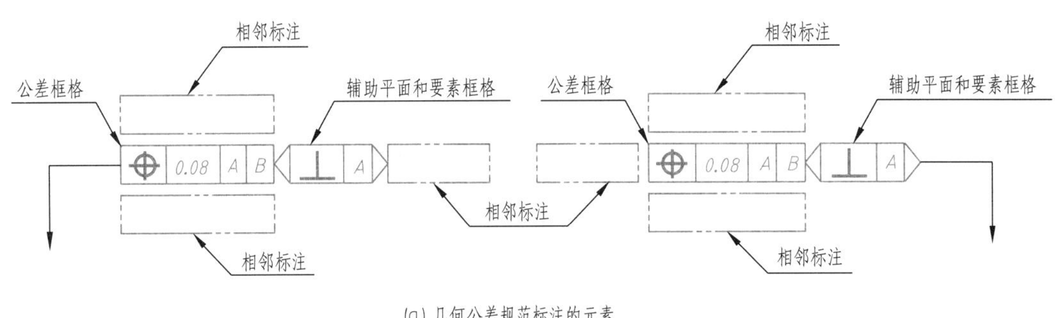

(a) 几何公差规范标注的元素

(b) 公差框格

图8-30　几何公差的组成

3）公差框格

公差要求应标注在划分成两个部分或三个部分的矩形框格内。第三个部分可选的基准部分可包含一至三格。如图8-30（b）所示，这些部分自左向右顺序排列如下。

① 符号部分：应包含几何特征符号。

② 公差带、要素与特征部分：公差值应以线性尺寸所使用的单位给出。如果被测要素是线要素或点要素且公差是圆形、圆柱形，或圆管形，公差值前面应标注符号“ϕ”；如果被测要素是点要素且公差带是球形，公差值前面应标注符号“$S\phi$”。

③ 基准部分：用以建立基准的表面通过一个位于基准符号内的大写字母来表示。当基准由单一要素表示时，该基准应在公差框格的第三格中用相应的大写拉丁字母标出；当公共基准由两个或多个要素表示时，该基准应在公差框格的第三格中用被短画线分开的两个或多个字母标出；当一个基准体系由两个或三个要素建立时，它们的基准代号字母应按各基准的优先顺序在公差框格的第三格到第五格中依次标出，序列中的第一个基准被称作“第一基准”，第二个被称作“第二基准”，第三个被称为“第三基准”。如图8-30（b）所示。

4）基准

用来定义公差带的位置和（或）方向或用来定义实体状态的位置和（或）方向的一个（组）方位要素。与被测要素相关的基准符号用一个大写字母表示，字母标注在基准方格内，与一个涂黑或空白的三角形（涂黑或空白的基准三角形含义相同）相连以表示基准（见图8-31）；框格高度一般为2倍字体高度，宽度与所标注内容相适应。

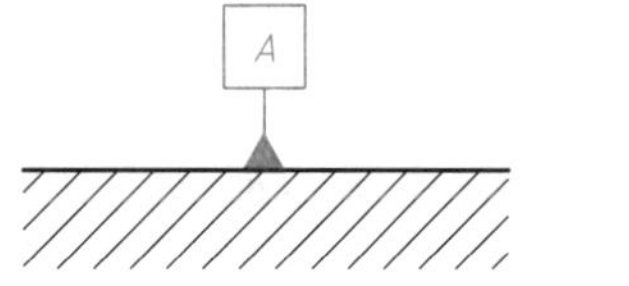

图8-31 基准符号

(3) 几何公差在图上的标注

1）被测要素的标注

① 当几何公差规范指向组成要素时，该几何公差规范标注应当通过指引线与被测要素连接，并以下列方式之一终止。

a.若指引线终止在要素的轮廓或其延长线上，则以箭头终止，如图8-32（a）所示。

b.当标注要素是组成要素且指引线终止在要素的界限以内，则以圆点终止，如图8-32（b）所示。当该面要素可见时，此圆点是实心的，指引线为实线；当该面要素不可见时，这个圆点为空心，指引线为虚线。

c.该箭头可放在指引线横线上，并使用指引线指向该面要素。

② 当几何公差规范适用于导出要素（中心线、中心面或中心点）时，应按如下方式之一进行标注。

a.使用参照线与指引线进行标注，并用箭头终止在尺寸要素的尺寸延长线上，如图8-32（c）所示。

b.可将修饰符Ⓐ（中心要素）放置在回转体的公差框格内公差带、要素与特征部分。此时，指引线应与尺寸线对齐，可在组成要素上用圆点或箭头终止，如图8-32（d）所示。

2） 基准要素的标注

基准要素由基准代号表示，表示基准的字母应在公差框格内注明，无论基准要素在图中的方向如何变化，其方格中的字母一律水平书写。带基准字母的基准三角形应按如下规定放置。

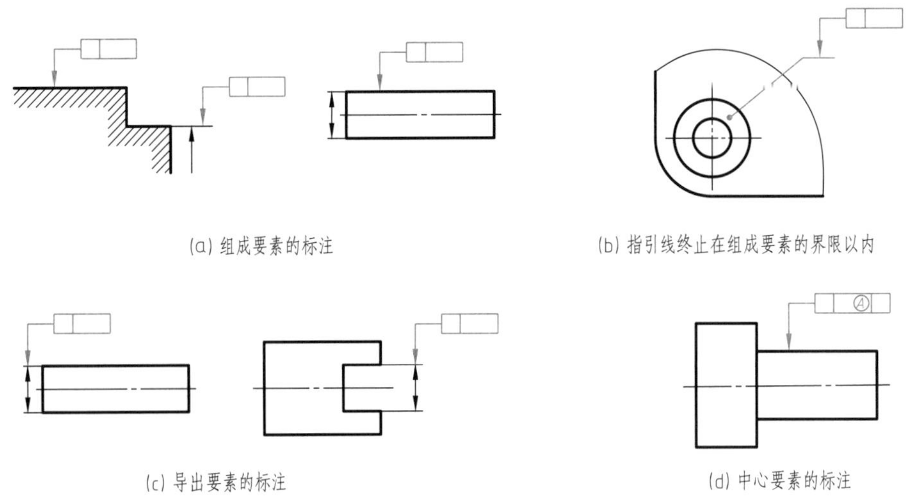

(a) 组成要素的标注
(b) 指引线终止在组成要素的界限以内
(c) 导出要素的标注
(d) 中心要素的标注

图8-32 被测要素的标注

① 当基准要素是一个球的球心时，基准三角与球的直径尺寸线对齐标注，如图8-33（a）所示；当基准要素是一个圆的圆心时，基准三角与圆的直径尺寸线对齐标注，如图8-33（b）所示。

② 当基准要素是尺寸要素确定的轴线、中心平面时，基准三角形应放置在该尺寸线的延长线上，如图8-33（c）、（d）所示。

③ 当基准要素是一个零件的平面时，基准三角形可放置在该平面轮廓线或轮廓线的延长线上，如图8-33（e）所示。

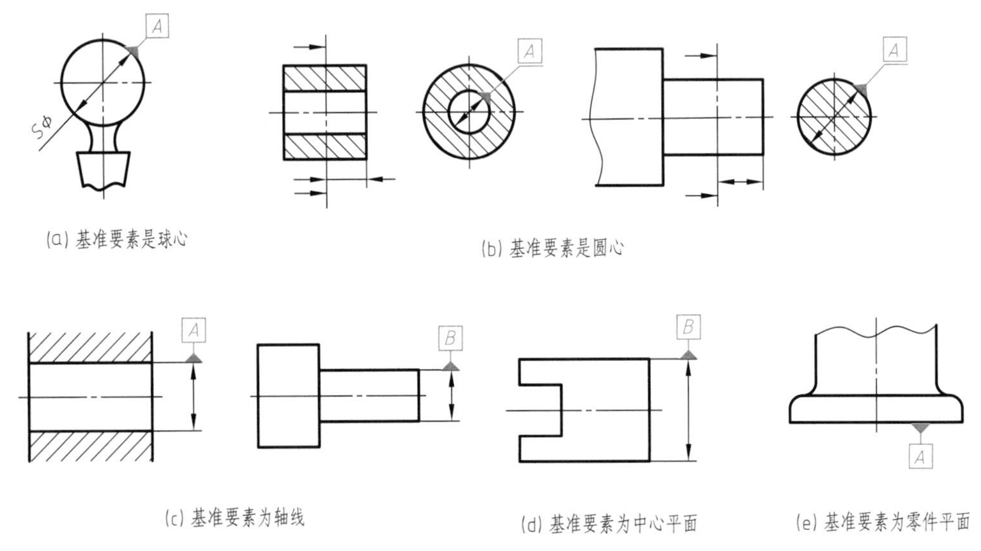

(a) 基准要素是球心
(b) 基准要素是圆心
(c) 基准要素为轴线
(d) 基准要素为中心平面
(e) 基准要素为零件平面

图8-33 基准要素的标注

（4）几何公差标注示例

表8-9列出了一些常见几何公差的标注示例及说明。

表 8-9 常见几何公差标注示例和说明

几何特征	示例	说明
直线度	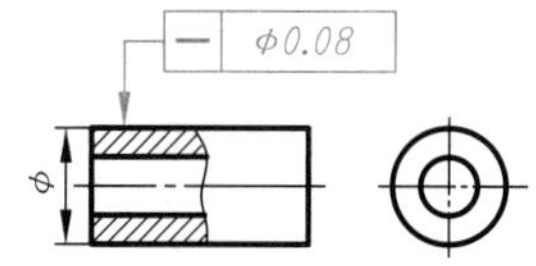 — φ0.08	圆柱面的提取(实际)中心线应限定在直径等于φ0.08的圆柱面内
平面度	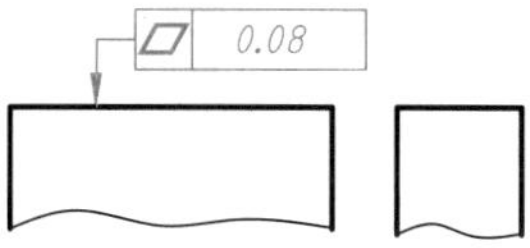 ▱ 0.08	提取(实际)表面应限定在间距等于0.08的两平行面之间
圆度	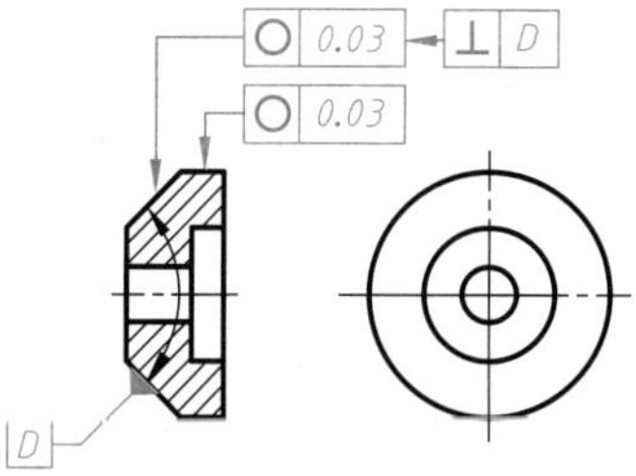 ○ 0.03 ⊥ D；○ 0.03；D	在圆柱面和圆锥面的任意横截面内,提取(实际)圆周应限定在半径差等于0.03的两共面同心圆之间
圆柱度	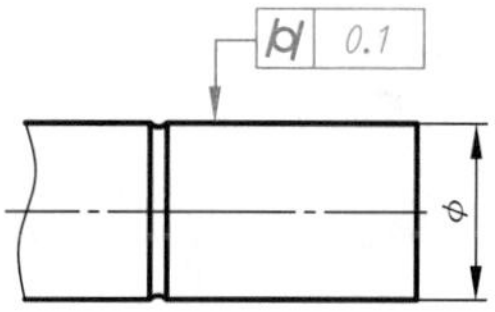 ⌭ 0.1	提取(实际)圆柱表面应限定在半径差等于0.1的两同轴圆柱面之间
平行度	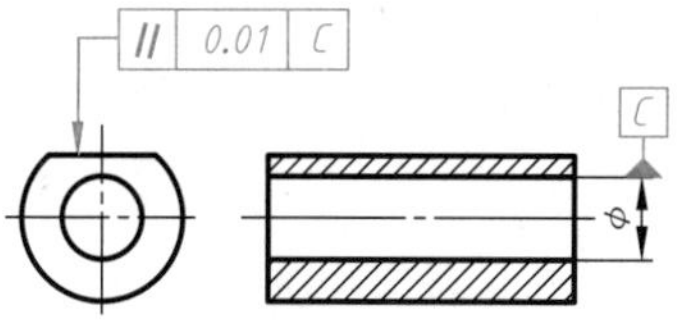 // 0.01 C；C	提取(实际)面应限定在间距等于0.01、平行于基准轴线C的两平行平面之间
垂直度	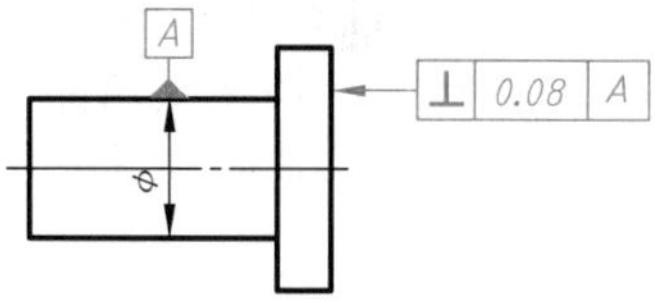 A；⊥ 0.08 A	提取(实际)面应限定在间距等于0.08的两平行平面之间。该两平行平面垂直于基准轴线A
同轴度	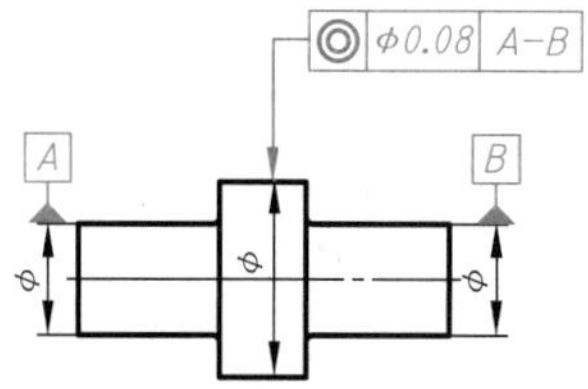 ◎ φ0.08 A−B；A；B	被测圆柱的提取(实际)中心线应限定在直径等于φ0.08、以公共基准轴线A—B为轴线的圆柱面内
对称度	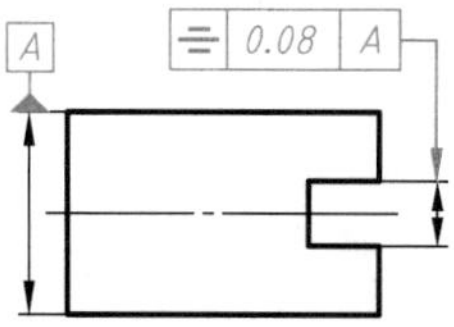 A；⌯ 0.08 A	提取(实际)中心表面应限定在间距等于0.08、对称于基准中心平面A的两平行平面之间

8.5 常见的零件工艺结构

零件的结构形状主要是由零件在机器中的功能决定的，但是制造、加工方法对零件的结构也有一定的要求，这种由加工工艺确定的零件结构称为零件的工艺结构。下面介绍一些常见的工艺结构，供绘图时参考。

8.5.1 铸造工艺结构

（1）起模斜度（拔模斜度）

铸件造型时，为了便于取出木模，铸件的内、外壁沿起模方向应设计斜度，称为起模斜度。如图8-34所示。起模斜度的大小：木模常取1°~3°；金属模手工造型时取1°~2°，机械造型时取0.5°~1°。起模斜度较小时在图中一般不画出，必要时可在技术要求中注明。

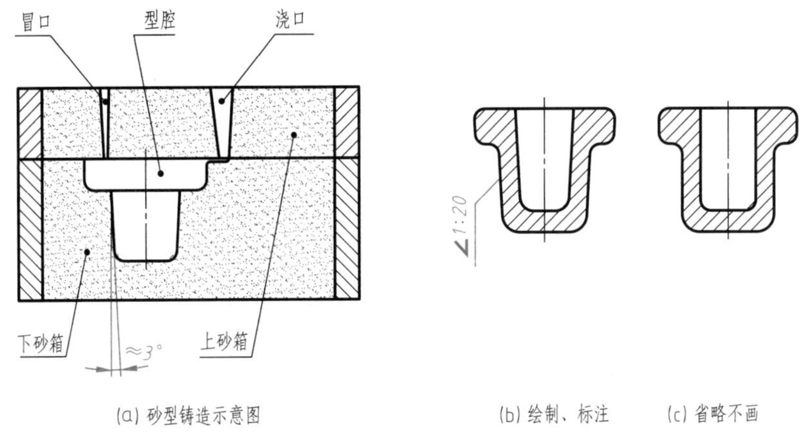

图8-34 起模斜度

（2）铸造圆角

为了避免砂型落砂和铸件在冷却时产生裂纹和缩孔，在铸件各表面相交处应做成圆角。若毛坯表面经过切削加工，则铸件圆角被削平，如图8-35所示。铸造圆角的半径一般取壁厚的0.2~0.4，或查阅手册；同一铸件圆角半径的种类尽可能减少；圆角半径可在技术要求中统一注明。

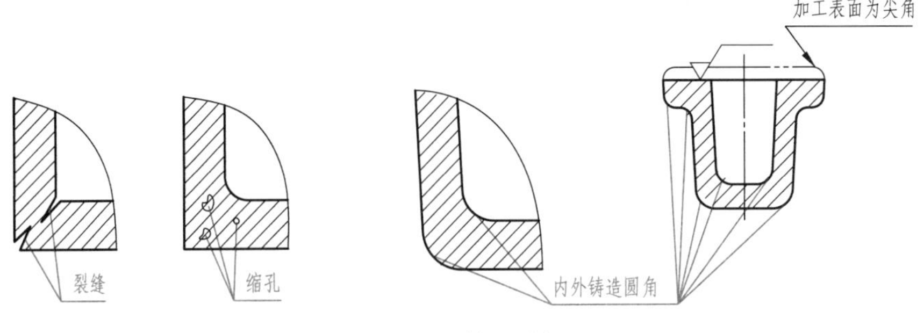

图8-35 铸造圆角

（3）铸件壁厚

铸造零件毛坯时，为了避免浇注后零件各部分因冷却速度不同而产生裂纹或缩孔，铸件的壁厚应均匀或逐渐过渡变化，以避免壁厚突变或局部肥大的不匀现象，如图8-36所示。

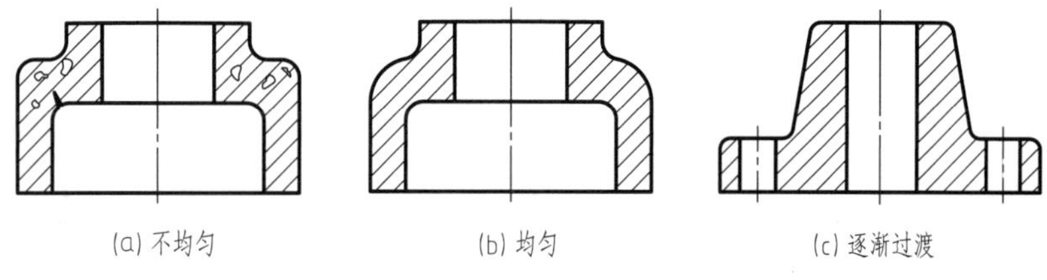

图8-36　铸件壁厚

(4) 过渡线

由于铸造圆角、起模斜度等影响，铸件表面的相贯线变得不太明显，这种线称为过渡线。过渡线的画法与相贯线相同，只是其端点处不与圆角轮廓线接触，即过渡线只画到理论交点处，且线型为细实线。常见铸件的过渡线画法如下。

① 当两曲面相交时，过渡线不应与圆角轮廓接触，如图8-37（a）所示；

② 当平面与平面相交或平面与曲面相交时，应在转角处断开，并加画过渡圆弧，如图8-37（b）所示；

③ 当平面、曲面与曲面相交相切时，相切处不画切线，加画过渡圆角，曲面与曲面的素线相切处，过渡线断开，要准确画出平面、曲面与曲面交线的分界点，如图8-37（c）所示。

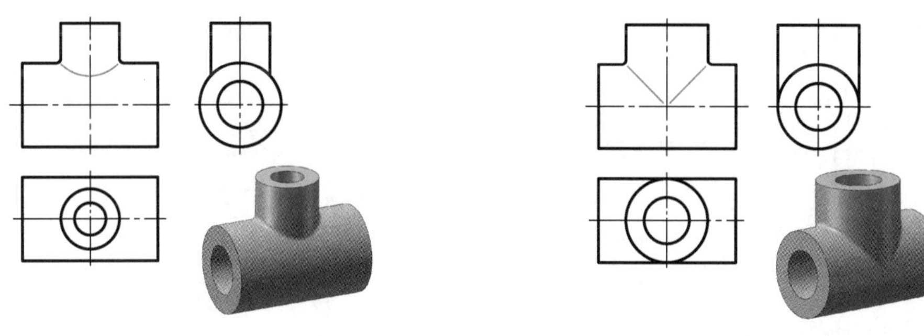

(a)

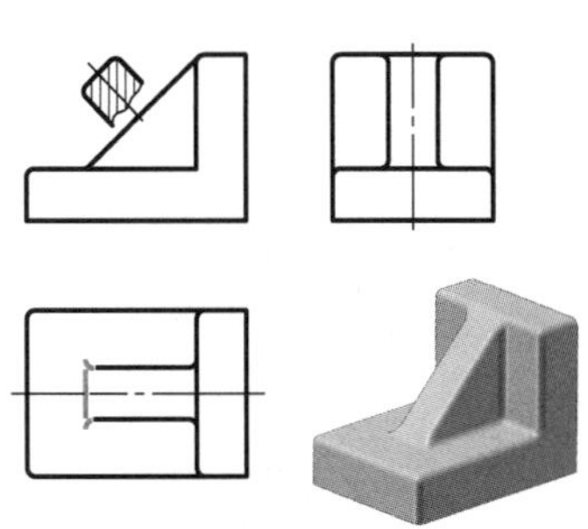

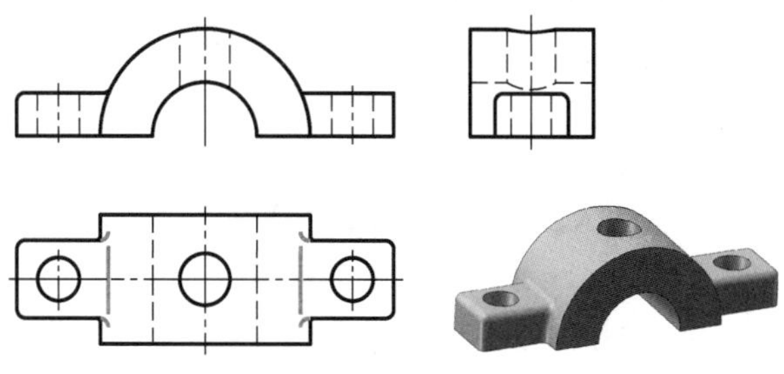

(b)

图8-37

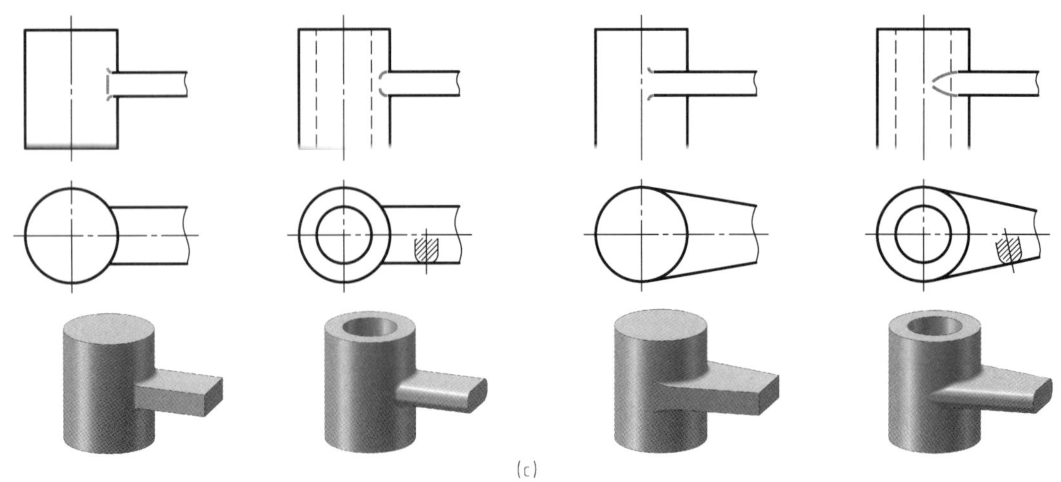

图 8-37 过渡线

8.5.2 机械加工工艺结构

(1) 倒角和倒圆

为了去除零件加工表面转角处的毛刺、锐边，以便于安装和操作安全，在轴、孔的端部一般都用锥顶角为45°的圆锥刀头切除锐边加工成锥面，这种结构称为倒角。为了避免应力集中而产生裂纹，在轴肩处加工成圆角过渡，称为倒圆，如图8-38所示。倒角和倒圆的尺寸可查阅机械设计手册。

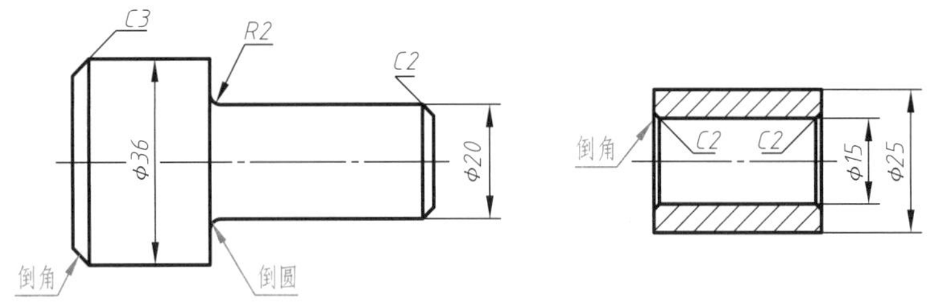

图 8-38 零件的倒角和倒圆

(2) 退刀槽和砂轮越程槽

在车削（特别是车削螺纹）或磨削加工时，为了方便刀具进入、退出，或使砂轮能稍微越过加工面，常在被加工面的末端预先车出一个槽，称为螺纹退刀槽或砂轮越程槽，如图8-39所示尺寸注成“槽宽×深度”或“槽宽×直径”。

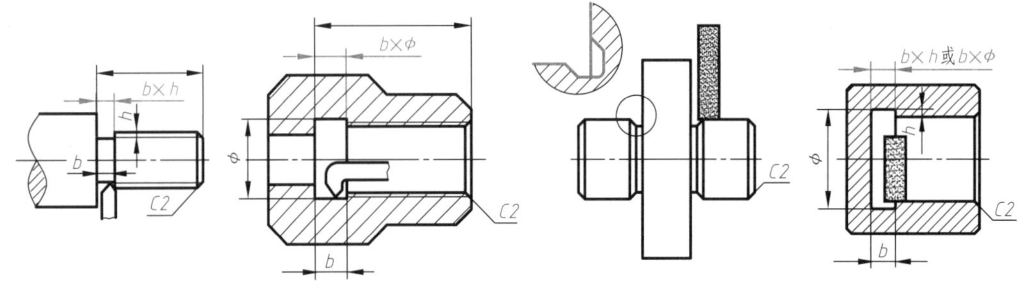

图 8-39 退刀槽和砂轮越程槽

(3) 凸台和凹坑

为了保证零件在装配时有良好的接触，零件和零件之间的接触面一般都需要机械加工。为了减少加工面积，节约成本，常在铸造件表面接触处设计成凸台和凹坑形式，如图8-40所示。

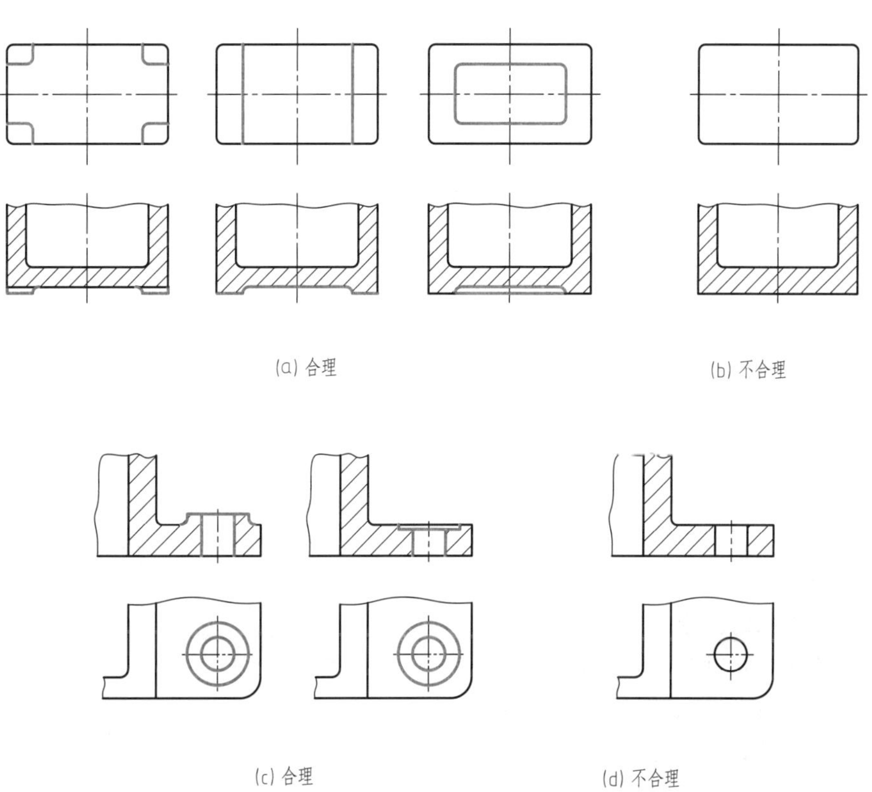

(a) 合理　(b) 不合理

(c) 合理　(d) 不合理

图8-40　凸台和凹坑

(4) 钻孔结构

在零件上钻孔时，如果是盲孔，则孔底部有一个120°的锥孔；如果是阶梯孔，则大小孔过渡处有一个120°的锥台，如图8-41所示。用钻头钻孔时，为了保证钻孔的位置准确和避免钻头因受力不均而折断，应使钻头轴线尽量垂直于被钻孔的端面。因此在与孔轴线倾斜的表面处，常需设计出平台或凹坑结构，并且还要避免单边加工。但当钻头与倾斜面的夹角大于60°时，也可以直接钻孔，如图8-42所示。

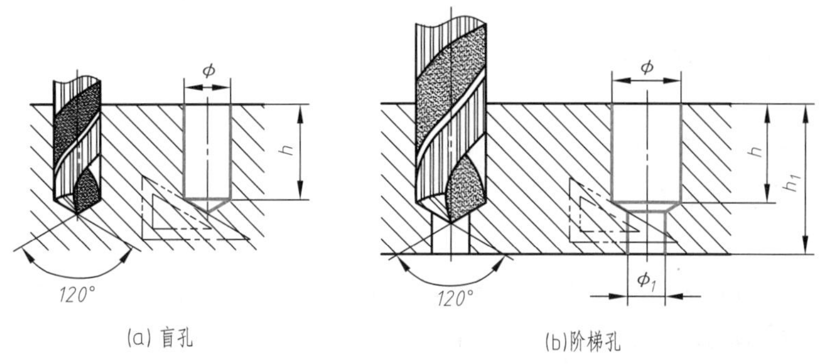

(a) 盲孔　(b) 阶梯孔

图8-41　孔的画法及尺寸标注

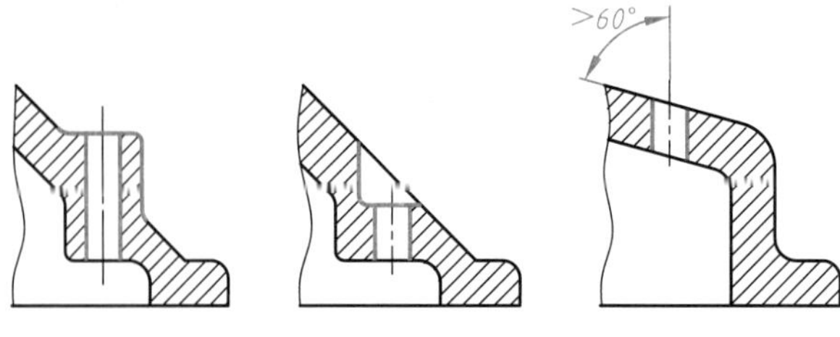

图8-42 钻孔的端面结构

8.6 零件图的阅读

8.6.1 读图的目的和要求

(1) 读图的目的

工程设计人员在设计零件时，经常要参考同类机器零件的图样，这就需要会看零件图。生产制造技术人员在制造零件时，也需要看懂零件图，想象出零件的结构形状，了解各部分尺寸及技术要求等，以便加工出合格的零件。检验、维修技术人员在检验或维修零件时也需要查看零件图，以判断零件是否达到技术要求。总之，从事各种工程技术专业工作的技术人员，必须具备读零件图的能力。

(2) 读零件图的要求

① 了解零件的名称、材料和用途（包括各组成形体的作用)。

② 分析视图，读懂零件各部分的结构形状。

③ 分析尺寸标注，了解零件设计和工艺。

④ 分析技术要求，了解零件制造方法。

8.6.2 读零件图的方法和步骤

以图8-43阀体零件图为例，介绍读零件图的一般方法和步骤。

(1) 概括了解

看零件图的标题栏，了解零件的名称、材料、绘图比例、质量等内容，大体可了解零件的功用。

从标题栏中可知该零件的名称为阀体，属于箱体类零件，起容纳、支承、密封等作用。

阀体选用材料是铸钢（ZG25)，经铸造成形、时效处理后，对需要加工的内外表面进行切削加工而制造出来。

该零件图的绘图比例是1：1，可知实物和图形一样大。

(2) 分析视图并想象零件结构

根据零件类别，结合典型零件的视图表达方案，观察视图布局，找出主视图和其他视图，分析它们之间的关系，以及各视图所表达的侧重点。如主视图主要表达外形结构，全剖视图主要表达内部结构，半剖视图或局部剖视图则内外兼顾。若是剖视图或断面图，还应弄清楚具体的剖切方法和剖切位置，以及剖切要表达的主要内部结构。在视图分析的基础上，运用形体分析和结构分析的方法，根据投影关系，想象各部分的结构形状和零件的总体结构形状。分析视图的基本方法是：先看主要部分，后看次要部分；先看易懂的部分，后看难理解的部分；先看整体，后看细节。

① 分析视图。阀体的零件图画出了主、俯、左三视图，其中主视图采用全剖视图，左视图采用半剖视图，俯视图采用外形视图，并对螺纹孔采用局部剖视的表达方法，三个视图结合起来，即表达了阀体的外部结构形状，也表达了其复杂的内部结构。

② 零件整体结构形状分析。阀体上部为圆柱管状，圆柱管的下部与球形阀身相贯，球形阀身的内部有一左右方向水平管道通路，通路的右端为圆柱管形结构，通路的左端为方形凸缘结构，左、右通道口和上部圆柱管内均有切削加工的阶梯孔。整个阀体呈前后对称结构，如图8-43俯视图所示。

③ 细部结构及功能分析。阀体的基本形状是一个球形壳体。左边方形凸缘上有四个螺孔，是与阀盖用螺柱相连接的部分。上部的圆柱筒内孔处有阶梯孔和环形槽，以便安装阀杆、密封填料等。阀体右端的外螺纹是为接入管路系统而设计的。

对照主视图和俯视图可以看出，在阀体的顶部有一个呈前后45°对称结构的扇形限位凸块，用来控制与之相连的转动件的旋转角度。

根据上述分析，综合想象零件整体结构形状，如图8-44所示。

（3）分析尺寸

根据零件类别和结构特点，分析确定各方向的尺寸基准，了解各部分的定形尺寸、定位尺寸及总体尺寸。

① 尺寸基准。长、宽、高三个方向的尺寸基准如图8-43所示。由这些基准出发，可确定总体尺寸、定形尺寸和定位尺寸等。

② 主要尺寸分析。阀体右端与管路系统相连接的外螺纹M36×2以及阀体上端的内螺纹M24×1.5均为特性尺寸。方形凸缘上的四个螺孔尺寸4×M12及其定位尺寸ϕ70mm和45°，均为安装到管路系统时的安装尺寸。限位凸块的定形尺寸45°±30′，限定与之相配件的运动极限位置。

（4）分析技术要求

分析尺寸的极限与配合、表面结构、几何公差要求及其他要达到的指标等，用以明确主要加工面，制定正确的制造工艺方案。

① 尺寸的极限与配合。图中标注极限偏差要求的尺寸有$21_{-0.13}^{\ 0}$、$56_{\ 0}^{+0.46}$等，标注公差带代号和极限偏差要求的尺寸有$\phi50H11(^{+0.160}_{\ \ 0})$、$\phi35H11(^{+0.160}_{\ \ 0})$、$\phi22H11(^{+0.130}_{\ \ 0})$、$\phi18H11(^{+0.110}_{\ \ 0})$等，这几处均为基孔制的配合。

② 表面结构要求。由图8-43中标注可以看出，表面粗糙度轮廓要求最高的是阀体内圆柱面ϕ22H11和ϕ18H11两处，其表面粗糙度值均为*Ra*6.3μm。还有多处加工面的表面粗糙度值为*Ra*12.5μm、*Ra*25μm。没有标注的表面均为不加工的铸造表面，这些表面的质量要求不高，由图中标题栏附近给出的符号“$\overset{\circ}{\sqrt{}}$ ($\sqrt{}$)”统一表示。

③ 几何公差。由图8-43可知，图中共有两处垂直度要求，即ϕ18H11孔的轴线对*B*基准（ϕ35H11孔的轴线）的垂直度公差，应限定在间距等于0.08mm、垂直于基准轴*B*的两平行平面之间；ϕ35H11孔的右端面相对于*B*基准（ϕ35H11孔的轴线）的垂直度公差，应限定在间距等于0.06mm的两平行平面之间，该两平行平面垂直于基准轴线*B*。

④ 用文字说明的技术要求。标题栏上方共注写了两条技术要求：a. 铸件应时效处理，消除内应力；b. 未注圆角 R1~R3。

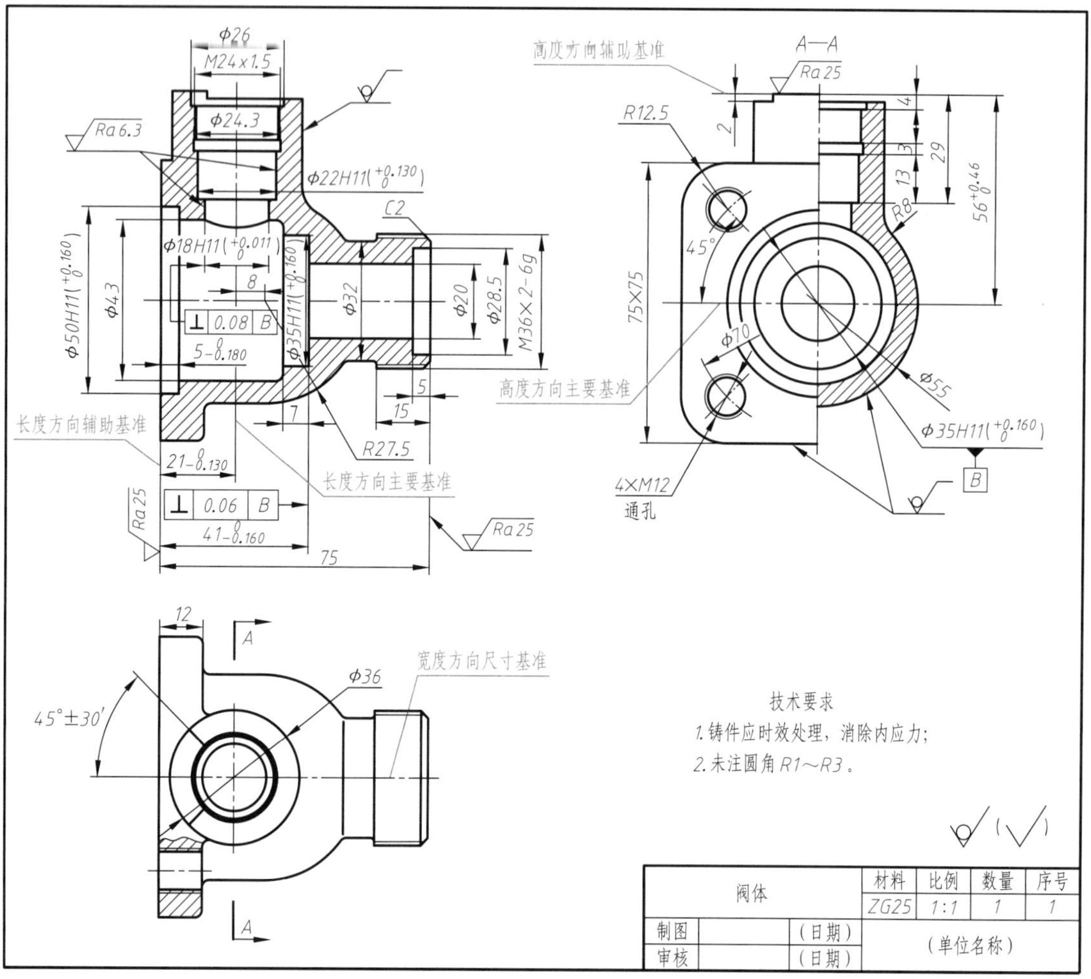

技术要求

1.铸件应时效处理，消除内应力；

2.未注圆角 R1～R3。

阀体		材料	比例	数量	序号
		ZG25	1:1	1	1
制图	（日期）	（单位名称）			
审核	（日期）				

图 8-43　阀体零件图

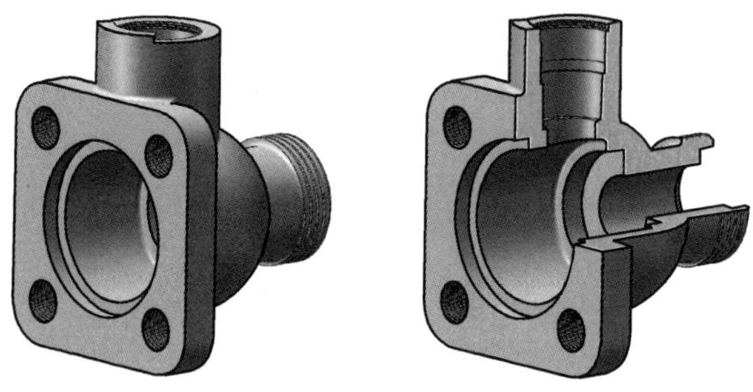

图 8-44　阀体立体图

第9章 焊接图

能力目标

- 能够读懂焊接图中标注的焊缝符号。
- 能够运用焊缝符号标注焊接图。
- 能够绘制焊接结构图。

知识点

- 焊缝符号表示规则。
- 焊缝基本符号、补充符号、组合符号。
- 基本符号和指引线的位置规定。
- 焊缝的尺寸标注。
- 焊缝标注方法。

焊缝是指焊件经焊接后所形成的结合部分。焊接是通过加热或加压，或两者并用，并且用或不用填充材料，使焊件达到原子结合的一种加工方法。GB/T 5185—2005《焊接及相关工艺方法代号》中规定了每种焊接工艺方法可通过代号加以识别，见表9-1。焊接及相关工艺方法一般采用三位数代号表示。其中，一位数代号表示工艺方法大类，二位数代号表示工艺方法分类，三位数代号表示某种工艺方法。

表9-1 焊接及相关工艺方法代号（摘自GB/T 5185—2005）

代号	焊接方法	代号	焊接方法	代号	焊接方法	代号	焊接方法
1	电弧焊	15	等离子弧焊	3	气焊	521	固定激光焊
101	金属电弧焊	151	等离子MIG焊	31	氧-燃气焊	522	气体激光焊
11	无气体保护的电弧焊	2	电阻焊	311	氧-乙炔焊	7	其他焊接方法
111	焊条电弧焊	21	点焊	312	氧-丙炔焊	71	铝热焊
12	埋弧焊	211	单面点焊	4	压力焊	72	电渣焊
121	单丝埋弧焊	22	缝焊	41	超声波焊	74	感应焊
13	熔化极气体保护电弧焊	221	搭接缝焊	42	摩擦焊	75	光辐射焊
131	熔化极惰性气体保护电弧焊(MIG)	23	凸焊	47	气压焊	753	红外线焊
135	熔化极非惰性气体保护电弧焊(MAG)	231	单面凸焊	5	高能束焊	8	切割和气刨
14	非熔化极气体保护电弧焊	232	双面凸焊	51	电子束焊	81	电弧切割
141	钨极惰性气体保护电弧焊(TIG)	24	闪光焊	52	激光焊	94	软钎焊

焊接图是指表示焊件的工程图样。

焊缝符号是指在焊接图上标注的焊接方法、焊缝形式及焊缝尺寸等的符号。

9.1 焊缝符号的表示规则

① 在技术图样或文件上需要表示焊缝或接头时，推荐采用焊缝符号。必要时，也可以采用一般的技术制图方法表示。

② 焊缝符号应清晰表述所要说明的信息，不使图样增加更多的注释。

③ 完整的焊缝符号包括基本符号、补充符号、尺寸符号及数据等。为了简化，在图样上标注焊缝时通常只采用基本符号和指引线，其他内容一般在有关规定中（如焊接工艺规程等）明确。

④ 在同一图样中，焊接符号的线宽、焊接符号中字体的字形、字高和字体笔画宽度应与图样中其他符号（如尺寸符号、表面结构符号、几何公差符号）的线宽、字体的字形、字高和笔画宽度相同。

⑤ 焊缝符号的比例、尺寸及标注位置参见GB/T 12212—2012《技术制图 焊缝符号的尺寸、比例及简化表示法》的有关规定。

9.2 焊缝符号的组成

焊缝符号包括基本符号和补充符号。

9.2.1 基本符号

基本符号表示焊缝横截面的基本形式或特征，焊缝图形符号在双基准线上的位置及比例关系见图9-1（a)，对称焊缝图形符号在基准线上的位置及比例关系见图9-1（b)。焊缝符号的尺寸系列见表9-2。常见焊缝基本符号参见表9-3，其他可查阅GB/T 324—2008。

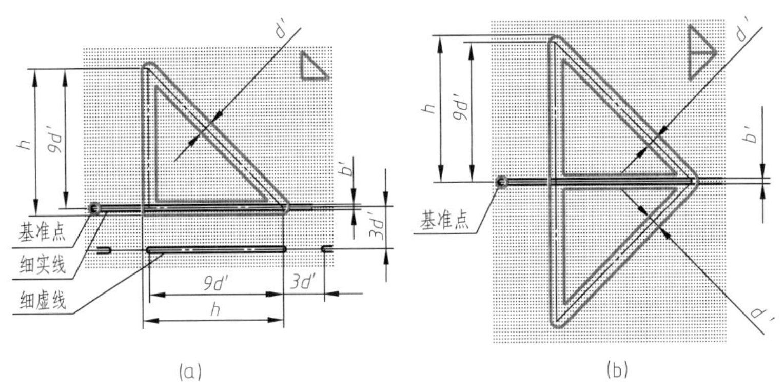

图9-1 焊缝图形符号位置及比例关系

h—尺寸数字字高；b'—细实线线宽；d'—焊缝图形符号的线宽和字体的笔画宽度 $d'=h/10$

表9-2 焊缝符号的尺寸系列（摘自GB/T 12212—2012）

可见轮廓线宽度 b	0.5	0.7	1	1.4	2
细实线宽度 b'	0.25	0.35	0.5	0.7	1

续表

数字和字母的高度 h	3.5	5	7	10	14
焊缝图形符号的线宽和字体的笔画宽度 $d'=h/10$	0.35	0.5	0.7	1	1.4

注：当焊缝图形符号与基准线（细实线或细虚线）的线宽比较接近时，允许将焊缝图形符号加粗表示。

表9-3　常用焊缝基本符号（摘自GB/T 324—2008）

序号	名称	示意图	符号的尺寸和比例(摘自GB/T 12212—2012)
1	卷边焊缝 （卷边完全融化）		3d′ R8.5d′ h
2	I形焊缝		7d′ h
3	V形焊缝		h 60°
4	单边V形焊缝		h 45°
5	带钝边V形焊缝		60° h 4d′
6	带钝边单边V形焊缝		h 45° 4d′
7	带钝边U形焊缝		R4.5d′ h 3d′
8	封底焊缝		R8d′ 5d′
9	角焊缝		45° h
10	塞焊缝或槽焊缝		12d′ 7d′

9.2.2 基本符号的组合标注

对于双面焊焊缝或接头，基本符号可以组合使用，如表9-4所示。

表9-4 焊缝基本符号的组合（摘自GB/T 324—2008）

序号	名称	示意图	符号的尺寸和比例(摘自GB/T 12212—2012)
1	双面V形焊缝 (X焊缝)	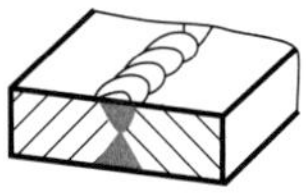	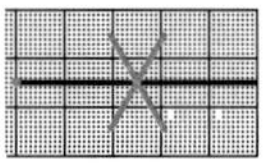
2	双面单V形焊缝 (K焊缝)	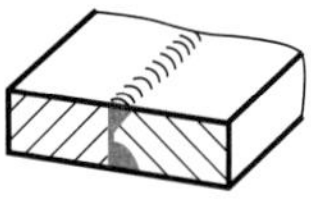	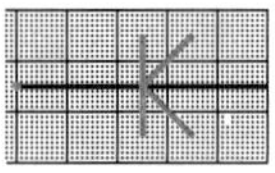
3	带钝边双面V形焊缝	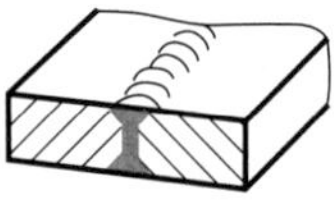	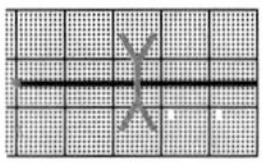
4	带钝边双面单V形焊缝	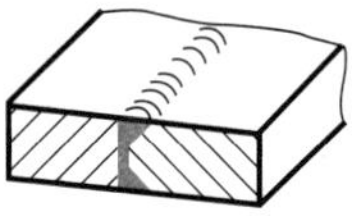	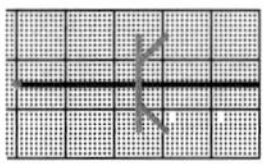
5	双面U形焊缝	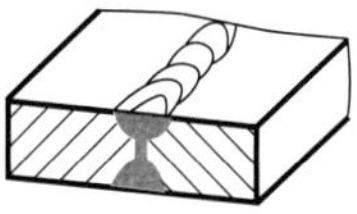	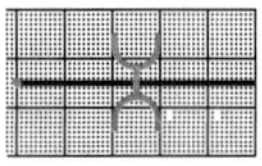

9.2.3 补充符号

补充符号用来补充说明有关焊缝或接头的某些特征（如表面形状、衬垫、焊缝分布、施焊地点等），具体参见表9-5。

表9-5 焊缝补充符号（摘自GB/T 324—2008）

序号	名称	符号(摘自GB/T 12212—2012)	说明
1	平面	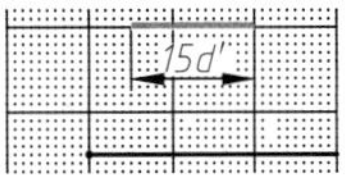 15d'	焊缝表面通常经过加工后平整
2	凹面	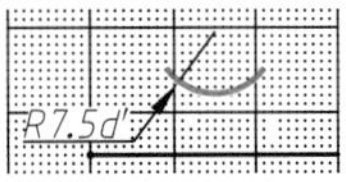 R7.5d'	焊缝表面凹陷
3	凸面	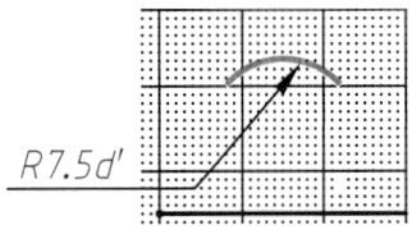 R7.5d'	焊缝表面凸起 尺寸参照序号2
4	圆滑过渡	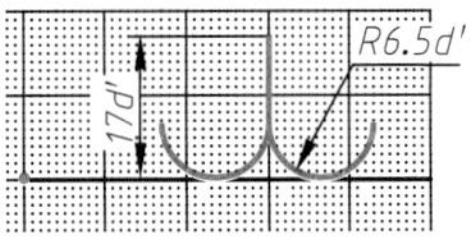 17d' R6.5d'	焊趾处过渡圆滑

续表

序号	名称	符号(摘自GB/T 12212—2012)	说明
5	永久衬垫	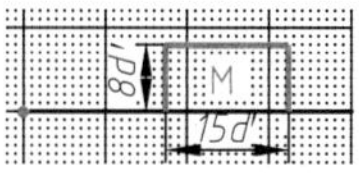 M 8d' 15d'	衬垫永久保留
6	临时衬垫	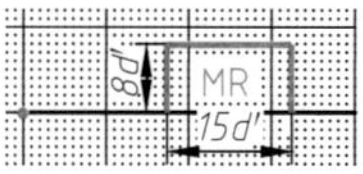 MR 8d' 15d'	衬垫在焊接完成后拆除
7	三面焊缝	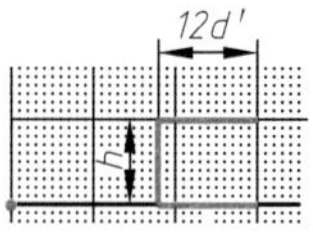 12d' h	三面带有焊缝
8	周围焊缝	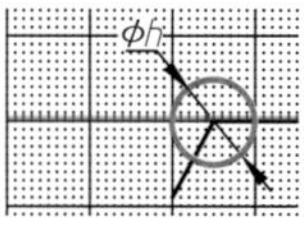 φh	沿着工件周边施焊的焊缝标注位置为基准线与箭头线的交点处
9	现场焊缝	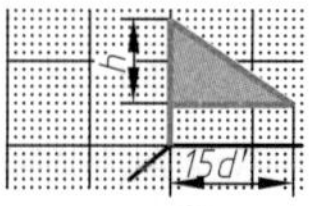 h 15d'	在现场焊接的焊缝
10	尾部	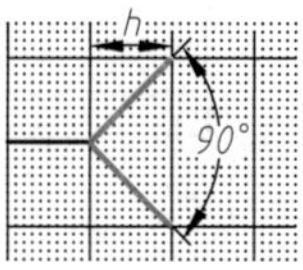 h 90°	在该符号后面,可标注焊接工艺方法及焊缝条数等内容
11	交错断续	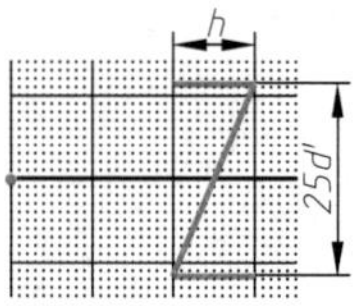 h 25d'	表示焊缝由一组交错断续的相同焊缝组成

9.3 焊缝符号和指引线的位置规定

9.3.1 基本要求

在焊缝符号中，基本符号和指引线为基本要素，焊缝的准确位置通常由基本符号和指引线之间的相对位置决定，具体位置包括箭头线、基准线、基本符号。

9.3.2 指引线

指引线由箭头线、基准线组成，基准线由两条相互平行的细实线和细虚线组成，基准线一般与图样标题栏的长边平行；必要时，也可以与图样标题栏的长边垂直，如图9-2所示。

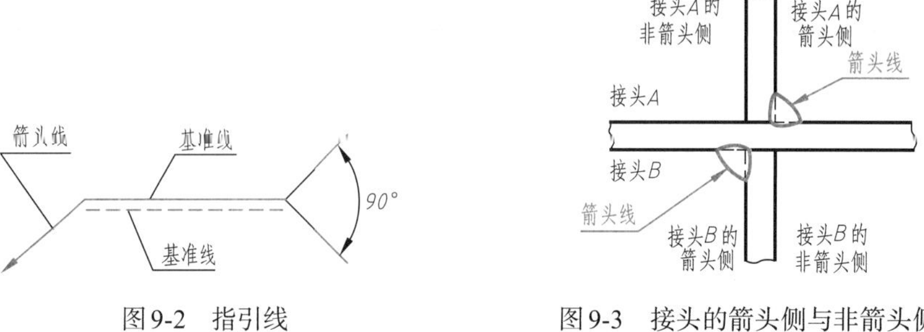

图9-2 指引线　　图9-3 接头的箭头侧与非箭头侧

箭头直接指向的接头侧为“接头的箭头侧”，与之相对的则为“接头的非箭头侧”，见图9-3。

基本符号与基准线的相对位置：基本符号在实线侧时，表示焊缝在箭头侧；基本符号在虚线侧时，表示焊缝在非箭头侧，见图9-4（a）；对称焊缝允许省略虚线，见图9-4（b）；在明确焊缝分布位置的情况下，有些双面焊缝也可省略虚线，见图9-4（c）。

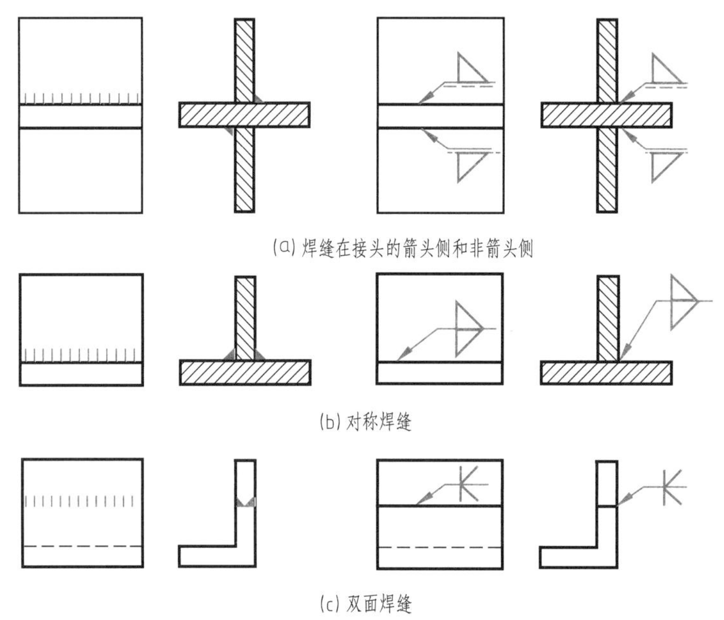

(a) 焊缝在接头的箭头侧和非箭头侧

(b) 对称焊缝

(c) 双面焊缝

图9-4 基本符号与基准线的相对位置

9.4 焊缝的尺寸符号及标注

9.4.1 一般要求

焊缝尺寸符号用字母表示，一般在图样中只标注尺寸数值，不标注尺寸符号。必要时，可以在尺寸数值前标注焊缝尺寸符号，焊缝尺寸符号见表9-6。

9.4.2 标注规则

焊缝尺寸标注方法见图9-5。焊缝横截面上的尺寸数据标注在基本符号的左侧；坡口角度、坡口面角度、根部间隙标注在基本符号的上侧或下侧；焊缝长度方向的尺寸数据标注在基本符号的右侧；相同焊缝数量和焊接方法标注在尾部。当尺寸较多不易分辨时，可在尺寸数据前标注相应的尺寸符号。当箭头线方向改变时，上述规则不变。

表9-6　焊缝尺寸符号（摘自GB/T 324—2008）

符号	名称	示意图	符号	名称	示意图
δ	工件厚度		c	焊缝宽度	
α	坡口角度		K	焊角尺寸	
β	坡口面角度		d	点焊:熔核直径 塞焊:孔径	
b	根部间隙		n	焊缝段数	n=2
p	钝边		l	焊缝长度	
R	根部半径		e	焊缝间距	
H	坡口深度		N	相同焊缝数量	N=3
S	焊缝有效厚度		h	余高	

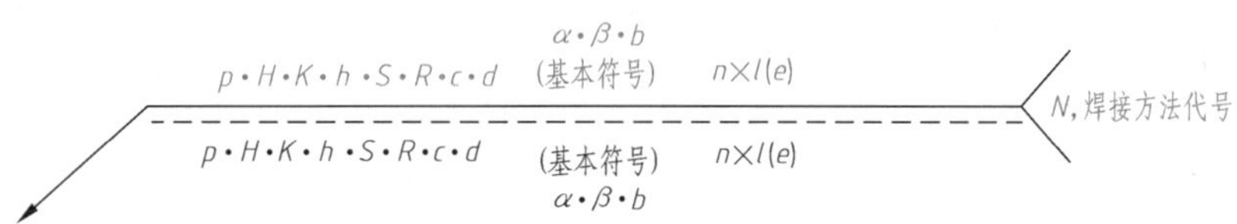

图9-5　焊缝尺寸标注方法

9.4.3　尺寸标注的其他规定

① 确定焊缝位置的尺寸不在焊缝符号中标注，应将其标注在图样上。

② 在基本符号的右侧无任何尺寸标注又无其他说明时，意味着焊缝在工件的整个长度方向上是连续的。

③ 在基本符号的左侧无任何尺寸标注又无其他说明时，意味着焊缝应完全焊透。

④ 塞焊缝、槽焊缝带有斜边时，应标注其底部的尺寸。

9.5 焊接图的阅读

9.5.1 常见焊缝标注示例

常见的焊缝尺寸如坡口角度、焊缝高度、长度等可以不按尺寸标注的方法而用焊缝符号加以标注，见表9-7。

表9-7 常见焊缝标注示例

序号	标注示例	焊缝形式	说明
1	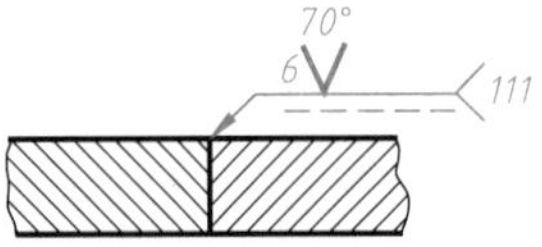	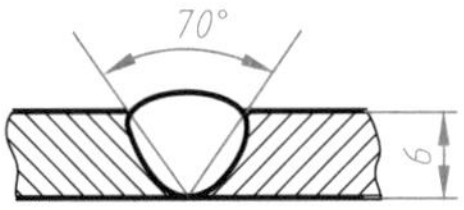	对接V形焊缝，坡口角度为70°，焊缝有效厚度为6mm，焊条电弧焊
2	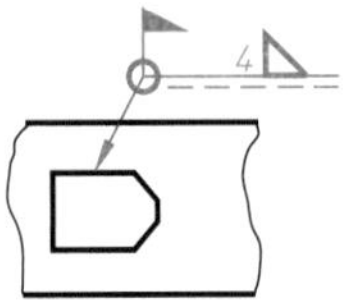	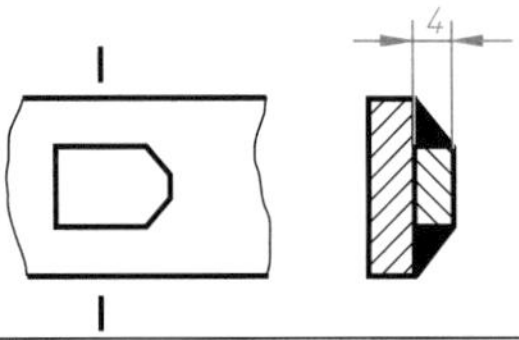	搭接角焊缝，焊角高度为4mm，在现场沿工件周围施焊
3	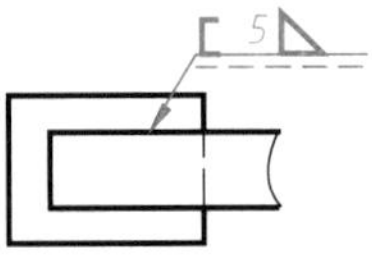	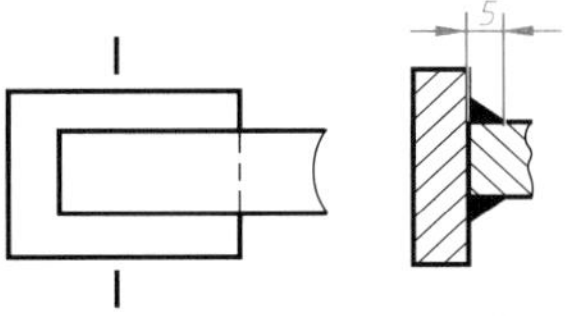	搭接角焊缝，焊角高度为5mm，工件三面带有焊缝
4	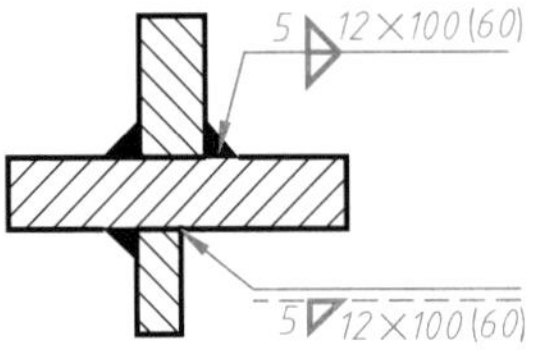	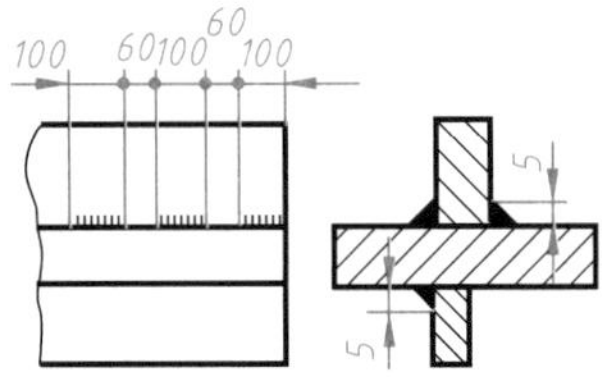	断续角焊缝，焊角高度为5mm，焊缝长度为100mm，焊缝间距为60mm，3处，共有12段
5	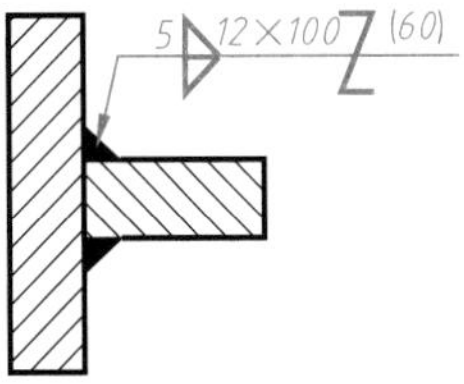	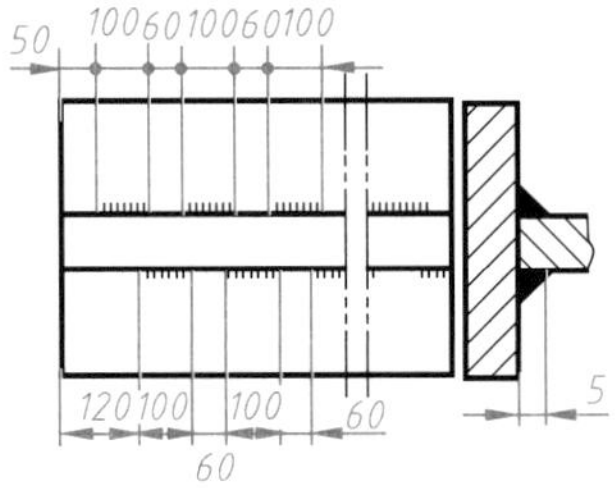	交错断续角焊缝，50是确定箭头侧焊缝起始位置的定位尺寸，120是确定非箭头侧的起始位置定位尺寸，其他参见上例
6	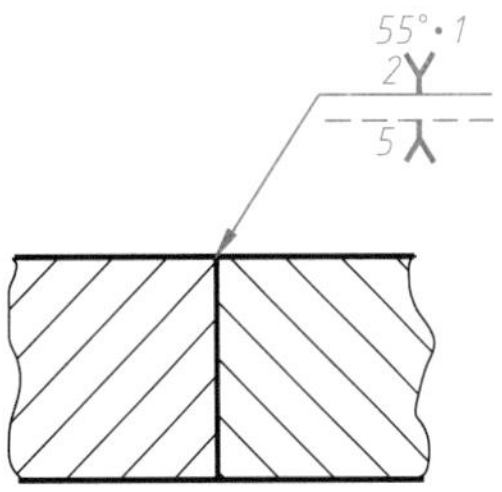	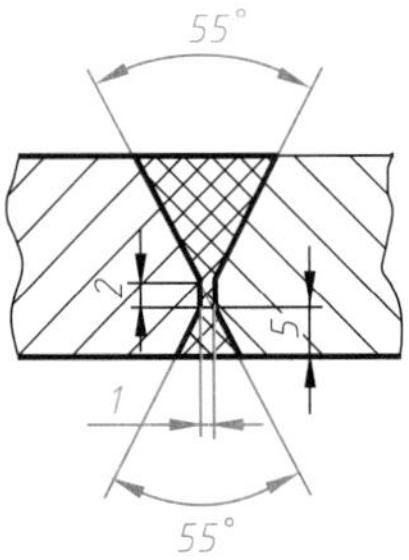	带钝边V形焊缝，在箭头侧和非箭头侧，坡口角度55°，根部间隙1mm，钝边高度2mm，非箭头侧坡口深度5mm

9.5.2 读焊接装配图

读懂轴承挂架焊接结构，见图9-6。

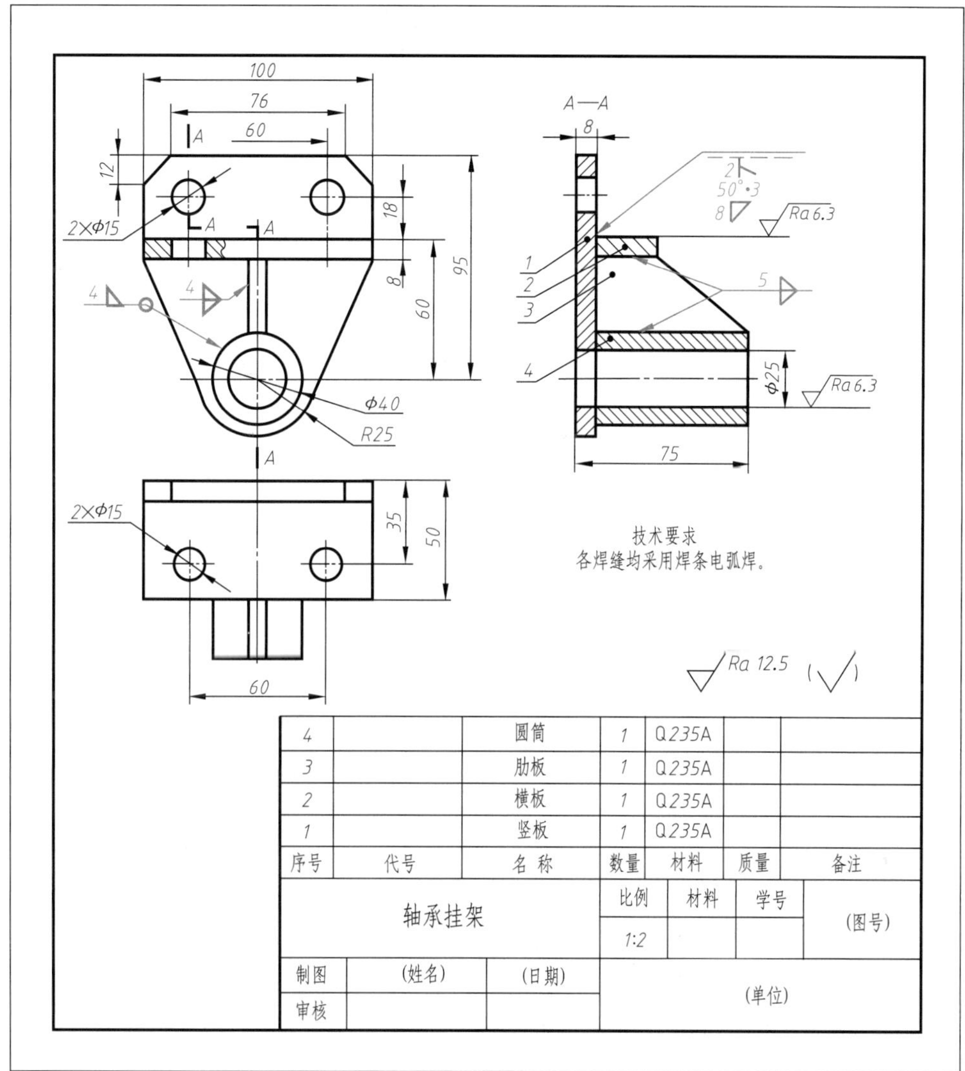

4		圆筒	1	Q235A		
3		肋板	1	Q235A		
2		横板	1	Q235A		
1		竖板	1	Q235A		
序号	代号	名 称	数量	材料	质量	备注

轴承挂架	比例	材料	学号	(图号)
	1:2			
制图 (姓名) (日期)	(单位)			
审核				

图9-6 轴承挂架装配图

读图方法与步骤：

① 看标题栏、明细栏，概括了解部件的名称、性能、工作原理。

② 看视图，看懂各零件之间的相互位置、连接关系、作用等。通过形体分析想出各零件的结构形状，根据各零件间的相对位置，综合想出整体形状，如图9-7所示。

③ 看尺寸，了解配合尺寸、安装尺寸、总体尺寸，分析设计基准和工艺基准。

④ 看焊接符号，读懂焊缝符号。通过图中标注焊缝符号，得出竖板与横板是通过带钝边单边V形焊缝和角焊缝施焊，竖板与圆筒通过角焊缝周围施焊，竖板与肋板、横板与肋板均是通过对称角焊缝施焊，各部分焊缝的形式和尺寸见图9-8。所有焊缝均采用焊条电弧焊焊接。

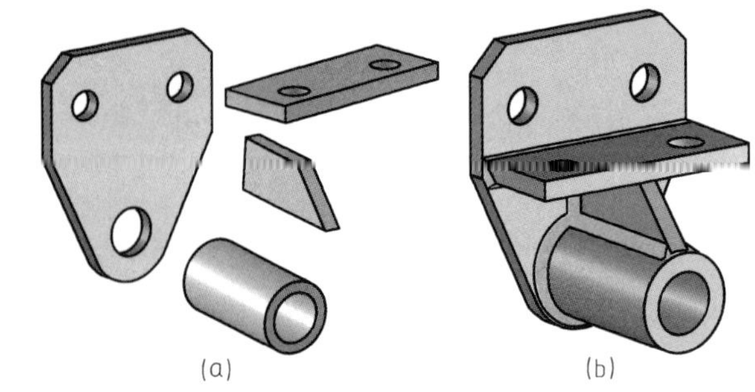

图9-7 轴承挂架立体图

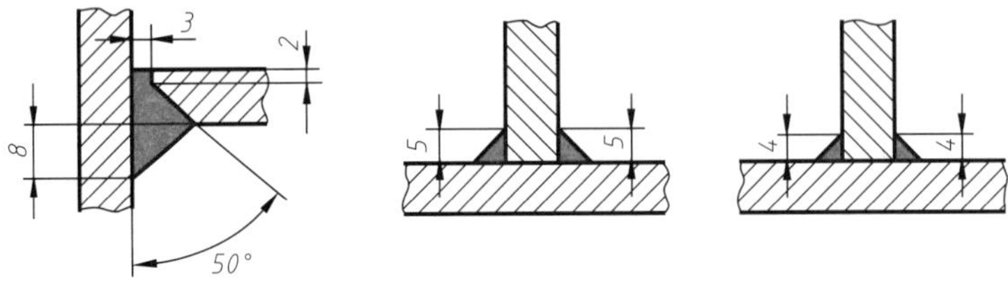

图9-8 轴承挂架焊缝的形式和尺寸

第10章 化工设备图

能力目标

- 能够绘制简单的化工设备图。
- 能够阅读化工设备图。

知识点

- 化工设备图的内容。
- 化工设备的结构特点及表达方法。
- 化工设备图中的简化画法。
- 化工设备的标准件。
- 化工设备图的阅读方法。

化工设备是化工生产所用的机器和设备的总称，并有动设备和静设备之分。动设备通常称为化工机器，主要指泵、压缩机、鼓风机等，这类设备除部分在防腐蚀方面有特殊要求外，其图样属于一般通用机械的表达范畴。静设备通常称为化工容器，是指那些在化工产品的合成、分离、干燥、结晶、过滤、吸收、澄清等生产过程中盛装物料的空间构件；其中承受压力的密闭容器称为压力容器，如图10-1所示。

(a) 储罐　(b) 换热器　(c) 反应釜　(d) 塔

图10-1　化工设备的种类

化工设备装配图是采用正投影原理和适当表达方法绘制，表示设备的全貌、组成和特征的图样，简称化工设备图。它表达设备各组成部分的结构特征、装配和连接关系、特征尺寸、外形尺寸、安装尺寸及对外连接尺寸、技术要求等，是制造、安装、检修化工设备的重要指导性文件。

10.1　化工设备图的内容

图10-2是回流罐装配图，从图中可以看出，一张完整的化工设备图有下列内容。

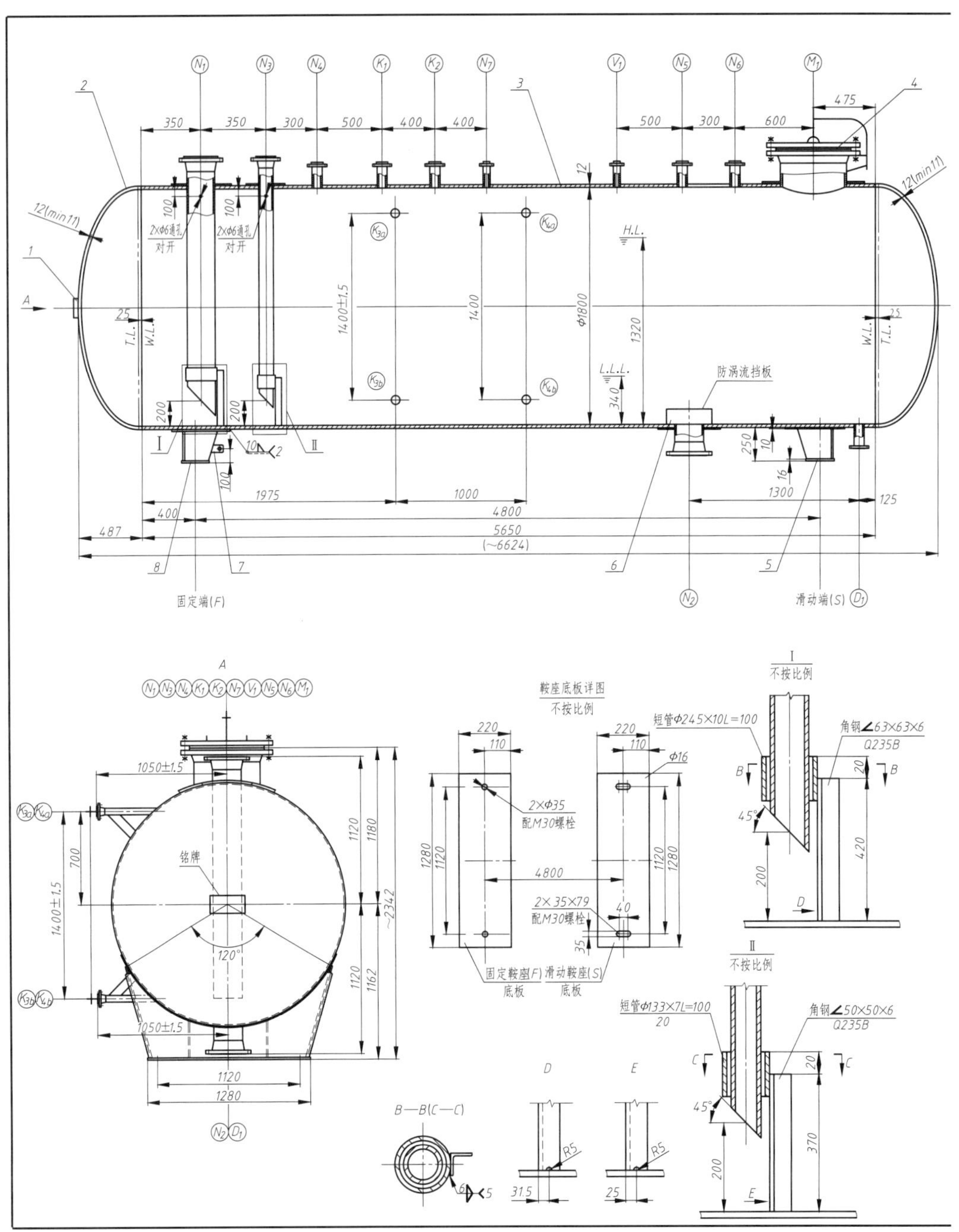

图10-2 回流

接管$K_{3a/b}$、$K_{4a/b}$支撑筋板焊接详图

不按比例

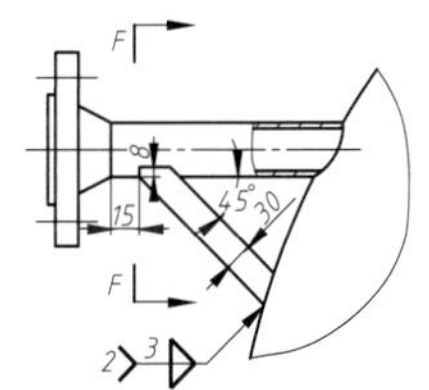

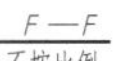
F—F

不按比例

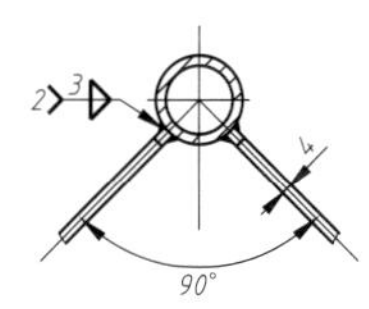

设计数据表

设计、制造、检验及验收要求			设计数据	
容器类别 / 级别			设计压力/MPa(G)	0.35/FV
容器安全技术监督法规			工作压力/MPa(G)	0.03
设计、制造、检验与验收标准	NB/T 47042—2014《卧式容器》		设计温度/℃	150
受压元件用钢板标准/供货状态	GB 713—2014/热轧		工作温度/℃	55
锻件材料标准	NB/T 47008—2017		最高允许工作压力/MPa(G)	
接管材料标准	GB 9948—2013		安全阀整定压力/MPa(G)	
焊接工艺评定	NB/T 47014—2011《承压设备焊接工艺评定》		工作介质 名称/密度	精甲醇/759.2kg/m³
焊接规程	NB/T 47015—2011《压力容器焊接规程》		工作介质 毒性程度	极□ 高□ 中☑ 轻□
焊接材料订货技术条件	NB/T 47018—2017《承压设备用焊接材料订货技术条件》		工作介质 易爆	是☑ 否□
容器制造尺寸公差	HG/T 20584—2011《钢制化工容器制造技术要求》第9章		工作介质 主要组分	甲 醇
液面计接管 两接管轴线距离极限偏差/mm	±1.5	接管外伸长度极限偏差mm ±1.5	全容积/m³	~16.0
液面计接管 两接管周向位置极限偏差/mm	±1.5		充装系数	
液面计接管 法兰密封面垂直度公差/mm	≤法兰外径的0.5%		抗震设防烈度	7度
无损检测标准	NB/T 47013《承压设备无损检测》		设计基本地震加速度	0.10g
A、B类焊接接头检测方法/等级/检测率/技术等级	检测	射线RT/ / ≥20%/AB	腐蚀裕量/mm	1.5
	复查		焊接接头系数	0.85
C、D、E类焊接接头检测要求	见其他要求和说明1		保温层材料/厚度/mm	离心玻璃棉板/80
管法兰与接管焊接要求	按相应的管法兰标准		安装环境	室外☑室内□
产品焊接试件要求	标准	NB/T 47016—2011《承压设备产品焊接试件的力学性能检验》	设计使用年限/年	20
	是否制备	是□ 否☑	主体材料 板材	Q345R
不锈钢容器晶间腐蚀敏感性检验	标准		主体材料 锻件	20
	试验方法		主体材料 管材	20
不锈钢容器表面处理			容器质量 净质量/kg	~5050
热处理 热处理标准	GB/T 30583—2014《承压设备焊后热处理规程》		容器质量 特殊材料质量/kg	
热处理 热处理要求			容器质量 充水后总质量/kg	~21000
水压试验压力/MPa(G)	0.44		管口、铭牌、支座、接地板方位	按本图
水压试验时水温/℃	按GB 150相关规定			
泄漏试验 气密性试验压力/MPa(G)				
泄漏试验 检漏试验	氨□ 卤素□ 氦□ 其它□			
无图零件切割表面粗糙度	$\sqrt{Ra2.5}$			

技术要求：

1. 本设备的制造、检验和验收还应符合10-2-JSTJ《钢制压力容器通用技术条件》的规定。
2. 就地液位计两管口的伸出长度必须保证在同一垂直面上。
3. 所有受压元件焊接接头必须采用全焊透型式，接头型式按HG/T 20583—2011中表18选取。
4. 容器的涂敷、运输包装按JB/T 4711—2003的规定。
5. 外表面涂漆标准及要求按项目的涂漆工程规定。
6. 安装验收规范按GB 50461—2008《石油化工静设备安装工程施工质量验收规范》。

管 口 表

符号	用途	公称直径 DN	公称压力 PN	法兰型式/密封面	接管法兰标准	伸出长度	备注
N_1	精甲醇入口	200(8″)	150#(20)	WN/RF	HG/T 20615—2009	1120	带补强圈
N_2	精甲醇出口	200(8″)	150#(20)	WN/RF	HG/T 20615—2009	1120	带补强圈
N_3	精甲醇返回口	100(4″)	150#(20)	WN/RF	HG/T 20615—2009	1120	带补强圈
N_4	气相平衡口	50(2″)	150#(20)	LWN/RF	HG/T 20615—2009	1070	
N_5	气相出口	50(2″)	150#(20)	LWN/RF	HG/T 20615—2009	1070	
N_6	低压氮气入口	50(2″)	150#(20)	LWN/RF	HG/T 20615—2009	1070	
N_7	安全阀口	25(1″)	150#(20)	LWN/RF	HG/T 20615—2009	1070	
V_1	放空口	25(1″)	150#(20)	LWN/RF	HG/T 20615—2009	1070	
D_1	排净口	50(2″)	150#(20)	LWN/RF	HG/T 20615—2009	1070	
K_1	就地压力计口	50(2″)	150#(20)	LWN/RF	HG/T 20615—2009	1070	
K_2	自控压力计口	50(2″)	150#(20)	LWN/RF	HG/T 20615—2009	1070	
$K_{3a/b}$	就地液位计口	50(2″)	150#(20)	WN/RF	HG/T 20615—2009	见本图	带筋板
$K_{4a/b}$	自控液位计口	80(3″)	150#(20)	WN/RF	HG/T 20615—2009	见本图	带筋板
M_1	人孔	500(20″)	16	WN/RF	HG/T 21524—2014	1180	带补强圈

1.伸出长度系指接管法兰端面至设备中心线或封头焊缝线的长度；2.钢管尺寸按HG/T 20553—2011中a系列选用.

件号	图号或标准号	名 称	数量	材料	单 质量WT.(kg)	总 质量WT.(kg)	备注
8	NB/T 47065.1—2018	鞍座BI 1800-F	1	Q235B/Q345R		215	
7	10-2-04	接地板L WL=160	2	S30408	1.2	2.4	
6	10-2-03	带防涡流挡板(C型)DN200=6	1	Q235B		4.25	
5	NB/T 47065.1—2018	鞍座BI 1800-S	1	Q235B/Q345R		215	
4	HG/T 21524—2014	人孔RF(W·D-2222)500-16	1	组合件		284	
3		筒体DN1800=12 L=5650	1	Q345R		3030	
2	GB/T 25198—2010	椭圆形封头EHA 1800×12(11)	2	Q345R	338.4	676.8	
1	10-2-02	铭牌(卧式)	1	组合件			

修改标记	说明	设计	校核	审核	批准	日期
A						

项目名称	装置或单元(号)			
	设计阶段		专业名称	
回 流 罐	图号	10-2-01	版次	
	业主图号		版次	
	比例		第 张 共 张	

罐装配图

（1）一组视图

用一组视图表达化工设备的工作原理、各组成零部件的相对位置和装配关系以及主要零件的结构形状。

（2）必要的尺寸

装配图上必须标注表示设备性能、规格、装配、安装、总体等尺寸。

（3）零件序号和明细表

对设备上所有的零部件必须编写序号，同一种零部件只编写一个号；在明细栏中填写各零部件的序号、名称、规格、材料、数量、标准号或图号等内容。

（4）管口序号和管口表

设备上所有管口必须按拉丁字母顺序编号，并在管口表中填写管口的符号、用途、规格、连接面形式等内容，供配料、制作、检验、使用时参考。

（5）设计数据表和技术要求

设计数据表是用以说明设备重要技术特性指标的一览表，其内容包括：工作压力、工作温度、容积、物料名称、传热面积以及其他有关表示该设备重要性能的资料。技术要求是用文字的形式说明设备在制造、检验、安装、保温、耐蚀等方面的要求。

（6）标题栏

标题栏按规定格式填写设备名称、规格、比例、设计单位、图样编号，以及设计、制图、校核人员签字等。

10.2 化工设备的结构特点与表达方法

10.2.1 化工设备的结构特点

（1）设备主体以回转体为主

大多数化工设备要求承受一定的压力，制造方便，其主体结构（筒体、封头）以及一些零部件（人孔、手孔、接管）多为圆柱、圆锥、圆球等回转体构成。

（2）设备主体是薄壁结构

化工设备即壁厚相较于设备的外形尺寸相差悬殊特别是塔设备的高与直径、卧式容器的长度与直径，设备的外形尺寸与壁厚及其他细部结构尺寸相差悬殊。如图10-2中设备总长是6624mm，直径是1800mm、筒体壁厚却只有12mm。

（3）开孔多

根据化工工艺的需要，方便储存介质流入、流出，观察、清理和检修，压力、温度的测量，在设备的壳体上开一些直径不等的孔，如进（出）料口、放空口、清理口、观察孔、人（手）孔，以及液位、压力、温度、取样等检测口。

（4）焊接结构多

化工设备中许多零部件的连接广泛采用焊接成形，如筒体由钢板卷焊而成，筒体与封头、支座、接管等的连接也采用焊接方法。焊接结构多是化工设备的一个突出的特点。

（5）标准化零部件多

为了制造方便，化工设备中广泛采用标准化、系列化的零部件，如封头、支座、法兰、人（手）孔、补强圈、视镜、液面计、螺栓、螺母等。

10.2.2 化工设备图的表达方法

（1）视图的配置灵活

由于化工设备的主体结构多为简单的回转体，基本视图通常采用两个视图即可表达设备主体结构。立式设备一般用主、俯视图；卧式设备一般用主、左视图。当设备较高或较长时，为了合理布置图纸，俯、左视图位置可放在图纸空白处，并标注视图的名称，也可以单独画在另外图纸上。

对于一些结构形状简单的零件，在装配图中容易表达清楚，可以不用单独画其零件图，其零件图直接画在装配图适当的位置，注明“件号××的零件图”即可。在图幅允许的情况下，装配图中还允许表达其他内容，如支座底板尺寸图、管口方位图、某零件的展开图、标尺图和气柜的配置图等。总之，化工设备的视图配置及表达非常灵活。

（2）多次旋转的表达方法

根据化工设备多为回转体、壳体上接管及开孔多的特点，为了在主视图上表达它们的结构形状和位置，采用多次旋转的表达方法。多次旋转即假想将设备圆周向分布的接管及其他附件，绕着设备的轴线分别按不同的方向旋转到与正立投影面平行的位置，然后进行投射，画出视图或剖视图，以表达它们的结构形状和位置，如图10-3所示，从左视图中可以看出，接管*B*、*D*、*E*没有在设备的正上方，把三个接管都沿着小于90°的方向旋转到与正投影面平行之后，再画其主视图，主视图表达的只是接管沿设备轴线方向的位置，其周向位置看左视图。

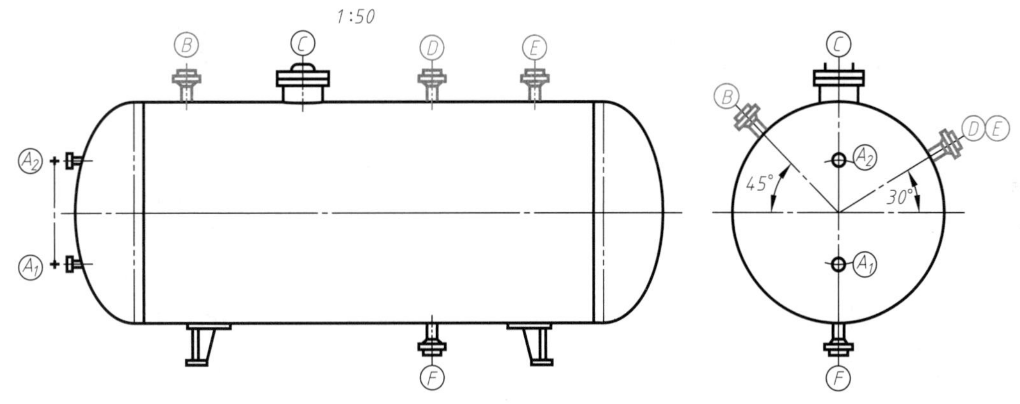

图10-3 多次旋转表达方法

（3）断开与分层（段）的表达方法

对于过高或过长的化工设备，如换热器、塔及容器等，当其轴向有相当部分的结构形状相同、或呈一定规律变化时，常采用断开画法，即用细双点画线将设备中相同或重复结构断开，使图形缩短，简化作图，便于采用较大比例清楚地表达设备结构，合理使用图纸幅面，但要标注实际尺寸。如图10-4中的5000mm是设备的真实长度，而不是断开后剩下的长度。

对于较高的塔设备，在采用断开法仍然无法表达清楚时，为了合理选用比例和充分利用图纸，可以采用分层（段）的表达方法，如图10-5所示。

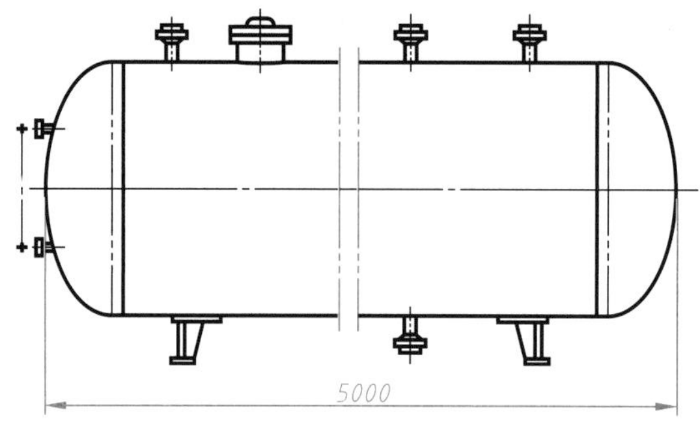

图 10-4 断开画法

若由于断开和分层画法造成设备总体形象表达不完整时，可以采用缩小比例、单线条画出设备的整体外形或剖视图。在整体图上，应标注设备总高尺寸、各主要零部件的定位尺寸及各管口的标高尺寸，如图10-6所示。

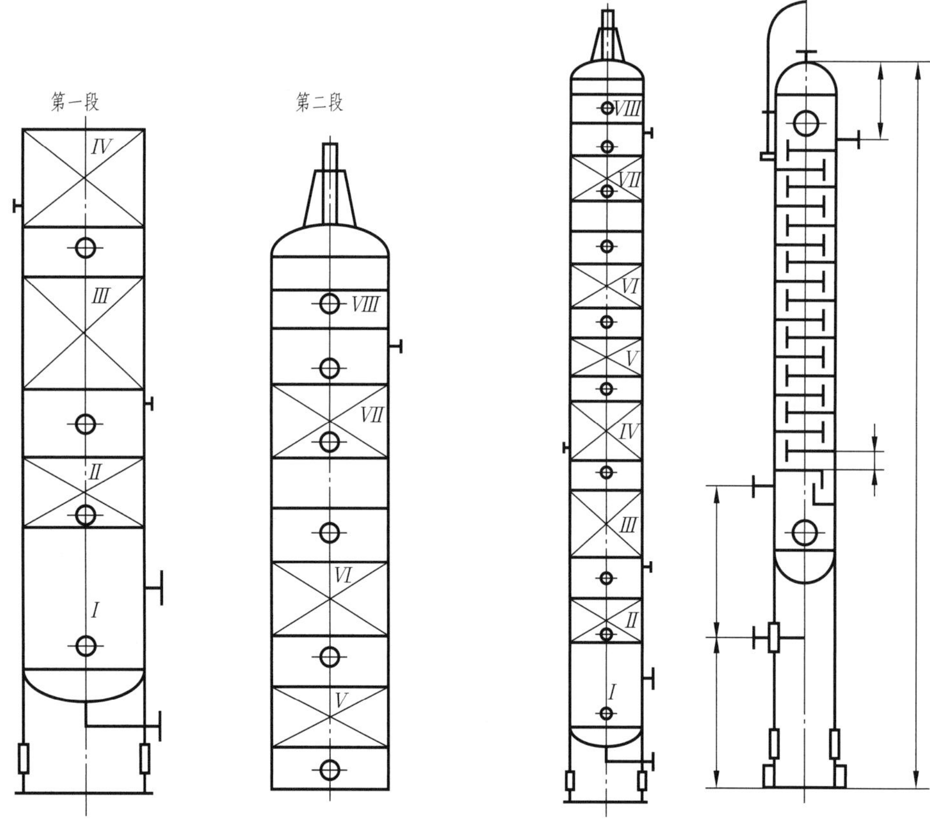

图 10-5 分层表达方法

图 10-6 设备整体图

（4）细部结构的表达方法

由于化工设备的各部分结构尺寸相差悬殊，按总体尺寸选定的绘图比例，很难将细部结构（如薄壁、垫片等）同时表达清楚，因此，化工设备图中较多采用夸大画法和局部放大图来表达细部结构并标注尺寸。

① 夸大画法：对于化工设备中的筒体壁厚，垫片、挡板、折流板等的厚度，按总体比

例缩小后，这些结构的厚度难以在图样中表达清楚，为了方便阅读，在不改变这些结构实际尺寸又不致引起误解的情况下，可以采用夸大画法，即不按比例适当夸大地画出它们的厚度。其他细小结构或较小的零部件，也可采用夸大画法。如图10-2中壳体的厚度、垫片、接管法兰等，均采用了夸大画法。

② 局部放大图：局部放大图（亦称“节点详图”）的画法及要求，与机械制图中局部放大图的画法和要求基本相同。在表达局部结构时，可画成剖视图或断面图等形式。局部放大图可以按照标准规定的比例画图，也可以自选或不按比例画图，但必须标注尺寸，如图10-7所示焊缝的局部放大图。

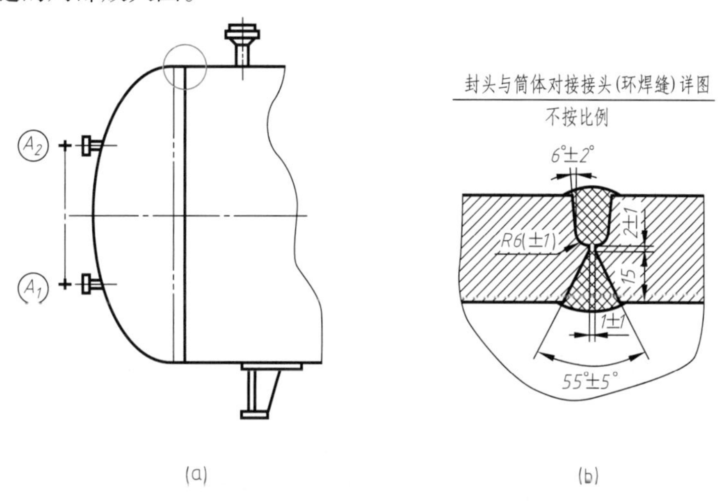

图10-7 焊缝的局部放大图

(5) 管口方位的表达方法

化工设备壳体上管口及其附件的方位，在图样中必须表达清楚，它直接影响设备的制造、安装。有的设备图在俯视图或左视图中把管口的方位表达清楚了，当化工设备只用一个基本视图和辅助视图就将设备基本结构表达清楚时，常采用管口方位图来表达设备的管口及其附件分布的情况。采用单线条示意画法表示化工设备上所开管口沿圆周的方向和位置，每一个管口用相应的大写英文字母表示，用角度表示其位置，管口方位图右上角须画出指北方向标，如图10-8所示。

(6) 规定画法

① 接触面、配合面的画法。

在化工设备图中，相邻两零件的接触表面、基本尺寸相同的配合面，规定只画一条轮廓线；相邻两零件的非接触面、非配合面，即使间隙很小，也按照夸大画法绘制成两条线，如图10-9所示。

② 紧固件和实心零件的画法。

对于螺纹紧固件及实心的轴、杆、球、手柄、键等零件，若剖切平面通过其对称平面或轴线时，则这些零件均按不剖绘制，按外形画出，如图10-9所示。

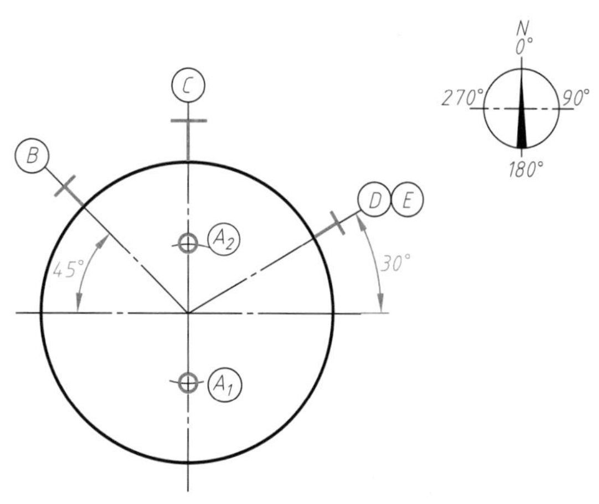

图10-8 管口方位图

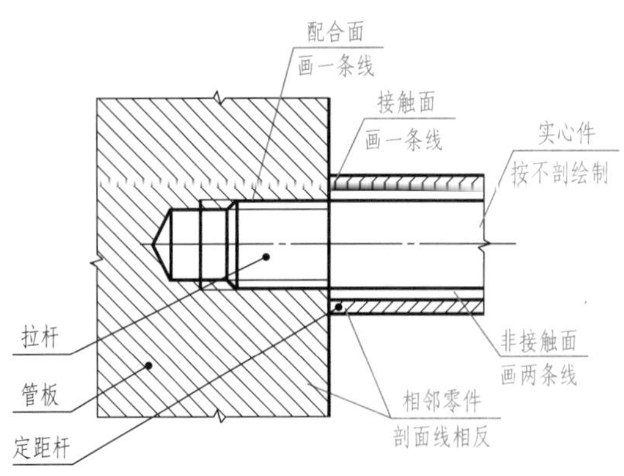

图10-9 装配图的规定画法

③ 剖面线的画法。

同一零件在不同视图中的剖面线方向和间隔必须一致。相邻两个或多个零件的剖面线应有所区别，或者方向相反，或者方向一致但疏密间距不同，明显相互错开，如图10-9所示。断面厚度≤2mm的零件，其断面允许涂黑处理。

10.3 化工设备图中的简化画法（HG/T 20668—2000）

化工设备上标准化零部件及结构形状简单的零部件较多，在绘制化工设备图时，在不影响正确、清晰表达设备的前提下，为了简便作图提高绘图效率，应广泛采用简化画法。

10.3.1 标准件、外购件的简化画法

标准件和外购件，如人孔、手孔、电动机、减速机、浮球液面计、搅拌桨叶、填料箱、油杯等，在化工设备图中不需要详细画出，只需用粗实线按照主要尺寸、按比例画出反映其外形特征的外形轮廓线，如图10-10所示。标准件在明细栏中注写其名称、规格、标准等；外购件在明细栏中注写其名称、规格、主要性能参数和“外购”字样等。

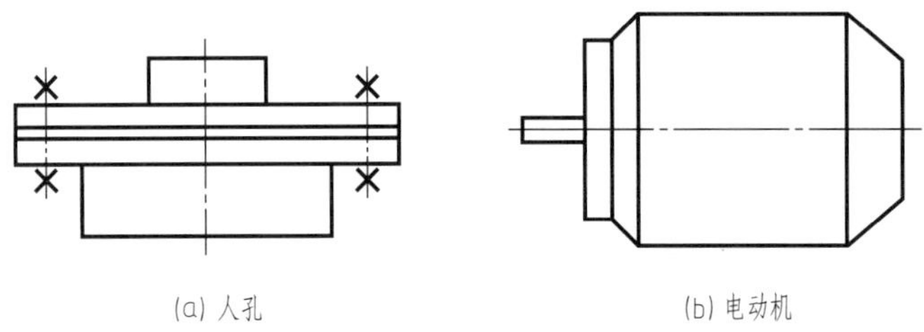

图10-10 标准件和外购件的简化画法

10.3.2 示意画法

① 已有零部件图、局部放大图及规定画法的零部件，或一些结构简单的零部件，可以采用粗实线单线条的示意画法。如图10-11（a）所示的筒体、封头、接管、法兰等都是用单线条示意画法表达的。

② 支座、接地板示意画法如图10-11（b）所示。

③ 吊柱的示意画法如图10-11（c）所示。

④ 吊耳、环首螺钉、顶丝的示意画法如图10-11（d）所示。

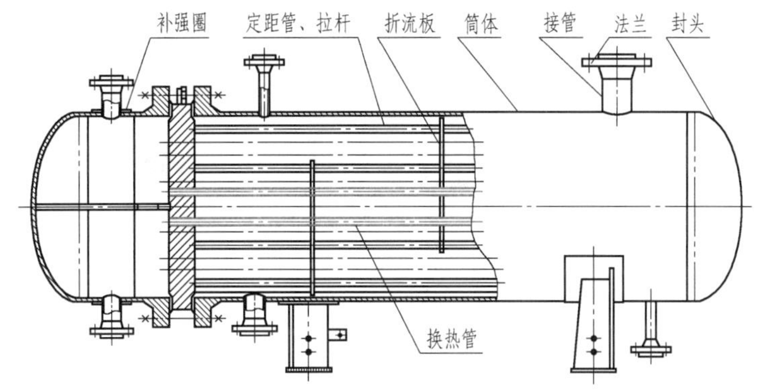

(a) 筒体、封头等示意画法

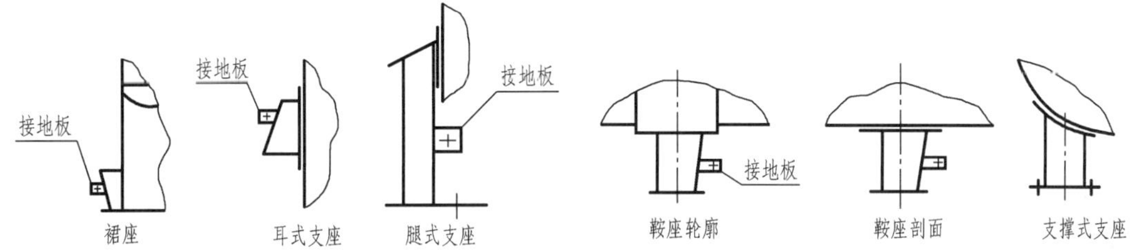

(b) 支座、接地板的示意画法

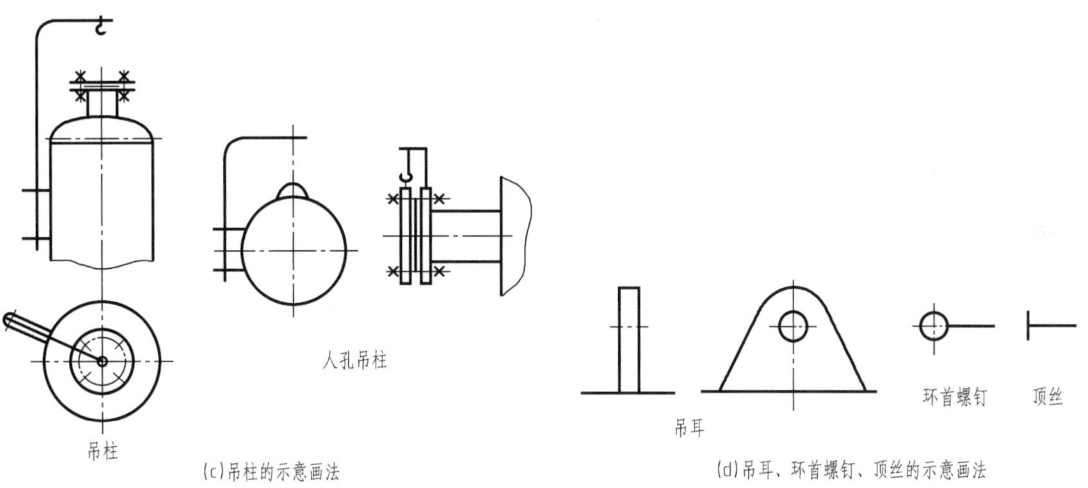

(c) 吊柱的示意画法　　(d) 吊耳、环首螺钉、顶丝的示意画法

图10-11　示意画法

10.3.3　接管法兰的简化画法

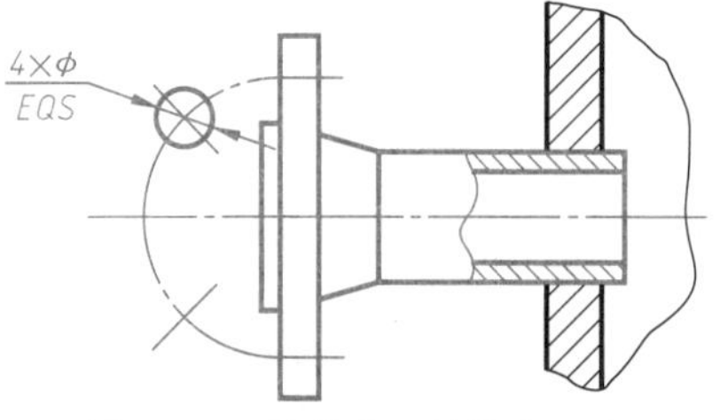

图10-12　接管法兰的简化画法

1）在化工设备装配图中，管法兰的连接面不论是平面，还是凹凸面或榫槽面，均可采用简化画法来表达，如图10-12所示，其连接面形式和焊接形式应在明细表和管口表中

注明。

2）接管法兰上螺栓孔及法兰连接紧固件的简化画法。

① 螺栓孔或螺纹孔用细点画线表示其位置，可以省略圆孔的投影，如图10-13（a）所示。

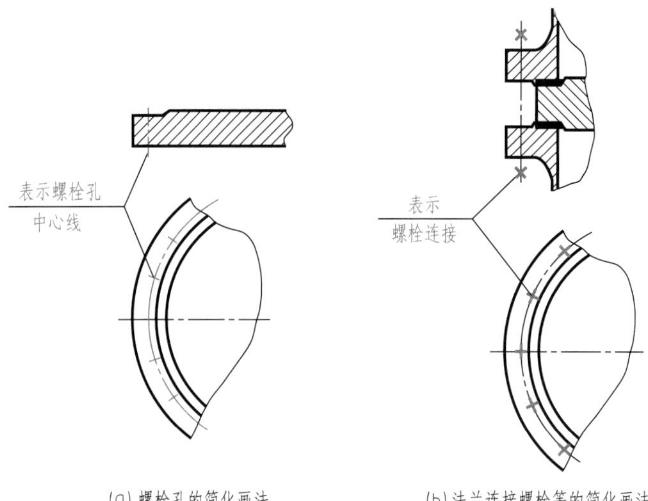

图10-13 螺栓孔及法兰连接螺栓等的简化画法

② 一般法兰连接的螺纹紧固件螺栓、螺母、垫片可以用粗实线在细点画线两端画“×”号或“+”号，其形状大小合适，不要过大或过小，如图10-13（a）所示。在明细栏中应注写其名称、标准号、数量及材料。

③ 同一种螺栓孔或螺纹紧固件在俯视图中至少画两个（跨中或对中），以表示其方位，如图10-13所示。

10.3.4 多孔板的简化画法

① 按规则排列，并且孔径相同的孔板，如换热器中的管板、折流板，塔器中的塔板等，用粗实线表示钻孔范围，用细实线绘制交错网格表示孔的中心位置，仅画出几个孔，孔眼的倒角和开槽排列方式、间距、加工情况，应用局部放大图表示，图中“+”为粗实线，表示管板上定距杆螺孔的位置，该螺孔与周围孔眼的相对位置、排列方式、孔间距、螺孔深度等尺寸和加工情况等，均应用局部放大图表示。如图10-14（a）、（b）所示。

② 当孔径相同且以同心圆的方式均匀排列时，其简化画法如图10-14（c）所示，但必须注明孔径、孔的个数和位置。

③ 对孔数要求不严的多孔板（如隔板、筛板等），不必画出孔眼，用细实线表示钻孔范围，如图10-14（d）所示，此时必须用局部放大图表示孔眼的尺寸、排列方法及间距，如图10-14（b）所示。

④ 多孔板采用剖视图表达时，可仅画出孔的中心线，省略孔眼轮廓的投影，如图10-14（e）所示。

10.3.5 液面计的简化画法

化工设备图中液面计可以用细点画线示意表达，并用粗实线画出“+”符号表示其安装位置，如图10-15所示。要求在明细栏中注明液面计的名称、规格、数量及标准号等。

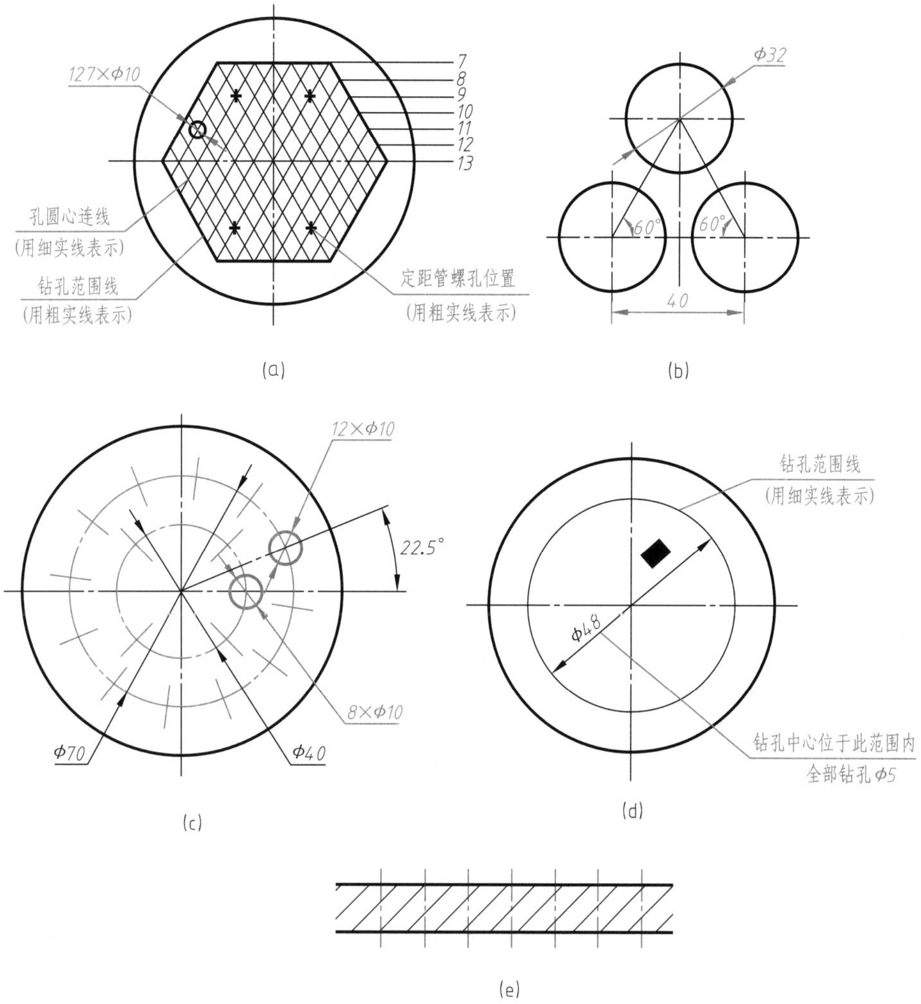

图 10-14 多孔板的简化画法

10.3.6 管束的简化画法

按一定规律排列的管束，可只画一根，其余的用细点画线表示其安装位置，如图 10-11（a）中换热管的简化画法。

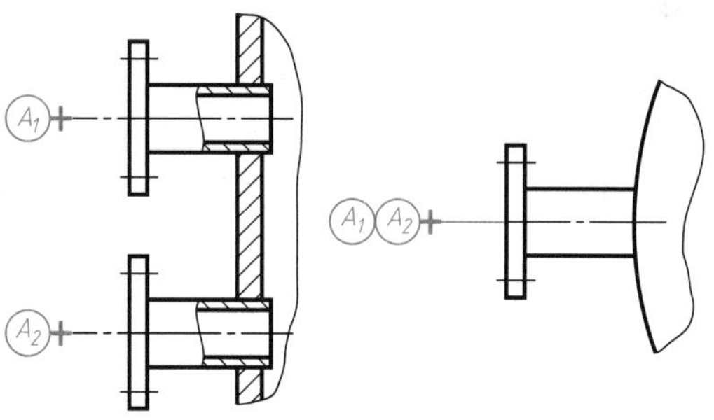

图 10-15 液面计的简化画法

10.3.7 填料、填充物的简化画法

设备（主要是塔器）中同一规格、材料和同一堆放方法的填充物，如各类环（瓷环、玻璃环、铸石环、钢环及塑料环、波纹瓷盘）、卵石、塑料球、波纹瓷盘、木格子及沙砾等，均可在堆放范围内，用交叉的细实线示意表达，如图 10-16（a）所示；必要时可用局部剖视图表达其细部结构；木格子填料还可用示意图表达各层次的填放方法。当装有规格不同或堆放方法不同的填料时，必须分层表示，分别表示填料的规格和堆放方法，如图 10-16（b）所示。

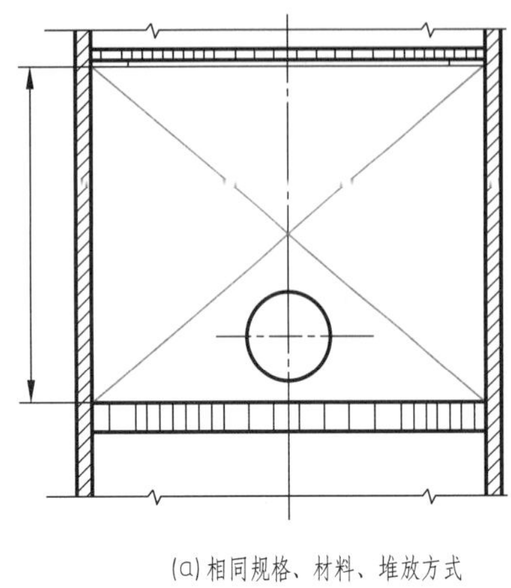

(a) 相同规格、材料、堆放方式

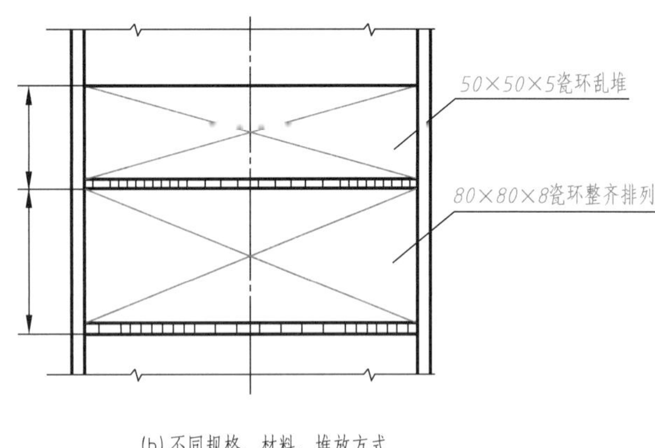

(b) 不同规格、材料、堆放方式

图10-16 填料的简化画法

10.3.8 设备涂层、衬里的简化画法

（1）薄涂层

薄涂层（指搪瓷、涂漆、喷镀金属及喷镀塑料等）在图样中不编件号，如图10-17（a）所示，仅在涂层表面侧面画与表面平行、间距约1~2mm的粗点画线，用文字注明涂层内容，详细要求可以写入技术要求。

（2）薄衬层里

薄衬层里（指衬橡胶、衬石棉板、衬聚氯乙烯薄膜、衬铅、衬金属板等），无论衬里是一层还是多层，在薄衬层表面侧面画一条与表面平行、间距约1~2mm的细实线表示，如图10-17（b）。两层或两层以上的薄衬层，当衬层材料相同时，只编一个件号，在明细表的备注栏注明厚度和层数。当衬层材料不同时，应分别编写件号，用局部放大图表示其结构，在明细表的备注栏注明每种衬层材料的厚度和层数，必要时用局部放大图表示其衬层结构。

（3）厚涂层

厚涂层（指各种胶泥、混凝土等）在涂层表面侧面画与表面平行、间距为涂层厚度的粗实线，如图10-17（c）所示，其间填画该涂层材料的剖面符号。该涂层应编件号，必须用局部放大图详细表示其结构和尺寸（其中包括增强结合力所需的铁丝网或挂钉等的结构尺寸），在明细栏的备注栏注明材料和涂层厚度。必要时用局部放大图来表示其结构和尺寸。

（4）厚衬里

厚衬里（指耐火砖、耐酸板、辉绿岩板和塑料板等）在所需衬里表面侧面画与表面平行、间距为衬里厚度的粗实线，如图10-17（d）所示，其间距填画该涂层材料的剖面符号。必须用局部放大图详细表示其结构和尺寸如图10-17（e）所示，厚衬层中一般结构的灰缝以单线（粗实线）表示，特殊要求的灰缝用双线（粗实线）表示。

10.3.9 焊缝画法

当焊缝宽度或焊脚高度经缩小比例后，图形线间距离的实际尺寸大于3mm时，焊缝轮廓线（粗实线）应按实际焊缝形状画出，剖面线用交叉的细实线或涂色表示，如图10-18（a）。

当焊缝宽度和焊角高度经缩小比例后，图形线间距的实际尺寸小于3mm时，对于对接焊缝，焊缝图形线用一条粗实线表示，焊缝剖面用涂色表示，如图10-18（b）。

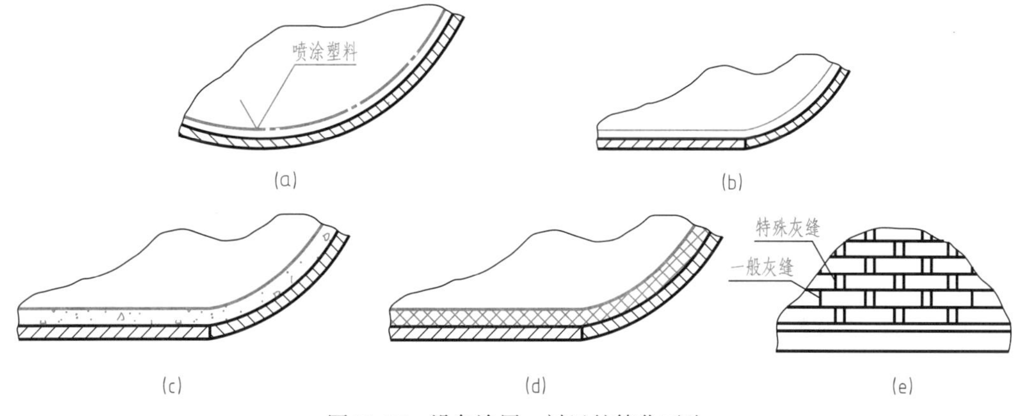

图 10-17　设备涂层、衬里的简化画法

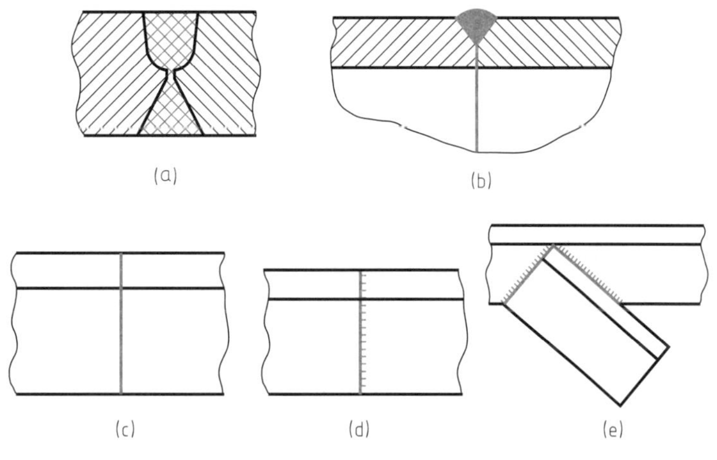

图 10-18　焊缝画法

型钢之间和类似型钢件之间的焊接表示方法，如图 10-18（c）所示，必要时也可以按图 10-18（d）、（e）表示。

10.4　化工设备的标准件

化工设备零部件的种类和规格较多，工艺要求不同、结构形状也各有差异。为了便于设计和专业化生产，国家标准及行业标准把这些零部件，如图 10-19 所示的封头、支座、法兰、接管等的结构形状、尺寸、材料等标准化，称为标准件，并在各种化工设备上相互通用。

图 10-19　换热器

10.4.1　封头（GB/T 25198—2010）

（1）种类与结构

常见的封头按其结构形状不同可分为：

凸形封头、锥形封头和平底形封头。其中凸形封头包括：椭圆形、碟形、半球形及球冠形封头，如图10-20所示。其中椭圆形封头是中、低压容器目前应用较为普遍的一种，其断面形式和型式参数关系见表10-1，以内径为基准的椭圆形封头，总深度H标到封头内壁，以外径为基准的椭圆形封头，总高度H_0标到封头外壁。其他封头查阅GB/T 25198—2010。

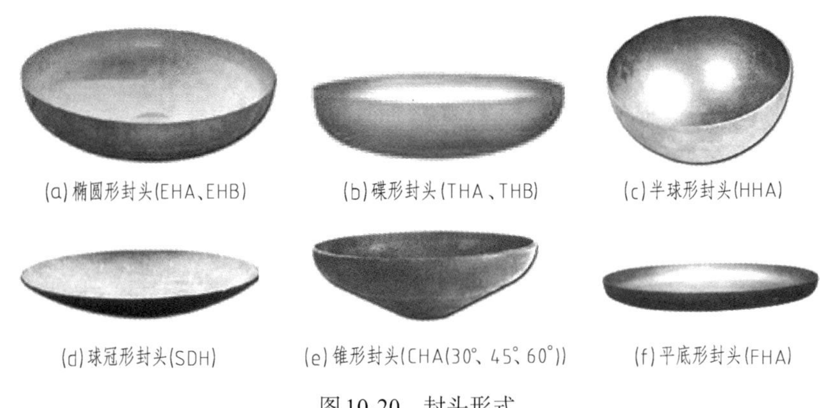

(a) 椭圆形封头(EHA、EHB)　(b) 碟形封头(THA、THB)　(c) 半球形封头(HHA)

(d) 球冠形封头(SDH)　(e) 锥形封头(CHA(30°、45°、60°))　(f) 平底形封头(FHA)

图10-20 封头形式

表10-1 封头的类型、断面形式和型式参数关系（摘自GB/T 25198—2010）

封头名称		类型代号	断面形式	型式参数关系
椭圆形封头	以内径为基准	EHA	δ_n, H, h, D_i	$\frac{D_i}{2(H-h)}=2$ $DN=D_i$
	以外径为基准	EHB	δ_n, H_o, h, D_o	$\frac{D_o}{2(H_o-h)}=2$ $DN=D_o$

（2）规定标记

类型代号　公称直径×名义厚度δ_n（最小成形厚度δ_{min}）—材料牌号 标准号

【标记示例1】 公称直径325mm、封头名义厚度12mm、封头最小成形厚度11.6mm、材质为Q345R以外径为基准的椭圆形封头。其规定标记为：

EHB 325×12(11.6)-Q345R GB/T 25198—2010

【标记示例2】 根据标记EHA 2400×20(18.2)-Q345R GB/T 25198—2010，解释封头的含义，查表确定其结构、尺寸。

EHA：表示以内径为基准的椭圆形封头；

2400：公称直径是内径为2400mm；

20：名义厚度是20mm；

18.2：最小成形厚度是18.2mm；

Q345R：材料。

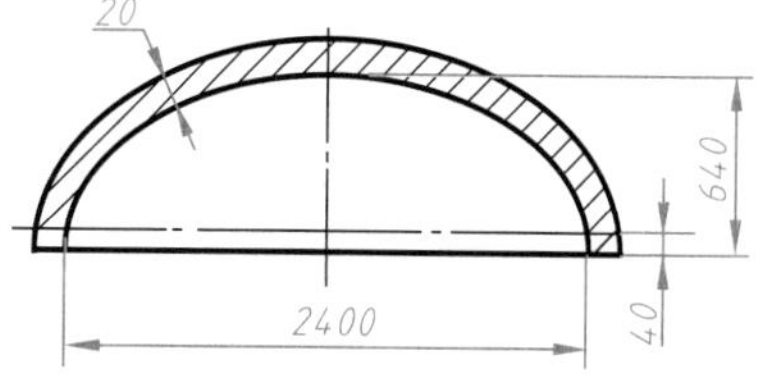

图10-21 椭圆形封头的结构和尺寸

通过GB/T 25198标准查出封头总深度H=640mm，计算出直边高度h=40mm，画出封头结构图及标注其各部分尺寸，如图10-21所示。

10.4.2 法兰

法兰是一种可拆的连接结构，它具有装拆方便、易于检修以及可实现某些生产工艺要求特点，因而被广泛应用于压力容器及管道的连接。

法兰按其连接的部件不同分为容器法兰与管法兰，如图10-22所示。

容器法兰是指设备主体之间的连接，如筒体与封头、筒体与筒体之间连接的法兰；管法兰是指用于管道与管道之间连接的法兰，如管子与管子，或容器接管与管线之间的连接法兰。

图10-22 法兰连接

（1）压力容器法兰（NB/T 47020~47023—2012）

1）分类与结构

压力容器法兰分为甲型平焊法兰（NB/T 47021）、乙型平焊法兰（NB/T 47022）和长颈对焊法兰（NB/T 47023）三种结构形式，如图10-23所示。法兰类型分一般法兰和衬环法兰两种，其名称及代号分别是法兰、法兰C。

2）密封面形式

压力容器法兰密封式有平面密封面、凹凸密封面、榫槽密封面三种形式，如图10-24所示。

3）规定标记

法兰名称及代号-密封面形式代号 公称直径-公称压力/法兰厚度-法兰总高度 标准号

注意：当法兰厚度及法兰高度均采用标准值时，此两部分标记可省略。

【标记示例1】 公称压力1.60MPa，公称直径800mm的衬环榫槽密封面，乙型平焊法兰的榫面法兰，且考虑腐蚀裕量为3mm（即短节厚度应增加2mm，δ_t=18mm），法兰厚度及法兰高度均采用标准值。

其规定标记为：

法兰C-T 800-1.60/48-200 NB/T 47022—2012 （48-200可省略）

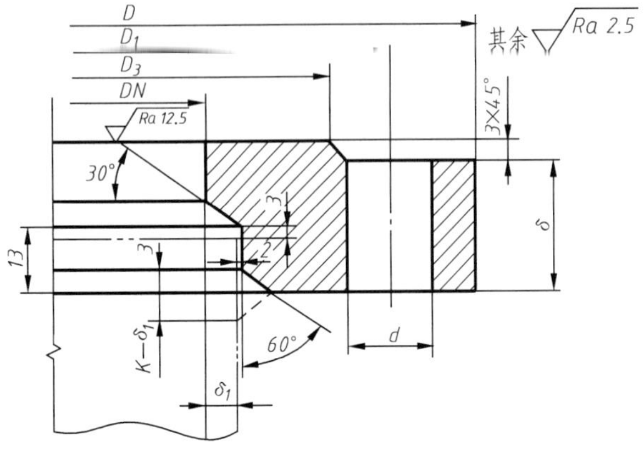

(a) 甲型平焊法兰

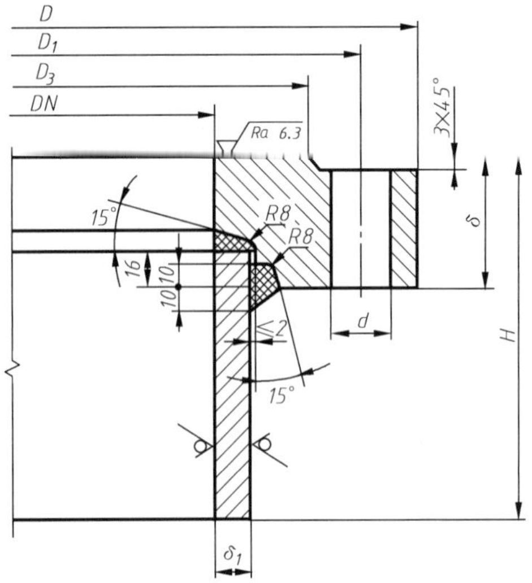

(b) 乙型平焊法兰

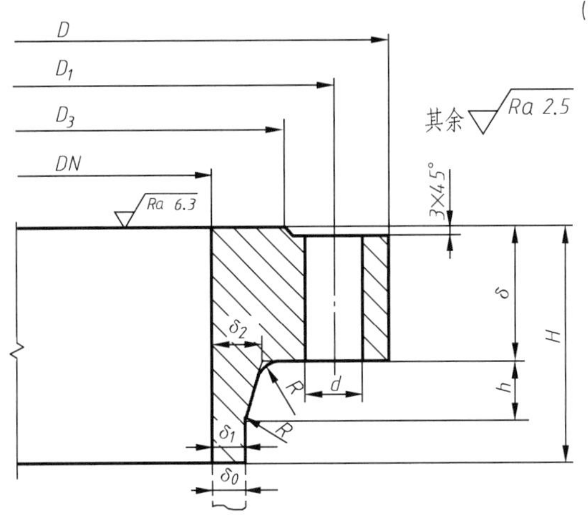

(c) 长颈对焊法兰

图10-23 压力容器法兰的结构形式

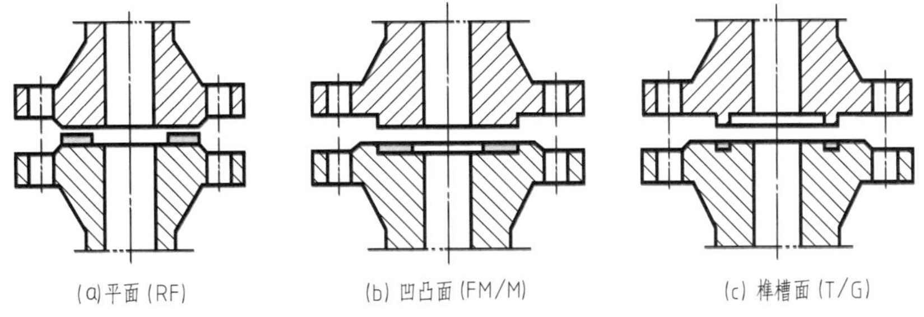

(a) 平面 (RF)　(b) 凹凸面 (FM/M)　(c) 榫槽面 (T/G)

图10-24 压力容器法兰密封面形式

并在明细栏备注栏中注明：δ_t=18mm。

【标记示例2】 根据规定标记法兰-FM 1000-2.5/78-155 NB/T 47023—2012，解释法兰的含义，查表确定其结构、尺寸。

法兰：表示该法兰是一般法兰；

FM：表示凹面密封面；

1000：公称直径1000mm；

2.5：公称压力2.5MPa；

78：法兰厚度78mm；

155：总高度155mm；

NB/T 47023：标准号，表示该法兰是长颈对焊法兰。

查阅NB/T 47023—2012，从标准中查到该法兰标准厚度是68mm，改为78mm，法兰总高度仍为155mm。根据凹面长径对焊法兰的结构形式图及系列尺寸表，查出各部分尺寸并画出图形，如图10-25所示。

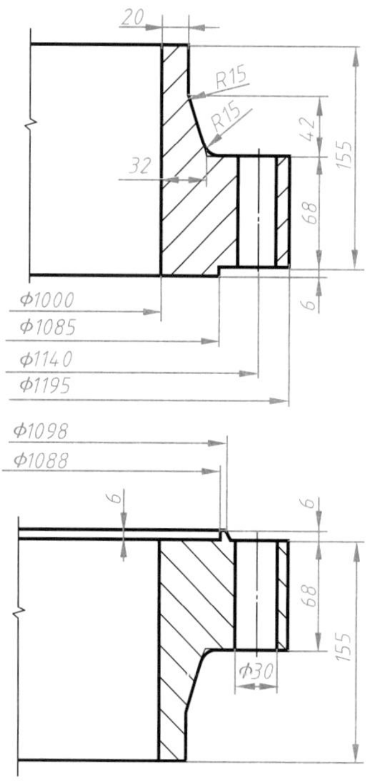

图10-25 容器法兰的结构和尺寸

(2) 管法兰（HG/T 20592~20605—2009）

1）分类与结构

管法兰用于管道与管道之间连接。管法兰类型包括：板式平焊法兰、带颈平焊法兰、带颈对焊法兰、整体法兰、承插焊法兰、螺纹法兰、对焊环松套法兰、平焊环松套法兰、法兰盖和衬里法兰盖等，结构见图10-26。

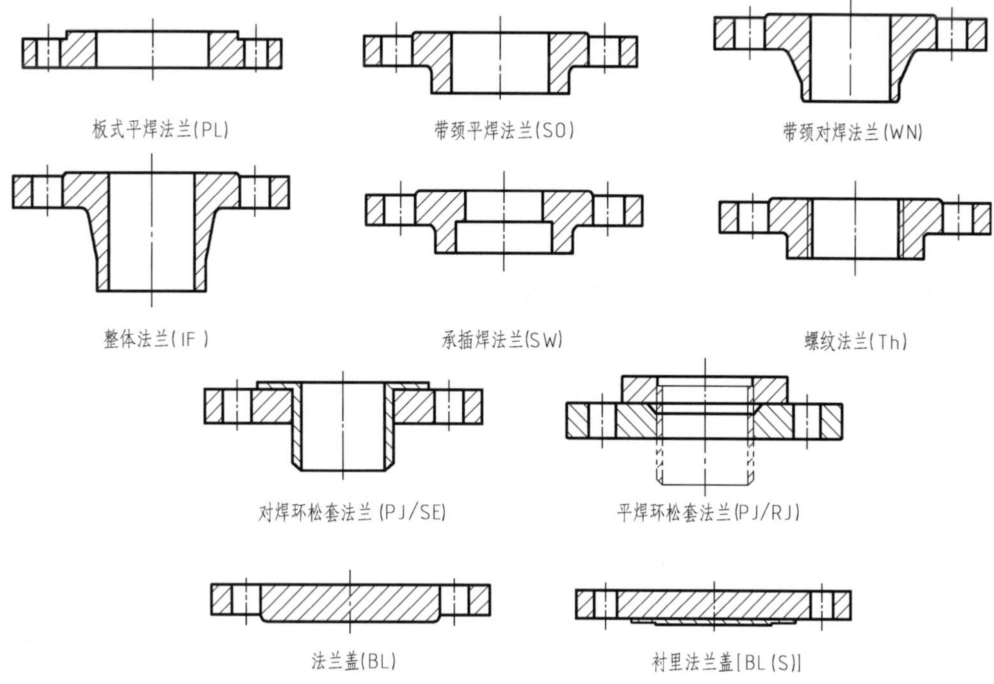

图10-26 管法兰类型

2）密封面形式

管法兰密封面形式主要有突面（RF）、凹（FM）凸（M）面、榫（T）槽（G）面、全平面（FF）和环连接面（RJ）等，如图10-27所示。

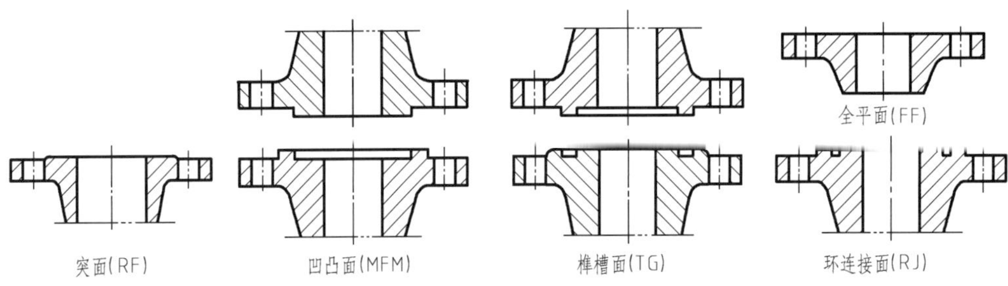

图10-27 管法兰密封面形式

3）规定标记

标准号 法兰（或法兰盖） b c - d e f g h

其中：

b为法兰类型代号：PL、SO、WN、IF、SW、Th、PJ/SE、PJ/RJ、BL；螺纹法兰采用GB/T 7306.2规定的锥管螺纹时，标记为Th（Rc），Rc是55°圆锥内螺纹的代号；螺纹法兰采用GB/T 12716规定的锥管螺纹时，标记为Th（NPT），NPT表示60°圆锥管螺纹。

c为法兰公称尺寸DN与适用钢管外径系列。

整体法兰、法兰盖、衬里法兰盖、螺纹法兰，适用钢管外径系列的标记可省略。适用于本标准A系列钢管的法兰，适用钢管外径系列的标记可省略。适用于本标准B系列钢管的法兰，标记为"*DN*×××（B）"。

d为法兰公称压力等级PN。

e为密封面形式代号：突面RF、凹面FM、凸面M、榫面T、槽面G、全平面FF、环连接面RJ。

f为钢管壁厚，应由用户提供。对于带颈对焊法兰、长高颈法兰、对焊环（松套法兰）应标注钢管壁厚，*S*=××。

g为材料牌号。

h表示其他，如附加要求或采用与本标准不一致的要求等。

【标记示例1】 公称尺寸*DN*300、公称压力Class150的全平面带颈平焊钢制管法兰、材料为20钢。其规定标记为：

HG/T 20615 法兰 SO 300—150 FF 20

【标记示例2】 根据规定标记 HG/T 20592 法兰 SO 300—25 M 20，解释法兰的含义，查表确定其结构尺寸。

SO：表示带颈平焊钢制管法兰；

300：公称尺寸*DN*300；

25：公称压力等级*PN*25；

M：密封面形式是凸面密封；

20：材料为20钢。

查阅HG/T 20592，根据公称压力为*PN*25，查出各部分尺寸并画出图形，如图10-28所示。

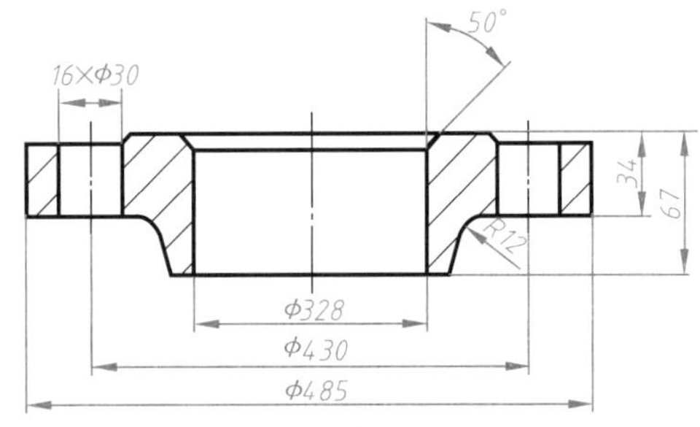

图10-28 管法兰的结构和尺寸

10.4.3　支座（NB/T 47065—2018）

（1）鞍式支座（NB/T 47065.1—2018）

1）型式与结构

鞍式支座是卧式设备中应用最广泛的一种支座，由底板、腹板、筋板、垫板组成，其结构如图10-29所示。鞍式支座分为轻型（A型）和重型（B型）两种，重型支座按包角、制作方式及附带垫板情况分BⅠ~BⅤ五种型号。

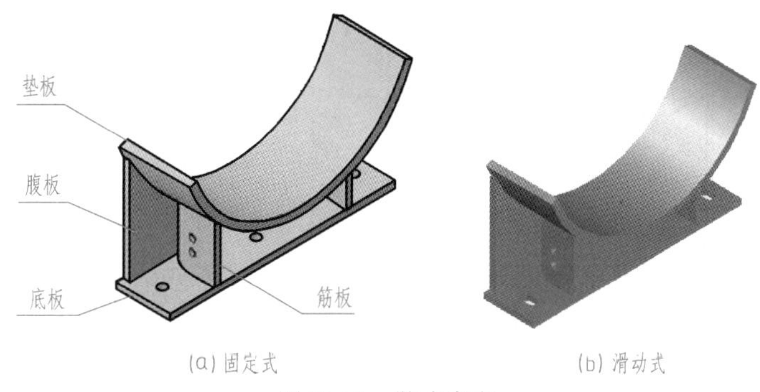

图10-29　鞍式支座

卧式设备一般安装两个鞍座支承，当设备过长超过两个支座允许支承的范围时，应增加支座数目。为了使设备在温度发生变化时，即膨胀或收缩时能够沿轴线方向自由伸缩，每种型式的鞍座又分为固定式（代号F）和滑动式（代号S）两种，固定式鞍座的底板上开圆形螺栓孔，滑动式鞍座的底板上开长圆形螺栓孔，如图10-29所示。

2）材料

鞍式支座主体材料包括筋板、腹板和底板，常用的材料牌号为Q235B、Q345B、Q345R。垫板材料一般与容器筒体材料相同。

3）规定标记

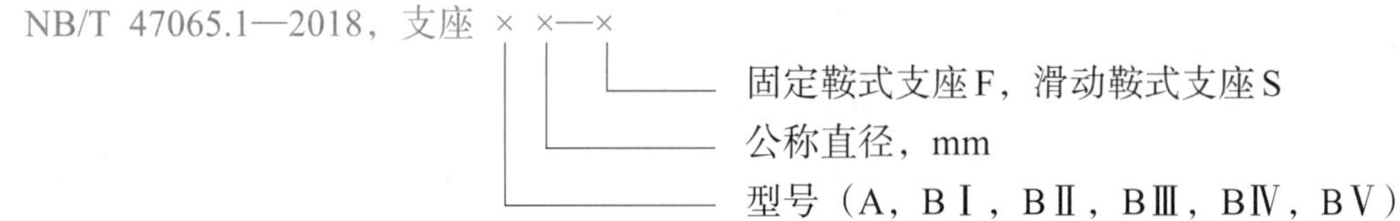

注1：鞍式支座高度h、垫板宽度b_4、垫板厚度δ_4、底板滑动长孔长度l与标准尺寸不同，则应在设备图纸零件名称栏或备注栏注明，如：h=450，b_4=200，δ_4=12，l=30。

注2：鞍式支座材料应在设备图样的材料栏内填写，表示方法为：支座材料/垫板材料，无垫板时只注支座材料。

【标记示例1】 *DN*325，120°包角，重型不带垫板的标准尺寸的弯制固定式鞍式支座，鞍式支座材料为Q345R。其规定标记为：

NB/T 47065.1—2018，鞍式支座　BV325—F

还需在明细栏中材料栏内注：Q345R。

【标记示例2】 根据规定标记NB/T 47065.1—2018，鞍式支座　BⅠ600—S，解释支座的含义，查表确定其结构和尺寸。

解释：前面两项是标准号和名称，第三项BⅠ通过查表得知，该支座是重型、焊制、

120°包角，有垫板；公称直径$DN600$，S表示该支座是滑动鞍式支座，支座高度、垫板厚度、滑动长孔长度都是标准值，通过查表可以确定支座结构和各部分尺寸，如图10-30所示。

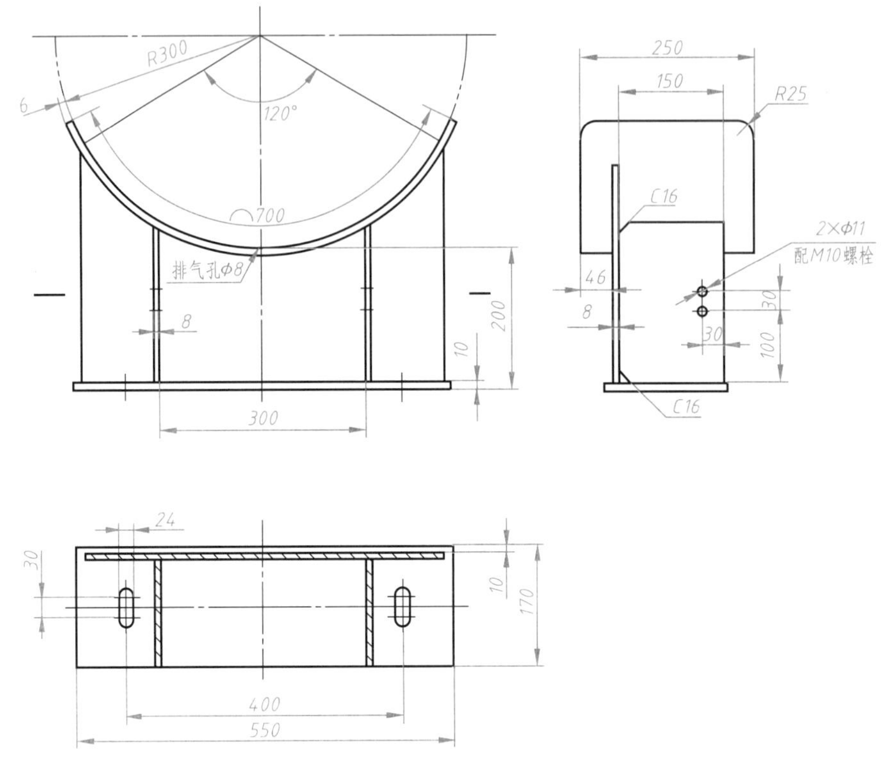

图10-30 鞍式支座的结构和尺寸

（2）腿式支座（**NB/T 47065.2—2018**）

1）型式与结构

腿式支座简称支腿，多用于高度较小（容器总高小于5m）的中小型立式容器中，支腿是支承在容器的圆柱体部分。支腿由底板、支柱、盖板、垫板组成，其结构见图10-31所示。型式特征见表10-2所示。

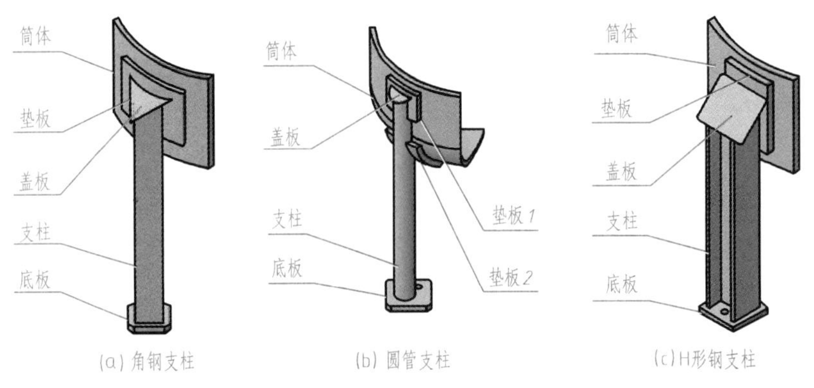

图10-31 腿式支座

表 10-2　腿式支座型式特征

型式		支座号	垫板	适用容器公称直径 DN/mm
角钢支柱	AN	1~6	无	300~1300
	A		有	
圆管支柱	BN	1~6	无	600~1600
	B		有	
H形钢支柱	CN	1~6	无	1000~2000
	C		有	

2）材料

① 支柱、盖板、底板、垫板等支腿元件材料应采用列入相应材料标准且焊接性能优良的钢材。

② 支腿元件材料宜根据支腿元件设计温度按表 10-3 选取，也可根据需要选取其他材料，但其力学性能不得低于表 10-3 对应的材料。

③ 当支腿元件设计温度不在表 10-3 范围时，用户可以根据实际设计温度选取合适的材料。

表 10-3　支腿材料选择表

支腿元件设计温度 t/°C	支腿材料	地脚螺栓材料
$-20 \leq t < 0$	Q235D、Q345D	Q235C、Q345C
$0 \leq t < 20$	Q235C、Q345C	Q235B、Q345B
$20 \leq t < 200$	Q235B、Q345B	Q235A、Q345A

3）规定标记

NB/T 47065.2—2018，支腿 × ×—×—×

- 垫板厚度 δ_3，mm（对于 A、B、C 型支腿标注此项）
- 支撑高度 H，mm
- 支座号
- 型号（A、AN、B、BN、C、CN）

【标记示例 1】 容器公称直径 DN 为 800mm，角钢支柱支腿，不带垫板，支承高度 H 为 900mm，其规定标记为：

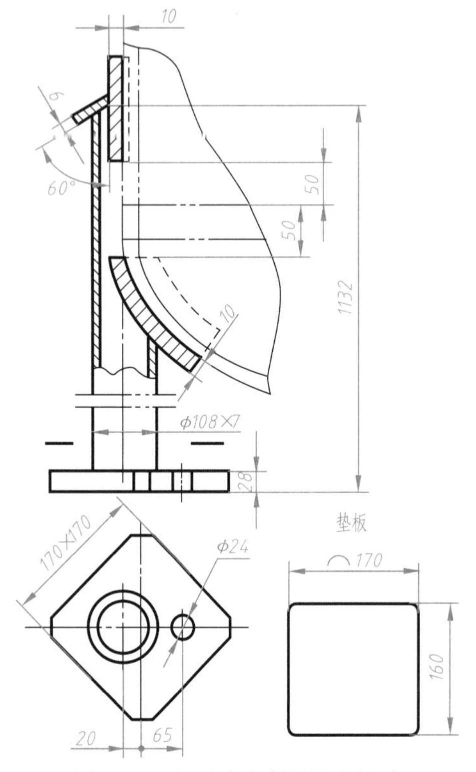

图10-32 腿式支座的结构和尺寸

NB/T 47065.2—2018，支腿 AN4-900

【标记示例2】 根据规定标记NB/T 47065.2—2018，支腿 B3-1000-10，解释支座含义，查表确定其结构和尺寸。

前面两项是标准号和名称，第三项B3通过查表得知，该支座是钢管支柱支腿，有垫板，适用公称直径*DN*为1000mm和1100mm；支承高度*H*为1000mm，垫板的厚度δ_a为10mm，通过查表可以确定支座结构和各部分尺寸，如图10-32所示。

（3）耳式支座（NB/T 47065.3—2018）

1）型式与结构

耳式支座广泛应用于支承在钢架、墙体或梁上的以及穿越楼板的公称直径不大于4000mm立式圆筒形容器，它由底板（支脚板）、筋板、垫板和盖板组成，结构简单轻便，但对支座处的器壁产生较大局部应力。耳式支座的型式见表10-4，其结构型式特征如图10-33所示。

表10-4 耳式支座的型式特征

型式		支座号	垫板	盖板	适用公称直径*DN*/mm
短臂	A	1~5	有	无	300~2600
		6~8		有	1500~4000
长臂	B	1~5	有	无	300~2600
		6~8		有	1500~4000
加长臂	C	1~3	有	有	300~1400
		4~8			1000~4000

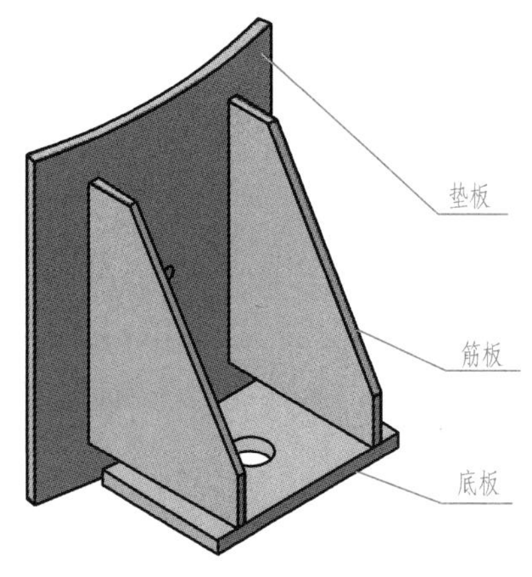

图10-33 耳式支座结构型式特征

2）材料

① 垫板材料一般应与容器材料相同。

② 支座的筋板和底板材料分为Ⅰ（Q235B）、Ⅱ（S30408）、Ⅲ（15CrMoR）三种。

3）规定标记

NB/T 47065.3—2018，耳式支座 × ×—×

材料（Ⅰ、Ⅱ、Ⅲ）

支座号（1~8）

型号（A、B、C）

注1：若垫板厚度δ_3与部分尺寸不同，则应在设备图样零件名称栏或备注栏注明。如δ_3=12mm。

注2：支座及垫板的材料应在设备图样的材料栏内标注，表示方法如下：支座材料/垫板材料。

【标记示例1】 A型，3号耳式支座，支座材料为Q235B，垫板材料为Q245R。其规定标记为：

NB/T 47065.3—2018，耳式支座A3-Ⅰ

材料：Q235B/Q245R

【标记示例2】 根据规定标记NB/T 47065.3—2018，耳式支座B7-Ⅰ，δ_3=16，材料：Q235B/S30408。解释支座含义，查表确定其结构和尺寸。

前面两项是标准号和名称，第三项B7通过查表得知，该支座是B型，7号耳式支座，适用公称直径DN为1700~3400mm；材料号为Ⅰ，即筋板和底板的材料是Q235B，垫板的厚度δ_3为16mm，通过查阅标准，垫板的厚度δ_3标准数值是14mm，从标准确定支座结构和各部分尺寸，如图10-34所示。

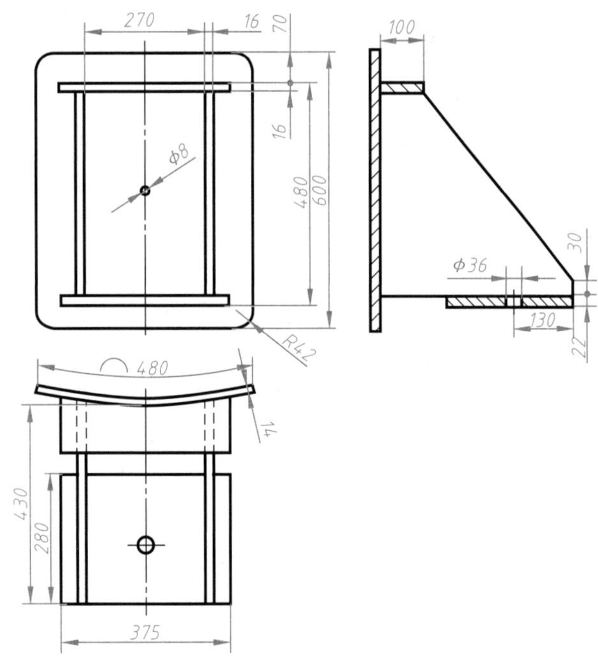

图10-34 耳式支座的结构和尺寸

（4）支承式支座（NB/T 47065.4—2018）

1）型式与结构

支承式支座适用于高度不大，安装位置距基础面较近且具有凸型封头的立式容器，支承式支座是支承在容器的底封头上。分钢板焊制（A型）和钢管制作（B型）两种。A型由底板、筋板、垫板组成，B型由底板、钢管、垫板组成，其型式见表10-5、结构见图10-35。

表10-5　支承式支座的型式特征

型式		支座号	垫板	适用公称直径 *DN*/mm
钢板焊制	A	1~4	有	800~2200
		5~8		2400~3000
钢管制作	B	1~8	有	800~4000

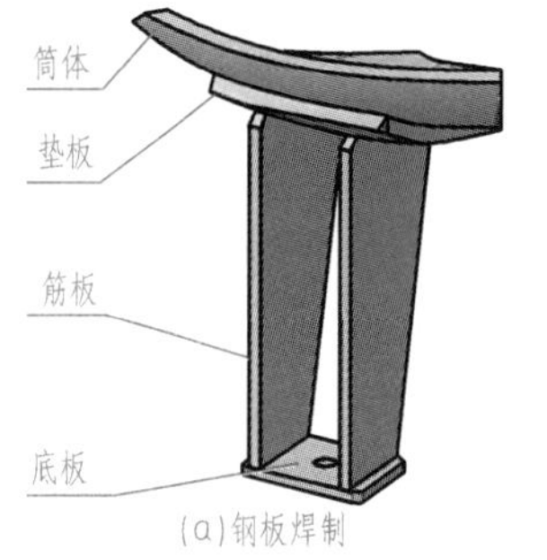

(a) 钢板焊制

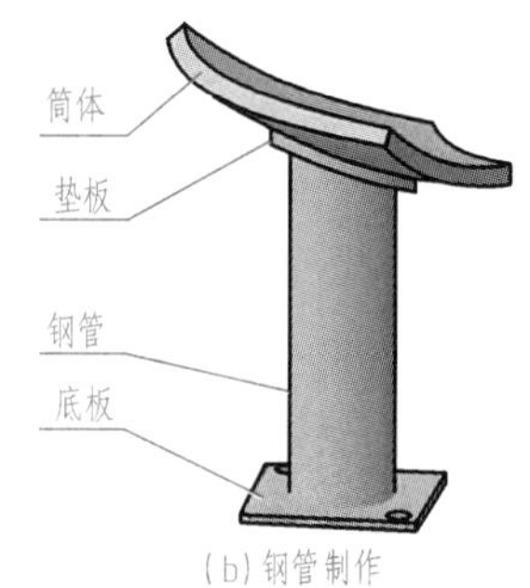

(b) 钢管制作

图10-35　支承式支座结构

2）材料

① 支座垫板材料一般应与容器封头材料相同。

② 支座底板的材料为Q235B。

③ A型支座筋板的材料为Q235B、B型支座钢管材料为10钢。

3）规定标记

NB/T 47065.4—2018，支座

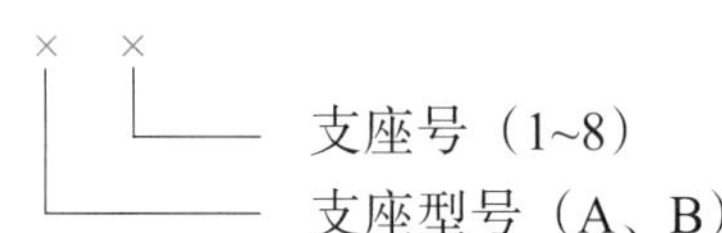

【标记示例1】 钢板焊制的3号支承式支座，支座材料为Q235B，垫板材料为Q245R。其规定标记为：

NB/T 47065.4—2018，支座A3

材料：Q235B/Q245R

【标记示例2】 根据规定标记NB/T 47065.4—2018，支座B3，h=500，δ_3=10。材料：10，Q235B/S30408。解释支座含义，查表确定其结构和尺寸。

前面两项是标准号和名称，第三项B3通过查表得知，该支座是B型，3号钢管制作的支承式支座，支座高度h=500mm，垫板厚10mm，都不是标准尺寸，钢管材料为10钢，底板材料为Q235B，垫板材料为S30408。适用公称直径*DN*为1300~1600mm；查阅标准，确定支座结构和各部分尺寸，如图10-36所示。

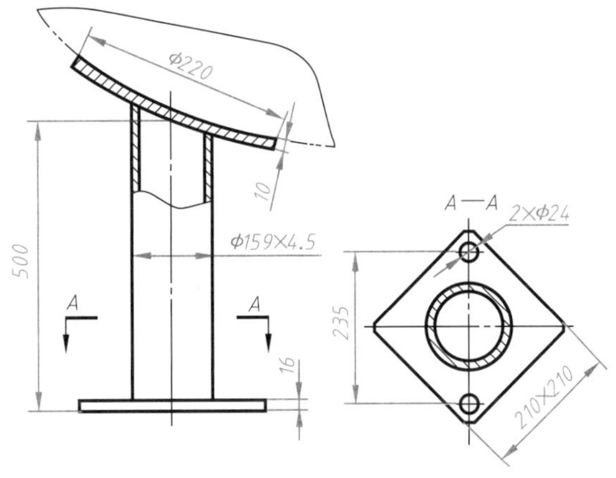

图10-36 支承式支座的结构和尺寸

（5）刚性环支座（NB/T 47065.5—2018）

在石油化工、煤化工装置中，刚性环支座的使用越来越广泛。对安装在框架上的立式大直径薄壁容器，若承受的外载荷比较大，选用耳式支座时壳体的局部应力超标导致设计不合理或不经济，或设备操作时承受负压作用，一般需考虑选用刚性环支座。

刚性环支座适用于满足下列条件的立式圆筒形容器：

① 筒体公称直径在600~8000mm的容器。

② 容器设计温度在-20~200℃的容器。

③ 容器计算高度H_C与直径D_i之比不大于10的容器。

1）型式与结构

刚性环支座由顶环、底环、筋板、底板构成，在必要时可设置垫板，其结构见图10-37。支座型号按容器公称直径分A型（轻型）、B型（重型）两个系列。

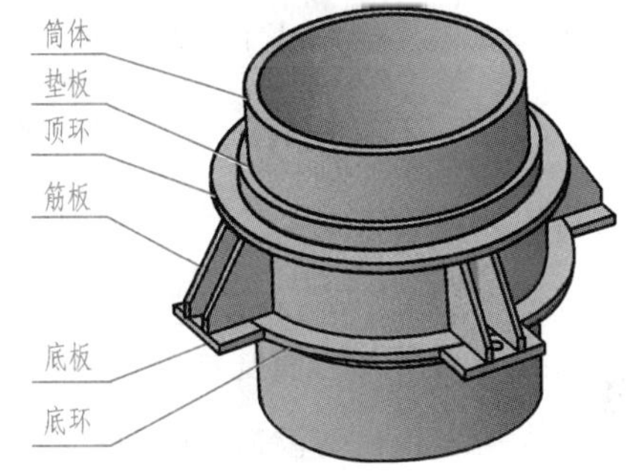

图10-37 刚性环支座的结构

2）材料

刚性环支座（不包括垫板和地脚螺栓）常用材料分Ⅰ（Q235B）、Ⅱ（Q235C）、Ⅲ（Q345A）、Ⅳ（Q345B）、Ⅴ（Q345C）、Ⅵ（Q345R）共六种。

3）规定标记

NB/T 47065.5—2018，刚性环支座 × ×-×-×-×

- 垫板厚度
- 材料代号
- 支耳数量
- 设备公称直径
- 支座型式系列（A、B）

注1：支座及垫板的材料应在容器设计图纸的材料栏内标注。表示方法为：支座材料/垫板材料，无垫板时只注支座材料。

注2：若支座高度H、刚性环宽度a(b)、刚性环厚度δ_C、筋板厚度δ_g、支耳数量n、垫板高度等参数与标准系列的参数不同，则应在容器设计图纸中注明，如H=450，a=200，δ_C=18，n=8，L_S=1500。

【标记示例1】 设备公称直径为2000mm，A型，支座材料为Q235B，垫板材料为Q345R，支耳数量为4，垫板厚度为16mm。其规定标记为：

NB/T 47065.5—2018，刚性环支座 A2000-4-Ⅰ-16

材料：Q235B/Q345R。

【标记示例2】 根据规定标记NB/T 47065.5—2018，刚性环支座 B5200-8-Ⅴ-24，材料：10，Q235B/S30408。解释支座含义，查表确定其结构和尺寸。

前面两项是标准号和名称，刚性环支座，第三项B5200通过查表得知，该支座是B型，公称直径为5200mm，支耳数量为8，支座材料为Q235B，垫板材料为S30408，垫板厚度为24mm。查阅标准，确定支座结构和各部分尺寸，如图10-38所示。

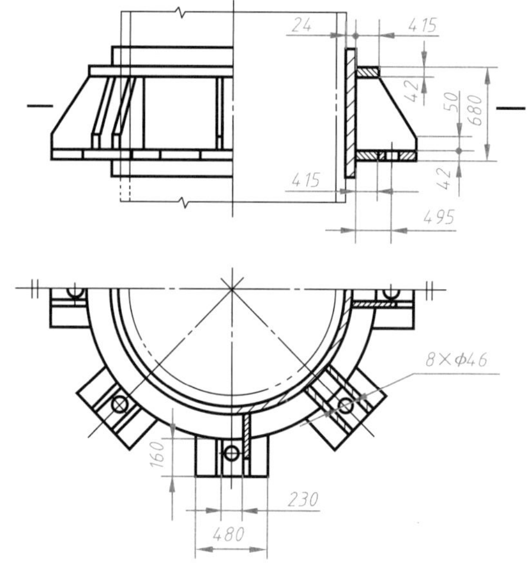

图10-38 刚性环支座的结构和尺寸

10.4.4 人孔和手孔（HG/T 21514~21535—2014）

（1）结构与类型

工程中为了便于设备安装制造或进行内部清理以及检查等，必须开设人孔与手孔。人孔或手孔都是组合件，通常是在容器上接一短管并盖一盲板构成，如图10-39水平吊盖带颈对焊法兰人孔，其结构包括：筒节、法兰、法兰盖、吊环、吊钩、转臂、环、无缝钢管、支承板、螺母、双头螺柱或螺栓等。钢制人孔和手孔的类型见表10-6，各类人孔和手孔的结构、尺寸可查阅HG/T 21514~21535—2014。

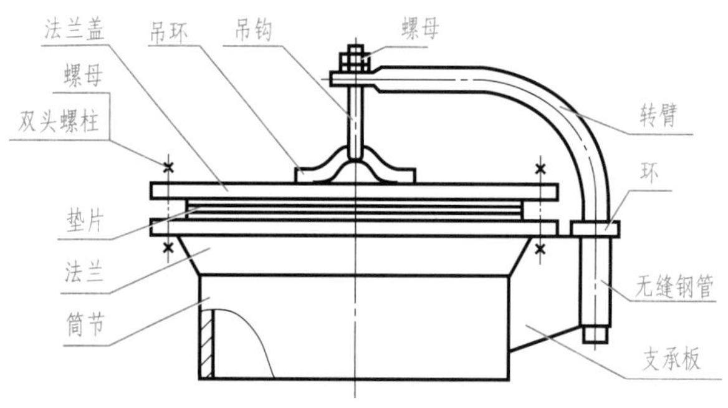

图10-39 水平吊盖带颈对焊法兰人孔的结构

表10-6 人孔和手孔类型（摘自HG/T 21514—2014）

序号	名称	密封面形式代号	序号	名称	密封面形式代号	序号	名称	密封面形式代号
1	常压人孔	FF	8	水平吊盖板式平焊法兰人孔	RF	15	板式平焊法兰手孔	RF
2	回转盖板式平焊法兰人孔	RF	9	水平吊盖带颈平焊法兰人孔	RF、MFM、TG	16	带颈平焊法兰手孔	RF、MFM、TG
3	回转盖带颈平焊法兰人孔	RF、MFM、TG	10	水平带颈对焊法兰人孔	RF、MFM、TG	17	带颈对焊法兰手孔	RF、MFM、TG、RJ
4	回转盖带颈对焊法兰人孔	RF、MFM、TG、RJ	11	常压旋转快开人孔	GF	18	回转盖带颈对焊法兰手孔	RF、MFM、TG、RJ
5	垂直吊盖板式平焊法兰人孔	RF	12	椭圆形回转快开人孔	FS	19	常压快开手孔	GF
6	垂直吊盖带颈平焊法兰人孔	RF、MFM、TG	13	回转拱盖快开人孔	FS、TG	20	旋柄快开手孔	TG
7	垂直吊盖带颈对焊法兰人孔	RF、MFM、TG	14	常压手孔	FF	21	回转盖快开手孔	FS、TG

注：密封面形式及代号，FF—全平面、RF—突面、MFM—凹凸面、TG—榫槽面、RJ—环连接面、GF—槽平面、FS—平面。

（2）规定标记

a b c d （e） f g — h i j 标准编号

a项是名称：“人孔”或“手孔”。

b项是密封面代号：按表10-6填写，一个标准中仅有一种密封面者，此项不填写。一个标准中有两种或两种以上密封面者必须填写。

c项是材料类别代号：Ⅰ~Ⅺ种代号，一个标准中仅含一类材料时，此项不填写。

d项是紧固螺栓（柱）代号：8.8级六角头螺栓填写“b”，35CrMoA全螺纹螺柱填写“t”；采用其他性能等级或材料牌号时，可采用现行行业标准《钢制管法兰用紧固件（PN系列）》（HG/T 20613—2009）中表11.0.2-1~2中的标志代号替代。

e项是垫片（圈）代号：按HG/T 21514—2014中附录B中表B.0.1中垫片（圈）代号栏内容填写。

f项是非快开回转盖人孔和手孔盖轴耳形式代号：按回转盖人孔和手孔标准中规定，填“A”或“B”，其他人孔和手孔本项不填写。

g项是公称直径：仅填写数字。

h项是公称压力：仅填写数字，常压人孔和手孔本项不填写。

i项是非标准高度H_1：应填写“H_1=××”，当H_1尺寸采用各人孔或手孔标准中规定的数值时，本项不填写。

j项是非标准厚度s：应填写“s=××”，当s尺寸采用各人孔或手孔标准中规定的数值时，本项不填写。

【**标记示例1**】 公称压力*PN*40、公称直径*DN*450 、H_1=340、RF型密封面、Ⅳ类材料、其中全螺纹螺柱采用35CrMoA、垫片材料采用：内外环和金属带为304、非金属带为柔性石墨、D型缠绕垫的水平吊盖带颈对焊法兰人孔。其规定标记为：

人孔RF Ⅳ t（W·D-2222） 450-40 HG/T 21524—2014

【**标记示例2**】 根据规定标记人孔RF Ⅳ t（W·D-2222） 450-40 H_1=190 HG/T 21524—2014，解释人孔的含义，查表确定其结构和尺寸。

该人孔为水平吊盖带颈对焊法兰人孔，其密封面形式是突面密封，材料是Ⅳ号，查HG/T 21524表可知筒节材料是15CrMoR，法兰材料是15CrMo等；t表示该人孔用35CrMoA全螺纹螺柱连接；W·D-2222表示垫片代号，其中，W是缠绕式垫片的代号，D表示带内环和对中环型，四个2查HG/T 20610—2016标准可知，分别是对中环材料为304，金属带材料为304，填充材料为柔性石墨带，内环材料为304；450表示公称直径，40表示公称压力，190表示该人孔高度，不是标准尺寸。查阅标准，确定人孔结构和各部分尺寸，如图10-40所示。

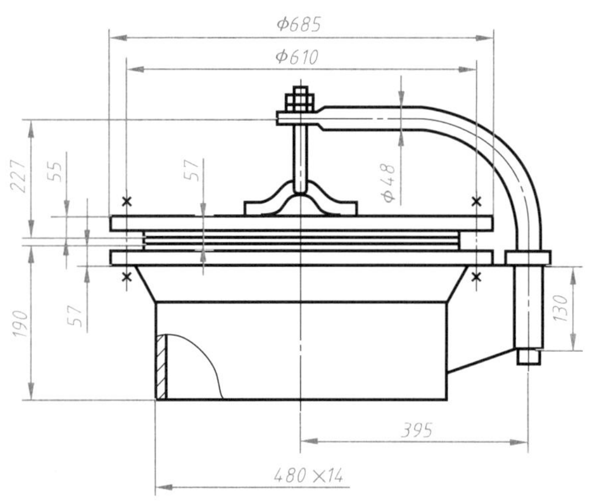

图10-40 人孔的结构和尺寸

10.4.5 补强圈（JB/T 4736—2002）

补强圈是在开孔接管周围的容器壁上焊上一块圆环状金属板，使局部壁厚增加进行补强，如图10-41所示。按照补强圈焊接接头的结构要求，补强圈坡口分为A、B、C、D和E五种形式。

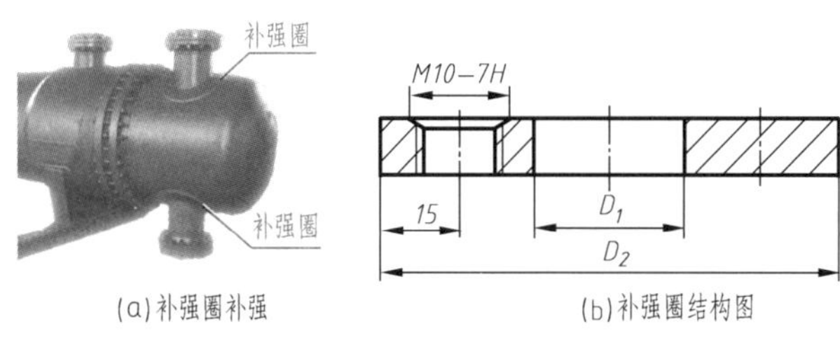

图10-41 补强圈补强

规定标记：

名称　d_N公称直径×补强圈厚度—坡口形式—补强圈材料　标准号

【标记示例】 根据规定标记补强圈 d_N100×8-D-Q235—B　JB/T 4736—2002，解释补强圈的含义，查表确定其结构和尺寸。

补强圈接管公称直径 d_N=100mm、补强圈厚度为 8mm，坡口形式为 D 型，材料为 Q235—B，查阅标准，确定补强圈的结构和各部分尺寸，如图 10-42 所示。

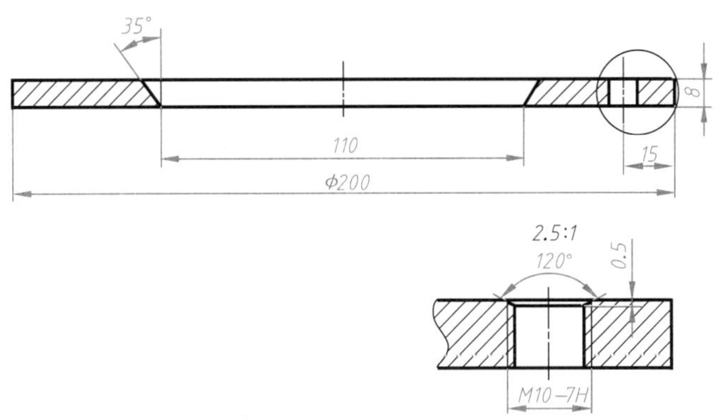

图 10-42　补强圈的结构和尺寸

10.5　化工设备图的尺寸标注及其他

10.5.1　尺寸标注

（1）尺寸种类

化工设备图主要表达设备零部件间的装配关系，应标注以下几类尺寸。

① 规格性能尺寸。

表示设备的规格、性能、特征及生产能力的尺寸。这些尺寸是设计时确定的，是了解和选用设备、设计设备的依据。如设备中筒体的内径、高度或长度尺寸，封头高度尺寸等。

② 外形尺寸。

表示设备的总长、总宽（外径）、总高的尺寸，它反映了设备的体积大小，即该设备在包装、运输、安装及厂房中占空间的大小。

③ 装配尺寸。

表示设备各零部件间装配关系和相对位置的尺寸，是设备进行装配的主要依据。如支座的定位尺寸、各接管的定位尺寸、换热器中管板及折流板间的定位尺寸等。

④ 安装尺寸。

表示设备安装在地基上或与其他设备及部件相连接时所需尺寸。如安装螺栓、地脚螺栓孔距及孔径的尺寸等。

⑤ 其他重要尺寸。

除以上四类尺寸外，在设备装配和使用中必须说明的尺寸，一般有以下几种：

a. 由设计计算而在制造时必须保证零部件的规格尺寸，如筒体壁厚、搅拌轴直径等。

b. 不另行绘制零件图的零件的结构尺寸或主要尺寸，如人孔的规格尺寸。

c. 设备零部件的规格尺寸，如接管的外径和壁厚尺寸，瓷环的外径、高度和壁厚尺寸等。

d. 焊缝的结构形式尺寸，一些重要焊缝在其局部放大图中，应标注横截面的外形尺寸。

(2) 尺寸基准

化工设备图标注尺寸，首先应正确选择尺寸基准，尺寸基准的选择既要保证设备在制造、安装时要达到的设计要求，又要满足加工、测量和检验的工艺要求。一般情况下，选作化工设备图尺寸基准的线和面是：

① 筒体和封头的轴线，如图10-43中1所示。

② 筒体和封头焊接时的环焊缝，如图10-43中2所示。

③ 容器法兰的端面，如图10-43中3所示。

④ 支座的底面，如图10-43中4所示。

⑤ 接管轴线与设备外表面的交点，如图10-43中5所示。

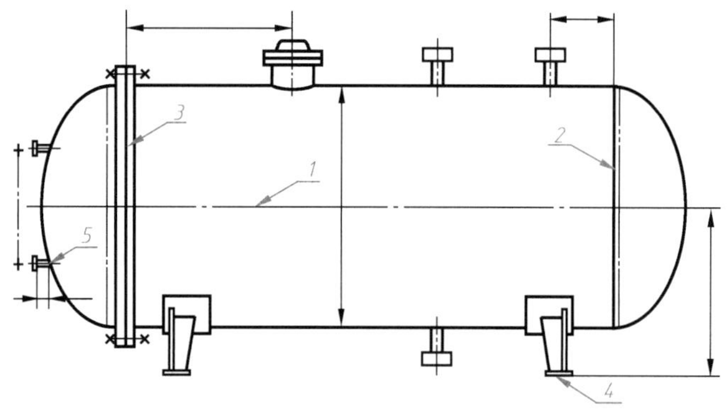

图10-43 化工设备图的尺寸基准

(3) 典型结构的尺寸注法

① 筒体：筒体需要标注公称直径、壁厚、高度或长度。钢板卷制的筒体标注内径，钢管制成的筒体标注外径。壁厚尺寸可以在有厚度的壁厚上标注，也可以标注在示意画法的粗实线上，如图10-44所示。

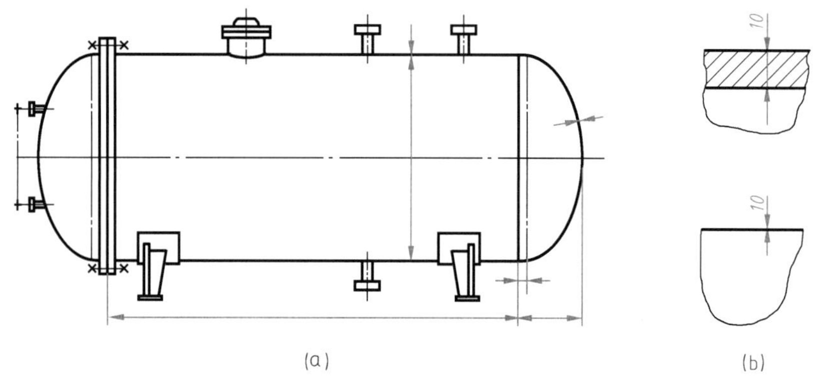

图10-44 筒体、封头的尺寸标注

② 封头：封头一般标注壁厚和高度（直边高度、总高度），如图10-44所示。

③ 接管：接管标注出管口定位尺寸和直径、壁厚、伸出长度（或者在管口表中表示），如图10-45所示。

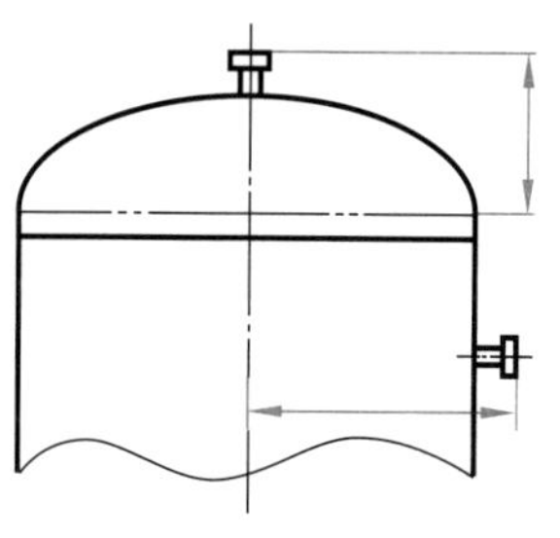

图10-45　接管的尺寸标注

④ 填充物（瓷环、浮球）：填充物标注出总体尺寸及填充物规格尺寸。如图10-16所示瓷环标注“50×50×5”表示瓷环的直径×高度×壁厚。

⑤ 焊缝：在技术图样或文件上需要表示焊缝或接头时，推荐采用焊缝符号。必要时，也可以采用一般的技术制图方法表示，此时需要标注焊缝横截面的尺寸。设备焊缝在剖视图中常用涂黑表示，另在技术要求中说明焊接方法、焊缝接头形式、焊条型号及焊缝检验要求。

⑥ 尺寸的安排：应尽量安排在设备图轮廓的右侧和下方。

⑦ 一般不允许注成封闭尺寸，当需要注时，封闭尺寸链中的某一不重要的尺寸应加括号表示，作为参考尺寸。

10.5.2　零部件序号和管口符号（HG/T 20668—2000）

为了便于读图以及生产管理，化工设备图中所有零部件都必须编写序号，并编写相应的明细表。

（1）零部件序号

化工设备图中零部件序号可按GB/T 4458.2—2003中相关规定编写。

化工设备的所有零部件（包括表格图中的各零件、薄衬层、厚衬层、厚涂层等）和外购件，无论有图或无图均需编独立的件号，不得省略。

序号的编排方法如下：

① 指引线应自所指部分的可见轮廓线内引出，并在末端画一圆点，若所指部分（很薄的零件或涂黑的剖面）内不便画圆点时，可在指引线的末端画出箭头，并指向该部分的轮廓，如图10-46所示。指引线不能相交。当指引线通过有剖面线的区域时，不应与剖面线平行。指引线可以画成折线，但只能曲折一次。

② 序号可以写在水平的基准线（细实线）上、圆（细实线）内或在指引线的非零件端的附近，序号的字号比该装配图中所注尺寸数字的字号大一号或两号，如图10-46所示。

③ 同一装配图中编排序号的形式应一致。

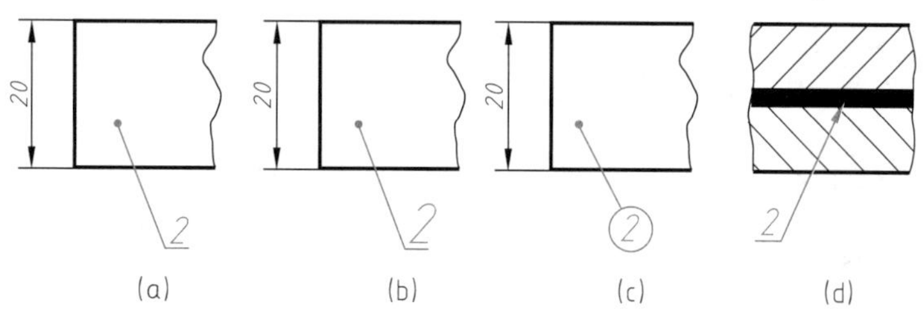

图10-46　单个指引线的形式及序号的编注方法

④ 一组紧固件以及装配关系清楚的零件组，可以采用公共指引线，如图10-47所示。

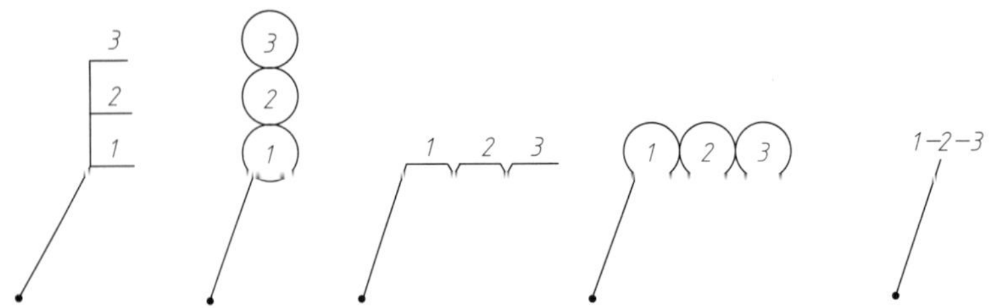

图10-47 公共指引线的编注形式

⑤ 序号应尽量编排在主视图上，并由其左下方开始，按件号顺序顺时针整齐地沿竖直或水平方向排列；可布满四周，但应尽量编排在图形的左方和上方，并安排在外形尺寸线的内侧。若有遗漏或增添的件号，应在外圈编排补足，如图10-48所示，19、20是补充的序号。

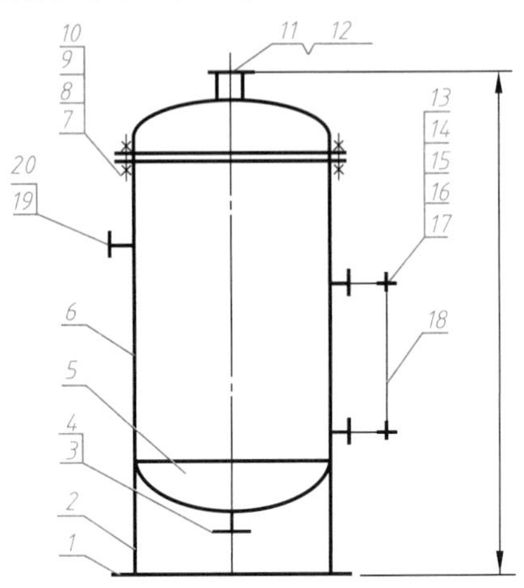

图10-48 零部件序号的编写

（2）管口符号

为了清楚地表达开孔和管口的位置，化工设备图上应给管口编写符号。

设备上的管口符号一律用带圆圈（直径$\phi8$）的大写英文字母（5号字）编写，常用管口符号推荐按表10-7所示。规格、用途及连接面形式不同的管口，需单独编写序号；而规格、用途及连接面形式相同的管口编为同一号，但需要给符号加注阿拉伯数字的角标，以示区别，如A_1、A_2，见图10-3所示。

表10-7 管口符号推荐表（HG/T 20668—2000）

管口名称或用途	管口符号	管口名称或用途	管口符号	管口名称或用途	管口符号
手孔	H	压力计口	PI	温度计口(现场)	TI
液位计口(现场)	LG	压力变送器口	PT	裙座排气口	VS
液位开关口	LS	在线分析口	QE	裙座入口	W
液位变送器口	LT	安全阀接口	SV		
人孔	M	温度计口	TE		

管口符号一律注写在各视图中管口的投影附近或管口的中心线上，以不致引起管口混淆为原则。在图中标注时，以字母的顺序自主视图左下方开始，按顺时针沿竖直和水平方向依次标注，其他视图中，应按主视图对应的符号重复标注。

10.5.3 设计数据表、管口表和明细表（HG/T 20668—2000）

（1）设计数据表

设计数据表是化工设备设计图样中重要的组成部分。该数据表是把设计、制造与检验各环节的主要技术数据、标准规范、检验要求汇总于表中，为化工设备的设计、制造、检验、使用、维修、安全管理提供了一整套技术数据和资料。设计数据表按照《化工设备设计文件编制规定》（HG/T 20668）中推荐的设计数据表的格式及尺寸编写。表中的边框线为粗实线，其余均为细实线，如图10-49所示是反应器的设计数据表。

设计数据表 DESIGN SPECIFICATION						
规范 CODE						
	容器 VESSEL	夹套 JACKET	压力容器类别 PRESS VESSEL CLASS			
介质 FLUID			焊条型号 WELDING BOD TYPE		按JB/T 4709 规定	
介质特性 FLUID PERFORMANCE			焊接规程 WELDING CODE		按JB/T 4709 规定	
工作温度/℃ WORKING TEMP. IN/OUT			焊缝结构 WELDING STRUCTURE		除注明外采用全焊透结构	
工作压力/MPa(G) WORKING PRESS.			除注明外角焊缝腰高 THICKNESS OF FILLET WELD EXCEPT NOTED			
设计温度/℃ DESIGN TEMP.			管法兰与接管焊接标准 WELDING BETW.PIPE FLANCE AND PIPE			
设计压力/MPa(G) DESIGN PRESS.			无损检测 N.D.E	焊接接头类别 WELDED J ONT CATEGORYY	方法-检验率 EX.METHCD%	标准-级别 STD-CLASS
腐蚀裕量/mm CORR. ALLOW.				A.B 容器 VESSEL		
焊接接头系数 JOINT EFF.				A.B 夹套 JECKET		
热处理 PWHT				C.D 容器 VESSEL		
水压试验压力/MPa(G) HYDRO.TEST PRESS.				C.D 夹套 JECKET		
气密性试验压力/m^2 GAS LEAKAGE TEST PRESS.			全容积/m^3 FULL CAPACITY			
加热面积/m^2 TRANS SURFACE			搅拌器型式 AGITATOR TYPE			
保温层厚度/防火层厚度/mm INSULATION/FIRE PROTECTION			搅拌器转速 AGITATOR SPEED			
表面防腐要求 REQUIREMENT FOR			电机功率/防爆等级 B.H.P/ENCLOSURE TYPE			
其他按需填写 OTHER			管口方位 NOZZLE ORIENTATION			

图10-49　设计数据表的格式和内容

设计数据表应包括三个方面的内容：标准规范，设计参数，制造、检验与验收要求等。标准规范包括容器安全技术监督法规、设计标准等、容器类别；设计参数包括物料名称、设计压力、工作压力、设计温度、工作温度等；制造、检验与验收要求，包括焊条型号、无损检测、液压试验压力、气密性试验、热处理等。另外，根据各专用设备填入所需的特殊性能技术要求，例如，塔器类设备需填写风压、地震烈度；容器类设备需要填写容积和操作容积；带搅拌的反应器应填写搅拌转数、电动机功率等；换热器应分别填写管程和壳程的设计参数及换热面积等。

（2）管口表

在管口表中填写与图中的管口符号一致的信息，并由上向下顺序填写。每一行按要求填写符号、公称尺寸、公称压力、连接标准、连接面形式、用途或名称、伸出长度等内容，如图10-50所示。

管口表							
符号	公称尺寸	公称压力	连接标准	法兰型式	连接面型式	用途或名称	伸出长度
A	80	1.0	HG 20593	PL	RF	蒸汽进口	150
B	32	1.0	HG 20593	PL	RF	蒸汽出口	200
…							
F_{1-3}	15	1.0	HG 20593	PL	RF	取样口	见图
M	450	1.0	HG 20593	PL	RF	人孔	见图

10(15) 10(15) 10(15) 15(25) 8(20) 8(20) 20(40)；95(180)；5；8(10)；n×4(8)

图 10-50 管口表的格式和内容

"符号"栏：管口表中的管口符号应与图中接管符号一致，按A、B、C…顺序自上向下逐一填写。当管口规格、连接标准、用途完全相同时，可合并成一项填写，如F_{1-3}。

"公称尺寸"栏：填写管口公称直径。无公称直径的管口，按接管口实际内径填写，如椭圆孔填写"椭长轴×短轴"，矩形孔填写"长×宽"。

"公称压力"栏：填写公称压力。

"连接标准"栏：填写对外连接管口的连接法兰标准。

"连接面形式"栏：填写管口法兰的连接面形式，如平面、凹面、槽面等。

"用途或名称"栏：填写该接管的标准名称、或简明的用途术语，例如：进气孔、检查口、人孔等。

"伸出长度"栏：填写接管法兰密封面到设备中心线或封头焊缝的距离，在图中不需标注。如需在图中标注伸出长度，则在此栏内填写"见图"字样。

（3）明细表

设备图中相同的零件编写同一件号，明细栏的零部件序号应与图中的零部件序号一致，并由下向上顺序填写。每一行按要求填写"名称"、"数量"和"材料"等内容，如图10-51所示。

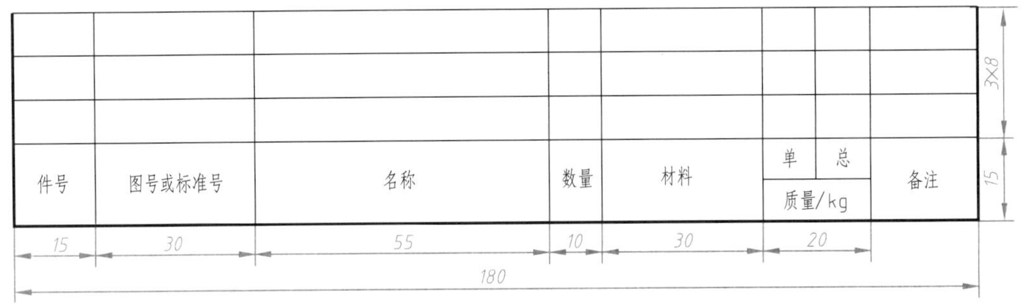

图 10-51 明细表的格式和内容

"图号或标准号"栏中填写零部件的图号，无图零件此栏不必填写；若为标准件，则填写标准号；若为组合件，应注明其部件图图号。

填写零部件或外购件名称时，零部件的名称尽可能简短，并采用公认的术语，例如筒体、封头、人孔、管板、接管等。

标准零部件按标准规定的标注方法填写，如法兰-RF 1000-2.5/78-155。

不单独绘制零件图的零件，在名称后应列出其规格或实际尺寸，如筒体 $DN1000$，δ=10，H=2000；换热管 $\phi19\times2.0$。

“备注”栏用于填写必要的说明，若无说明则不必填写。比如换热管备注栏填写直管长度 L=2000。

10.5.4　技术要求与标题栏（HG/T 20668—2000）

（1）技术要求

在化工设备装配图中，设计数据表中未列出的技术要求内容，需以文字条款形式表示设备在制造、检验、安装等方面的要求、方法和指标；设备的保温、防腐蚀等要求；设备制造中所需依据的通用技术条件等。当设计数据表中已表示清楚时，此处不标注。

（2）标题栏

标题栏的格式、内容可以参考HG/T 20668—2000，标题栏中应填写单位名称、设备名称、图号等内容，如图10-52所示。

设备名称由化工名称和设备结构特点组成，如乙烯塔氮气冷却器、聚乙烯反应釜等。

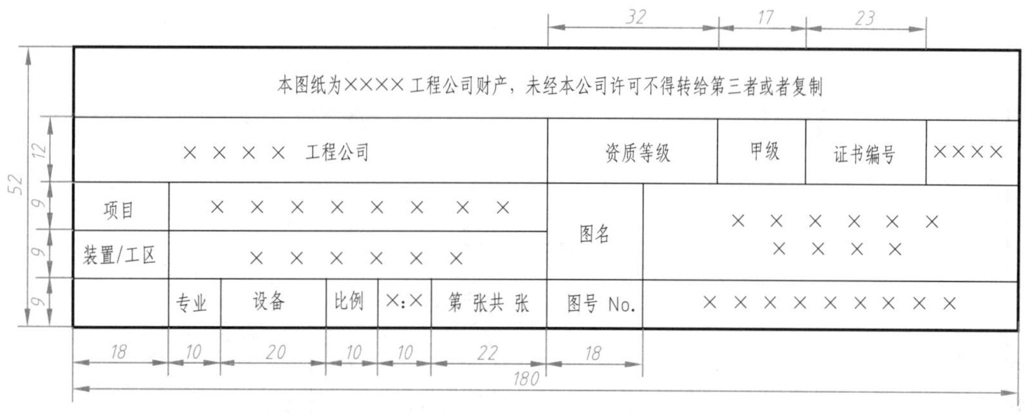

图10-52　标题栏的格式和内容

10.6　化工设备图的阅读

10.6.1　阅读化工设备图的基本要求

化工设备图是化工生产中化工设备设计、制造、安装、使用、维修的重要技术文件，也是进行技术交流、设备改造的工具。因此，作为从事化工生产的专业技术人员，都必须具备熟练阅读化工设备图的能力。

阅读化工设备图应达到的基本要求如下：

① 了解设备的用途、结构性能、工作原理。

② 了解各零部件之间的装配连接关系和有关尺寸。

③ 了解设备零部件的结构、形状、规格、材料和作用，进而了解整个设备的结构。

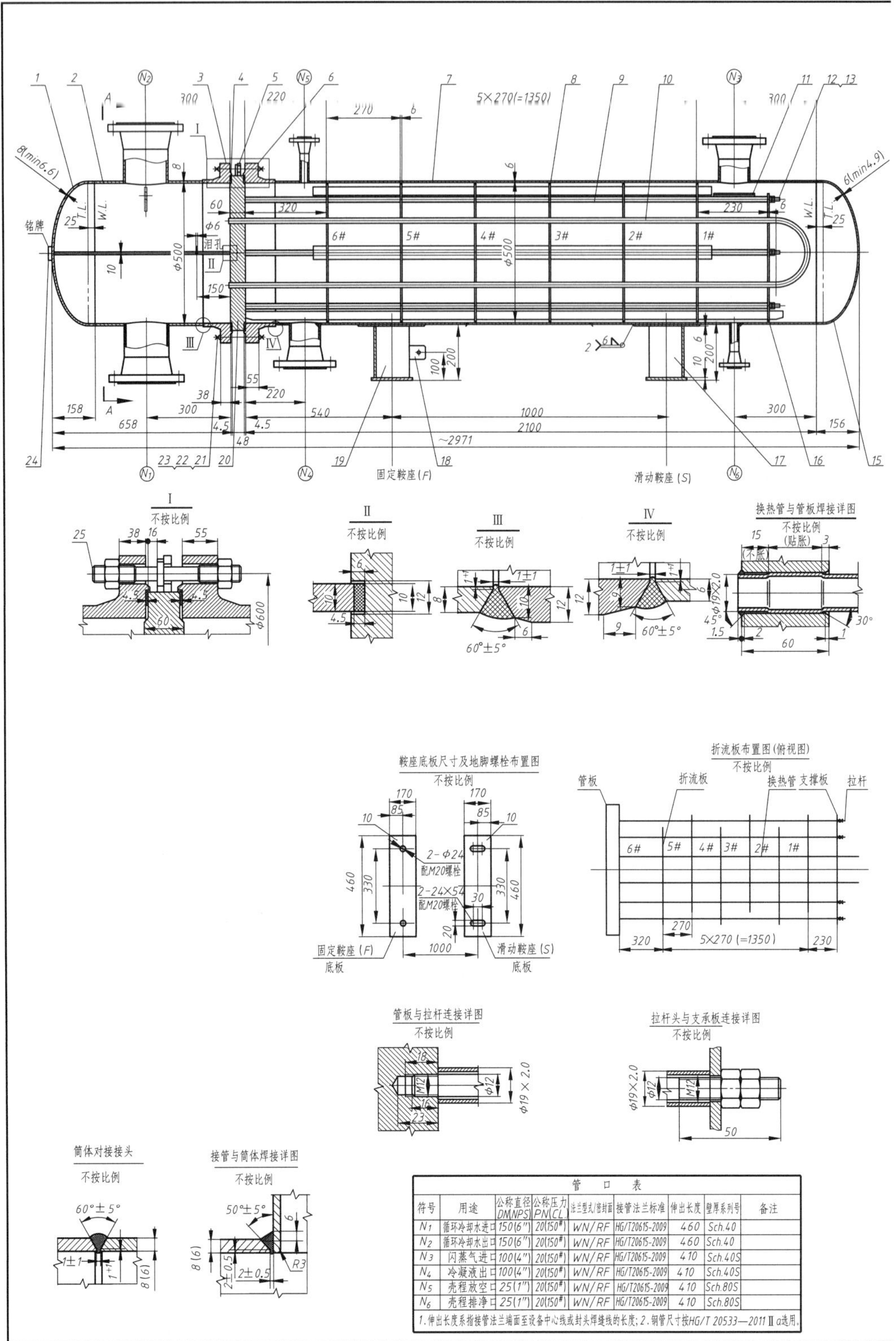

管口表								
符号	用途	公称直径 DN(NPS)	公称压力 PN(CL.)	法兰型式/密封面	接管法兰标准	伸出长度	壁厚系列号	备注
N_1	循环冷却水进口	150(6″)	20(150#)	WN/RF	HG/T20615-2009	460	Sch.40	
N_2	循环冷却水出口	150(6″)	20(150#)	WN/RF	HG/T20615-2009	460	Sch.40	
N_3	闪蒸气进口	100(4″)	20(150#)	WN/RF	HG/T20615-2009	410	Sch.40S	
N_4	冷凝液出口	100(4″)	20(150#)	WN/RF	HG/T20615-2009	410	Sch.40S	
N_5	壳程放空口	25(1″)	20(150#)	WN/RF	HG/T20615-2009	410	Sch.80S	
N_6	壳程排净口	25(1″)	20(150#)	WN/RF	HG/T20615-2009	410	Sch.80S	
1.伸出长度系指接管法兰端面至设备中心线或封头焊缝线的长度；2.钢管尺寸按HG/T 20533—2011 Ⅱ a选用。								

图10-53 冷凝

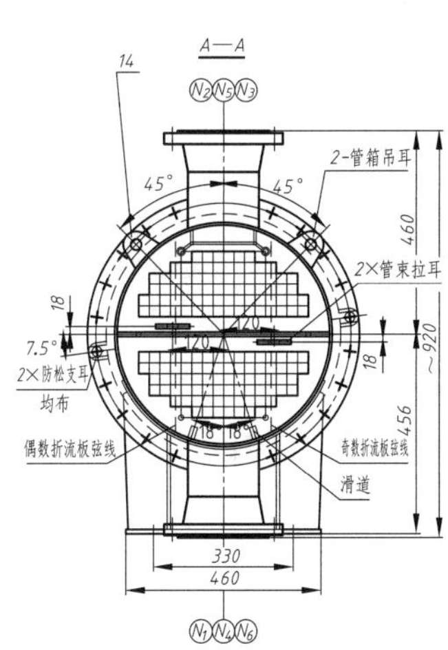

技术要求:

1. 本设备的制造、检验和验收还应符合10-42-JSTJ《钢制管壳式换热器技术条件》的规定。
2. 管箱组焊完毕，并经消除应力热处理后，再精加工设备法兰及分程隔板密封面。
3. 管箱吊耳仅用于管箱起吊，严禁起吊整台设备。
4. 本设备已考虑壳程吹扫工况，吹扫蒸汽参数：设计温度159℃，设计压力0.35MPa(G)。

设计数据表

设计、制造、检验及验收要求

项目			要求
容器类别			二 类
容器安全技术监督法规			TSG 21—2016《固定式压力容器安全技术监察规程》
设计、制造、检验与验收标准			GB/T 151—2014《热交换器》
换热器管束级别			Ⅰ级
受压元件用钢板标准/供货状态			GB 713-2014/热轧GB 24511—2009/固溶
锻件材料标准			NB/T 47008—2010 NB/T47010—2010
接管材料标准			GB/T 14976—2012GB9948—2013
换热管材料标准			GB 13296—2013《锅炉、热交换器用不锈钢无缝钢管》
焊接工艺评定			NB/T 47014—2011《承压设备焊接工艺评定》
焊接规程			NB/T 47015—2011《压力容器焊接规程》
焊接材料订货技术条件			NB/T 47018—2011《承压设备用焊接材料订货技术条件》
换热管订货技术要求			NB/T 47019.5—2011《锅炉、热交换器用管订货技术条件》
容器制造尺寸公差			HG/T 20584—2011《钢制化工容器制造技术要求》第9章
液面计接管	两接管轴线距离极限偏差/mm		/ 接管外伸长度极限偏差/mm /
	两接管周向位置极限偏差/mm		/
	法兰密封面垂直度公差/mm		/
无损检测标准			NB/T 47013《承压设备无损检测》
A、B类焊接接头检测方法/等级/检测率/技术等级	检测	壳程	射线RT/Ⅲ≥20%AB
		管程	射线RT/Ⅲ≥20%AB
	复查	壳程	/
		管程	/
C、D、E类焊接接头检测要求			见其它要求和说明1
管法兰与接管焊接要求			按相应的管法兰标准
不锈钢容器晶间腐蚀敏感性检验	标准		GB/T 21433—2008
	试验方法		GB/T 4334—2008 方法E
不锈钢容器表面处理			去除油污后进行酸洗、钝化处理，所形成的钝化膜用蓝点法检查，无蓝点为合格。
热处理	热处理标准		GB/T 30583—2014《承压设备焊后热处理规程》
	热处理要求		见其它要求和说明2
水压试验压力/MPa(G)			壳程：1.37 管程：1.0
泄漏试验	气密性试验压力/MPa(G)		壳程：/ 管程：/
	检漏试验		/
无图零件切割表面粗糙度			$\sqrt{Ra\ 2.5}$
安装验收规范			GB 50461—2008《石油化工静设备安装工程施工质量验收规范》

设计数据

项目		壳程	管程
换热器类型		BEU	
设计压力/MPa(G)		1.0/F.V.	0.8
工作压力/MPa(G)		0.78	0.11
设计温度/℃		206	65
工作温度(入口/出口)/℃		169/70	33/43
最高允许工作压力/MPa(G)		/	/
安全阀整定压力/MPa(G)		/	/
金属平均温度		129.03	68.1
工作介质	名称/密度/(kg/m³)	高压闪蒸气/5.0	循环冷却水/994.9
	毒性程度	极 高 中 轻 □□☑□	极 高 中 轻 □□□□
	易爆	是☑ 否□	是□ 否☑
	主要组分	CO、H_2、CO_2、CH_4、AR、N_2	H_2O
程数		1	2
换热管与管板的连接型式		强度焊+贴胀	
换热面积/m²		22.93	
容积/m³		0.31	0.19
腐蚀裕量/mm		0	3.0
焊接接头系数		0.85	0.85
保温层 材料/厚度/mm		岩棉制品/	50
安装环境		室外☑ 室内□	
设计使用年限 年		15(管束除外)	
主体材料	板材	S30403	Q245R
	容器法兰	S30403Ⅱ	16MnⅡ
	管板	S30403Ⅲ	
	换热管	S30403	
容器质量	净质量/kg	～1000	
	可拆管束质量/kg	～600	
	特殊材料质量/kg	～800	
	充水后总质量/kg	～1500	
管口、铭牌、支座、接地板及吊耳方位		按本图	

件号	图号或标准号	名称	数量	材料	单质量	总质量	备注
25	4006-021	带肩双头螺柱M20X220	2	35CrMoA	0.5	1.0	
24	4006-058	铭牌(2)	1	组合件		/	
23	GB/T 29463.2—2012	缠绕垫C73-500-1.6-1	1	022Cr19Ni10+柔性石墨		/	
22	NB/T 47027—2012	螺母M20	48	30CrMoA	0.052	2.5	
21	NB/T 47027—2012	螺柱 M20×220-B	22	35CrMoA	0.45	10	
20	10-42-10	管板	1	S30403Ⅲ		82	
19	NB/T 47065.1—2018	鞍座BⅠ500-F	1	Q235B/S30403		23	
18	10-42-09	接地板	2	06Cr19Ni10	0.18	0.36	
17	NB/T 47065.1—2018	鞍座BⅠ500-S	1	Q235B/S30403		23	
16	10-42-08	支撑板	1	S30403		5.6	
15	GB/T 25198—2010	椭圆形封头EHA 500×6(4.9)	1	S30403		15	
14	10-42-07	吊耳1	4	/	0.3	1.2	2个用于管箱，材料Q235A 2个用于管束，材料S30403
13	GB/T 6170—2015	螺母M12	12	S30403	0.012	0.144	
12	10-42—06	拉杆M12 L=1960	6	S30403	1.76	11	$L_a=16$
11	10-42-05	防冲板Ⅱ(型)DN100 H=40 T=4	1	S30403		1	

件号	图号或标准号	名称	数量	材料	单质量	总质量	备注
10	10-42-04	换热管φ19×2.0	99U	S30403		362	直管长度L=2000
9		定距管φ19×2.0	全部	S30403		10	L≈11280mm
8	10-42-03	折流板	6	S30403	6	36	
7		筒体DN500 δ=6 H=1980	1	S30403		150	
6	NB/T 47023—2012	法兰-FM 500-1.6/55-120	1	S30403Ⅱ		60	
5	10-42-02	防松支耳PN1.6 DN500	2	S30403	0.18	0.36	
4	GB/T 29463.2—2012	缠绕垫G73-500-1.6-2	1	022Cr19Ni10+柔性石墨		/	
3	NB/T 47023—2012	法兰-FM 500-1.6/38-100	1	16MnⅡ		42	
2		筒体DN500 =8 H=400	1	Q245R		40	
1	GB/T 25198—2010	椭圆形封头EHA 500×8(6.6)	1	Q245R		20	

修改标记	说明	设计	校核	审核	批准	日期
A						

冷凝器装配图				
装置（单元）名称及代号				
设计阶段		专业名称		
图号	10-42-01		版次	
业主图号			版次	
比例	/	第 张共 张		

器装配图

④ 了解设备上管口的用途、数量、开口方位等。

⑤ 了解设备在设计、制造、安装和检验等方面的标准和技术要求等。

10.6.2 阅读化工设备图的一般方法

（1）概括了解

① 看标题栏，了解设备的名称、规格、绘图比例、图纸张数等内容。

② 看设备的设计数据表、技术要求，概括了解设备的压力、温度、物料、焊缝探伤要求及设备在设计、制造、检验等方面的技术要求。

③ 看管口表，了解设备接管数量、名称、连接方式、用途等。

④ 看明细栏，概括了解设备的零部件的名称、数量、材料，以及哪些零部件是标准件，哪些是外购件。

（2）详细分析

① 视图分析。

对视图进行分析，了解表达设备所采用的视图数量和表达方法，找出各视图、剖视图的位置及各自的表达重点。

② 零部件分析。

结合明细表中的序号，将零部件逐一从视图中分离出来，分析其结构、形状、尺寸及其与主体或其他零部件的装配关系。对标准化零部件，应查阅有关标准，弄清楚其结构。另有图样的零部件，则应查阅相关的零部件图，想清楚其结构。

③ 装配连接分析。

从图中了解设备各零部件的连接关系、相对位置。如筒体与封头是焊接或还是法兰连接，接管与设备主体间的连接，其他零部件之间的连接等。

（3）归纳总结

经过对图样的详细分析后，将所有的内容进行归纳和总结，得出设备完整的结构形状，进一步了解设备的结构特点、工作特性、物料的流向和操作原理等。

【例】 阅读图10-53所示冷凝器装配图。

（1）概括了解

① 如图10-53所示，从标题栏可知，该设备图为冷凝器装配图。

② 从设计、制造、检验及验收要求中，可了解该冷凝器为二类压力容器，设计依据分别参照GB/T、NB/T、HG/T、JB/T、TSG等标准。从设计数据表中可以看出该设备的壳程设计压力为1.0MPa，管程设计压力为0.8MPa，壳程设计温度为206℃，管程设计温度为65℃，壳程介质为闪蒸气，管程介质为冷却水，换热面积为22.93m^2。

③ 从管口表可知该设备有N_1~N_6共六个管口符号，在主视图、*A*—*A*剖视图上可以分别找出它们的位置。

④ 从明细表可知，该设备共有25种零部件，符合GB/T的零部件有5种，符合HG/T的零部件有6种，其他结构未在装配图中表达清楚的非标准件见相应的图纸。

（2）详细分析

1）视图分析

全图用一个主视图、一个*A*—*A*左视图表达了整个冷凝器的主要内外结构形式以及管口方位，同时采用了四个局部放大图分别为表达一些局部和焊接结构；采用了六个不按比例的局部详图表达换热管与管板焊接详图、鞍座底板尺寸及地脚螺栓布置图、折流板布置图、管板与拉杆连接详图、拉杆头与支持板连接详图；筒体对接接头、接管与筒体的焊接结构及尺寸。

2）零部件结构及装配连接分析

设备主体由筒体、封头、法兰、鞍式支座、管板、管束（组合件）等组成。

筒体（件2）内径为500mm、壁厚为8mm、长度为400mm，材料为Q245R，其左端与封头焊接、右端与法兰（件3）焊接；筒体（件7）内径为500mm、壁厚为6mm、长度为1980mm，材料为S30403，其左端与法兰（件6）焊接、右端与封头（件15）焊接。

两个法兰件3、件6，对应明细栏可知，两个法兰标准编号都是NB/T 47023，都是长颈对焊法兰，标件3，标记是法兰-FM 500-1.6/38-100，法兰厚度为38mm，总高度为100mm；标件6，标记是法兰-FM 500-1.6/55-120，法兰厚度为55mm，总高度为120mm；都是凹面密封形式，两个法兰通过22组双头螺柱将20号管板连接起来。

设备两端是椭圆形封头，件1和件15，对应明细栏可知，标记分别为： EHA 500×8（6.6）和EHA 500×6（4.9），两个封头壁厚不同。

该冷凝器为卧式设备，故采用鞍式支座（件17、件19）支承。代号分别为BI500-S、BI500-F，支座高度200mm。从鞍座底板详图可知鞍座的具体尺寸，并知一个为固定鞍座（件17），一个为滑动鞍座（件19），以便于消除热应力和安装定位。

管板（件20）参考零部图，从零件图中可知，管板上布置了198个ϕ19.25mm的管孔，由图形和尺寸，想象出结构如图10-54所示。

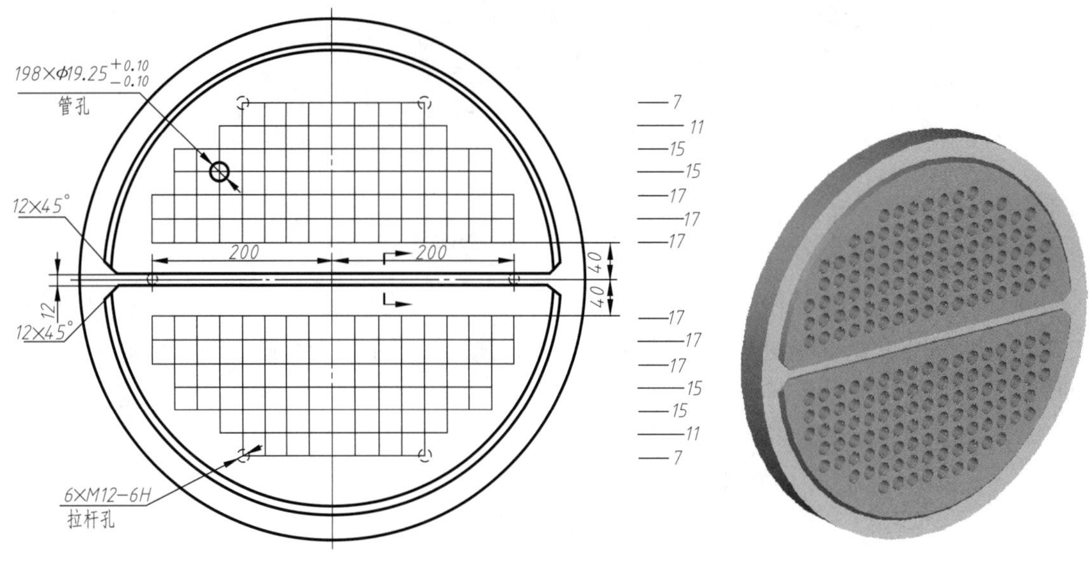

图10-54 管板

冷凝器筒体内设六块弓形折流板（件8），折流板间距由定距管（件9）保证，通过图中折流板布置图了解到，所有折流板用拉杆（件12）连接，拉杆左端固定在管板上，右端伸出支撑板（件16）用双螺母锁紧。折流板结构形状通过零部件图去了解，折流板装配示意图如图10-55所示。

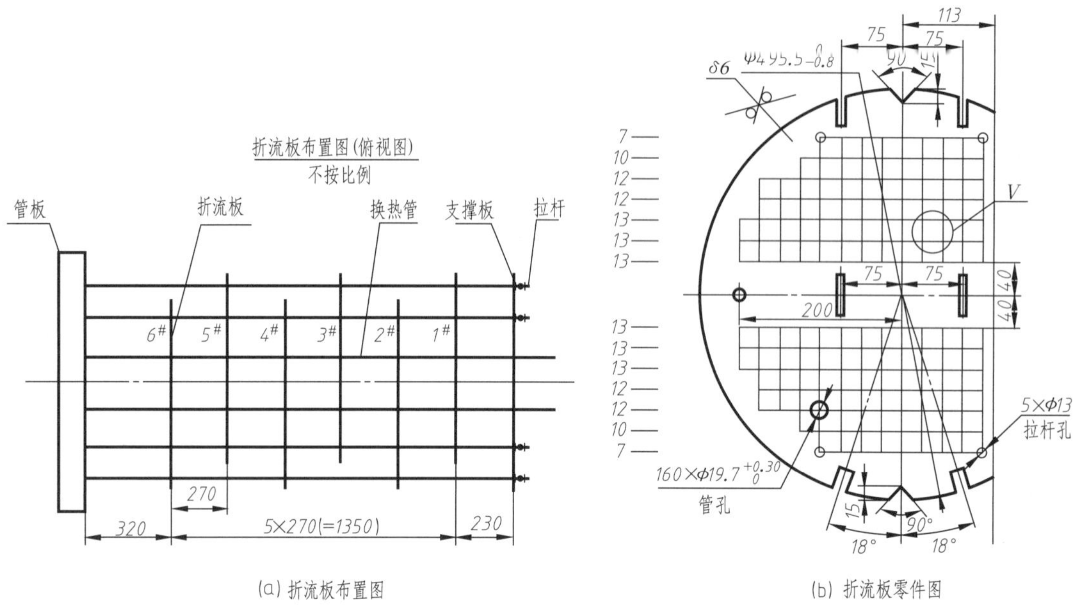

(a) 折流板布置图　(b) 折流板零件图

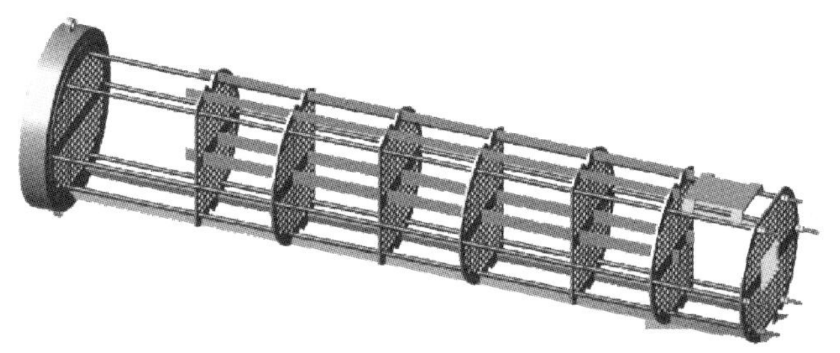

(c) 折流板装配示意图

图10-55　折流板装配示意图

换热管束（件10）为U形管，从明细栏中可知：共99根，直径是19mm，壁厚是2.0mm，直管长度L=2000mm，图中只画出一根换热管，其余用细点画线简化画出，换热管左端固定在管板上，如图10-56所示。

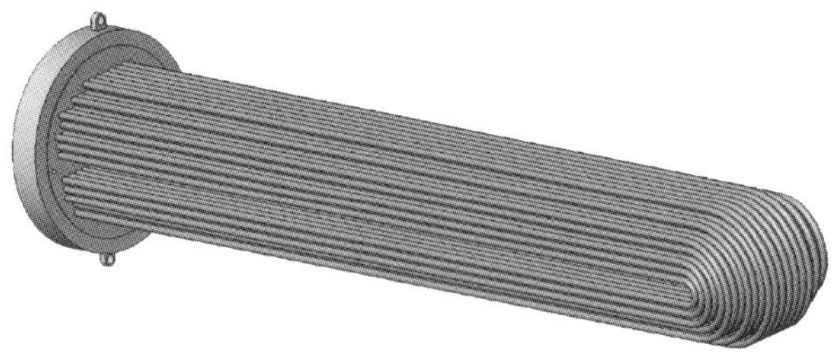

图10-56　换热管装配示意图

（3）归纳总结

该冷凝器为U形管换热器，每根换热管皆弯成U形，管束左端固定在同一块管板上，借助于管箱内的隔板分成进出口两室，弯曲端不加固定，使每根管子具有自由伸缩的余地而不受其他管子及壳体的影响，因此完全消除了热应力，结构比浮头式简单，但管程不易清洗。筒体左端与管箱用法兰连接、右端与封头焊接，设备共有六个管口及管法兰，下部有两个鞍式支座支承，如图10-57所示。

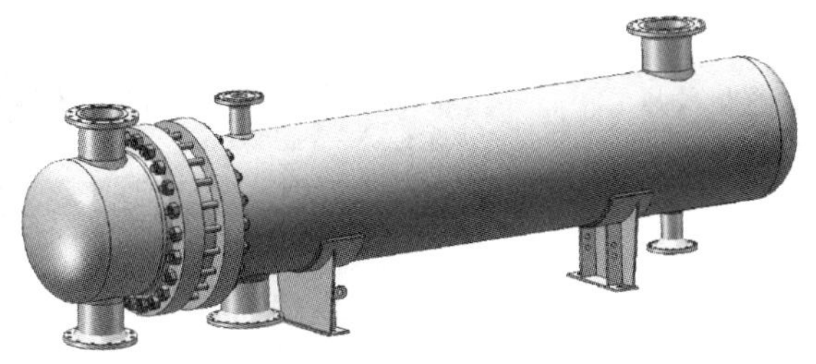

图10-57 冷凝器

如图10-58所示，设备工作时，闪蒸气由N_3管进入壳程，与由N_1管流入U形管的循环冷却水进行热交换，经冷却的冷凝液由N_4管排出，循环水由N_2管流出。

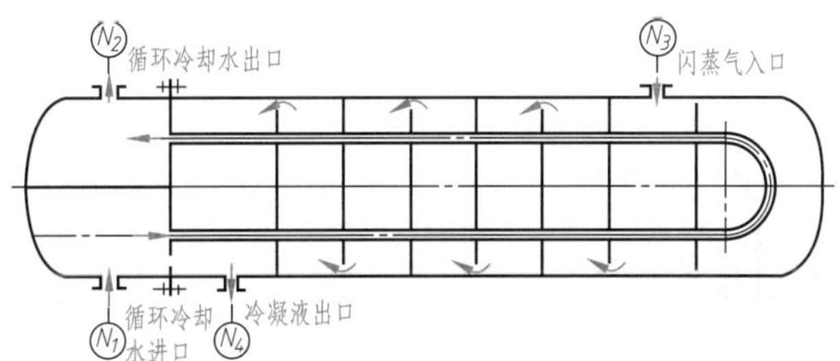

图10-58 冷凝器工作示意图

图10-2所示回流罐属于典型的卧式设备，其结构简单。

第11章 化工工艺图

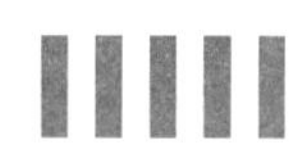

能力目标

- 掌握工艺管道及仪表流程图的绘制及阅读方法。
- 了解厂房建筑图的基本知识，掌握设备布置图的绘制及阅读方法。
- 掌握管道的图示方法，掌握管道布置图的绘制及阅读方法。
- 掌握管道轴测图的画法。

知识点

- 工艺管道及仪表流程图的绘制与阅读。
- 设备布置图的绘制与阅读。
- 管道布置图的绘制与阅读。
- 管道轴测图的画法。

石油化工等产品的生产工艺过程是与各种液体、气体的流动相联系的，当产品确定以后，首先要拟定工艺方案，根据工艺要求确定所需要的设备和管路等。表达化工生产过程与联系的图样称为化工工艺图，它主要包括工艺流程图、设备布置图、管道布置图。

本章出现的管路、管件、阀门及控制元件等符号参照国家标准《技术制图 管路系统的图形符号》（GB/T 6565—2008）和化工行业标准《化工工艺设计施工图内容和深度统一规定》（HG/T 20519—2009）；工艺流程图、设备布置图、管道布置图的内容及画法除应符合HG/T 20519—2009各部分的规定外，尚应符合国家现行的有关标准的规定。

图纸的图线宽度及文字规定如下：

① 所有图线都要清晰光洁、均匀，宽度应符合要求。平行线间距至少要大于1.5mm，以保证复制件上的图线不会分不清或重叠。

② 图线宽度分三种：粗线 0.6~0.9mm；中粗线 0.3~0.5mm；细线 0.15~0.25mm。

③ 图线用法的一般规定见表11-1。

表11-1 图线用法及宽度（摘自HG/T 20519.1—2009）

类别	图线宽度/mm			备注
	0.6~0.9	0.3~0.5	0.15~0.25	
工艺管道及仪表流程图	主物料管道	其他物料管道	其他	设备、机器轮廓线0.25mm
辅助管道及仪表流程图、公用系统管道及仪表流程图	辅助管道总管、公用系统管道	支管	其他	

续表

<table>
<tr><th colspan="2" rowspan="2">类别</th><th colspan="3">图线宽度/mm</th><th rowspan="2">备注</th></tr>
<tr><th>0.6~0.9</th><th>0.3~0.5</th><th>0.15~0.25</th></tr>
<tr><td colspan="2">设备布置图</td><td>可见设备的轮廓线</td><td>设备支架、设备基础</td><td>其他</td><td>动设备如只绘出设备基础，图线宽度用0.6~0.9mm</td></tr>
<tr><td rowspan="2">管道布置图</td><td>单线（实线或虚线）</td><td>管道</td><td></td><td rowspan="2">法兰、阀门及其他</td><td rowspan="2"></td></tr>
<tr><td>双线（实线或虚线）</td><td></td><td>管道</td></tr>
<tr><td colspan="2">管道轴测图</td><td>管道</td><td>法兰、阀门、承插焊、螺纹连接的管件的表示线</td><td>其他</td><td></td></tr>
</table>

注：凡界区线、区域分界线、图形接续分界线的图线采用双点画线，宽度均用0.5mm。

④ 汉字宜采用长仿宋体或者正楷体（签名除外），并要以国家正式公布的简化字为标准，不得任意简化、杜撰。字体高度参照表11-2 选用。

表 11-2 字体高度（摘自 HG/T 20519.1—2009）

书写内容	推荐字高/mm
图表中的图名及视图符号	5~7
工程名称	5
图纸中的文字说明及轴线号	5
图纸中的数字及字母	2~3
图名	7
表格中的文字	5
表格中的文字(格高小于6mm时)	3

11.1 工艺流程图

11.1.1 工艺流程图示意图

(1) 作用与内容

工艺流程示意图又称方案流程图或流程简图，表达工厂或车间流程，按照工艺流程的顺序，将设备和工艺流程从左向右展开在同一平面上，并附以必要标注和说明的一种示意展开图，以表示化工生产中由原料转化为成品或半成品的来龙去脉及所采用的设备，用于可行性研究设计阶段工艺方案的确定，为下一步设计提供依据。

如图 11-1 所示，工艺流程示意图一般包括以下内容：

① 生产过程中所采用的各种机器、设备的示意图。

② 物料和动力管道的流程线。

③ 设备的名称和位号。

④ 物料的名称、来源及去向。

⑤ 必要的文字注解。

⑥ 标题栏。

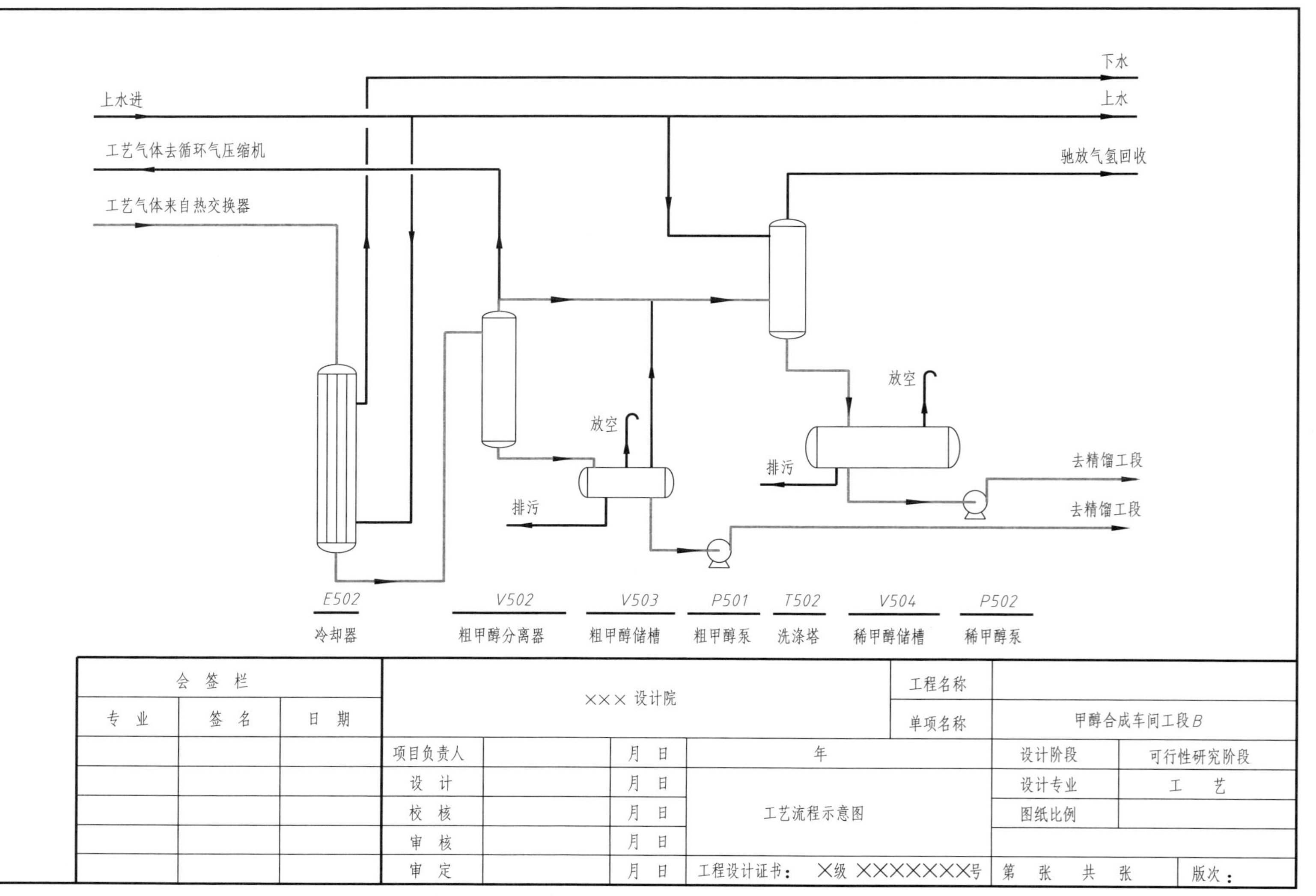

图11-1 甲醇合成车间工段B——工艺流程示意图

（2）工艺流程示意图的绘制

1）选择图幅，绘制图框、标题栏。

2）绘制设备。

① 用细实线绘制设备大致轮廓的示意图，一般不按比例绘制，但应保持设备的相对大小，常用设备的画法参考HG/T 20519.2—2009。未规定的设备、机器的图形可以根据其实际外形和内部结构特征绘制，只取相对大小，不按实物比例。

② 相同的设备可以只画出一个，备用设备可以省略不画。

③ 各设备之间应保留适当的距离，其高度及设备上重要接管口的位置应大致符合实际情况。

3）绘制流程线。

① 用粗实线绘制主要物料流程线，用中粗实线绘制辅助物料流程线。

② 流程线要水平或者竖直绘制，转弯处一般画成直角。

③ 在两设备之间的流程线上至少要绘制一个箭头表明物料流向。

④ 当流程线发生交错时，应将其中一条线断开或绕弯通过。同级物料交错时，按流程顺序"水平不断、竖直断"；不同物料交错时，主物料线不断，辅助物料线断，即"主不断、辅断"。

注意：在工艺流程示意图中，一般只画出主要工艺流程线，其他辅助流程线不必画出。

4）标注。

① 标注设备。

每台设备只编写一个位号，由4个单元组成，见表11-3。

表11-3　设备位号（摘自HG/T 20519.2—2009）

设备位号		P0104A	
第1单元	P	设备类别代号	按设备类别编制不同的代号，一般取设备英文名称的第一个字母（大写）作代号。具体规定如表11-4所示
第2单元	01	主项编号	按工程规定的主项编号填写。采用两位数字，从01开始，最大为99
第3单元	04	设备顺序号	按同类设备在工艺流程中流向的先后顺序编制，采用两位数字，从01开始，最大为99
第4单元	A	相同设备的数量尾号	两台或两台以上相同设备并联时，它们的位号前三项完全相同，用不同的数量尾号予以区别。按数量和排列顺序依次以大写英文字母A、B、C…作为每台设备的尾号

表11-4　设备类别代号（摘自HG/T 20519.2—2009）

设备类别	代号	设备类别	代号
塔	T	火炬、烟囱	S
泵	P	容器（槽、罐）	V
压缩机、风机	C	起重运输设备	L
换热器	E	计量设备	W
反应器	R	其他机械	M
工业炉	F	其他设备	X

在规定的位置画一条粗实线——设备位号线。线上方书写设备位号，线下方在需要时可书写设备名称，如图11-2所示。

图11-2 设备名称及位号

图11-3 物料的标注

② 标注物料。

在流程线的起始和终止的上方，用文字说明物料的名称、来源及去向，如图11-3所示。

5）填写标题栏。

11.1.2 工艺管道及仪表流程图

（1）管道及仪表流程图作用与种类

管道及仪表流程图适用于化工工艺装置，是用图示的方法把化工工艺流程和所需的全部设备、机器、管道、阀门、管件和仪表表示出来。是设计和施工的依据，也是开车、停车、操作运行、事故处理及检维修的指南。一般以工艺装置的主项（工段或工序）为单元绘制，当工艺过程比较简单时，也可以装置为单元绘制。

管道及仪表流程图分为"工艺管道及仪表流程图"和"辅助及公用系统管道及仪表流程图"。

工艺管道及仪表流程图是以工艺管道及仪表为主体的流程图。

辅助系统包括正常生产和开、停车过程中所需用的仪表空气、工厂空气、加热用的燃料（气或油）、制冷剂、脱吸及置换用的惰性气、机泵的润滑油及密封油、废气、放空系统等；公用系统包括自来水、循环水、软水、冷冻水、低温水、蒸汽、废水系统等。一般按介质类型分别绘制。

本节重点讲述工艺管道及仪表流程图（Piping & Instrument Digram），简称PID图。

（2）工艺管道及仪表流程图的内容

如图11-4所示工艺管道及仪表流程图。

① 生产过程中所有机器、设备及其标注。

② 全部流程线，包括阀门、管件、管道附件及其标注。

③ 全部检测仪表、调节控制系统、分析取样系统及其标注。

④ 图例（或首页图）。

⑤ 标题栏。

（3）首页图

在工艺设计施工图中，将设计中所采用的部分规定以图表形式绘制成首页图，以便更好地了解和使用各设计文件。如图11-5所示，首页图包括如下内容：

① 管道及仪表流程图中所采用的管道、阀门及管件符号标记、设备位号、物料代号和管道标注方法等。

② 自控（仪表）专业在工艺过程中所采取的检测和控制系统的图例、符号、代号等。

③ 其他有关需说明的事项。

（4）工艺管道及仪表流程图的绘制

① 选择图幅，确定比例。

工艺管道及仪表流程图应采用标准规格的A1图幅。横幅绘制，流程简单者可用A2图幅。

工艺管道及仪表流程图不按比例绘制，但应示意出各设备相对位置的高低。一般设备（机

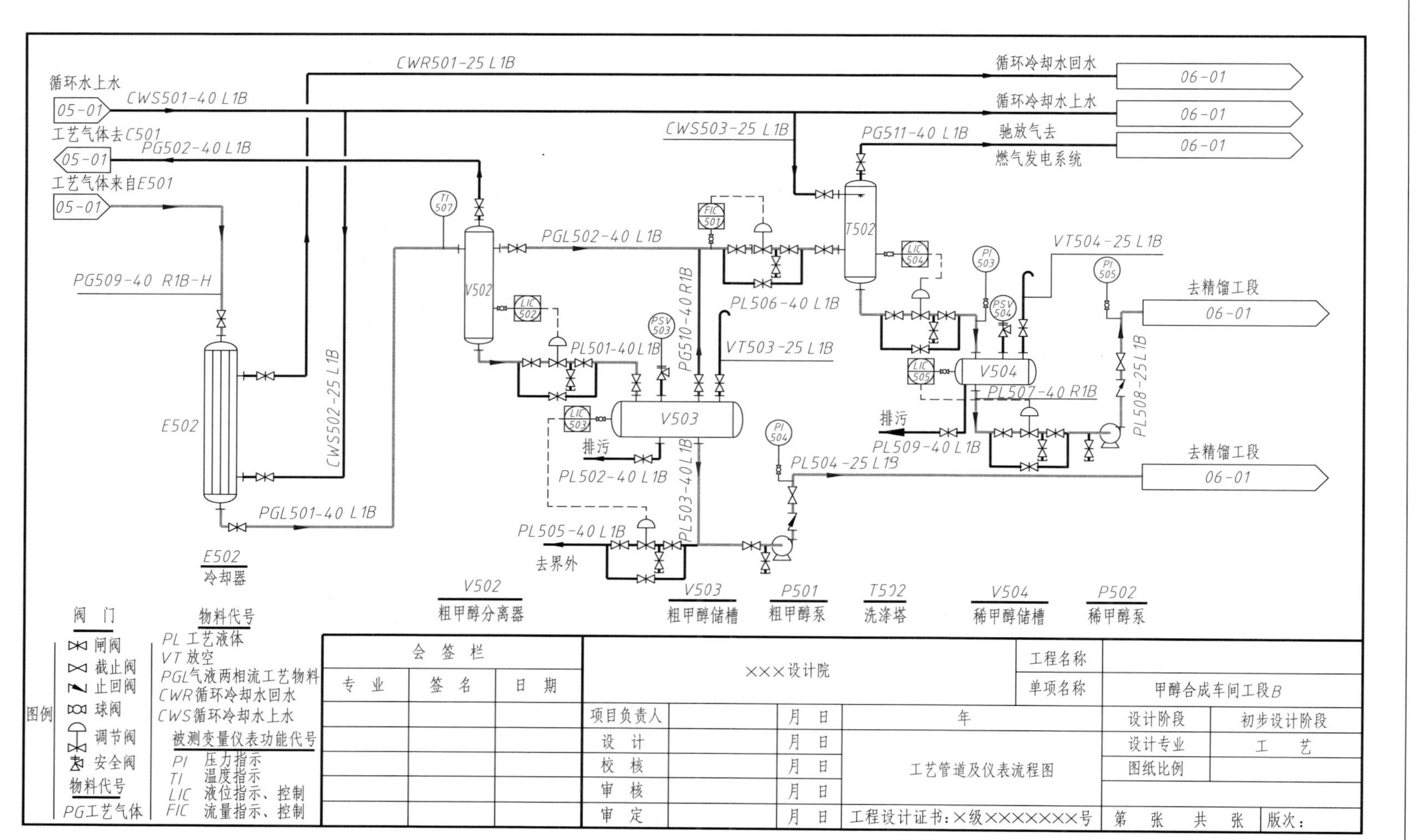

图11-4 甲醇合成车间工段B——工艺管道及仪表流程图

管道符号标记

主要工艺物料管道

辅助物料管道

管件、阀门、仪表线和设备轮廓线

物料流向

物料进本图来源标记（箭头内注图纸序号）

物料出本图标记（箭头内注图纸序号）

阀门

截止阀

闸阀

止回阀

球阀

调节阀

安全阀

物料代号

PG	工艺气体
PL	工艺液体
WG	废气
MS	中压蒸汽
PGL	气液两相流工艺物料
CWR	循环冷却水回水
CWS	循环冷却水上水

管道标注方法

管道组合号

$\frac{X}{1}-\frac{XX}{2}\ \frac{XX}{3}-\frac{XX}{4}-\frac{XXX}{5}-\frac{XX}{6}$

1 物料代号

2 主项编号

3 管道顺序号

4 管道公称直径

5 管道等级

6 绝热、隔热代号

被测变量和仪表功能的字母代号

字母	被测变量
PI	压力指示
TI	温度指示
LIC	液位指示、控制
FIC	流量指示、控制

设备位号

$\frac{X}{1}\ \frac{XX}{2}\ \frac{XX}{3}\ \frac{X}{4}$

1 设备类别代号

2 主项编号

3 同类设备中的设备顺序号

4 相同设备的尾号

设备类别代号

C 压缩机

E 换热器

V 容器、槽罐

P 泵

会签栏			×××设计院			工程名称	
专业	签名	日期				单项名称	甲醇合成车间
			项目负责人		月 日	年	设计阶段	施 工 图
			设计		月 日	首页图	设计专业	工 艺
			校核		月 日		图纸比例	
			审核		月 日			
			审定		月 日	工程设计证书：×级×××××××号	第 张 共 张	版次：

图11-5 首页图

器）图例只取相对比例，实际尺寸过大的设备（机器）比例可适当缩小，实际尺寸过小的设备（机器）比例可适当放大。整个图面要协调、美观。

② 绘制图框、标题栏。

③ 用细实线绘制带接管口的设备示意图。

设备、机器上的所有接口（包括人孔、手孔、卸料口等）宜全部画出，其中与配管有关以及与外界有关的管口（如直连阀门的排液口、排气口、放空口及仪表接口等）则必须画出。用方框内一位英文字母或字母加数字表示管口编号。管口一般用单细实线表示，也可以与所连管道线宽度相同，允许个别管口用双细实线绘制。设备管口法兰可用细实线表示。图中各设备、机器的位置安排要便于管道连接和标注，其相互间物流关系密切者（如高位槽液体自流入贮罐，液体由泵送入塔顶等）的高低相对位置要与设备实际布置相吻合。

④ 用粗实线、中粗实线绘制流程管线。

⑤ 用细实线绘制阀门、仪表、管件等附件。

阀门图例尺寸一般为长4mm、宽2mm或长6mm、宽3mm，如图11-6所示截止阀图形符号画法。阀门及管道附件图例参见附表2-2。

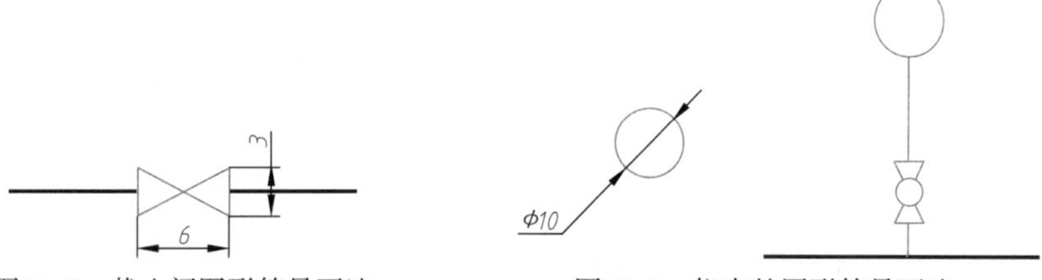

图11-6 截止阀图形符号画法 图11-7 仪表的图形符号画法

仪表的图形符号是用细实线绘制的ϕ10mm的圆，用细实线连接到设备轮廓线或者管道测量点上，如图11-7所示，表示仪表安装位置的图形符号见表11-5所示。

表11-5 表示仪表安装位置的图形符号

安装位置	图形符号	安装位置	图形符号
就地安装仪表	○	就地仪表盘面安装仪表	⊜
集中仪表盘面安装仪表	⊖	集中进计算机系统	⊖（外加方框）

注意：在应用时，阀门、仪表等图形符号的大小可适当按比例放大或缩小。

⑥ 标注设备名称和位号、管道代号、仪表位号等信息。

a. 设备名称和位号的标注。

标注方法同工艺流程示意图。

同一设备在施工图设计和初步设计中位号是相同的。初步设计经审查批准取消的设备及其位号在施工图设计中不再出现；新增的设备则应重新编号，不准占用已取消的位号。

在流程图、设备布置图及管道布置图中同一设备标注相同的设备位号。

b. 管道代号的标注。

对于每一根管道均要进行编号和标注。标注的内容为四个部分，即管段号、管径、管道等级和隔绝热（或隔声），总称为管道组合号。管段号和管径为一组，用一短横线隔开；管道等级和绝热（或隔声）为另一组，用一短横线隔开，两组间留适当的空隙。管道组合号见表11-6所示。

表11-6　管道组合号（摘自HG/T 20519.2—2009）

管道组合号				PG1310—300　M1A—H
第1单元	PG	物料代号	管段号	按物料的名称和状态取其英文名词的字头组成物料代号。一般采用 2~3 个大写英文字母表示，按表11-7填写
第2单元	13	主项编号		按工程规定的主项编号填写，采用两位数字，从01开始，至99为止
第3单元	10	管道序号		相同类别的物料在同一主项内以流向先后为序，顺序编号。采用两位数字，从01开始，至99为止
第4单元	300	管道规格		一般标注公称直径，以mm为单位，只注数字，不注单位。如*DN*200 的公制管道，只需标注“200”，2 英寸的英制管道，则表示为“2″”
第5单元	M1A	管道等级		M 1 A A——表示管道材质的类别代号，见表11-8 1——表示管道材质等级的顺序号 M——表示管道的公称压力等级代号，见表11-9
第6单元	H	绝热或隔声代号		按绝热及隔声功能类型的不同，以大写英文字母作为代号，详见表11-10

表11-7　物料名称和代号（摘自HG/T 20519.2—2009）

类别	代号	物料名称	类别	代号	物料名称	类别	代号	物料名称
工艺物料	PA	工艺空气	水	RW	原水、新鲜水	油	LO	润滑油
	PG	工艺气体		SW	软水	其他	H	氢
	PL	工艺液体		WW	生产废水		N	氮
	PLS	液固两相流工艺物料	燃料	FG	燃料气		O	氧
	PGL	气液两相流工艺物料		FS	固体燃料		DR	排液、导淋
	PGS	气固两相流工艺物料		FL	液体燃料		FSL	熔盐
	PS	工艺固体		NG	天然气		FV	火炬排放气
	PW	工艺水		LPG	液化石油气		IG	惰性气
空气	AR	空气		LNG	液化天然气		SL	泥浆
	CA	压缩空气	制冷剂	AG	气氨		VE	真空排放气
	IA	仪表空气		AL	液氨		VT	放空
蒸汽冷凝水	HS	高压蒸汽		ERG	气体乙烯或乙烷		WG	废气
	MS	中压蒸汽		ERL	液体乙烯或乙烷		WS	废渣
	LS	低压蒸汽		PRG	气体丙烯或丙烷		WO	废油
	SC	蒸汽冷凝水		PRL	液体丙烯或丙烷		FLG	烟道气
	TS	伴热蒸汽		RWR	冷冻盐水回水		CAT	催化剂
水	BW	锅炉给水 FW 消防水		RWS	冷冻盐水上水		AD	添加剂
	CSW	化学污水		FRG	氟利昂气体	补充	AG	气氨
	CWR	循环冷却水回水	油	DO	污油		AL	液氨
	CWS	循环冷却水上水		RO	原油		AW	氨水
	DNW	脱盐水		FO	燃料油		CG	转化气
	DW	自来水、生活用水		SO	密封油		NG	天然气
	HWR	热水回水		GO	填料油		SG	合成气
	HWS	热水上水		HO	导热油		TG	尾气

表 11-8 管道材质类别代号（摘自 HG/T 20519.38—1992）

代号	管道材料	代号	管道材料	代号	管道材料
A	铸铁	B	碳钢	C	普通低合金钢
D	合金钢	E	不锈钢	F	有色金属
G	非金属材料	H	衬里及内防腐		

表 11-9 管道公称压力等级代号（摘自 HG/T 20519.38—1992）

管道公称压力等级							
压力等级(用于ANSI标准)				压力等级(用于国内标准)			
代号	公称压力LB	代号	公称压力LB	代号	公称压力/MPa	代号	公称压力/MPa
A	150	E	900	L	1.0	Q	6.4
B	300	F	1500	M	1.6	R	10.0
C	400	G	250	N	2.5	S	16.0
D	600			P	4.0	T	20.0
备注:管道的公称压力等级代号,用大写英文字母表示。A~K用于ANSI标准压力等级代号(其中I、J不用),L~Z用于国内标准压力等级代号(其中O、X不用)							

表 11-10 绝热及隔声代号（摘自 HG/T 20519.2—2009）

代号	功能类型	备注
H	保温	采用保温材料
C	保冷	采用保冷材料
P	人身防护	采用保温材料
D	防结露	采用保冷材料
E	电热伴	采用电热带和保温材料
S	蒸汽伴热	采用蒸汽伴管和保温材料
W	热水伴热	采用热水伴管和保温材料
O	热油伴热	采用热油伴管和保温材料
J	夹套伴热	采用夹套管和保温材料
N	隔声	采用隔声材料

注意：水平管道宜平行标注在管道的上方，如图 11-8（a）；竖直管道宜平行标注在管道的左侧，如图 11-8（b）；在管道密集、无处标注的地方，可用细实线引至图纸空白处水平（或竖直）标注，如图 11-8（c）；也可将管段号、管径、管道等级和绝热（或隔声）代号分别标注在管道的上下（或左右）方，如图 11-8（d）；当工艺流程简单、管道品种规格不多时，则管道组合号中的第 5、6 两单元可省略，第 4 单元管道尺寸可直接填写管子的外径×壁厚，并标注工程规定的管道材料代号如图 11-8（e）。

每根管道都要用箭头表示出其物流方向（箭头画在管线上），如图 11-8 所示。

图上的管道与其他图纸有关时，一般将其端点绘制在图的左方或右方，以空心箭头标出物流方向（入或出），即为管道或仪表信号线的图纸接续标志，相应图纸编号写在空心箭头内，在空心箭头上方注明来或去的设备位号或管道号或仪表位号，如图 11-9 所示。

c. 仪表位号的标注。

标注全部与工艺有关的检测仪表、调节控制系统、分析取样点和取样阀（组）。仪表位号在图中的标注，见图 11-10。

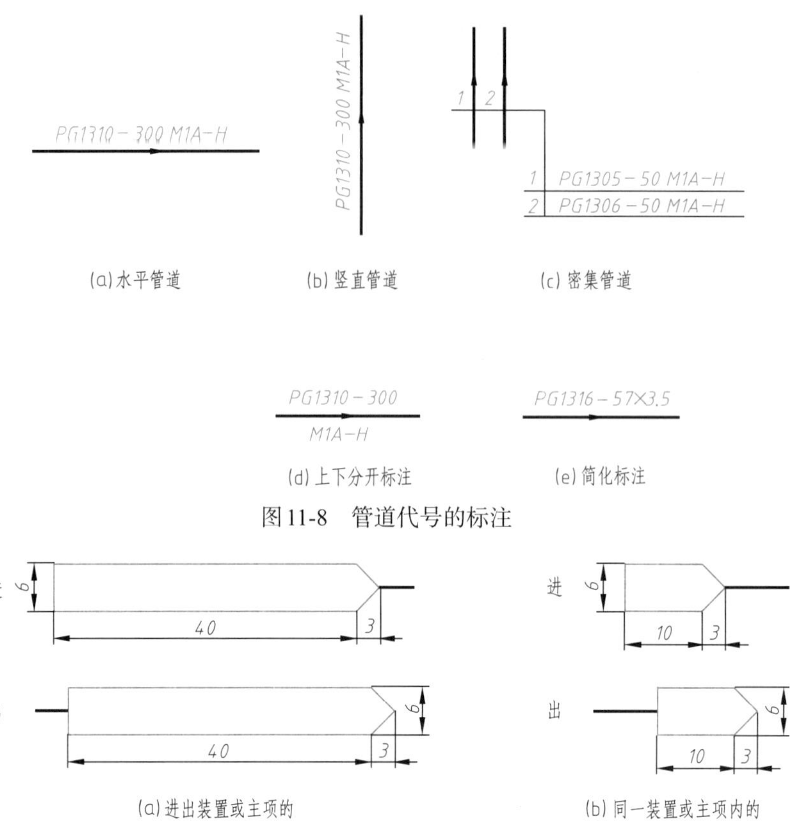

图11-8 管道代号的标注

图11-9 管道或仪表信号线的图纸接续标志

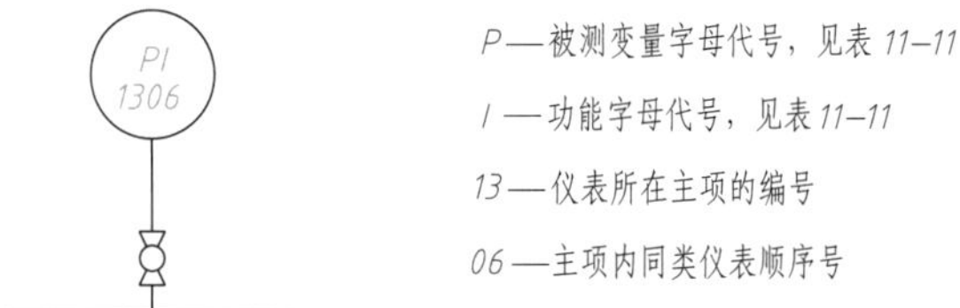

图11-10 仪表位号在图中的标注

表11-11 被测变量及仪表功能组合示例

仪表功能＼被测变量	温度	温差	压力	压差	流量	分析	密度
指示	TI	TDI	PI	PDI	FI	AI	DI
指示、控制	TIC	TDIC	PIC	PDIC	FIC	AIC	DIC
指示、报警	TIA	TDIA	PIA	PDIA	FIA	AIA	DIA
指示、开关	TIS	TDIS	PIS	PDIS	FIS	AIS	DIS
记录	TR	TDR	PR	PDR	FR	AR	DR
记录、控制	TRC	TDRC	PRC	PDRC	FRC	ARC	DRC
记录、报警	TRA	TDRA	PRA	PDRA	FRA	ARA	DRA
记录、开关	TRS	TDRS	PRS	PDRS	FRS	ARS	DRS
控制	TC	TDC	PC	PDC	FC	AC	DC
指示灯	TL	TDL	PL	PDL	FL	AL	DL
开关	TS	TDS	PS	PDS	FS	AS	DS

⑦ 绘制图例（无首页图时）。

在标题栏附近绘制管道及仪表流程图中所采用的阀门及管件符号标记、物料代号、被测变量和仪表功能的字母代号等。

⑧ 检查校核、加深、填写标题栏，完成工艺管道及仪表流程图的绘制。

（5）工艺管道及仪表流程图的阅读

通过阅读工艺管道及仪表流程图，了解和掌握物料的工艺流程，设备的数量、名称，管路的编号及规格，管件、阀门、控制点（测压点、测温点、分析点）的部位和名称，以便在管道安装和工艺操作实践中做到心中有数，掌握开、停工顺序等。

以图11-4为例，介绍工艺管道及仪表流程图读图的方法和步骤。

① 了解标题栏和图例说明，从中了解图样的名称、各种图形符号、代号的意义及管道标注等。

从标题栏中了解到该图为甲醇合成车间工段B。从图例中了解到该图中有6种阀门、6种物料、4种仪表。

② 掌握设备的名称、位号和数量。

甲醇合成车间工段B参与的工艺设备共有7台。其中换热器类一台：冷却器（E502）；塔器类一台：洗涤塔（T502）；储存设备三台：粗甲醇分离器（V502）、粗甲醇储槽（V503）、稀甲醇储槽（V504）；动设备两台：粗甲醇泵（P501）、稀甲醇泵（P502）。

③ 分析物料流程线。

a. 分析主物料流程线。

来自E501的工艺气体（PG509）进入冷却器（E502），气液两相流工艺物料（PGL501）从冷却器（E502）底部出来，之后进入粗甲醇分离器（V502），分离出的工艺液体（PL501）进入粗甲醇储槽（V503），再经过粗甲醇泵（P501）输送到精馏工段。粗甲醇分离器（V502）中分离出的气液两相流工艺物料（PGL502）进入洗涤塔（T502），被上部喷淋下来的水吸收气体中的甲醇，经洗涤的工艺液体（PL506）进入稀甲醇储槽（V504）储存，之后再经过稀甲醇泵（P502）输送到精馏工段。

b. 分析其他物料流程线。

循环冷却水上水（CWS501）来自界外，一部分进入冷却器（E502）、一部分进入洗涤塔（T502），再去界外循环。

从冷却器（E502）出来的循环冷却水回水（CWR501）去界外。

从粗甲醇储槽（V503）出来的工艺气体（PG510）进入洗涤塔（T502）之后去燃气发电系统。

废气（VT503、VT504）在粗甲醇储槽（V503）和稀甲醇储槽（V504）顶部放空。

④ 了解阀门的种类、数量、作用等。

在设备进出口接管处均有闸阀，在洗涤塔（T502）进出口和粗甲醇分离器（V502）、粗甲醇储槽（V503）、稀甲醇储槽（V504）出口处均有调节阀，每个调节阀配有前、后切断阀和旁路阀。粗甲醇储槽（V503）、稀甲醇储槽（V504）顶部有安全阀。粗甲醇泵（P501）和稀甲醇泵（P502）出口处有止回阀和截止阀。

⑤ 了解仪表控制点的情况。

该工段共有9块仪表：（TI507）为就地安装温度指示表，监测粗甲醇分离器（V502）的进口温度；集中控制的液位指示仪表有4块：（LIC502）监测粗甲醇分离器（V502）的液位，（LIC503）监测粗甲醇储槽（V503）的液位，（LIC504）监测洗涤塔（T502）的液位，

(LIC505) 监测稀甲醇储槽 (V504) 的液位；(FIC501) 为集中控制的流量指示仪表，监测洗涤塔 (T502) 的进料量；就地安装压力指示表有3块：(PI503) 监测稀甲醇储槽 (V504) 的压力，(PI504) 和 (PI505) 监测粗甲醇泵 (P501) 和稀甲醇泵 (P502) 的出口压力。

11.2 设备布置图

11.2.1 厂房建筑图简介

(1) 厂房建筑结构的名称

① 支撑载荷作用的承重结构，如基础、柱、墙、梁、楼板等。

② 防止外界自然的侵蚀或干扰的围墙结构，如屋面、外墙、雨篷等。

③ 沟通房屋内外与上下的交通结构，如门、走廊、楼梯、台阶、坡道等。

④ 起保护墙身作用的排水结构，如挑檐、天沟、雨水管、散水、明沟等。

⑤ 起通风、采光、隔热作用的窗户、天井、隔热层等。

⑥ 起安全和装饰作用的扶手、栏杆、女儿墙等。

图11-11是某房屋的示意图，图中注明了房屋一些组成部分的名称。

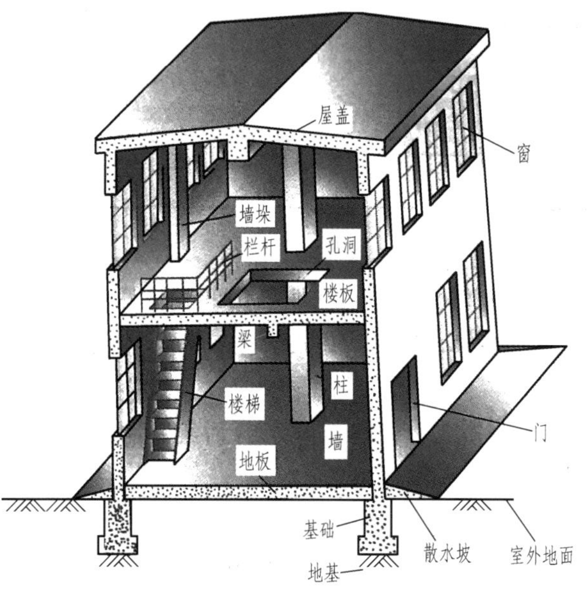

图11-11 房屋的组成

(2) 建筑图的表示法

1) 平面图

建筑平面图是房屋的水平剖视图。如图11-12，假想用一水平面沿门、窗、洞位置将房屋切开，移去上部，剖切面以下的水平投影图称为平面图。一般来说，房屋有几层就应画几个平面图，并在图下方注明相应的图名，例如：底层平面图、二层、三层……平面图，也可用标高形式表示，例如：±0.000平面图，+10.000平面图。图11-12画出了一层和二层的平面图。

平面图主要包括以下基本内容：

① 用以表示厂房的平面形状、大小、朝向及相互关系；内外入口、走道、楼梯位置等交通联系；墙、柱的位置及门窗类型和位置。

② 建筑物的尺寸。

在建筑平面图中必要的尺寸有：厂房的总长、总宽、“跨度”、“柱距”，门、窗、洞的宽度和位置、墙厚等。

从图11-12可以看出，在建筑平面图中，外墙标注两道尺寸，第一道表示的是轴线间、跨度、柱间的尺寸，在平面图的下方和左方编写定位轴线编号，轴线端部画直径为8~10mm的细实线圆，并在水平或垂直方向排列在一条线上，水平方向用阿拉伯数字从左向右编写序号，竖直方向用大写英文字母从下向上排序。第二道尺寸是房屋的总体尺寸。

③ 各层的地面标高、有关符号 (指北针、剖切符号等)。

2）立面图

建筑立面图是用正投影法将建筑各个墙面进行投影所得到的正投影图。

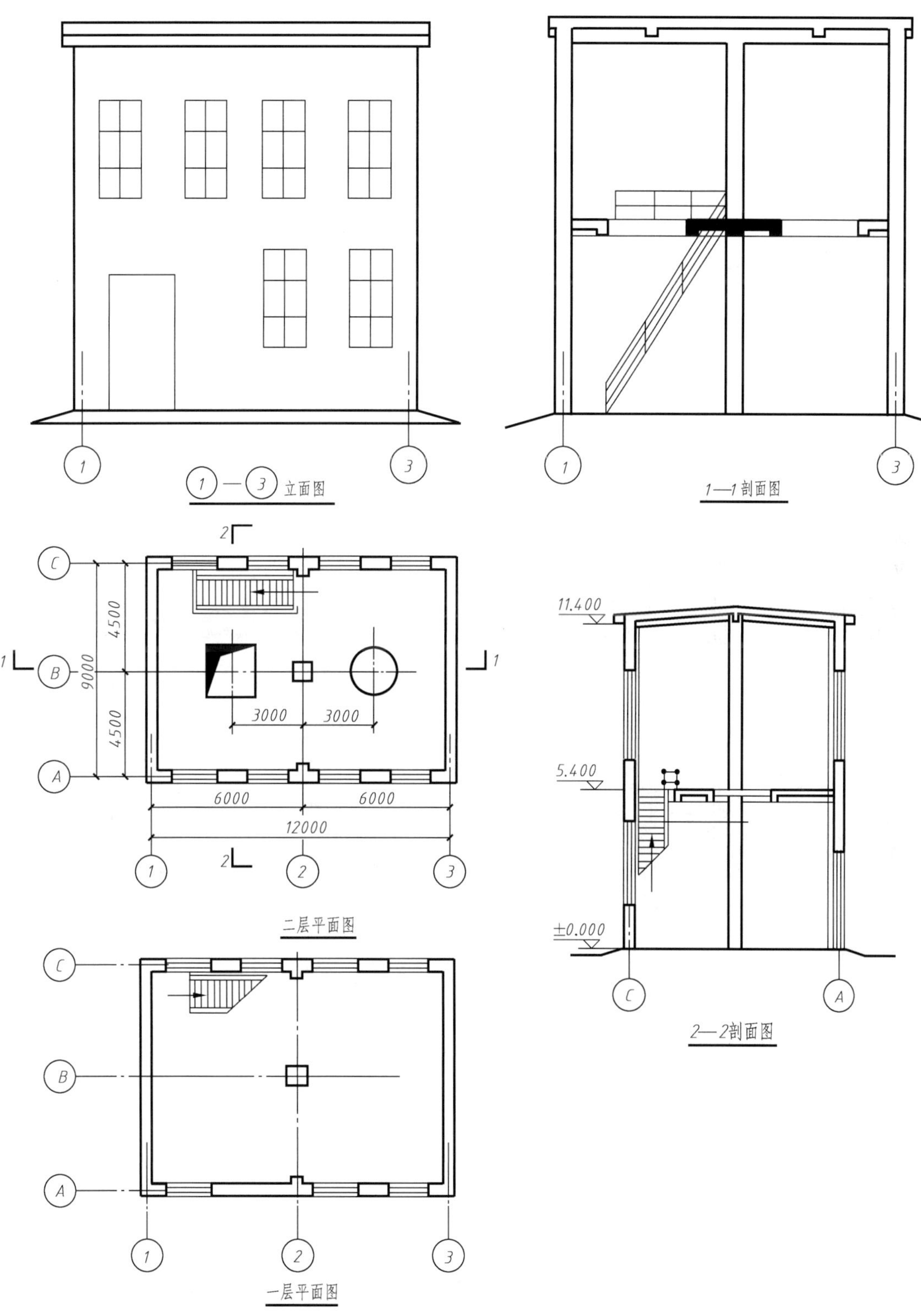

图11-12 某建筑物平面图、剖面图

建筑立面图的命名：

① 用朝向命名：建筑物的某个立面面向哪个方向，就称为那个方向的立面图。

② 按外貌特征命名：将建筑物反映主要出入口或比较显著地反映外貌特征的那一面称为正立面图，其余立面图依次为背立面图、左立面图和右立面图。

③ 用建筑平面图中的首尾轴线命名：按照观察者面向建筑物从左到右的轴线顺序命名，如图11-12所示的①—③立面图。

3）剖面图

建筑剖面图是假想用平行于正立面或侧立面的平面把建筑物沿竖直方向剖开，将剖切面后的部分按剖视方向作正投影所得的图样，如图11-12所示的1—1剖面图、2—2剖面图。

建筑图常用图例见表11-12。

表11-12 建筑图常用图例（摘自GB/T 50104—2010）

名称	图例	名称	图例
孔洞		坑槽	
单面开启单扇门		双面开启单扇门	
单面开启双扇门		双面开启双扇门	
固定窗		单层推拉窗	
底层楼梯平面图	上	底层楼梯平面图	下 上

续表

名称	图例	名称	图例
顶层楼梯平面图	下	检查口	可见　不可见

11.2.2 设备布置图（HG/T 20519.3—2009，HG/T 20546—2009）

（1）设备布置图的内容

如图11-13所示，设备布置图包括：

① 建、构筑物：土建结构的基本轮廓线。

② 设备：表示出各设备之间的关系。

③ 尺寸及标注：界区范围的总尺寸和装置内关键尺寸，如建、构筑物的楼层标高及设备的相对位置。厂房建筑定位轴线的编号。注写必要的文字说明等。

④ 安装方向标：表明设计北向标志，是确定设备安装方位的基准。

⑤ 标题栏：填写图名、图号、比例、设计者、设计阶段等。

（2）设备布置图的绘制

1）确定表达方案

表达厂房建筑的基本结构和设备在厂房内外的布置情况。设备布置图一般只绘制平面图，对于复杂的装置或有多层建、构筑物的装置，当平面图表示不清楚时，可绘制剖视图。

① 平面图。

平面图是用来表达厂房某层设备在水平方向的布置安装情况。

多层建筑物或构筑物，应依次分层绘制各层的设备布置平面图。各层平面图是以上一层的楼板底面水平剖切的俯视图。当有局部操作平台时，在该平面上可以只画操作台下的设备，局部操作台及其上面的设备可以另画局部平面图。如不影响图面清晰，也可以重叠绘制，操作台下的设备用细虚线来绘制。

如在同一张图纸上绘几层平面时，应从最低层平面开始，在图纸上由下至上或由左至右按层次顺序排列，并在图形下方注明“EL−×.×××平面图”、“EL±0.000 平面图”、“EL+××.×××平面图”等。

一台设备穿越多层建筑物、构筑物时，在每层平面上均需画出设备的平面位置，并标注设备位号。

② 剖视图。

剖视图是在厂房建筑的适当位置上竖直剖切后绘制的图样，用来表达设备沿高度方向的布置安装情况。

剖视图中应有一张表示装置整体的剖视图。对于较复杂的装置或有多层建筑物、构筑物的装置，当平面图表示不清楚时，可绘制多张剖视图或局部剖视图。剖视图符号规定用*A*—*A*、*B*—*B*、*C*—*C*、……大写英文字母或Ⅰ—Ⅰ、Ⅱ—Ⅱ、Ⅲ—Ⅲ、……数字形式表示。

2）选择图幅、确定比例

① 一般采用 A1 图幅，不宜加长或加宽。遇特殊情况也可采用其他图幅。

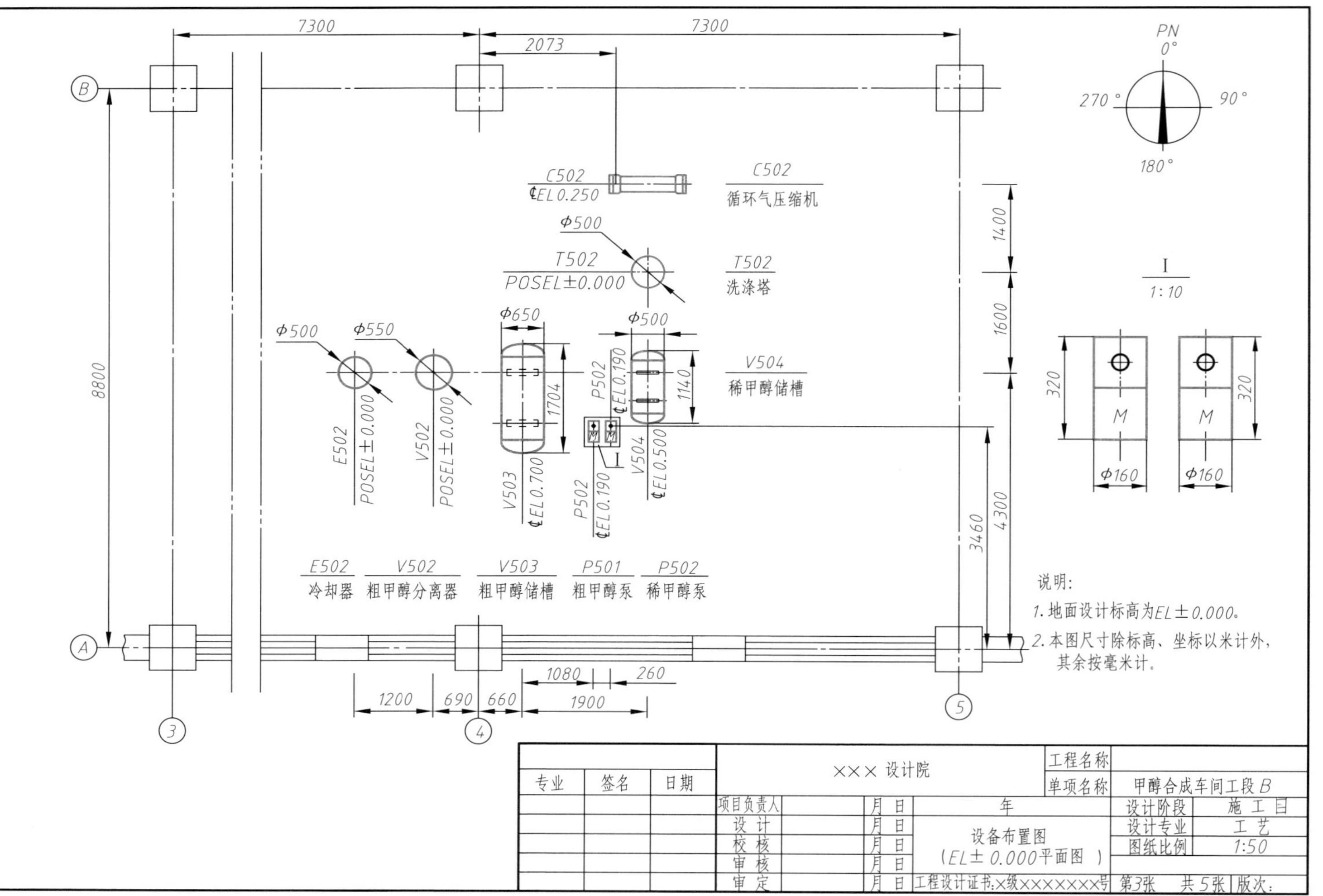
7300
2073
7300
PN
0°
270°
90°
180°
C502
℄EL0.250
C502
循环气压缩机
Φ500
T502
POSEL±0.000
T502
洗涤塔
1400
1600
I
1:10
Φ500
Φ550
Φ650
Φ500
P502
℄EL0.190
1140
V504
稀甲醇储槽
1704
320
M
Φ160
8800
E502
POSEL±0.000
V502
POSEL±0.000
V503
℄EL0.700
P502
℄EL0.190
V504
℄EL0.500
3460
4300
E502
冷却器
V502
粗甲醇分离器
V503
粗甲醇储槽
P501
粗甲醇泵
P502
稀甲醇泵
说明：
1.地面设计标高为EL±0.000。
2.本图尺寸除标高、坐标以米计外，其余按毫米计。
1080
260
1200
690
660
1900
A
B
3
4
5
×××设计院
工程名称
单项名称
甲醇合成车间工段B
专业
签名
日期
项目负责人
设计
校核
审核
审定
月 日
年
设备布置图
（EL±0.000平面图）
设计阶段
施工目
设计专业
工艺
图纸比例
1:50
工程设计证书:×级×××××××号
第3张
共5张
版次:

图11-13 设备布置图

② 绘图比例常用1∶100，也可采用1∶200或1∶50，主要视装置的设备布置疏密程度、界区的大小和规模而定。但对于大型装置（或主项），需要进行分段绘制设备布置图时，必须采用统一的比例。

3）绘制图框、标题栏

4）绘制建、构筑物

用细点画线绘制建筑物的定位轴线、设备的对称中心线和轴线，用细实线绘制墙、柱、门、窗、楼梯等厂房建筑。

5）绘制设备

用粗实线绘制设备的基本轮廓，同一位号的设备多于三台时，在平面图上可以表示首末两台设备的外形，中间的仅画出基础，或用双点画线的方框表示。

6）标注

① 按土建专业图纸标注建筑物的定位轴线和定位轴线间的尺寸，并标注室内外的地坪标高。

② 标注设备的平面定位尺寸。

设备的平面定位尺寸宜以建、构筑物的轴线或管架、管廊的中心线为基准线进行标注。

卧式容器和换热器，标注建筑定位轴线与设备中心线和建筑定位轴线与靠近轴线一端支座间的距离为定位尺寸，如图11-14（a）所示。

立式反应器、塔、槽、罐和换热器，标注建筑定位轴线与设备中心线间的距离为定位尺寸，如图11-14（b）所示。

离心式泵、压缩机、鼓风机、蒸汽透平，标注建筑定位轴线与设备中心线和出口管中心线间的距离为定位尺寸，如图11-14（c）、（d）所示。

板式换热器，标注建筑定位轴线与设备中心线和某一出口法兰端面间的距离为定位尺寸，如图11-14（e）所示。

往复式泵、活塞式压缩机，标注建筑定位轴线与缸中心线和曲轴（或电动机轴）中心线以及出口管中心线间的距离为定位尺寸，如图11-14（f）所示。

③ 标注标高。

标高的表示方法宜用“EL-×.×××”、“EL±0.000”、“EL+×.×××”，对于“EL+×.×××”可将“+”省略表示为“EL×.×××”。

卧式容器和换热器以中心线标高表示（₵EL+××.×××），如图11-14（a）所示。也可以支撑点标高表示。

立式反应器、塔、槽、罐和换热器以支承点标高表示（POS EL+××.×××），如图11-14（b）所示。

泵、压缩机等以主轴中心线标高（₵EL+××.×××），或以底盘底面标高（BBP EL+××.×××）或基础顶面标高（POS EL+××.×××）表示，如图11-14（c）、（d）所示。

板式换热器以支承点标高表示（POS EL+××.×××），如图11-14（e）所示。

装置地面设计标高宜用EL±0.000表示，而且一个装置宜采用同一基准标高。

④ 标注各视图名称。

⑤ 标注设备名称及位号。

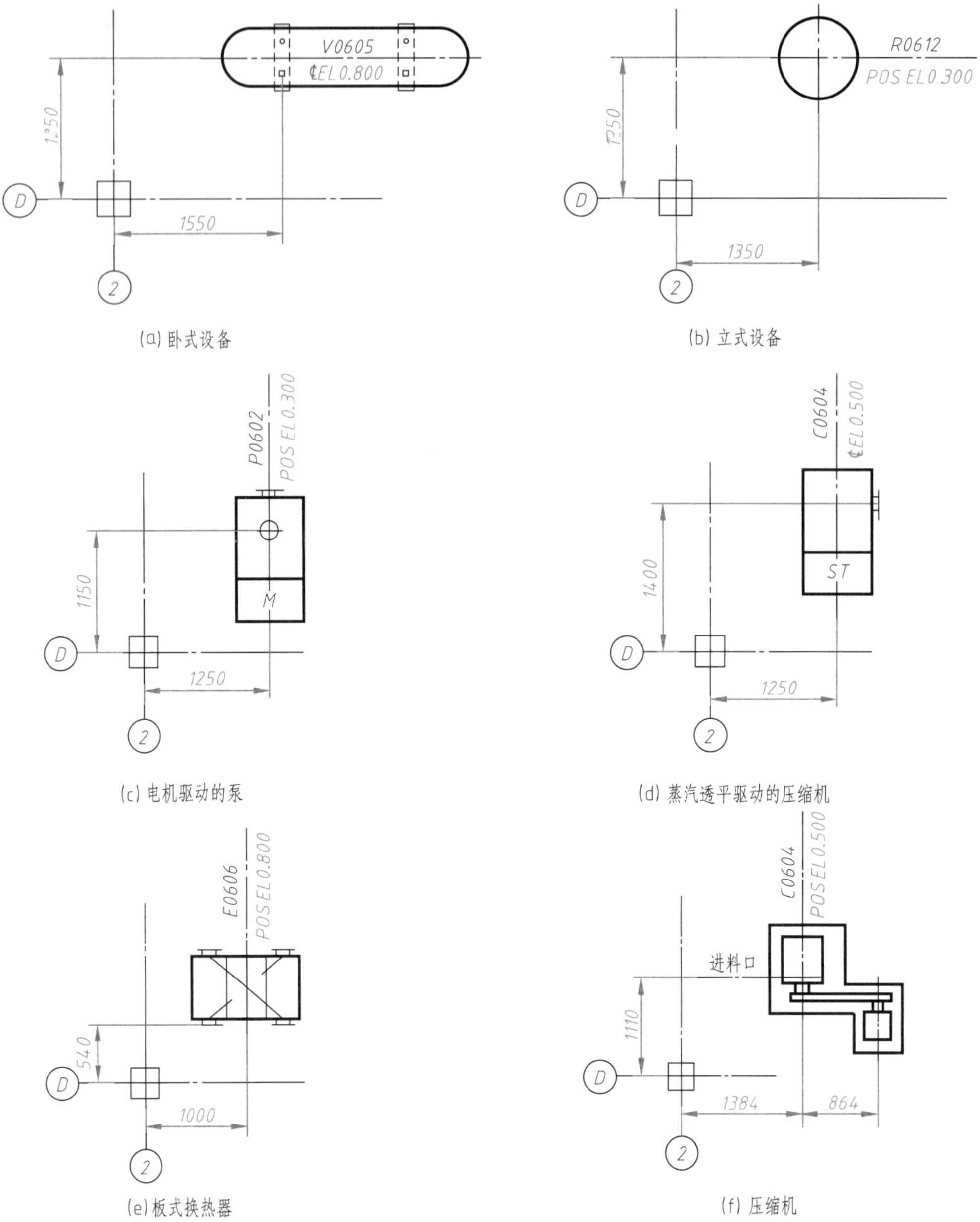

(a) 卧式设备

(b) 立式设备

(c) 电机驱动的泵

(d) 蒸汽透平驱动的压缩机

(e) 板式换热器

(f) 压缩机

图 11-14 典型设备平面定位尺寸和标高的标注

7）绘制方向标

在设备布置图的图纸右上角应画一个0°与总图的设计北向一致的方向标，设计北以PN 表示，如图11-15所示。

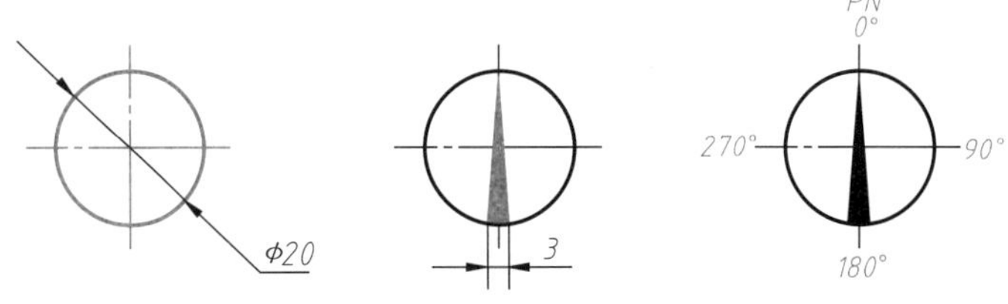

图 11-15 设备布置图方向标

8）检查、加深，填写附注说明、标题栏，完成全图

附注写在标题栏的正上方，包括：剖视图见图号××××，地面设计标高为 EL±0.000，本图尺寸除标高、坐标以米计外，其余按毫米计。

标题栏中的图名一般分为两行，上行写"(××××）设备布置图"，下行写"EL-×.×××平面图"、"EL±0.000 平面图"、"EL+××.×××平面图"或"×—×剖视图"等。每张设备布置图均应单独编号。同一主项的设备布置图不得采用一个号，并加上第几张、共几张的编号方法。在标题栏中应注明本类图纸的总张数。

（3）设备布置图的阅读

通过阅读设备布置图，了解设备在厂房内外的布置情况，指导设备安装施工，并为管道的合理布置建立基础。

现在以图11-13为例，介绍阅读设备布置图的方法与步骤。

① 了解标题栏。

从标题栏可知，该图为甲醇合成车间工段B的EL±0.000平面设备布置图。绘图比例1：50。

② 了解厂房。

从图中可知，该甲醇合成车间为单层厂房，从方向标可知，此区域有南墙，南墙Ⓐ有三个柱子③、④、⑤，向北距离8800mmⒷ处有三个柱子，③和④、④和⑤之间距离为7300mm。

③ 分析设备。

从图中可知，该工段有8台设备。

水平定位尺寸分析：冷却器（E502）、粗甲醇分离器（V502）、粗甲醇储槽（V503）、稀甲醇储槽（V504）南北方向定位尺寸距离南墙为4300mm，东西方向定位尺寸基准为厂房定位轴线④，分别是690mm、660mm和1200mm、1900mm。两台泵（P501、P502）南北方向定位尺寸距离南墙3460mm，东西方向定位距离粗甲醇储槽（V503）的轴线为1080mm，两台泵的距离为260mm。洗涤塔（T502）东西方向与稀甲醇储槽（V504）在同一条中心线上，南北方向距离稀甲醇储槽（V504）1600mm。循环气压缩机（C502）东西方向距离定位轴线④为2073mm，南北方向定位尺寸距离洗涤塔（T502）为1400mm。

标高分析：冷却器（E502）、粗甲醇分离器（V502）和洗涤塔（T502）支承点标高均为EL±0.000，粗甲醇储槽（V503）、稀甲醇储槽（V504）、泵（P501、P502）和循环气压缩机（C502）均是设备中心线基础顶面标高，分别是：℄EL 0.700、℄EL 0.500、℄EL 0.190、℄EL 0.250。

11.3 管道布置图

11.3.1 管道布置图作用与内容

管道布置图又称管道安装图或配管图，主要用于表达车间或装置内管道的空间位置、尺寸规格，以及与机器、设备的连接关系。管道布置图是管道安装施工的重要依据。

如图11-16所示，管道布置图的内容如下：

① 建、构筑物：生产车间或装置的建筑物、构筑物。

② 设备：生产车间或装置内所有设备。

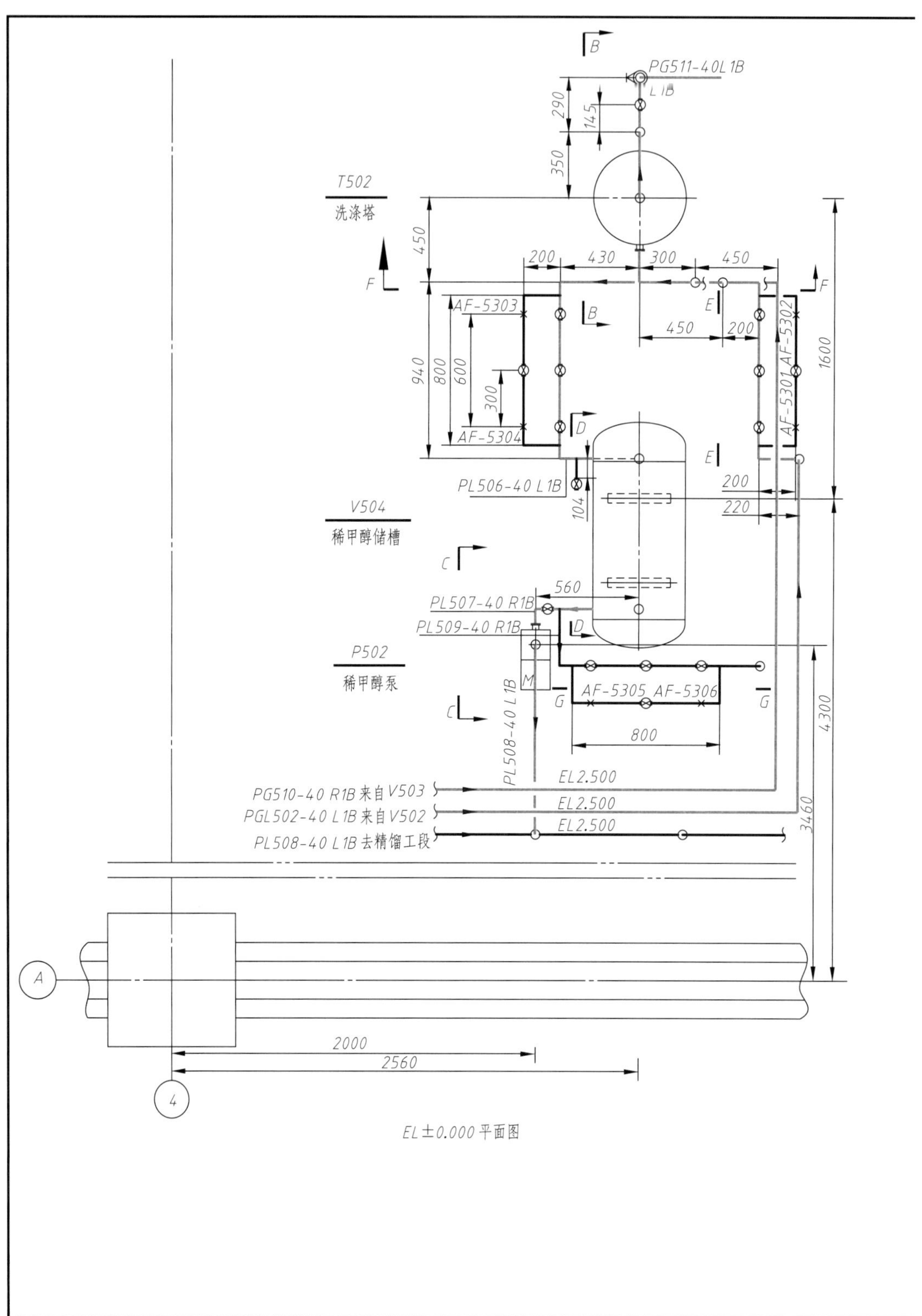

PG511-40L1B
L1B
290
145
350
T502
洗涤塔
450
200
430
300
450
F
AF-5303
B
E
450
200
AF-5302
1600
940
800
600
300
AF-5301
AF-5304
D
E
PL506-40 L1B
200
104
220
V504
稀甲醇储槽
C
560
PL507-40 R1B
PL509-40 R1B
D
P502
稀甲醇泵
M
AF-5305 AF-5306
G
G
C
PL508-40 L1B
800
4300
EL2.500
PG510-40 R1B来自V503
EL2.500
PGL502-40 L1B来自V502
EL2.500
PL508-40 L1B去精馏工段
3460
A
2000
2560
4
EL±0.000平面图

图11-16 管道

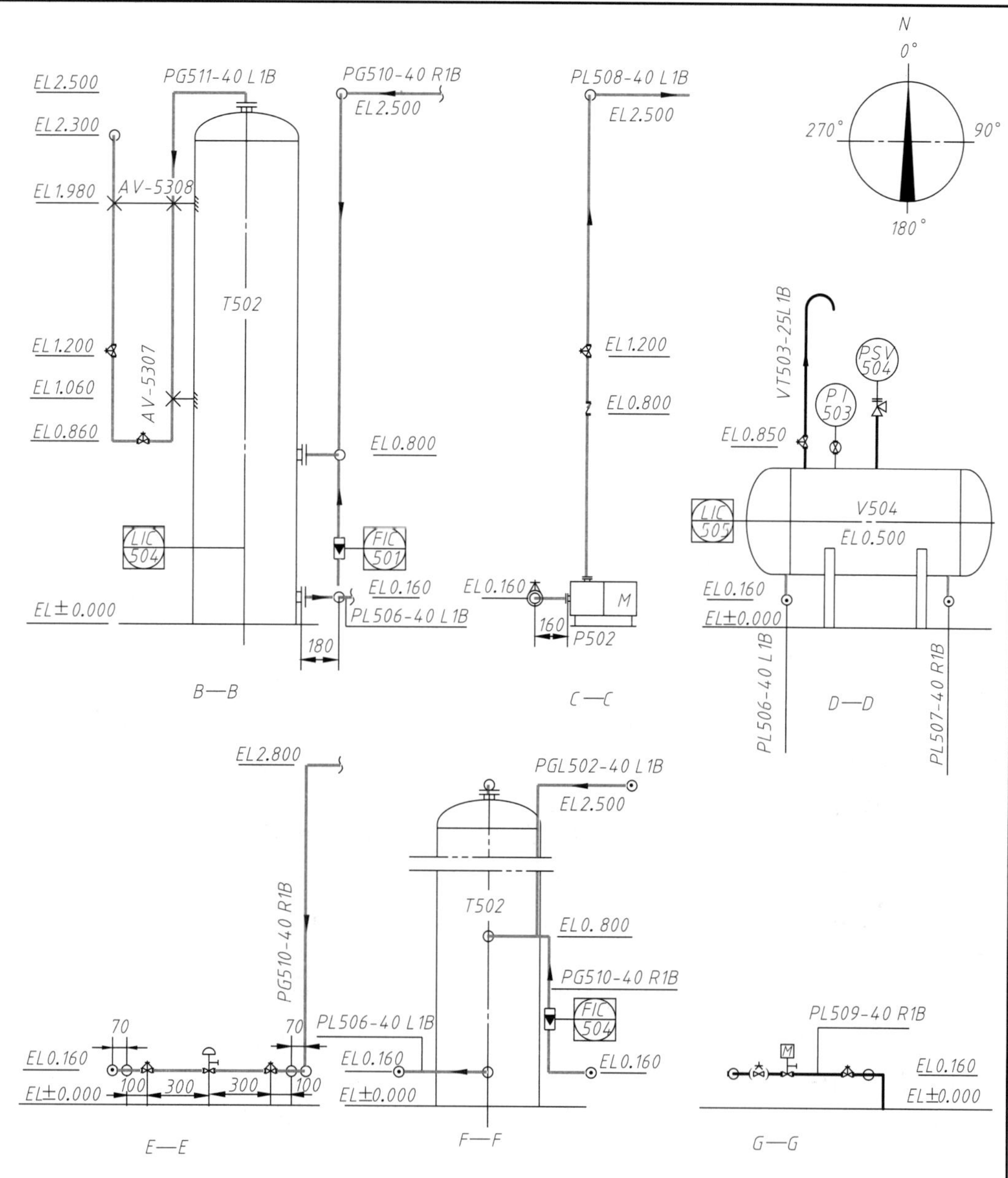

<table>
<tr><td colspan="3">会签栏</td><td colspan="4" rowspan="2"></td><td>工程名称</td><td colspan="2"></td></tr>
<tr><td>专业</td><td>签名</td><td>日期</td><td>单项名称</td><td colspan="2">甲醇合成车间洗涤储存区</td></tr>
<tr><td></td><td></td><td></td><td>项目负责人</td><td></td><td>月　日</td><td colspan="2"></td><td>设计阶段</td><td>施工图</td></tr>
<tr><td></td><td></td><td></td><td>设计</td><td></td><td>月　日</td><td colspan="2" rowspan="3">管道布置图
EL±0.000 平面图
B—B～G—G 剖视图</td><td>设计专业</td><td>工艺</td></tr>
<tr><td></td><td></td><td></td><td>校核</td><td></td><td>月　日</td><td>图纸比例</td><td>1:25</td></tr>
<tr><td></td><td></td><td></td><td>审核</td><td></td><td>月　日</td><td colspan="2"></td></tr>
<tr><td></td><td></td><td></td><td>审定</td><td></td><td>月　日</td><td colspan="2">工程设计证书：×级×××××××号</td><td>第 4 张　共 5 张</td><td>版次：</td></tr>
</table>

布置图

③ 管道：生产车间或装置内所有管道及管道上的阀门、管件（包括弯头、三通、法兰、异径管、软管接头等管道连接件）、管道附件、特殊管件、管道的检测元件（压力、温度、流量、液面、分析、料位、取样、测温点、测压点等）。

④ 尺寸和标注：建筑物、构筑物定位尺寸和标高；设备的名称、位号、定位尺寸、标高；管道代号、定位尺寸、标高等。

⑤ 方向标：一般在管道布置图的右上角绘制与设备布置图一致的方向标，表示管道安装的方位基准。

⑥ 标题栏：注写图名、图号、比例、设计阶段、签名等内容。

11.3.2 管道布置图的绘制

（1）确定表达方案

管道布置图以平面图为主，当平面图中局部表示不够清楚时，可绘制剖视图或轴测图，该剖视图或轴测图可画在管道平面布置图边界线以外的空白处（不允许在管道平面布置图内的空白处再画小的剖视图或轴测图），或绘在单独的图纸上。绘制剖视图时要按比例画，可根据需要标注尺寸。

轴测图可不按比例，但应标注尺寸，且相对尺寸正确。剖视图符号规定用*A*—*A*、*B*—*B*等大写英文字母表示，在同一小区内符号不得重复。平面图上要表示所剖截面的剖切位置、方向及编号，必要时标注网格号。

对于多层建筑物、构筑物的管道平面布置图应按层次绘制，如在同一张图纸上绘制几层平面图时，应从最低层起，在图纸上由下至上或由左至右依次排列，并于各平面图下注明“EL±0.000平面图”或“EL ××.×××平面图”。

（2）选择图幅、确定比例、绘图单位

管道布置图图幅应尽量采用A1，较简单的也可采用A2，较复杂的可采用A0，同区的图应采用同一种图幅。图幅不宜加长或加宽。

常用比例为 1∶50，也可采用 1∶25 或 1∶30，但同区的或各分层的平面图，应采用同一比例。

管道布置图中标注的标高、坐标以米为单位，小数点后取三位数，到毫米为止；其余的尺寸一律以毫米为单位，只注数字，不注单位。管道公称直径一律用毫米表示。

（3）绘制图框、标题栏

（4）绘制图形

1）厂房建、筑物

建筑物和构筑物应按比例，根据设备布置图用细实线画出柱、梁、楼板、门、窗、楼梯、操作台、安装孔、管沟、篦子板、散水坡、管廊架、围堰、通道等。

2）绘制设备

用细实线按比例在设备布置图所确定的位置画出设备的简略外形和基础、平台、梯子（包括梯子的安全护圈）。

3）绘制管道

① 管道的表示法。

管道布置图中，公称直径（*DN*）大于和等于 400mm 或 16 英寸的管道用双线表示；小于和等于350mm或14英寸的管道用单线表示。如大口径的管道不多时，则公称直径

（*DN*）大于和等于250mm或10英寸的管道用双线表示；小于和等于200mm或8英寸者用单线表示。如图11-17所示。

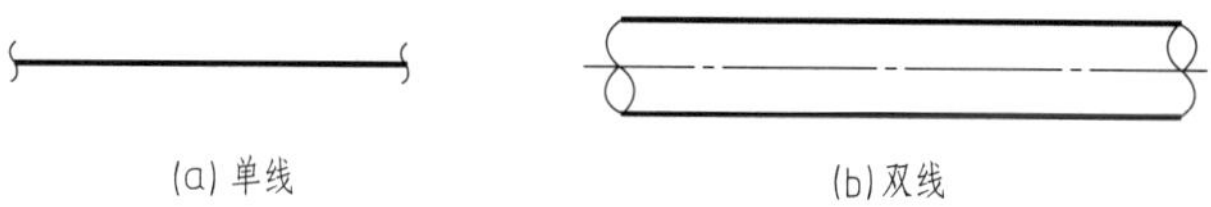

图11-17 管道的表示法

② 弯折管道的表示法。

管道公称直径小于和等于 200mm 或 8 英寸的弯头，可用直角表示，双线管用圆弧弯头表示，如图11-18所示。

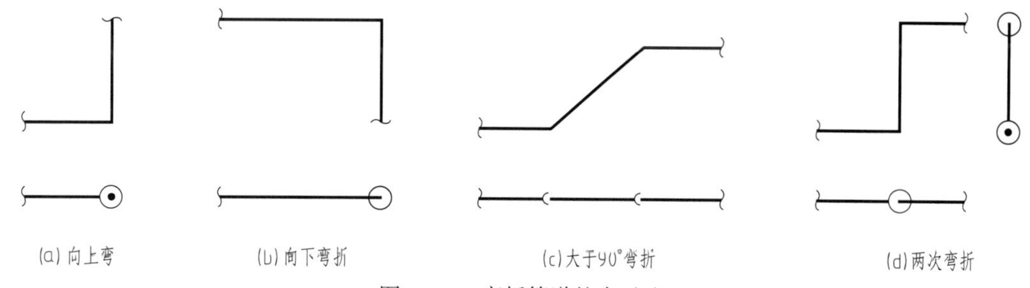

图11-18 弯折管道的表示法

③ 交叉管道的表示法。

当两管道交叉时，可以把看得见的管道断开，露出被遮挡的管道表示，如图11-19（a）所示；也可以把看得见的管道画完整，把被遮挡的管道断开表示，如图11-19（b）所示。

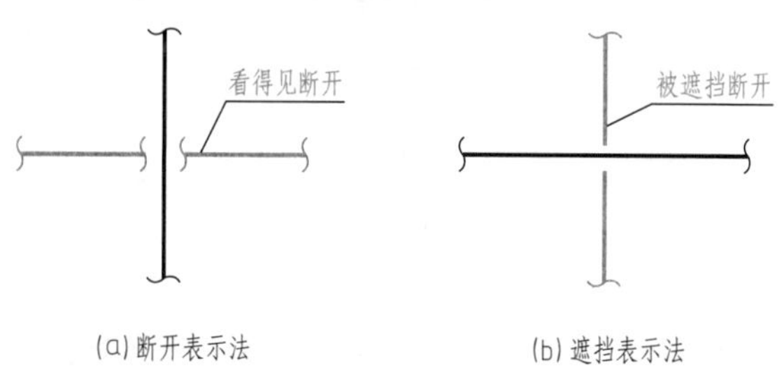

图11-19 交叉管道的表示法

④ 重叠管道的表示法。

当管道投影重叠时，将上面（或前面）管道的投影断开表示，下面（或后面）管道的投影画至重影处，稍留间隙，如图11-20（a）所示；当多条管道投影重叠时，可将最上（或最前）的一条用“双重断开”符号表示，也可在投影断开处注上相应的小写字母a、a和b、b等加以区分，如图11-20（b）所示；当管道转折后投影重合时，前面的管道画完整，后面的管道画至重影处，并留出间隙，如图11-20（c）所示。

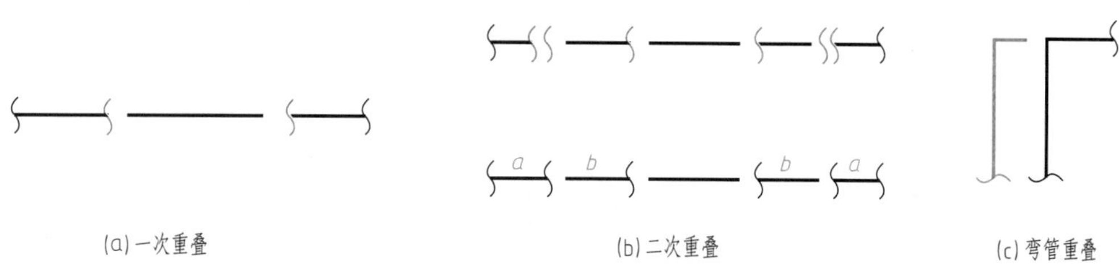

图11-20 重叠管道的表示法

⑤ 管道连接表示法。

两段直管道相连有法兰连接、螺纹连接、承插连接、焊接四种形式，其画法如图11-21所示。当管道用三通连接时，可能形成三个不同方向的视图，其画法如图11-22所示。

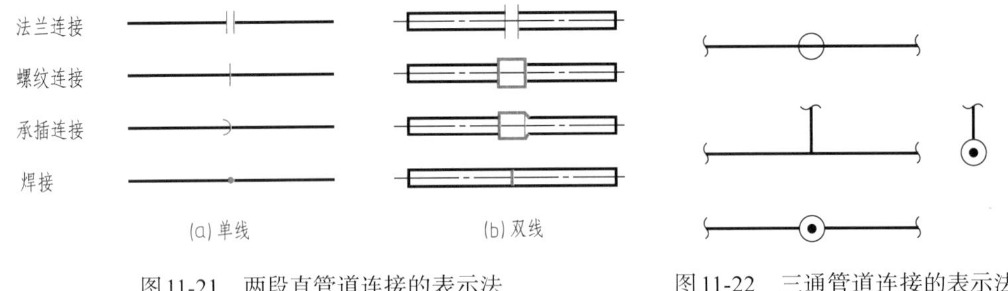

图11-21　两段直管道连接的表示法　　图11-22　三通管道连接的表示法

4）绘制阀门、仪表

管道上的阀门、管件通常在管道布置图中按比例、用细实线画出，图11-23是闸阀的三视图表示法，图11-24是阀门与管道的连接，图11-25是阀门和控制元件组合的表达方法。其他阀门、管件的表示法可参考HG/T 20519.4—2009。

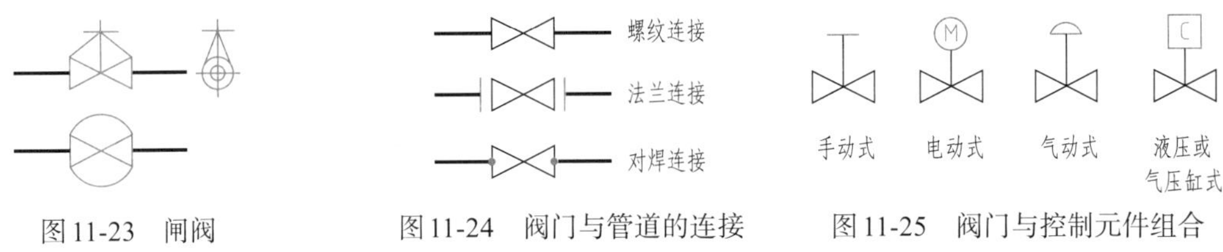

图11-23　闸阀　　图11-24　阀门与管道的连接　　图11-25　阀门与控制元件组合

仪表的表示法，管道的检测元件（压力、温度、流量、液面、分析、料位、取样、测温点、测压点等）在管道布置平面图上绘制、标注与 PID 图一致。

5）绘制管架

管架采用图例在管道布置图中表示，并在其旁标注管架编号，见图11-26管架表示图例，圆的直径为5mm。

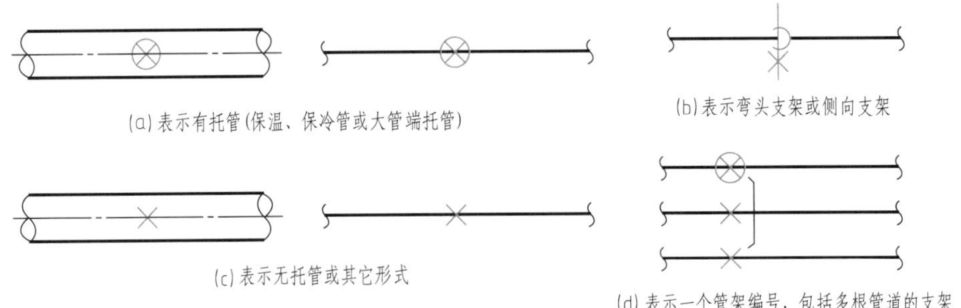

图11-26　管架的表示法

管道布置图上管子、管件、阀门及管道特殊件图例见附表2-3。

（5）标注

1）标注厂房建筑物的定位轴线和轴线间的尺寸；地面、楼板、平台面、梁、屋顶应标注标高尺寸。

2）标注设备的位号、定位尺寸和标高。在设备中心线上方标注与流程图一致的设备位号，下方标注支承点的标高（如 POS EL××.×××）或主轴中心线的标高（如₵EL××.×××）。剖视图上的设备位号注在设备近侧或设备内。按设备布置图标注设备的定位尺寸。

3）按照PID图在管道上方标注（双线管道在中心线上方）介质代号、管道编号、公称直径、管道等级及绝热形式，下方标注（双线管道在中心线下方）管道标高（标高以管道中心线为基准时，只需标注数字，如 EL××.×××，以管底为基准，在数字前加注管底代号，如 BOP EL××.×××），如图11-27所示。

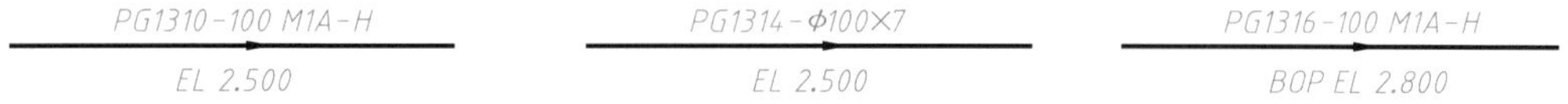

PG1310-100 M1A-H
EL 2.500
PG1314-Φ100×7
EL 2.500
PG1316-100 M1A-H
BOP EL 2.800

图11-27　管道的标注

管道布置平面图尺寸标注的注意事项：

① 管道定位尺寸以建筑物或构筑物的轴线、设备中心线、设备管口中心线、区域界线（或接续图分界线）等作为基准进行标注。

② 对于异径管，应标出前后端管子的公称直径，如：*DN*80/50或80×50。

③ 非90°的弯管和非90°的支管连接，应标注角度。

④ 在管道布置平面图上，不标注管段的长度尺寸，只标注管子、管件、阀门、过滤器、限流孔板等元件的中心定位尺寸或以一端法兰面定位。

⑤ 标注仪表控制点的符号及定位尺寸。对于安全阀、疏水阀、分析取样点、特殊管件有标记时，应在ϕ10mm 圆内标注它们的符号。

⑥ 水平管道上的异径管以大端定位，螺纹管件或承插焊管件以一端定位。

⑦ 带有角度的偏置管和支管在水平方向标注线性尺寸，不标注角度尺寸。

4）标注管架。

管架定位：水平方向管道的支架标注定位尺寸，竖直方向管道的支架标注支架顶面或支承面（如平台面、楼板面、梁顶面）的标高。在管道布置图中每个管架均编一个独立的管架号，如图11-28所示。

260
GS-1011
AF-1212
RF-1906
EL±0.500
EL±0.000
AF-1212
200
DS-1804

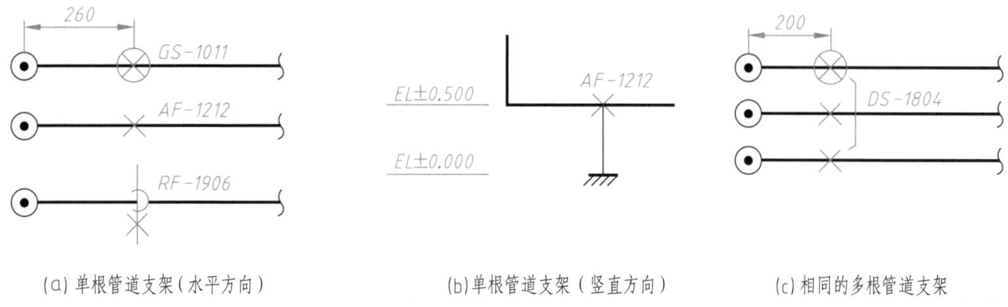

(a) 单根管道支架(水平方向)　(b)单根管道支架（竖直方向）　(c)相同的多根管道支架

图11-28　管架在图中的标注

管架编号由五个部分组成，见图11-29所示。

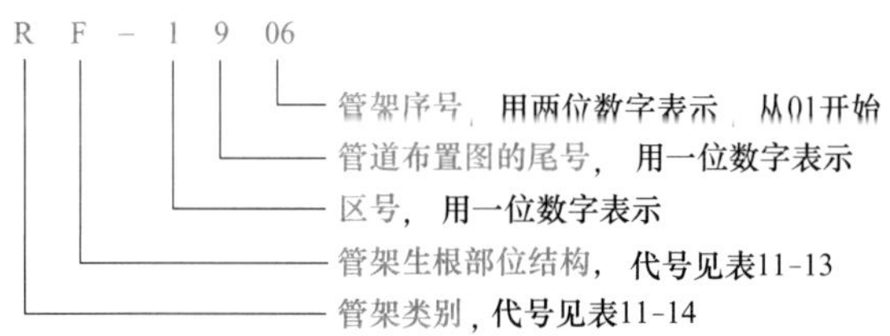

图11-29 管架编号的组成

表11-13 管架生根部位的结构代号（摘自HG/T 20519.4—2009）

管架生根部位的结构	英文	代号
混凝土结构	CONCRETE	C
地面基础	FOUNDATION	F
钢结构	STEEL	S
设备	VESSEL	V
墙	WALL	W

表11-14 管架类别代号（摘自HG/T 20519.4—2009）

管架类别	英文	代号
固定架	ANCHOR	A
导向架	GUIDE	G
滑动架	RESTING	R
吊架	RIGID HANGER	H
弹吊	SPRING HANGER	S
弹簧支座	SPRING PEDESTAL	P
特殊架	ESPECIAL SUPPORT	E
轴向限位架(停止架)	—	T

（6）绘制方向标

在绘有平面图的图纸右上角，应画一个与设备布置图的设计北向一致的方向标，如图

11-16所示。

（7）填写标题栏

标题栏中的图名一般分成两行书写，上行写“管道布置图”，下行写“EL××.×××平面图”或“*A*—*A*、*B*—*B*……剖视图等”。

11.3.3 管道布置图的阅读

通过阅读管道布置图，了解管道、管件、阀门、仪表及控制点等在厂房内外的布置情况，主要解决管道的正确安装问题。

以图11-16为例，介绍管道布置图的阅读方法与步骤。

（1）阅读标题栏

从标题栏中了解到该图为甲醇合成车间洗涤储存区的管道布置图，属于施工阶段，绘图比例1∶25。

（2）了解厂房

该图为局部区域，只绘制了一个柱子和部分墙体、窗户，该柱子定位轴线南北方向标注的Ⓐ、东西方向标注的④。其他均省略，平面图和剖视图都在标高±0.000平面上。

该区域由北向南有三台设备，两台静设备：洗涤塔（T502）、稀甲醇储槽（V504），一台动设备：稀甲醇泵（P502）。东西方向的定位尺寸以建筑物的轴线为基准，向东标注，稀甲醇泵的定位尺寸是2000mm、稀甲醇储槽和洗涤塔的定位尺寸是2560mm；南北方向的定位尺寸也是以建筑物的轴线为基准，向北标注，稀甲醇泵距离定位轴线Ⓐ3460mm、稀甲醇储槽距离定位轴线Ⓐ4300mm，洗涤塔距离稀甲醇储槽1600mm。

（3）分析管道

参考PID图和设备布置图，搞清楚各种介质管道的编号、空间走向、定位尺寸和标高。

① 编号PG510-40 R1B的管道来自V503，标高为2.500m，先由西向东，然后拐弯向北，接着拐弯向西450mm之后再向下，在标高0.800m处继续向西300mm，拐弯向北进入洗涤塔（T502）。

② 编号PG511-40 L1B的管道自洗涤塔（T502）塔顶出来向上至标高2.500m处，拐弯向北350mm之后拐弯向下，至标高0.860m处拐弯向北290mm之后，拐弯向上至标高2.300m处向东。

③ 编号PGL502-40 L1B的管道来自V502、标高2.500m、由西向东，然后拐弯向北，再拐弯向下，在标高0.160m处拐弯向西220mm，拐弯向北940mm，继续拐弯向西200mm，之后向上至标高0.800m处再向西450mm，最后拐弯向北，在洗涤塔（T502）正南方进入塔底。

④ 编号PL506-40 L1B的管道由洗涤塔（T502）的正南方标高0.160m处向南，在距离塔中心线450mm处拐弯向西430mm，拐弯向南940mm，拐弯向东，在稀甲醇储槽（V504）正下方拐弯向上进入。

⑤ 从稀甲醇储槽（V504）正下方（南）出来的编号PL507-40 R1B的管道在标高0.160m处拐弯向西，在距离设备中心560mm处拐弯向南进入稀甲醇泵（P502）。从稀甲醇储槽（V504）底部出来的分支PL509-40 R1B向南，然后拐弯向东，最后拐弯向下。

⑥ 从稀甲醇泵（P502）顶部出来的编号PL508-40 L1B的管道在标高2.8m处拐弯向南，然后拐弯向下至标高2.5m与总管道汇合去精馏工段。

（4）分析阀门、管架

洗涤塔（T502）进料（PGL502）口及塔底出料（PL506）口管道均有调节阀，调节阀配有前、后切断阀及旁路阀。塔上部出料管道有两个闸阀。

稀甲醇泵（P502）入口管道有闸阀，出口管道有止回阀、截止阀。

稀甲醇储槽（V504）顶部有排空闸阀和安全阀。

在三个调节阀的旁路上各有两个管架（AF-5301~AF-5306），A表示固定架，F表示生根部位是地面基础，5表示区号，3表示管道布置图的尾号，01表示管架序号。

在洗涤塔（T502）上部出口管有两个管架（AV-5307、AV-5308），都是固定管架，生根部位是设备。

（5）分析控制点

洗涤塔（T502）下部有液位计（LIC504）和转子流量计（FIC501），进计算机系统。

稀甲醇储槽（V504）北侧有液位计（LIC505），进计算机系统，顶部有就地安装压力指示表（PI503）。

（6）归纳总结

对上述分析进行归纳，总结设备、管道、阀门、仪表、管架的布置情况。

11.3.4 管道轴测图（GB/T 6567.5—2008，HG/T 20519.4—2009）

（1）管道轴测图的内容

管道轴测图又称空视图、管段图。管道轴测图应按GB/T 4458.3规定的正等轴测图绘制。如图11-30所示，管道轴测图包括：

① 方向标：绘制与管道布置图上方向标的北向一致的方向标。

② 设备：在表达一个管段号或某局部区域的管道的局部图中不绘制设备。

③ 管道：用以表达管道在设备之间的连接情况，或者是一条管道及所附管件、阀门、仪表控制点等具体配置情况。

④ 尺寸和标注：设备应标注与流程图一致的名称和位号，以及支撑点的标高；管道上方标注与流程图一致的代号，下方标注管道的标高。

⑤ 标题栏：注写图名、图号、比例、设计阶段、签名等内容。

（2）管道轴测图的绘制

1）绘制方向标

方向标的北向与管道布置图上的方向标的北向应一致，绘制在图纸的右上角。管道轴测图方向标可以按照HG/T 20519.4—2009绘制，如图11-31（a）、（b）所示；也可以按照GB/T 6567.5—2003绘制空间直角坐标系，如图11-31（c）、（d）所示。

2）绘制图形

① 用细实线画出设备的轮廓示意图，一般不按比例，但应保持它们的相对大小。当绘制一条管道的轴测图时，不需要绘制设备。

② 绘制管道

管道一律用单线表示，用粗实线来绘制主要物料的工艺流程线，用中粗实线绘制辅助物料的工艺流程线。

当管道平行于直角坐标轴时（直管），其轴测图用平行于对应的轴测轴的直线绘制。

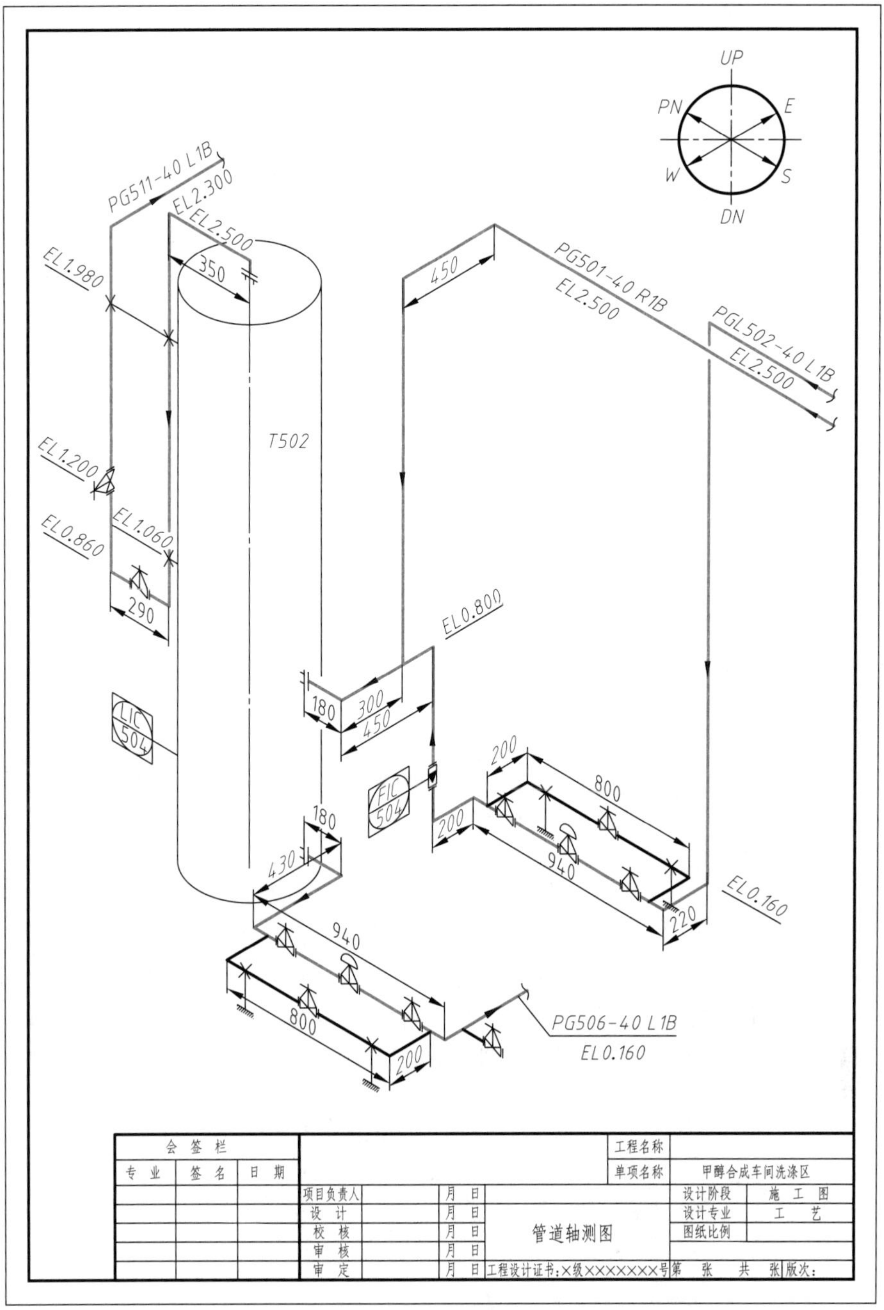

会签栏						工程名称	
专业	签名	日期				单项名称	甲醇合成车间洗涤区
			项目负责人	月 日		设计阶段	施 工 图
			设 计	月 日		设计专业	工 艺
			校 核	月 日	管道轴测图	图纸比例	
			审 核	月 日			
			审 定	月 日	工程设计证书:×级×××××××号	第 张 共 张	版次:

图 11-30 管道轴测图

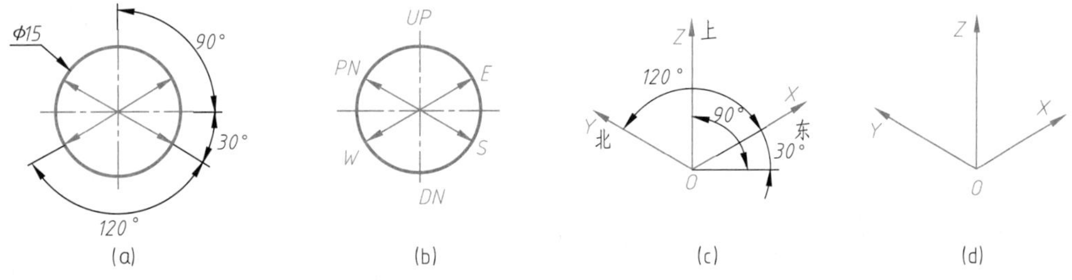

图 11-31 管道轴测图的方向标

当管道不平行于直角坐标轴时（斜管），在轴测图上应同时画出其相应坐标面上的投影及投影面，如图11-32所示。

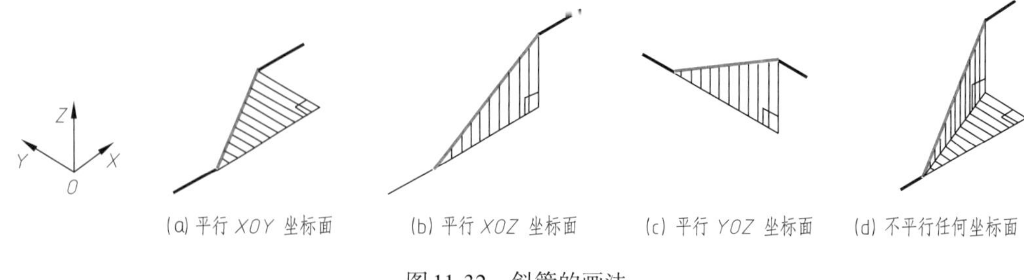

图11-32　斜管的画法

斜管的投射平面一般用直角三角形表示（图11-32），也允许用长方形或长方体表示，如图11-33所示。

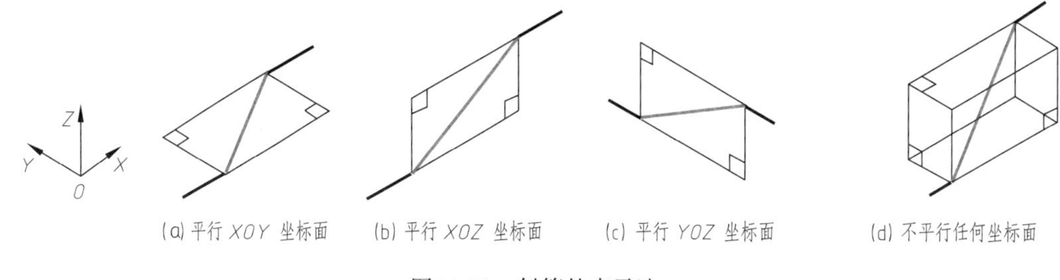

图11-33　斜管的表示法

③ 用细实线绘制管件、阀门等附件。管道、管件、阀门和管道附件的图例见附表2-3。

如图11-34所示，阀门的手轮用一短线表示，短线与管道平行。阀杆中心线按所设计的方向画出，建议其法兰方向与阀杆方向一致，各种阀门、管件之间比例要协调，它们在管段中位置的相对比例也要协调。管段中的法兰，一般是画与邻近的管段相平行的短线表示。螺纹连接与承插焊连接均用一短线表示，与邻近的管段相平行。管道上的环焊缝以圆点表示。

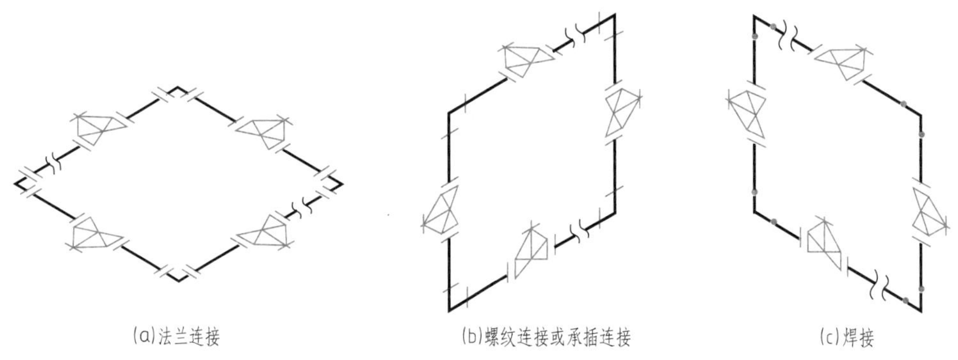

图11-34　阀门、管道与管件连接画法

④ 用细实线绘制仪表控制元件，如图11-35所示。

⑤ 在管道的适当位置上绘制表明流向的箭头。

3）标注

① 标注设备名称及位号，位号同管道布置图。

② 标注管道代号及标高。

管道号和管径注在管道的上方。水平方向管道的标高“EL”注在管道的下方，不需注管道号和管径仅需注标高时，标高可注在管道的上方或下方，如图11-36所示。

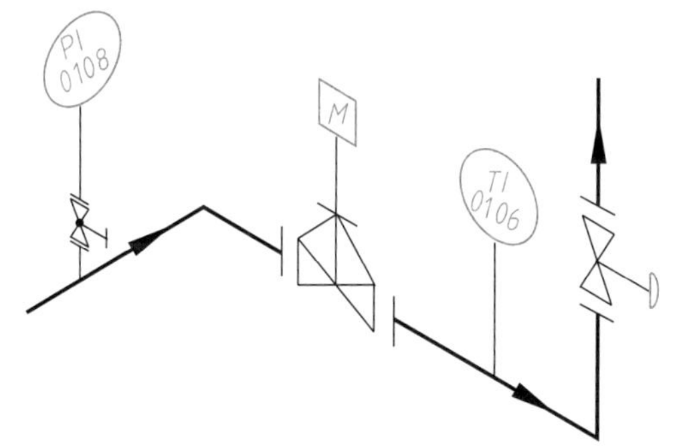

图11-35 仪表、阀门控制元件的画法

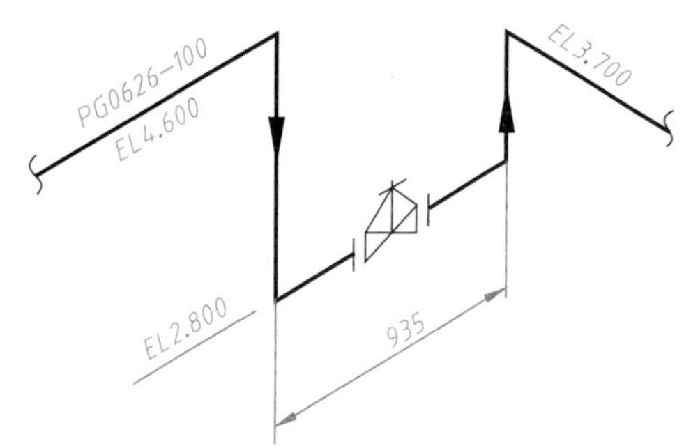

图11-36 管道代号及标高的标注

③ 标注管道尺寸。

除标高以米计外，其余所有尺寸均以毫米为单位（其他单位的要注明），只注数字，不注单位，可略去小数。除特殊规定外，竖直管道不注长度尺寸，而以水平管道的标高“EL”表示。

标注水平管道的有关尺寸的尺寸线应与管道相平行，尺寸界线为竖直线。水平管道要标注的尺寸有：从所定基准点到等径支管、管道改变走向处、图形的接续分界线的尺寸，如图11-37中的尺寸*A*、*B*、*C*。基准点尽可能与管道布置图上的一致，以便于校对。要标注的尺寸还有：从最邻近的主要基准点到各个独立的管道元件如孔板法兰、异径管、拆卸用的法兰、仪表接口、不等径支管的尺寸，如图11-37中的尺寸 *D*、*E*、*F*。这些尺寸不应注封闭尺寸。

④ 标注管道上带法兰的阀门和管道元件的尺寸。

注出从主要基准点到阀门或管道元件的一个法兰面的距离，如图11-38中的尺寸*A*和标高*B*。

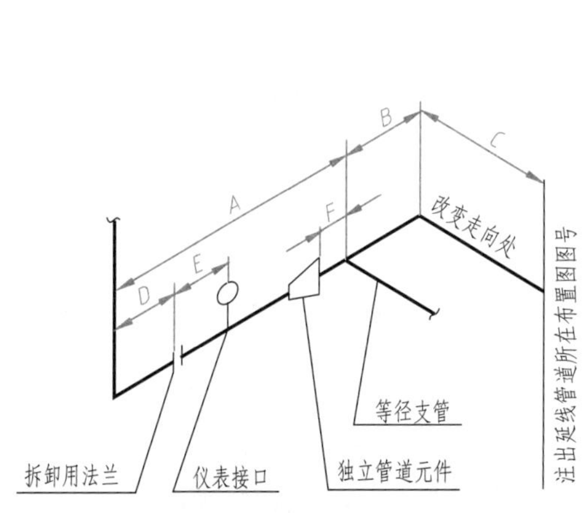

图11-37 水平管道的尺寸标注

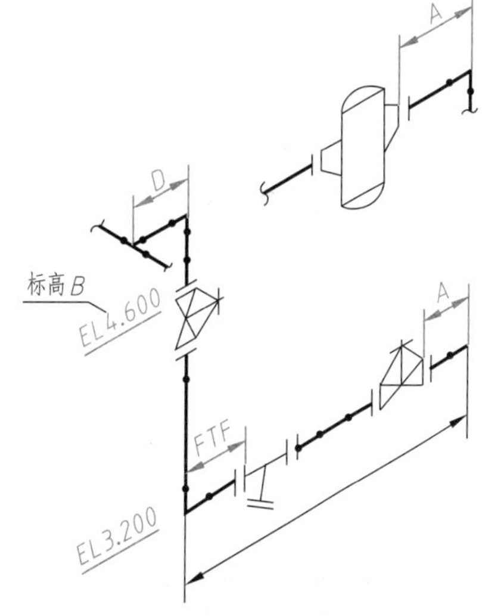

图11-38 法兰连接的阀门、管件的尺寸标注

管道上用法兰、对焊、承插焊螺纹连接的阀门或其他独立的管道元件的位置是由管件与管件直接相接（FTF）的尺寸所决定时，不要注出它们的定位尺寸，如图11-38中的Y形过滤器与弯头的连接。

定型的管件与管件直接相接时，其长度尺寸一般可不必标注，但如涉及管道或支管的位置时，也应注出，如图11-38中的尺寸*D*。

⑤ 螺纹连接和承插焊连接的阀门，其定位尺寸在水平管道上应注到阀门中心线，如图11-39中的尺寸*B*，在竖直管道上应注阀门中心线的标高“EL”，如图11-39中的尺寸*C*。

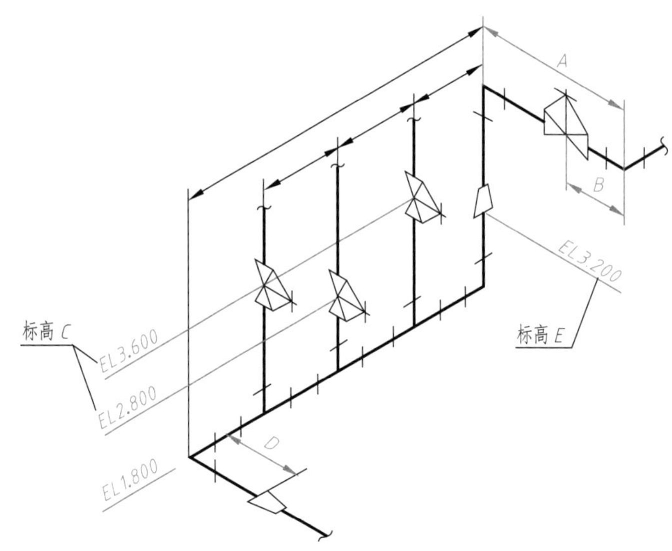

图11-39 螺纹连接的阀门、管件的尺寸标注

⑥ 不是管件与管件直连时，异径管和锻制异径短管一律以大端标注位置尺寸，如图11-39所示尺寸*D*和标高*E*。

⑦ 不论偏置管是竖直的还是水平的，对非45°的偏置管，要注出两个偏移尺寸而省略角度；对45°的偏置管，要注出角度和一个偏移尺寸；对立体的偏置管，要画出三个坐标轴组成的六面体，便于识图，如图11-40所示。

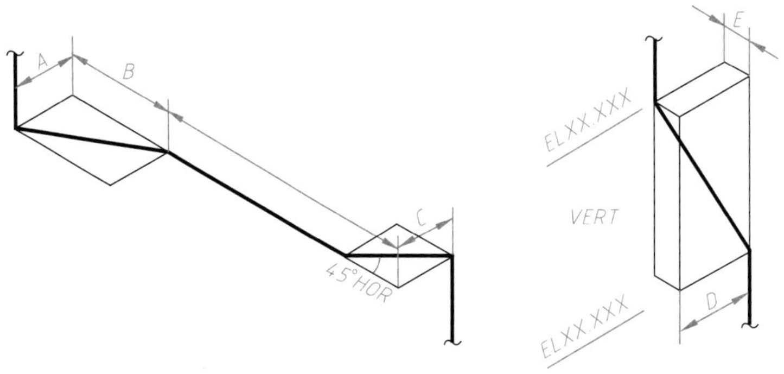

图11-40 偏置管的尺寸标注

4）检查、修改、加深，填写标题栏，完成管道轴测图

附　　录

附录1　化工设备标准化零部件

附表 1-1　椭圆形封头（GB/T 25198—2010）

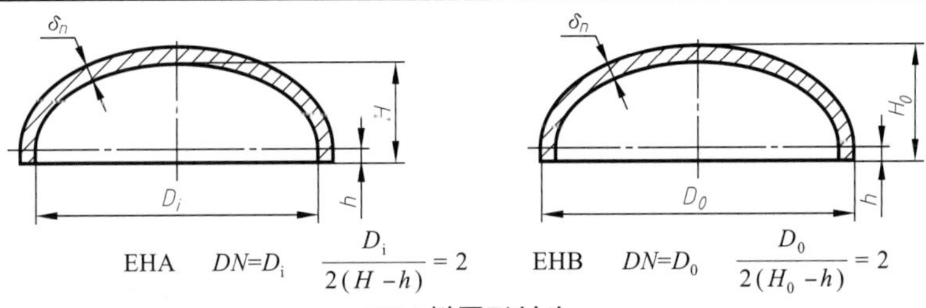

EHA　$DN=D_i$　$\frac{D_i}{2(H-h)}=2$　　EHB　$DN=D_0$　$\frac{D_0}{2(H_0-h)}=2$

EHA 椭圆形封头

序号	公称直径 DN/mm	总深度 H/mm	序号	公称直径 DN/mm	总深度 H/mm	序号	公称直径 DN/mm	总深度 H/mm
1	300	100	23	1800	475	45	4000	1040
2	350	113	24	1900	500	46	4100	1065
3	400	125	25	2000	525	47	4200	1090
4	450	138	26	2100	565	48	4300	1115
5	500	150	27	2200	590	49	4400	1140
6	550	163	28	2300	615	50	4500	1165
7	600	175	29	2400	640	51	4600	1190
8	650	188	30	2500	665	52	4700	1215
9	700	200	31	2600	690	53	4800	1240
10	750	213	32	2700	715	54	4900	1265
11	800	225	33	2800	740	55	5000	1290
12	850	238	34	2900	765	56	5100	1315
13	900	250	35	3000	790	57	5200	1340
14	950	263	36	3100	815	58	5300	1365
15	1000	275	37	3200	840	59	5400	1390
16	1100	300	38	3300	865	60	5500	1415
17	1200	325	39	3400	890	61	5600	1440
18	1300	350	40	3500	915	62	5700	1465
19	1400	375	41	3600	940	63	5800	1490
20	1500	400	42	3700	965	64	5900	1515
21	1600	425	43	3800	990	65	6000	1540
22	1700	450	44	3900	1015	—	—	—

EHB椭圆形封头

公称直径 DN/mm	总高度 H_0/mm	名义厚度 δ_n/mm	公称直径 DN/mm	总高度 H_0/mm	名义厚度 δ_n/mm
159	65	4,5,6,8	325	106	6,8,10,12
219	80	5,6,8	377	119	8,10,12,14
273	93	6,8,10,12	426	132	8,10,12,14

附表1-2 压力容器法兰(NB/T 47023—2012)

长颈对焊法兰的结构形式及系列尺寸

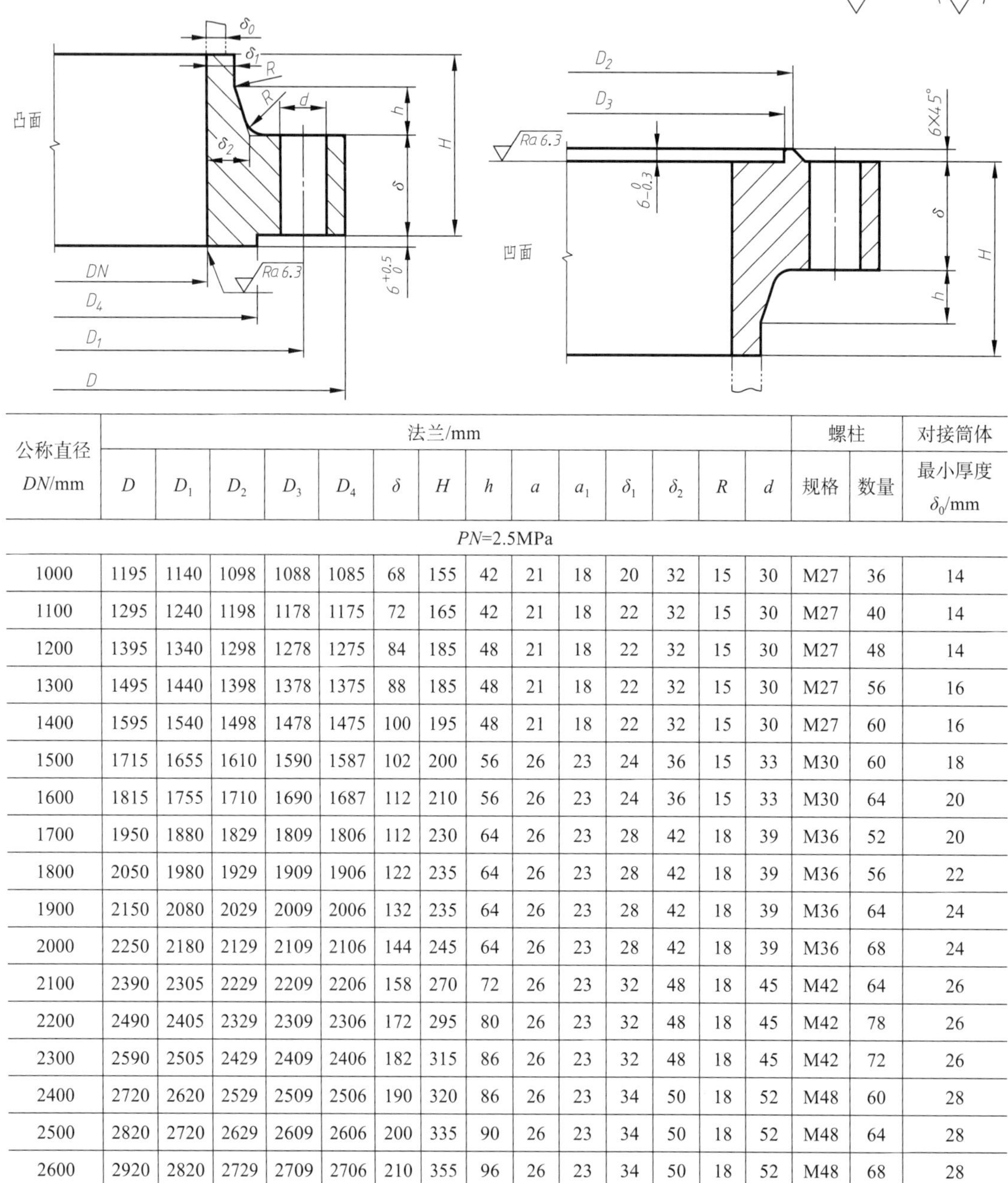

公称直径 DN/mm	法兰/mm														螺柱		对接筒体最小厚度 δ_0/mm
	D	D_1	D_2	D_3	D_4	δ	H	h	a	a_1	δ_1	δ_2	R	d	规格	数量	
PN=2.5MPa																	
1000	1195	1140	1098	1088	1085	68	155	42	21	18	20	32	15	30	M27	36	14
1100	1295	1240	1198	1178	1175	72	165	42	21	18	22	32	15	30	M27	40	14
1200	1395	1340	1298	1278	1275	84	185	48	21	18	22	32	15	30	M27	48	14
1300	1495	1440	1398	1378	1375	88	185	48	21	18	22	32	15	30	M27	56	16
1400	1595	1540	1498	1478	1475	100	195	48	21	18	22	32	15	30	M27	60	16
1500	1715	1655	1610	1590	1587	102	200	56	26	23	24	36	15	33	M30	60	18
1600	1815	1755	1710	1690	1687	112	210	56	26	23	24	36	15	33	M30	64	20
1700	1950	1880	1829	1809	1806	112	230	64	26	23	28	42	18	39	M36	52	20
1800	2050	1980	1929	1909	1906	122	235	64	26	23	28	42	18	39	M36	56	22
1900	2150	2080	2029	2009	2006	132	235	64	26	23	28	42	18	39	M36	64	24
2000	2250	2180	2129	2109	2106	144	245	64	26	23	28	42	18	39	M36	68	24
2100	2390	2305	2229	2209	2206	158	270	72	26	23	32	48	18	45	M42	64	26
2200	2490	2405	2329	2309	2306	172	295	80	26	23	32	48	18	45	M42	78	26
2300	2590	2505	2429	2409	2406	182	315	86	26	23	32	48	18	45	M42	72	26
2400	2720	2620	2529	2509	2506	190	320	86	26	23	34	50	18	52	M48	60	28
2500	2820	2720	2629	2609	2606	200	335	90	26	23	34	50	18	52	M48	64	28
2600	2920	2820	2729	2709	2706	210	355	96	26	23	34	50	18	52	M48	68	28

附表1-3 管法兰（HG/T 20592—2009）

带颈平焊钢制管法兰的结构形式及尺寸系列

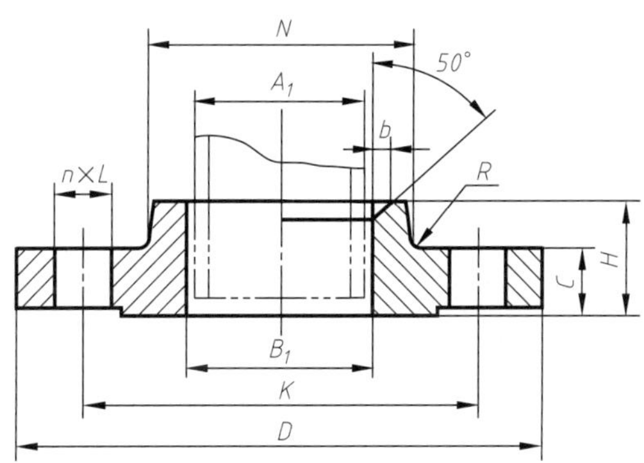

*PN*25带颈平焊钢制管法兰

mm

公称尺寸 *DN*	钢管外径 A_1		连接尺寸					法兰厚度 *C*	法兰内径 B_1		法兰颈			法兰高度 *H*	坡口宽度 *b*
			法兰外径 *D*	螺栓孔中心圆直径 *K*	螺栓孔直径 *L*	螺栓孔数量 *n* /个	螺栓 Th				*N*		*R*		
	A	B							A	B	A	B			
10	17.2	14	90	60	14	4	M12	16	18	15	30	30	4	22	4
15	21.3	18	95	65	14	4	M12	16	22.5	19	35	35	4	22	4
20	26.9	25	105	75	14	4	M12	18	27.5	26	45	45	4	26	4
25	33.7	32	115	85	14	4	M12	18	34.5	33	52	52	4	28	5
32	42.4	38	140	100	18	4	M16	18	43.5	39	60	60	6	30	5
40	48.3	45	150	110	18	4	M16	18	49.5	46	70	70	6	32	5
50	60.3	57	165	125	18	4	M16	20	61.5	59	84	84	6	34	5
65	76.1	76	185	145	18	8	M16	22	77.5	78	104	104	6	38	6
80	88.9	89	200	160	18	8	M16	24	90.5	91	118	118	8	40	6
100	114.3	108	235	190	22	8	M20	24	116	110	145	145	8	44	6
125	139.7	133	270	220	26	8	M24	26	143.5	135	170	170	8	48	6
150	168.3	159	300	250	26	8	M24	28	170.5	161	200	200	10	52	6
200	219.1	219	360	310	26	12	M24	30	221.5	222	256	256	10	52	8
250	273	273	425	370	30	12	M27	32	276.5	276	310	310	12	60	10
300	323.9	325	485	430	30	16	M27	34	328	328	364	364	12	67	11
350	355.6	377	555	490	33	16	M30	38	360	381	418	430	12	72	12
400	406.4	426	620	550	36	16	M33	40	411	430	472	492	12	78	12
450	457	480	670	600	36	20	M33	46	462	485	520	542	12	84	12

附表1-4 鞍式支座（NB/T 47065.1—2018）

*DN*500~*DN*950、120°包角重型鞍式支座的结构形式和尺寸系列

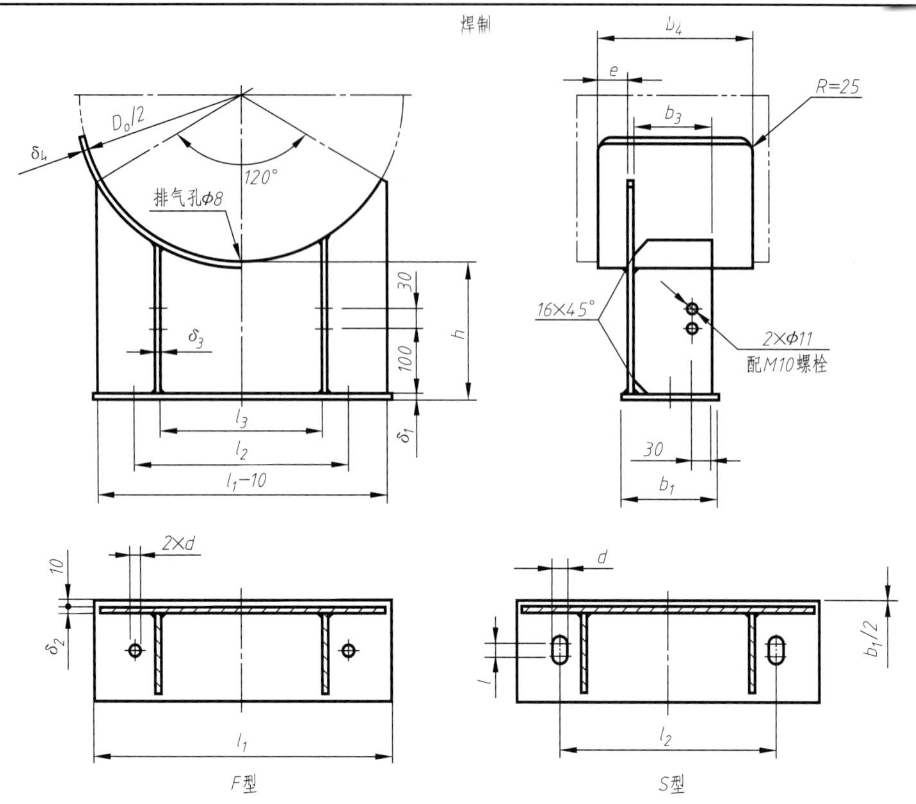

DN500~DN950、120°包角重型带垫板或不带垫板鞍式支座的结构和尺寸 mm

公称直径 *DN*	允许载荷 *Q*/kN	鞍式支座高度 *h*	底板			腹板 δ_2	筋板			垫板				螺栓间距				鞍式支座质量/kg		增加100mm高度增加的质量/kg
			l_1	b_1	δ_1		l_3	b_3	δ_3	弧长	b_4	δ_4	e	间距 l_2	螺孔 d	螺纹 M	孔长 l	带垫板	不带垫板	
500	123	200	460	170	10	8	250	150	8	580	230	6	36	330	24	M20	30	23	17	4.7
550	126	200	510	170	10	8	280	150	8	640	240	6	41	360	24	M20	30	26	19	5.0
600	127	200	550	170	10	8	300	150	8	700	250	6	46	400	24	M20	30	28	20	5.3
650	129	200	590	170	10	8	330	150	8	750	260	6	51	430	24	M20	30	30	21	5.5
700	131	200	640	170	10	8	350	150	8	810	270	6	56	460	24	M20	30	33	23	5.8

续表

公称直径 DN	允许载荷 Q/kN	鞍式支座高度 h	底板			腹板 δ_2	筋板			垫板				螺栓间距				鞍式支座质量/kg		增加100mm高度增加的质量/kg
			l_1	b_1	δ_1		l_3	b_3	δ_3	弧长	b_4	δ_4	e	间距 l_2	螺孔 d	螺纹 M	孔长 l	带垫板	不带垫板	
750	132	200	680	170	10	8	380	150	8	870	280	6	61	500	24	M20	30	36	24	6.1
800	207	200	720	200	10	10	400	170	10	930	280	6	50	530	24	M20	30	44	32	8.2
850	210	200	770	200	10	10	430	170	10	990	290	6	55	558	24	M20	30	48	34	8.6
900	212	200	810	200	10	10	450	170	10	1040	300	6	60	590	24	M20	30	51	36	8.9
950	213	200	850	200	10	10	470	170	10	1100	310	6	65	630	24	M20	30	54	38	9.3

附表 1-5　腿式支座(NB/T 47065.2—2018)

B型腿式支座的结构形式和尺寸系列

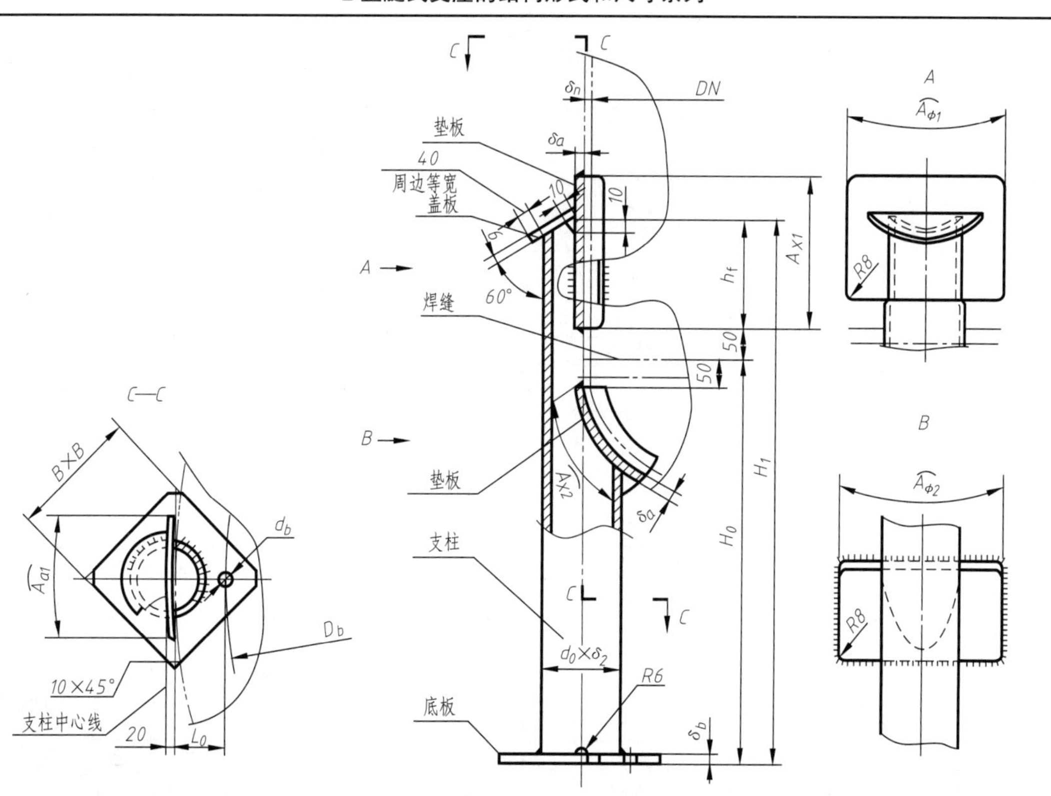

续表

BN、B型腿式支座系列参数

支座号	单根支腿所允许的最大载荷(在 H_{0max} 高度下)Q_0/kN	适用公称直径 DN /mm	支腿数量	壳体最大切线距 L_{max} /mm	最大支承高度 H_{0max} /mm	尺寸/mm 钢管支柱 规格 $d_0 \times \delta$	钢管支柱 长度 L_H	H_1	焊缝长度 h_f	底板 边长 B	底板 厚度 δ_b	底板 孔距 L_0	垫板 宽度 $A\phi_1$	垫板 长度 A_{X1}	垫板 宽度 $A\phi_2$	垫板 长度 A_{X2}	垫板 厚度 δ_a	地脚螺栓 孔径 d_b	地脚螺栓 规格	地脚螺栓 螺栓孔中心圆直径 D_b	单根支腿质量/kg 支柱	底板	盖板	总质量(不含垫板)
1	9	600	3	2500	1000	76×7	1103	1125	75	150	22	50	140	120	140	150	一般取与圆筒厚度相等	24	M20	$D_b=DN+2\delta_b-2L_0-40$	13	3.8	0.5	17.3
	10	700																						
2	11	800	4	3000		89×7	1114	1140	90	160	26	55	150	140	150	180					16	5.2	0.6	21.5
	12	900																						
3	15	1000				108×7	1132	1160	110	170	28	65	170	160	170	200					20	6.3	0.7	26.7
	19	1100		3500																				
4	23	1200			1100	114×7	1237	1265	115	190		70	180	170	180	220		26	M22		23	7.9	0.8	31.5
	26	1300																						
5	33	1400		4000		140×7	1260	1290	140	200	30	85	200	210	200	260					29	9.4	1.0	39.3
	37	1500			1200		1360	1390													31			41.6
6	42	1600				168×7	1388	1420	170	220	32	100	230	250	230	300					39	12	1.3	51.8

注：支柱长度 $L_H=H_1-$底板厚度 δ_b，该数值最大支承高度(H_{0max})所计算，其他支承高度下的值应进行相应调整。不带垫板时，δ 取圆筒或封头名义厚度二者中的较大值；带垫板时，δ 取圆筒与垫板名义厚度之和。

附表 1-6 耳式支座（NB/T 47065.3—2018）

6号~8号 B 型耳式支座的结构形式和尺寸系列

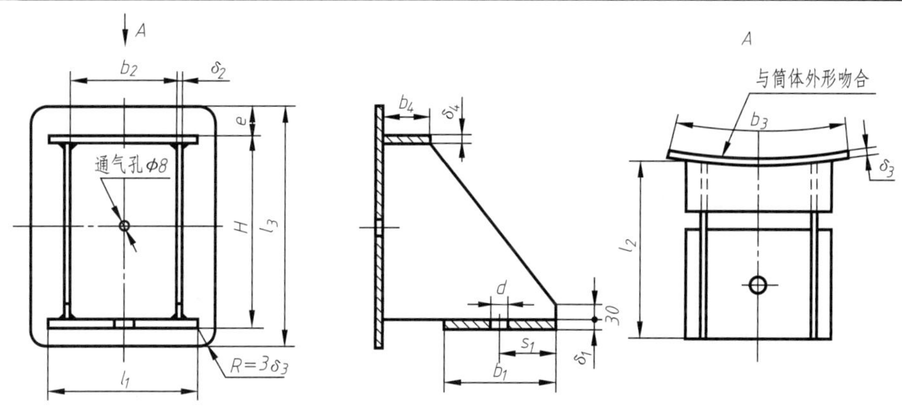

B 型支座系列参数表

mm

支座号	支座本体允许载荷[Q]/kN			适用容器公称直径 DN	高度 H	底板				筋板			垫板				盖板		地脚螺栓		支座质量/kg
	Ⅰ	Ⅱ	Ⅲ			l_1	b_1	δ_1	s_1	l_2	b_2	δ_2	l_3	b_3	δ_3	e	b_4	δ_4	d	规格	
1	12	11	14	300~600	125	100	60	6	30	160	70	5	160	125	6	20	50	—	24	M20	2.5
2	21	19	24	500~1000	160	125	80	8	40	180	90	6	200	160	6	24	50	—	24	M20	4.3
3	37	33	43	700~1400	200	160	105	10	50	205	110	8	250	200	8	30	50	—	30	M24	8.3
4	75	67	86	1000~2000	250	200	140	14	70	290	140	10	315	250	8	40	70	—	30	M24	15.7
5	95	85	109	1300~2600	320	250	180	16	90	330	180	12	400	320	10	48	70	—	30	M24	28.7
6	148	134	171	1500~3000	400	320	230	20	115	380	230	14	500	400	12	60	100	14	36	M30	53.9
7	186	167	214	1700~3400	480	375	280	22	130	430	270	16	600	480	14	70	100	16	36	M30	85.2
8	254	229	292	2000~4000	600	480	360	18	145	510	350	18	720	600	16	72	100	18	36	M30	146.0

注：表中支座质量是以表中的垫板厚度为δ_3计算的，如果δ_3的厚度改变，则支座的质量应相应改变。

附表 1-7 支承式支座(NB/T 47065.4—2018)

1号~8号B型支承式支座的结构形式和尺寸系列

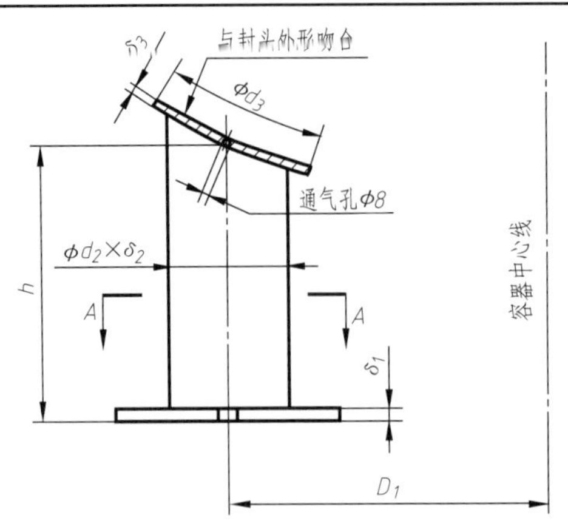

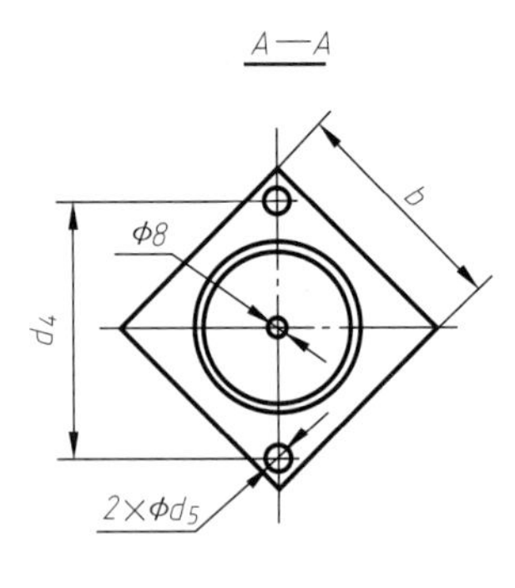

B型支座系列参数尺寸 mm

支座号	支座本体允许载荷 $[Q]$/kN	使用容器公称直径 DN	高度 h	底板 b	底板 δ_1	钢管 d_2	钢管 δ_2	垫板 d_3	垫板 δ_3	地脚螺栓 d_4	地脚螺栓 d_5	地脚螺栓 规格	D_1	支座质量/kg	每增加100mm高度的质量/kg	支座高度上限值 h_{max}
1	32	800	310	150	10	89	4	120	6	160	20	M16	500	4.8	0.8	500
		900											580			
2	49	1000	330	160	12	108	4	150	8	180	20	M16	630	6.8	1	550
		1100											710			
		1200											790			
3	95	1300	350	210	16	159	4.5	220	8	235	24	M20	810	13.8	1.7	750
		1400											900			
		1500											980			
		1600											1050			
4	173	1700	400	250	20	219	6	290	10	295	24	M20	1060	26.6	2.9	800
		1800											1150			
		1900											1230			
		2000											1310			
		2100											1390			
		2200											1470			
5	220	2400	420	300	22	273	8	360	12	350	24	M20	1560	47	5.2	850
		2600											1720			
6	270	2800	460	350	24	325	8	420	14	405	24	M20	1820	67.3	6.3	950
		3000											1980			
		3200											2140			
7	312	3400	490	410	26	377	9	490	16	470	24	M20	2250	95.5	8.2	1000
		3600											2420			
8	366	3800	510	460	28	426	9	550	18	530	30	M24	2520	124.2	9.3	1050
		4000											2680			

附表 1-8 刚性环式支座（NB/T 47065.5—2018）

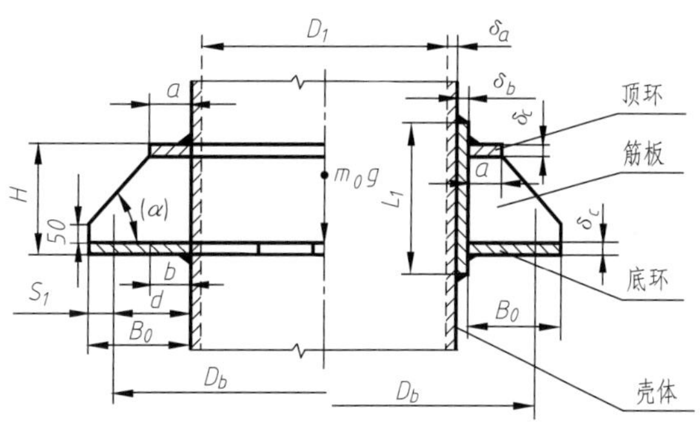

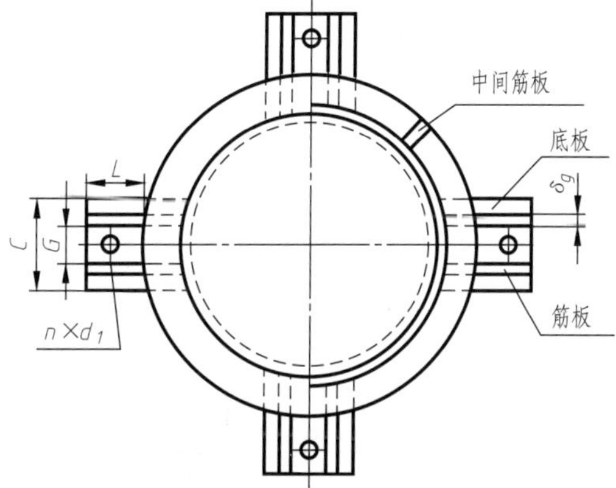

B型支座（重型）参数表

编号	D_N /mm	H_0 /mm	a,b /mm	C /mm	G /mm	H /mm	δ_c /mm	δ_g /mm	S_1 /mm	L /mm	M /mm	d_1 /mm	n_1 /个	d /mm	a /(°)	n /个	L_s /mm	螺栓材料	支座质量 /kg
1	600	9000	130	280	90	340	18	18	50	140	24	28	1	220	61.1	2	490	Q235A	150
2	800	12000	135	280	90	370	18	18	50	140	24	28	1	225	63.8	3	540	Q235A	215
3	1000	15000	140	280	90	400	18	18	50	140	24	28	1	230	66.0	4	590	Q235A	288
4	1200	18000	150	290	90	435	20	20	50	140	24	28	1	240	67.9	4	640	Q235A	380
5	1400	21000	160	310	110	470	24	24	60	140	30	34	1	240	69.4	4	690	Q235A	533
6	1600	24000	170	320	110	530	26	26	60	140	30	34	1	250	71.9	4	760	Q235A	681
7	1800	27000	180	320	110	570	28	28	60	140	30	34	1	260	73.2	4	810	Q235A	839
8	2000	30000	200	390	170	600	30	30	60	140	30	34	2	280	74.1	4	850	Q235A	1079
9	2200	33000	220	390	170	630	32	32	60	140	30	34	2	300	74.8	4	890	Q235A	1339
10	2400	36000	240	390	170	670	34	34	60	140	30	34	2	320	75.8	4	940	Q235A	1649
11	2600	39000	260	400	170	700	36	36	60	140	30	34	2	340	76.4	4	980	Q235A	1996
12	2800	42000	280	430	200	730	38	38	70	150	36	40	2	360	76.1	4	1020	Q235A	2417

续表

编号	D_N /mm	H_0 /mm	a,b /mm	C /mm	G /mm	H /mm	δ_c /mm	δ_g /mm	S_1 /mm	L /mm	M /mm	d_1 /mm	n_1 /个	d /mm	a /(°)	n /个	L_n /mm	螺栓材料	支座质量 /kg
13	3000	45000	300	440	200	770	40	40	70	150	36	40	2	380	76.8	4	1070	Q235A	2873
14	3200	44800	310	440	200	800	42	42	70	150	36	40	2	390	77.3	4	1110	Q235A	3273
15	3400	47600	330	470	200	840	44	44	70	150	36	40	2	410	77.9	4	1160	Q235A	3830
16	3600	50400	350	470	230	870	46	46	80	160	42	46	2	430	78.4	4	1200	Q235A	4435
17	3800	53200	370	470	230	900	48	48	80	160	42	46	2	450	78.0	8	1240	Q235A	5137
18	4000	52000	390	480	230	950	50	50	80	160	42	46	2	470	78.7	8	1290	Q235A	5906
19	4200	54600	370	470	230	620	36	36	80	160	42	46	2	450	72.2	8	990	Q235A	4565
20	4400	57200	380	470	230	630	36	36	80	160	42	46	2	460	72.5	8	1010	Q235A	4838
21	4600	59800	390	470	230	640	38	38	80	160	42	46	2	470	72.7	8	1020	Q235A	5394
22	4800	60000	400	470	230	650	40	40	80	160	42	46	2	480	72.9	8	1040	Q235A	5989
23	5000	61000	410	470	230	660	42	42	80	160	42	46	2	490	73.1	8	1060	Q235A	6625
24	5200	62400	415	480	230	680	42	42	80	160	42	46	2	495	73.7	8	1080	Q235A	6938
25	5400	64800	425	480	230	700	46	46	80	160	42	46	2	505	74.0	8	1110	Q235A	8007
26	5600	67200	430	500	230	730	48	48	80	160	42	46	2	510	74.7	8	1140	Q235A	8755
27	5800	69600	440	500	230	760	50	50	80	160	42	46	2	520	75.3	8	1180	Q235A	9637
28	6000	72000	450	520	250	790	52	52	90	170	48	52	2	530	75.0	8	1220	Q235A	10649
29	6200	74400	460	520	250	820	54	54	90	170	48	52	2	540	75.6	8	1250	Q235A	11673
30	6400	76800	470	530	250	840	56	56	90	170	48	52	2	550	75.9	8	1280	Q235A	12694
31	6600	79200	480	540	250	870	58	58	90	170	48	52	2	560	76.4	8	1310	Q235A	13819
32	6800	81600	490	560	250	900	60	60	90	170	48	52	2	570	76.9	8	1350	Q235A	15013
33	7000	84000	500	590	260	930	64	64	95	190	56	60	2	595	75.8	8	1380	Q235A	16960
34	7200	86400	510	590	260	970	68	68	95	190	56	60	2	605	76.4	8	1420	Q235A	18896
35	7400	88800	520	600	260	1010	70	70	95	190	56	60	2	615	77.0	8	1470	Q235A	20407
36	7600	91200	530	630	280	1040	72	72	100	200	64	68	2	630	76.7	8	1500	Q235A	22060
37	7800	93600	540	650	280	1070	74	74	100	200	64	68	2	640	77.1	8	1540	Q235A	23669
38	8000	96000	550	650	280	1150	76	76	100	200	64	68	2	650	78.1	8	1620	Q235A	25695

附表 1-9　人孔（HG/T 21514—2014）

水平吊盖带颈对焊法兰人孔的结构形式和尺寸系列

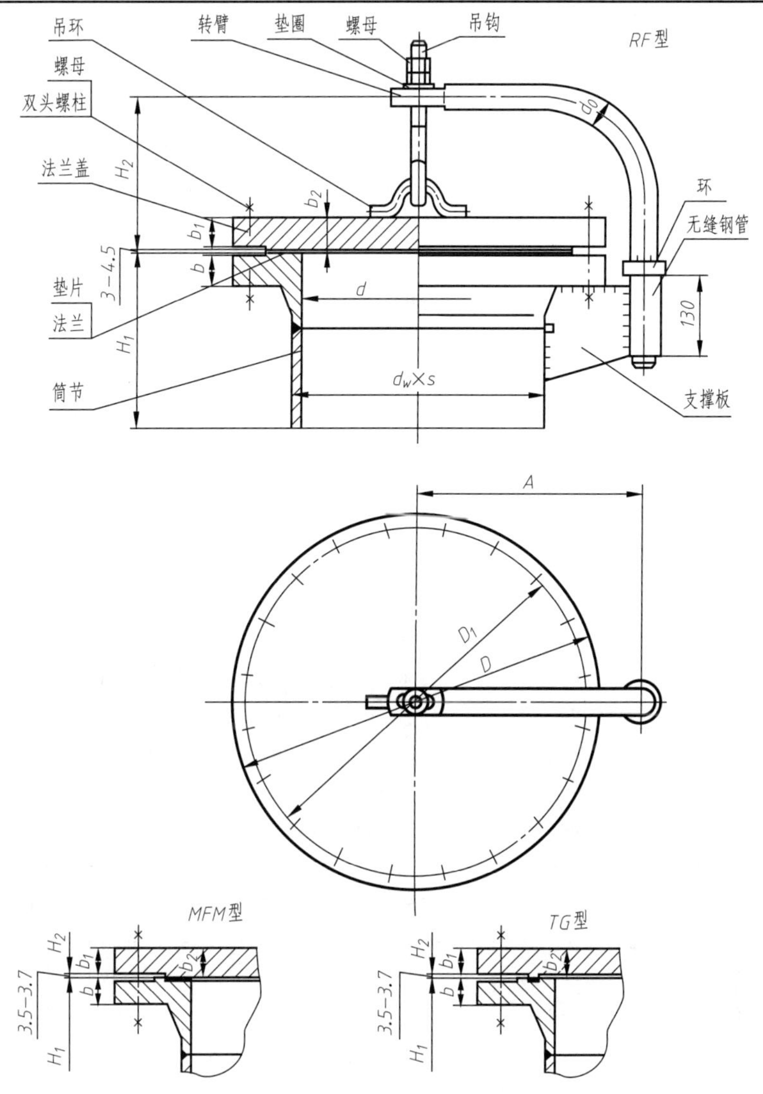

水平吊盖带颈对焊法兰人孔的形式尺寸

密封面形式	公称压力 PN /mm	公称直径 DN /mm	$d_w \times s$	d	D	D_1	H_1	H_2	b	b_1	b_2	A	d_o	螺柱	螺母	螺柱	总质量 /kg
			/mm											数量		直径×长度 /(mm×mm)	
突面（RF型）	16	450	480×10	460	640	585	300	210	40	38	40	365	36	20	40	M27×155	209
		500	530×12	506	715	650	320	214	44	42	44	405	36	20	40	M30×170	284
		600	630×12	606	840	770	340	224	54	52	54	470	48	20	40	M33×200	448
	25	450	480×12	456	670	600	320	216	46	44	46	380	36	20	40	M33×180	276

续表

密封面形式	公称压力 PN /mm	公称直径 DN /mm	$d_w \times s$	d	D	D_1	H_1	H_2	b	b_1	b_2	A	d_o	螺柱	螺母	螺柱	总质量 /kg
			/mm											数量		直径×长度 /(mm×mm)	
突面（RF型）	25	500	530×12	506	730	660	350	218	48	46	48	415	48	20	40	M33×185	338
		600	630×12	606	845	770	360	228	58	56	58	475	48	20	40	M36×3×205	497
	40	450	480×14	452	685	610	340	227	57	55	57	395	48	20	40	M36×3×205	362
		500	530×14	501.6	755	670	360	227	57	55	57	430	48	20	40	M39×3×215	438
		600	630×16	598	890	795	380	242	72	70	72	495	48	20	40	M45×3×260	714
凹凸面（MFM型）	16	450	480×10	460	640	585	300	205	40	34.5	40	365	36	20	40	M27×155	209
		500	530×12	506	715	650	320	209	44	38.5	44	405	36	20	40	M30×170	284
		600	630×12	606	840	770	340	219	54	48.5	54	470	48	20	40	M33×200	448
	25	450	480×12	456	670	600	320	211	46	40.5	46	380	36	20	40	M33×180	276
		500	530×12	506	730	660	350	213	48	42.5	48	415	48	20	40	M33×185	338
		600	630×12	606	845	770	360	223	58	52.5	58	475	48	20	40	M36×3×205	497
	40	450	480×14	452	685	610	340	222	57	51.5	57	395	48	20	40	M36×3×205	362
		500	530×14	501.6	755	670	360	222	57	51.5	57	430	48	20	40	M39×3×215	438
		600	630×16	598	890	795	380	237	72	66.5	72	495	48	20	40	M45×3×260	714
榫槽面（TG型）	25	(450)	480×12	456	670	600	320	211	46	40.5	46	380	36	20	40	M33×180	276
		(500)	530×12	506	730	660	350	213	48	42.5	48	415	48	20	40	M33×185	338
	40	(450)	480×14	452	685	610	340	222	57	51.5	57	395	48	20	40	M36×3×205	362
		(500)	530×14	501.6	755	670	360	222	57	51.5	57	430	48	20	40	M39×3×215	438

注：1. 人孔高度H_1系根据容器的直径不小于人孔公称直径的两倍而定；如有特殊要求，允许改变，但需注明改变后的H_1尺寸，并修正人孔总质量。

2. 表中带括号的公称直径不宜采用。

附表 1-10 补强圈（JB/T 4736—2002）

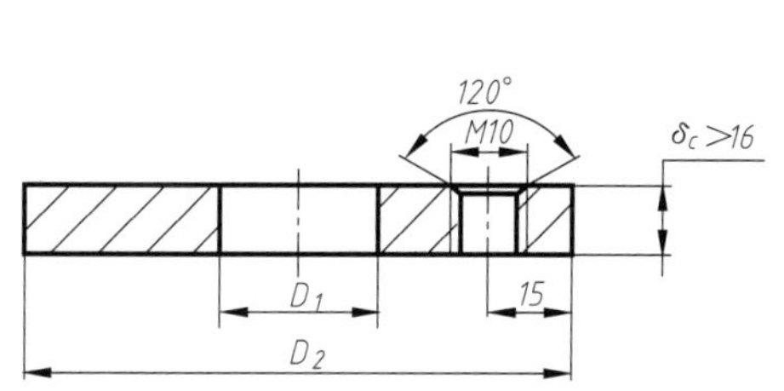

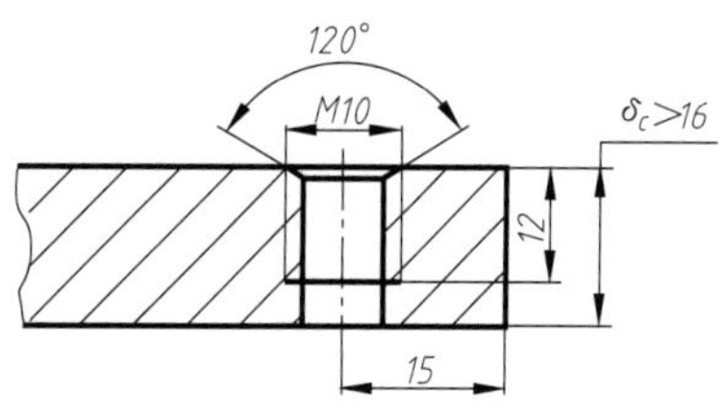

补强圈坡口类型

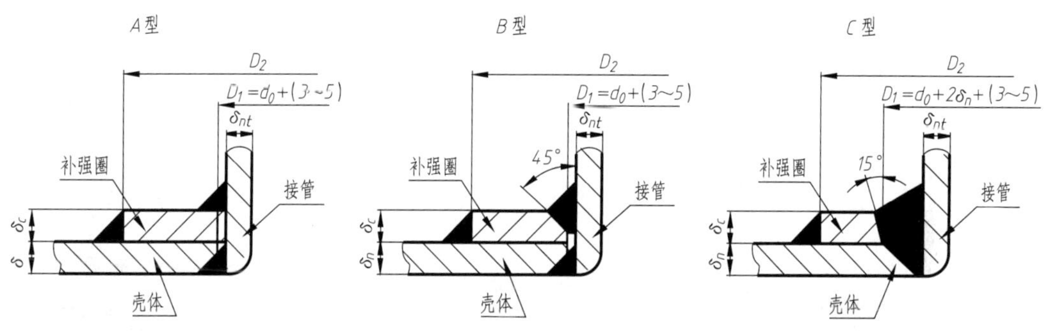

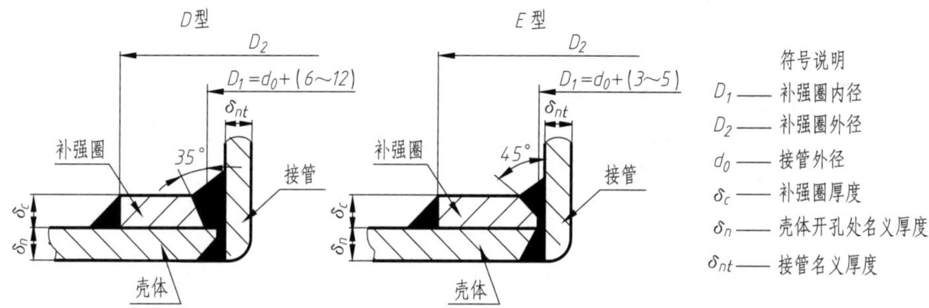

mm

接管公称直径DN	50	65	80	100	125	150	175	200	225	250	300	350	400	450	500	600
外径D_2	130	160	180	200	250	300	350	400	440	480	550	620	680	760	840	980
内径D_1	按补强圈坡口类型确定															
厚度系列δ_c	4,6,8,10,12,14,16,18,20,22,24,26,28															

附录2 化工工艺图相关代号与图例

附表2-1 工艺管道及仪表流程图中常用设备、机器图例（HG/T 20519.2—2009）

类别及代号	图例	类别及代号	图例
塔T	填料塔 板式塔 喷洒塔	泵P	离心泵 水环式真空泵 旋转泵 齿轮泵
反应器R	固定床反应器 列管式反应器 流化床反应器 ① ② ③ ①、②(开式、带搅拌、夹套)反应釜 ③(开式、带搅拌、夹套、内盘管)反应釜	压缩机C	鼓风机 卧式 立式 旋转式压缩机 离心式压缩机 往复式压缩机
工业炉F	箱式炉 圆筒炉 圆筒炉	换热器E	换热器(简图) 固定管板式列管换热器
换热器E	U型管式换热器 浮头式列管换热器 套管式换热器 釜式换热器	容器V	卧式容器 球罐 平顶容器 锥顶罐 分离器： ①填料除沫；② 丝网除沫；③ 旋风

附表 2-2 工艺管道及仪表流程图中常用管道、管件及管道附件图例（HG/T 20519.2—2009）

名称	图例	备注
主物料管道		粗实线
次要物料管道,辅助物料管道		中粗线
引线、设备、管件、阀门、仪表图形符号和仪表管线等		细实线
原有管道(原有设备轮廓线)		管线宽度与其相接的新管线宽度相同
地下管道(埋地或地下管沟)		
蒸伴汽热管道		
电伴热管道		
夹套管		夹套管只表示一段
管道绝热层		绝热层只表示一段
流向箭头		
坡度	$i=$	
进、出装置或主项的管道或仪表信号线的图纸接续标志,相应图纸编号填在空心箭头内	进 40 3 6；出 3 40 6	尺寸单位:mm 在空心箭头上方注明来或去的设备位号或管道号或仪表位号
同一装置或主项内的管道或仪表信号线的图纸接续标志,相应图纸编号的序号填在空心箭头内	进 10 3 6；出 3 10 6	尺寸单位:mm 在空心箭头附件注明来或去的设备位号或管道号或仪表位号
闸阀		
截止阀		
节流阀		
球阀		圆直径:4mm
旋塞阀		圆黑点直径:2mm
止回阀		
柱塞阀		
蝶阀		
减压阀		
针形阀		
呼吸阀		
带阻火器呼吸阀		

续表

名称	图例	备注
阻火器		
Y形过滤器		
锥形过滤器		方框 5mm×5mm
T形过滤器		方框 5mm×5mm
罐式(篮式)过滤器		方框 5mm×5mm

附表 2-3 管道布置图和轴测图上管子、管件、阀门及管道特殊件图例（HG/T 20519.4—2009）

名称		管道布置图		轴测图
		单线	双线	
90°弯头	螺纹或承插焊连接			
	对焊连接			
法兰连接				
三通	螺纹或承插焊连接			
	对焊连接			
	法兰连接			

续表

名称	主视图	俯视图	左视图	轴测图
闸阀	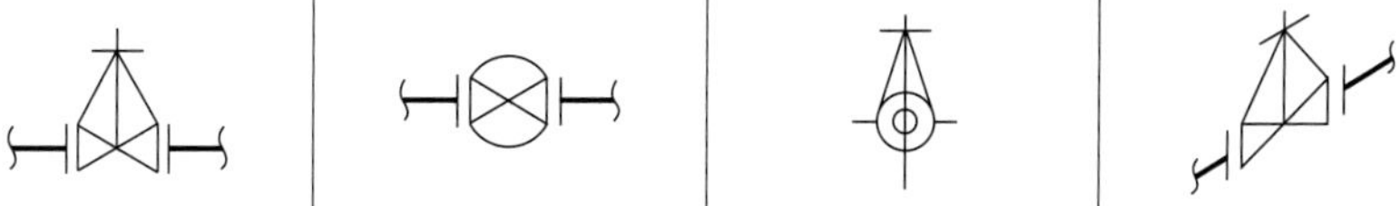			
截止阀	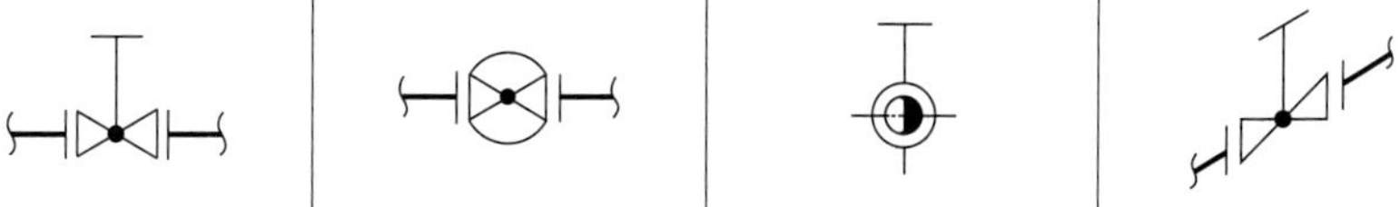			
角阀	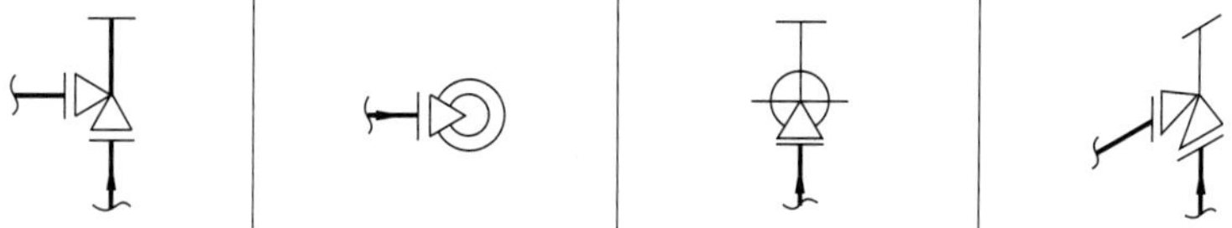			
节流阀	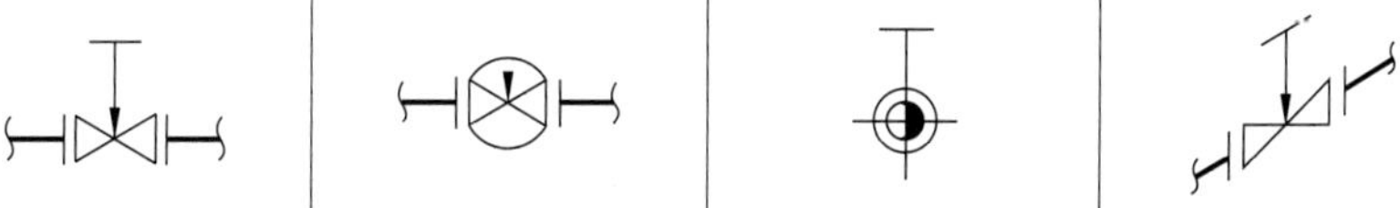			
“T”形阀	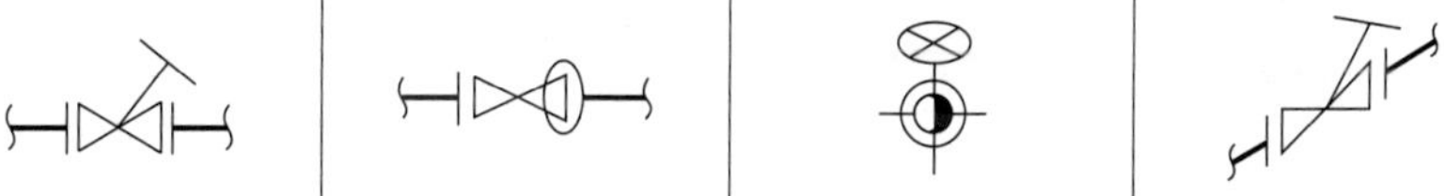			
球阀	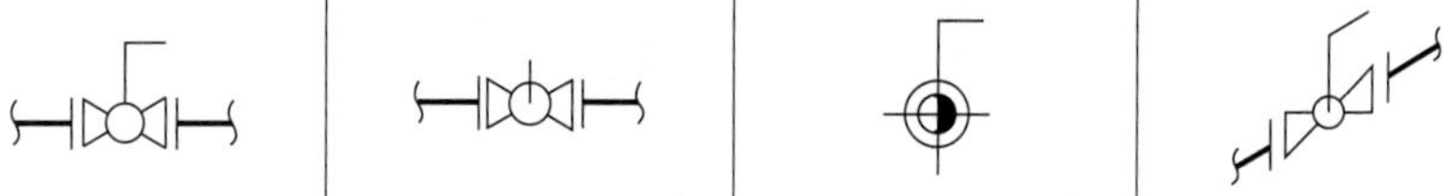			
三通球阀	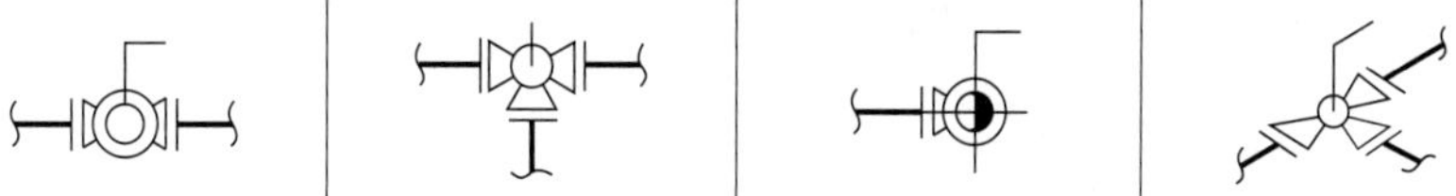			
三通旋塞阀	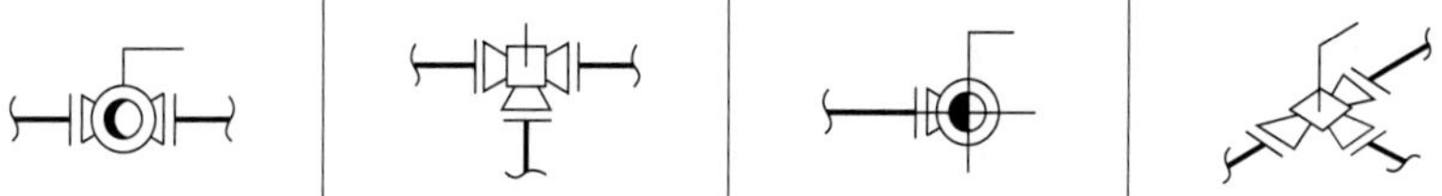			
三通阀	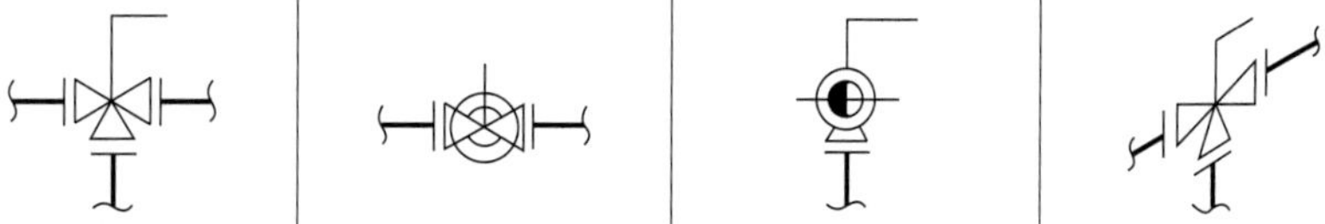			
柱塞阀	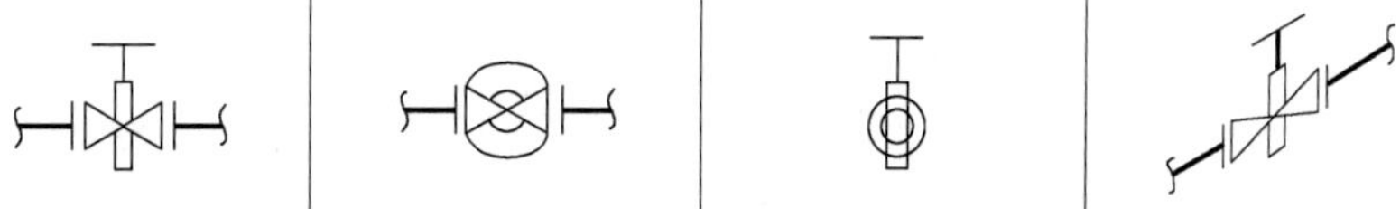			

续表

名称	主视图	俯视图	左视图	轴测图
止回阀				
切断式止回阀				
视镜		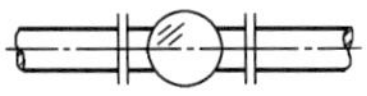	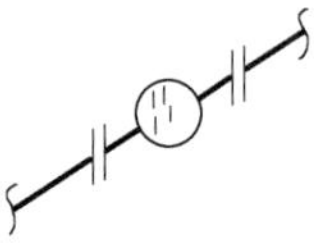	 玻璃管式视镜画法举例
阻火器	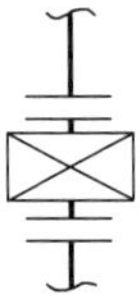	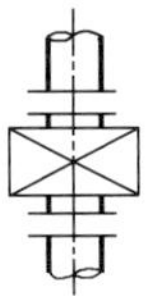		
排液环	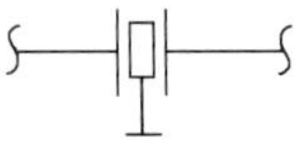	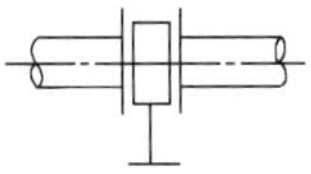	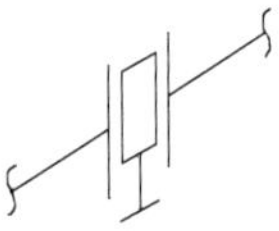	
电动式	 M	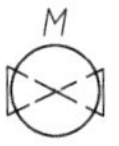 M	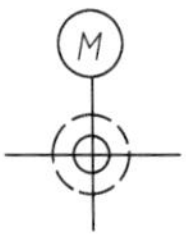 M	 M
气动式	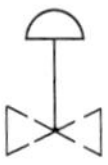		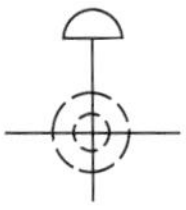	
液压或气压缸式	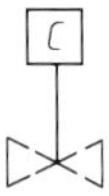 C	 C	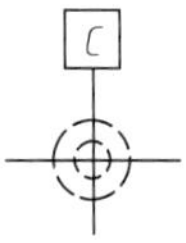 C	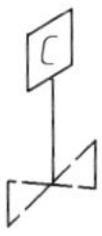 C
正齿轮式	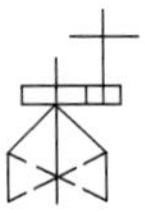	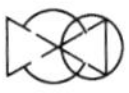	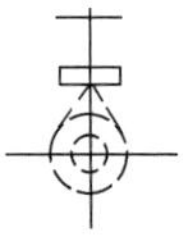	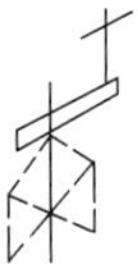

参考文献

[1] 刘立平. 工程制图［M］. 北京：化学工业出版社，2020.

[2] 钱可强. 机械制图［M］. 第5版. 北京：高等教育出版社，2018.

[3] 王丹虹. 现代工程制图［M］. 第2版. 北京：高等教育出版社，2017.

[4] 刘立平. 制图测绘与CAD实训［M］. 上海：复旦大学出版社，2015.

[5] 胡琳. 工程制图（英汉双语对照）［M］. 北京：机械工业出版社，2010.

[6] 葛艳红，黄海，陈云　画法几何及机械制图［M］. 北京：清华大学出版社，2019.

[7] 曹咏梅. 化工制图与测绘［M］. 北京：化学工业出版社，2012.

[8] 刘力. 机械制图［M］. 第4版. 北京：高等教育出版社，2013.